涡轮发动机 飞机结构与系统 （下）（第2版）

Turbine Aeroplane Structures and Systems

(AV)

任仁良　主编

清华大学出版社

北 京

内 容 简 介

本书是"民用航空器维修基础系列教材"之一,是民用航空器维修人员基础执照考试的指定参考用书。全书分为 9 章,内容包括飞机结构、液压与燃油系统、飞行操作系统、空调及机舱设备、燃气涡轮发动机、飞机电源系统、灯光照明系统、防火系统和机载维护系统。

本书的内容是飞机维修人员电子(AV)专业必须要掌握的基础知识,通俗易懂,实用性强,基本上不涉及复杂的数学公式和推导,注重定性描述大纲中要求掌握的基本知识。本书可以作为航空维修职业技术院校和 CCAR-147 维修基础培训机构的培训教材或参考教材,也适用于具有一定基础的航空机电专业人员自学。

图书在版编目(CIP)数据

涡轮发动机飞机结构与系统. AV. 下/任仁良主编. —2 版. —北京:清华大学出版社,2017(2025.1重印)
(民用航空器维修基础系列教材)
ISBN 978-7-302-46965-0

Ⅰ. ①涡… Ⅱ. ①任… Ⅲ. ①涡轮喷气发动机－民用飞机－飞机构件－教材 ②涡轮喷气发动机－民用飞机－飞机系统－教材 Ⅳ. ①V222

中国版本图书馆 CIP 数据核字(2017)第 063739 号

责任编辑:赵 斌 赵从棉
封面设计:李星辰
责任校对:刘玉霞
责任印制:沈 露

出版发行:清华大学出版社
　　网　　址:https://www.tup.com.cn,https://www.wqxuetang.com
　　地　　址:北京清华大学学研大厦 A 座　　　　邮　编:100084
　　社 总 机:010-83470000　　　　　　　　　　邮　购:010-62786544
　　投稿与读者服务:010-62776969,c-service@tup.tsinghua.edu.cn
　　质量反馈:010-62772015,zhiliang@tup.tsinghua.edu.cn
印 装 者:北京嘉实印刷有限公司
经　　销:全国新华书店
开　　本:185mm×260mm　　印　张:20　　　　字　数:484 千字
版　　次:2006 年 11 月第 1 版　 2017 年 4 月第 2 版　　印　次:2025 年 1 月第 11 次印刷
定　　价:65.00 元

产品编号:074180-02

民用航空器维修基础系列教材
编写委员会

主任委员：任仁良

编　　委：刘　燕　陈　康　付尧明　郝　瑞

蒋陵平　李幼兰　刘　峰　刘建英

刘　珂　吕新明　任仁良　王会来

张　鹏　邹　蓬　张铁纯

序 言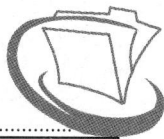

PREFACE

2005年8月,中国民航规章 CCAR-66R1《民用航空器维修人员执照管理规则》考试大纲正式发布执行,该大纲规定了民用航空器维修持照人员必须掌握的基本知识。随着中国民用航空业的飞速发展,业内迫切需要大批高素质的民用航空器维修人员。为适应民航的发展,提高机务维修人员的素质和航空器的维修水平,满足广大机务维修人员学习业务的需求,中国民航总局飞行标准司组织成立了"民用航空器维修基础系列教材"编写委员会,其任务是组织编写一套满足中国民航维修要求、实用性强、高质量的培训和自学教材。

为方便机务维修人员通过培训或自学参加维修执照基础部分考试,本套教材根据民航局颁发的 AC-66R1-02 维修执照基础部分考试大纲编写,同时满足 AC-147-02 维修基础培训大纲。本套教材共 14 本,内容覆盖了大纲的所有模块,具体每一本教材的适用专业和对应的考试大纲模块见本书封底。

本套教材力求通俗易懂,紧密联系民航实际,强调航空器维修的基础理论和维修基本技能的培训,注重教材的实用性。本套教材可作为民航机务维修人员或有志于进入民航维修业的人员的培训或自学用书,也可作为 CCAR-147 维修培训机构的基础培训教材或参考教材。

"民用航空器维修基础系列教材"第 1 版在 CCAR-66 执照基础部分考试和 CCAR-147 维修基础培训中得到了非常广泛的应用。通过 10 多年的使用,在第 1 版教材中发现了不少问题;同时10 年来,大量高新技术应用到新一代飞机上(如 B787,A380 等),维修理念和技术也有了很大的发展,与之相对应的基础知识必须得到加强和补充。因此,维修基础培训教材急需进行修订。

"民用航空器维修基础系列教材"第 2 版是在民航局飞行标准司的直接领导下进行修订编写的。这套教材的编写得到了民航安全能力基金的资助,同时得到了中国民航总局飞行标准司、中国民航大学、广州民航职业技术学院、中国民用航空飞行学院、民航管理干部学院、上海民航职业技术学院、北京飞机维修工程有限公司(Ameco)、广州飞机维修工程有限公司(Gameco)、中信海洋直升机公司、深圳航空有限责任公司等单位以及航空器维修领域专家的大力支持,在此一并表示感谢!

由于编写时间仓促和我们的水平有限,书中难免存在许多错误和不足,请各位专家和读者及时指出,以便再版时加以纠正。我们相信,经过不断的修订和完善,这套教材一定能成为飞机维修基础培训的经典教材,为提高机务人员的素质和飞机维修质量做出更大的贡献。读者如有任何意见和建议请发至:skyexam2015@163.com。

"民用航空器维修基础系列教材"编委会

2016 年 4 月

前言

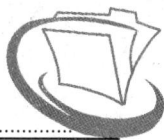

FOREWORD

《涡轮发动机飞机结构与系统》(AV)分上、下两册,上册为涡轮发动机飞机电子系统,下册为飞机机械和电气系统。本教材是按照中国民航规章CCAR-66R2《民用航空器维修人员执照管理规则》航空电子专业(AV)考试大纲M11编写的,本书的编写内容是飞机维修人员必须要掌握的基础知识。在编写过程中,力求做到通俗易懂,注重知识的实用性,贯彻了理论与实际密切结合的思想,基本上不涉及复杂的数学公式和推导,强调定性描述大纲中要求掌握的基本知识。本书可以作为CCAR-147维修基础培训机构的培训教材或参考教材,也适用于具有一定基础的航空电子专业人员自学。

上册由张鹏教授主编和统稿,内容包括仪表系统、自动飞行系统、通信系统和导航系统。

下册由任仁良教授主编和统稿,下册有9章,内容包括飞机结构、液压与燃油系统、飞行操作系统、空调及机舱设备、燃气涡轮发动机、飞机电源系统、灯光照明系统、防火系统和机载维护系统。其中第1章1.1节由李幼兰编写,1.2节由虞浩清编写,第2、3章由张铁纯编写,第4章4.1~4.6节由胡静编写,4.7节由邢忠庆编写;第5章由凌云编写;第6~8章由任仁良编写;第9章由杨国余编写。

第2版是在第1版的基础上进行修订的,修订的重点一是对原版各章的文字和内容进行了重新梳理,对一些不清楚的或不对的地方进行了修改和完善,力求把飞机机械、发动机和电气系统的基本原理讲解更直接、更透彻,方便机械专业机务人员学习。二是第1版教材使用10年的过程中,随着新一代飞机B787和A380投入运行,飞机机械电气系统发生了很大的变化,急需增加相应的基础知识。

在第1~4章中,更换或增加了一些配图,更加贴近民航飞机的实际情况。飞机结构部分修订了相关知识点的描述。液压系统基本原理一节增加了对液压传动特性的详细分析;燃油系统概述中增加了燃油箱布局、燃油箱抑爆系统等内容,燃油指示系统增加了超声波式指示系统。飞行操纵增加了电传手操纵机构(侧杆和驾驶盘)对比,将立放式脚蹬配图更换为典型民航机脚蹬构型,增加了混合式传动机构;舵面驱动装置一节将液压助力器、载荷感觉定中机构调整为典型民航机助力器和载荷定中机构构型,增加电静液驱动、多电飞机电力驱动两种驱动方式;电传操纵系统一节增加电传飞行控制法则概念;辅助操纵系统一节细化了对飞行扰流板功能的描述;失速警告系统增加了自动缝翼系统。空调系统增加了电动离心增压器引气,增加空调组件活门工作原理;座舱温控原理一节细化单活门式温控活门原理,增加座舱温度区域控制知识点;空气循环制冷一节增加双涡轮式空气循环制冷系统原理;空气分配系统一节增加侧壁低位供气系统;压力控制系统修订增压工作模式描述。

第 5 章为燃气涡轮发动机,在发动机控制系统部分、发动机操纵系统部分和发动机辅助动力装置部分增加了较多的内容,删减了与航空电子专业关联不大的内容,对部分图表进行了替换和优化。

在电源系统增加了飞机电网的线制说明;增加了航空锂电池一节,增加了飞机电瓶充电、容量检查和维护基本知识;在直流电源系统中增加了直流电源的控制与保护一节;增加了多电飞机如 B787 在电源方面的新技术,如电压等级分为 115/200V 和 230/400V、加强了变频电源的内容、增加了交流启动发电机的内容;增加了电网的控制与保护一节,增加了电网构型和远程配电方式、自动配电方面的内容,使电源系统内容更加完整。在灯光照明系统中增加了飞机上常用光源一节,对全面了解飞机上的灯光很有帮助;增加了现代飞机常用的 LED 灯的描述和应用举例;对应急灯光和机外灯光增加了描述内容。在防火系统中,增加了光敏型火警探测器,使探测器种类更加完整;按最新的标准划分了火的种类;对灭火瓶释放外部指示进行了描述;对空客和波音典型的发动机灭火瓶不同构型进行了说明。

宋静波、蒋陵平、项伟、许俊、张宏伟、刘建英、许少伟、万晓云、郝瑞、杨晓龙、杨娟、孙斌等对本书进行了审校,提出了许多修改意见,在此谨表深深的感谢。

我国民航所使用的飞机大都是欧美制造,为了便于学生对照机型资料学习,书中的部分电路符号采用了欧美国家的符号,学习时应予注意。

由于编写时间仓促和我们的水平有限,教材中可能存在着许多错误和不足,请各位专家和读者指出,以便再版时加以纠正。

编　者

2017 年 3 月

目录
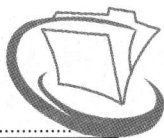

CONTENTS

第1章 飞机结构 ·· 1

1.1 飞机结构的基础概念 ······························ 1
  1.1.1 飞机结构的基本元件及结构件 ················· 1
  1.1.2 飞机结构的适航性要求和结构件分类 ··········· 3
  1.1.3 飞机结构的疲劳设计 ························· 5
  1.1.4 站位编码与区域划分 ························· 7

1.2 飞机结构 ······································· 10
  1.2.1 飞机结构及其基本要求 ······················ 10
  1.2.2 机身结构 ································· 11
  1.2.3 机翼构造 ································· 13

第2章 液压与燃油系统 ································· 16

2.1 液压系统的基本原理 ······························ 16
  2.1.1 液压传动原理 ····························· 16
  2.1.2 液压系统的组成 ··························· 17
  2.1.3 液压传动的优、缺点 ························ 18

2.2 液压泵 ··· 19
  2.2.1 液压泵的基本工作原理 ······················ 19
  2.2.2 液压泵的性能参数 ························· 20
  2.2.3 液压泵的类型 ····························· 20

2.3 飞机液压分配系统 ································ 23
  2.3.1 现代飞机液压源系统组成 ···················· 23
  2.3.2 压力分配 ································· 24

2.4 液压指示系统 ···································· 25
  2.4.1 油量指示 ································· 25
  2.4.2 压力指示和警告 ··························· 26
  2.4.3 超温警告 ································· 26

2.5 燃油系统概述 ···································· 26

2.5.1　燃油系统的功用 ·· 27

2.5.2　燃油系统的特点及对燃油系统的要求 ·························· 27

2.5.3　燃油箱的布局 ·· 27

2.5.4　燃油箱抑爆系统 ·· 29

2.6　燃油指示/警告系统 ·· 32

2.6.1　油量指示系统 ·· 32

2.6.2　低压警告 ·· 36

第3章　飞行操纵系统 ·· 38

3.1　操纵系统基础 ··· 38

3.1.1　操纵系统的定义及分类 ··· 38

3.1.2　中央操纵机构 ·· 40

3.1.3　传动机构 ·· 43

3.1.4　舵面驱动装置 ·· 47

3.2　电传操纵系统 ··· 51

3.2.1　电传操纵系统的提出 ·· 51

3.2.2　电传操纵系统的组成及原理 ·· 52

3.2.3　电传操纵系统的优点及存在的问题 ····································· 56

3.3　典型飞机操纵系统 ··· 57

3.3.1　主飞行操纵与辅助操纵系统的区别 ····································· 57

3.3.2　主操纵系统 ··· 58

3.3.3　辅助操纵系统 ·· 59

3.4　飞行操纵警告系统 ··· 65

3.4.1　起飞警告系统 ·· 65

3.4.2　失速警告系统 ·· 66

第4章　空调及机舱设备 ··· 69

4.1　空调系统概述 ··· 69

4.1.1　大气物理特性及高空环境对人体的生理影响 ························ 69

4.1.2　空调系统的提出 ·· 74

4.2　空调气源系统 ··· 76

4.2.1　气源系统概述 ·· 76

4.2.2　气源系统的调节与控制 ··· 79

4.3　温度控制系统 ··· 83

4.3.1　座舱温控原理 ·· 84

4.3.2　蒸发循环制冷 ·· 87

4.3.3　空气循环制冷 ·· 88

4.4　空气分配系统 ··· 96

4.4.1　空气分配系统的组成 ·· 96

4.4.2　再循环系统 ·· 98

4.4.3　座舱局部加温 ·· 98

4.5　座舱压力控制系统 ··· 99

4.5.1　座舱的增压原理及座舱压力制度 ································ 99

4.5.2　座舱压力控制系统 ·· 101

4.5.3　气密座舱检查 ·· 105

4.6　电子设备冷却 ··· 105

4.7　设备/设施 ··· 106

4.7.1　厨房 ··· 106

4.7.2　洗手间 ·· 107

4.7.3　应急设备/设施 ··· 107

第5章　燃气涡轮发动机 ··· 112

5.1　民航燃气涡轮发动机分类 ··· 112

5.2　燃气涡轮喷气发动机的简介 ·· 115

5.2.1　燃气涡轮喷气发动机的基本组成及功用 ····················· 115

5.2.2　热力循环 ··· 116

5.3　喷气发动机的推力 ··· 116

5.3.1　推力的产生 ·· 116

5.3.2　影响推力的因素 ·· 117

5.4　发动机的重要参数 ··· 117

5.5　发动机的主要部件 ··· 118

5.5.1　进气道 ·· 118

5.5.2　压气机 ·· 119

5.5.3　燃烧室 ·· 121

5.5.4　涡轮 ··· 122

5.5.5　喷管 ··· 123

5.6　发动机燃油及控制系统 ·· 123

5.6.1　燃油分配系统 ··· 124

5.6.2　燃油控制系统 ··· 129

5.7　发动机指示系统 ·· 136

5.7.1　指示系统的功用和分类 ·· 136

5.7.2　发动机的参数指示 ·· 137

5.7.3　指示和警告系统 ··· 143

5.8　发动机操纵系统 ·· 146

5.8.1　驾驶舱操纵系统的功用和组成 ····································· 146

5.8.2　驾驶舱操纵系统类型 ··· 147

5.8.3　发动机起动和关车操纵 ·· 149

5.9　辅助动力装置 ··· 152

5.9.1 APU 的组成 …………………………………………………… 152
5.9.2 APU 的主要部件 ………………………………………………… 153
5.9.3 APU 系统 …………………………………………………………… 155
5.9.4 APU 的控制 ……………………………………………………… 156

第6章 飞机电源系统 ………………………………………………………… 160
6.1 概述 ……………………………………………………………………… 160
6.1.1 飞机电源系统的功用和组成 ………………………………… 160
6.1.2 飞机主电源系统的种类 ……………………………………… 161
6.1.3 飞机电网的线制及参数 ……………………………………… 163
6.2 航空蓄电池 …………………………………………………………… 163
6.2.1 航空蓄电池的基本知识 ……………………………………… 163
6.2.2 铅酸蓄电池 …………………………………………………… 170
6.2.3 碱性蓄电池 …………………………………………………… 173
6.2.4 锂电池 ………………………………………………………… 181
6.2.5 机载电瓶充电器 ……………………………………………… 184
6.3 直流电源系统 ………………………………………………………… 185
6.3.1 直流发电机 …………………………………………………… 185
6.3.2 发电机调压器 ………………………………………………… 191
6.3.3 直流电源的并联供电 ………………………………………… 194
6.3.4 直流电源的控制与保护 ……………………………………… 195
6.4 交流电源系统 ………………………………………………………… 198
6.4.1 恒频交流电源和变频交流电源 ……………………………… 198
6.4.2 恒速传动装置的基本工作原理 ……………………………… 200
6.4.3 交流发电机的结构和工作原理 ……………………………… 205
6.4.4 调压器 ………………………………………………………… 209
6.4.5 交流电源系统的故障及保护 ………………………………… 213
6.4.6 交流电源的并联供电 ………………………………………… 221
6.5 二次电源和应急电源 ………………………………………………… 225
6.5.1 变压整流器 …………………………………………………… 225
6.5.2 静止变流器 …………………………………………………… 227
6.5.3 应急发电机 …………………………………………………… 230
6.5.4 应急电池组件 ………………………………………………… 232
6.6 地面电源及其控制 …………………………………………………… 235
6.7 飞机电网及配电系统 ………………………………………………… 236
6.7.1 飞机电网 ……………………………………………………… 236
6.7.2 飞机电网的构型 ……………………………………………… 238
6.7.3 电源供配电方式 ……………………………………………… 239
6.7.4 电网的控制与保护 …………………………………………… 243

6.7.5　多电飞机的电网构型 ……………………………………………… 245

第7章　灯光照明系统 ………………………………………………… 248

7.1　灯光系统概述 ………………………………………………………… 248

7.2　常用照明光源 ………………………………………………………… 249

7.3　机内灯光 ……………………………………………………………… 255

7.3.1　驾驶舱灯光 …………………………………………………… 255

7.3.2　客舱灯光 ……………………………………………………… 258

7.3.3　货舱灯光和勤务灯光 ………………………………………… 261

7.4　机外灯光 ……………………………………………………………… 262

7.5　应急灯光 ……………………………………………………………… 264

7.6　灯光系统维护注意事项 ……………………………………………… 267

第8章　防火系统 ……………………………………………………… 268

8.1　概述 …………………………………………………………………… 268

8.1.1　防火系统的功用和组成 ……………………………………… 268

8.1.2　警告信息的描述 ……………………………………………… 269

8.2　火警探测系统 ………………………………………………………… 270

8.2.1　火警探测系统的组成 ………………………………………… 270

8.2.2　火警探测原理 ………………………………………………… 271

8.2.3　飞机火警探测系统举例 ……………………………………… 278

8.2.4　火警探测系统的检查与维护 ………………………………… 281

8.3　飞机灭火系统 ………………………………………………………… 282

8.3.1　火的种类和灭火方法 ………………………………………… 282

8.3.2　手提式灭火器 ………………………………………………… 284

8.3.3　飞机重要区域的灭火系统 …………………………………… 285

8.3.4　灭火系统的维护 ……………………………………………… 289

第9章　机载维护系统 ………………………………………………… 291

9.1　概述 …………………………………………………………………… 291

9.2　系统的组成及工作原理 ……………………………………………… 292

9.2.1　组成及工作方式 ……………………………………………… 292

9.2.2　工作原理 ……………………………………………………… 293

9.3　OMS人/机界面描述 ………………………………………………… 296

9.4　打印机 ………………………………………………………………… 299

9.5　机载数据装载系统 …………………………………………………… 299

9.6　飞机状态监控系统 …………………………………………………… 300

参考文献 ………………………………………………………………… 304

第1章

飞机结构

1.1 飞机结构的基础概念

1.1.1 飞机结构的基本元件及结构件

1. 飞机结构的基本构件

飞机结构由所有承载部件组成,主要包括机翼、机身、尾翼、发动机吊架、起落架、飞行操纵面和相应的连接点。机体各部件由多种材料组成,并通过铆钉、螺栓、螺钉焊接或胶接而连接而成。而各部件又由各种不同的构件构成,各构件用来传递载荷或承受应力。飞机上的构件可分为杆件、梁元件和板件三大类。

1) 杆件

纵向尺寸比横截面尺寸大得多的元件称为杆件。在飞机结构中,起落架受力构架中的撑杆、阻力杆(见图 1.1-1)和机翼机身的桁条、翼梁的缘条(见图 1.1-2)等,都属于杆件。杆件的抗弯能力很弱,可以忽略不计,所以认为此类元件承受的载荷主要是沿杆件轴线作用的集中力或分散力,并在力的作用下产生拉伸(或压缩)变形和拉应力(或压应力)。

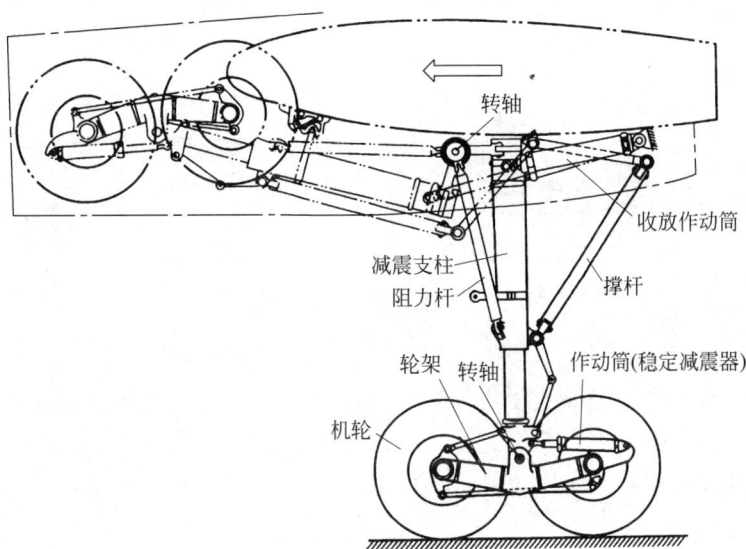

图 1.1-1　组成起落架结构的基本元件

2）梁元件

飞机结构中的梁元件基本有两种类型：①梁元件的外形与杆件相似，但它具有比较强的弯曲或扭转强度（具有闭合剖面的杆件），可以承受垂直梁轴线的方向作用的载荷，图 1.1-1 中所示的起落架减震支柱就是这类梁元件；②梁元件由上下缘条和腹板组成，具有较强的剪切、弯曲强度，图 1.1-2 中所示的翼梁（有缘条和腹板构成）就是这类梁元件。

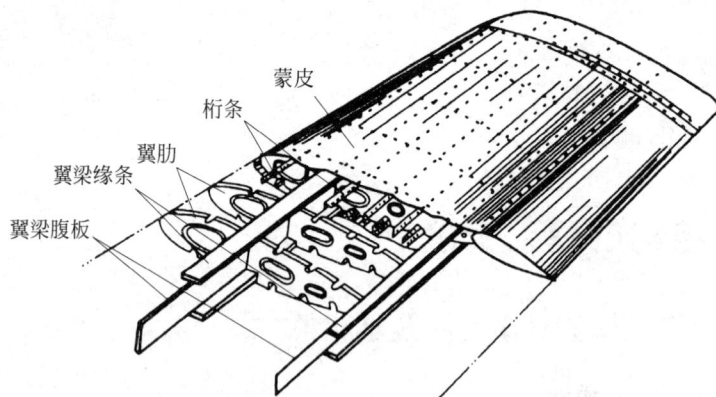

图 1.1-2　组成机翼结构的基本元件

在载荷的作用下，梁元件会产生剪切弯曲和扭转变形，同时产生剪应力、弯曲正应力和扭转剪应力。

3）板件

厚度远小于平面内另外两个尺寸（长和宽）的元件称为板件。在飞机结构中，蒙皮、翼梁和翼肋的腹板等都属于板件（见图 1.1-2）。板件承受板平面内的分布载荷能力较强。在局部的气动载荷作用下，飞机蒙皮也要承受垂直板平面的分布气动载荷（见图 1.1-3）。

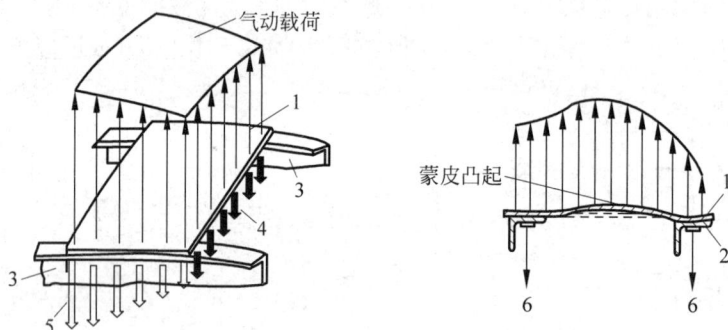

图 1.1-3　飞机蒙皮承受气动载荷

1—蒙皮；2—桁条；3—翼肋；4—桁条支反力；5—翼肋支反力；6—铆钉承受拉力

分布的气动载荷并不是蒙皮承受的主要载荷，但如果由于飞行速度过快，蒙皮上的分布气动载荷过大，也会造成蒙皮与桁条连接的铆钉被拉坏、蒙皮被撕裂等局部破坏现象的发生。

2. 飞机结构的分类

1）杆系结构

由杆件和梁元件组成的结构称为杆系结构。图 1.1-1 中示出的起落架受力构架就是由杆件和梁元件组成的杆系结构,发动机吊挂、操纵面的安装支架等都属于杆系结构。在杆系结构中,杆件和梁元件分别保持原有的受力特点:杆件承受沿着杆件轴线的载荷作用,产生正应力;梁元件承受剪切、弯曲和扭转载荷的作用,产生剪应力、弯曲正应力和扭转剪应力。

2) 平面薄壁结构

平面薄壁结构是由同一平面内的杆件和板件组成的结构,用缘条和腹板组成的机翼大梁和翼肋(见图 1.1-2)、机身隔框(见图 1.1-4)等都属于这类结构。平面薄壁结构主要承受结构平面内载荷的作用。

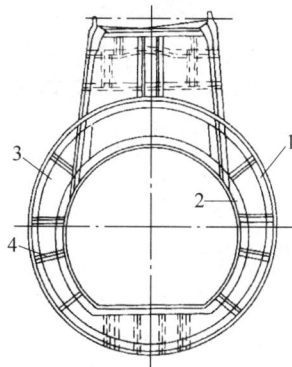

图 1.1-4 机身隔框——平面薄壁结构
1—外缘条;2—内缘条;3—腹板;4—支柱

3) 空间薄壁结构

空间薄壁结构是由不在同一平面内的杆件和板件组成的空间结构,机翼、机身和尾翼等都属于这类结构。图 1.1-5 所示的机翼为典型的空间薄壁结构。

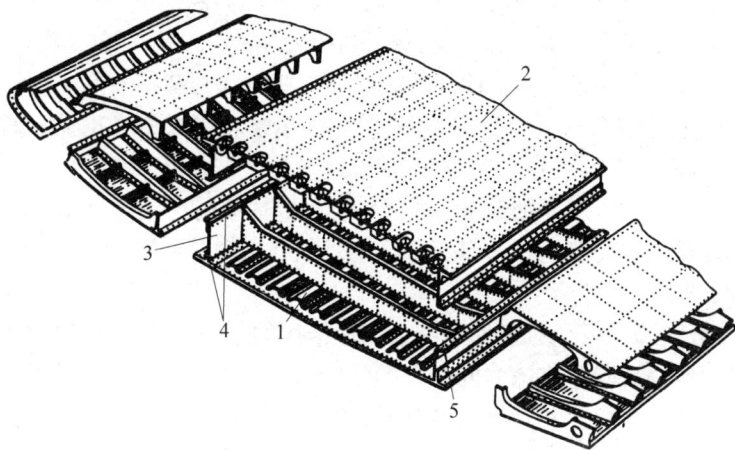

图 1.1-5 机翼结构形式——空间薄壁结构
1—桁条;2—蒙皮;3—梁腹板;4—梁缘条

1.1.2 飞机结构的适航性要求和结构件分类

1. 飞机结构的适航性要求

在飞行过程中,飞机结构要承受各种各样的载荷,为了使飞机能安全地完成飞行任务,在承受和传递载荷的过程中,飞机结构绝不能发生影响飞行性能、飞行安全的损坏和变形,飞机结构必须具有足够的强度、刚度和稳定性,并且要满足疲劳性能的要求,这样飞机结构才是适航的。

1) 结构的强度

结构受力时抵抗损坏的能力叫作结构的强度。结构的强度越大,表示它开始破坏时所承受的载荷越大。

CCAR-25 部要求飞机结构的强度要用限制载荷(服役中预期的最大载荷)和极限载荷(限制载荷乘以规定的安全系数)来确定。用真实载荷情况对飞机结构进行静力实验以确定飞机结构强度时,飞机结构必须能够承受极限载荷至少三秒钟而不被破坏。

2)结构的刚度

结构受力时抵抗变形的能力叫作结构的刚度。结构的刚度越大,在一定的载荷作用下产生的变形量越小。

飞机结构在各种载荷作用下产生的变形对飞机的飞行性能和飞行安全有着至关重要的影响。变形过大会改变飞机的气动外形,使飞机的气动性能下降,还可能引起机体颤振、操纵面反效、操纵系统卡滞等现象,给飞行安全带来隐患。

CCAR-25 部规定飞机结构必须能够承受限制载荷而无有害的永久变形。在直到限制载荷的任何载荷作用下,变形不得妨害安全飞行。

3)结构的稳定性

结构在载荷作用下保持原平衡状态的能力叫作结构的稳定性。如果在载荷作用下,尽管此载荷在结构中引起的应力远小于破坏应力,结构已不能保持原平衡姿态与载荷抗衡,就认为结构失去了稳定性,简称为失稳。

飞机结构中的细长杆件(起落架撑杆、襟翼滑轨撑杆等)和薄壁杆件(桁条、梁缘条等)受压时,当压应力大于受压失稳临界应力时,构件就会发生受压失稳现象。杆件受压失稳有两种破坏形式:一种是杆件轴线变弯,杆件不能保持直杆形状与载荷平衡,这种失稳被称为总体失稳;另一种是杆件轴线保持直线,组成杆件的薄壁产生了皱褶,这种失稳被称为局部失稳。不论发生了哪种形式的失稳,杆件都不能继续承载了。

结构一旦失去稳定性,承受的载荷不能再增加,此时结构的刚度降低,结构在载荷作用下变形加大,所以对于主要受力结构是不允许出现失稳现象的。

4)结构的疲劳性能

结构在疲劳载荷作用下抵抗破坏的能力叫作结构的疲劳性能。飞机结构在使用过程中承受的载荷不仅有静载荷,还有随时间变化的疲劳载荷。长期疲劳载荷的作用会使结构受到疲劳损伤,产生疲劳裂纹,最后导致裂纹的失稳扩展和结构灾难性破坏。

CCAR-25 部中规定必须表明飞机结构符合"结构的损伤容限和疲劳评定的要求"。规定中要求飞机在整个使用寿命期间将避免由于疲劳、腐蚀或意外损伤引起的灾难性破坏。飞机结构疲劳性能评定包括:①损伤容限评定;②安全寿命评定和;③声疲劳评定。

飞机结构是否符合适航性要求不仅和飞机的设计制造有关,也和飞机的使用维护有关。一架符合适航性要求的飞机投入使用后,飞机的使用维护条件就对飞机结构的适航性起到了决定性的作用。按照 CCAR-25 部结构的损伤容限和疲劳评定规定,必须制定为预防灾难性破坏的检查工作或其他步骤,并将其载入连续适航文件中。在飞机的使用维护过程中,应严格按照生产厂家提供的各种技术资料和要求进行:避免由于对飞机操纵不当使飞机结构受到意外的损伤;避免在维护中造成机械损伤(碰伤、擦伤、划伤);避免使用环境造成的腐蚀等,以保证飞机结构的持续适航性。

2. 飞机结构件的分类

根据结构件失效后对飞机安全性造成的后果,结构件可划分为重要结构项目(structural significant item,SSI)和一般结构项目(或其他结构项目)。

1）重要结构项目

重要结构项目是指承受飞行、地面、增压或操纵载荷的任何部件或组件，一旦损坏，会破坏飞机结构的完整性，而且会危及飞机的安全性，例如，机身蒙皮、机翼翼梁、机翼和机身内的加强隔框、发动机吊架以及飞行操纵面与飞机结构的连接结构等。

2）一般结构项目

一般结构项目是指不包括在重要结构项目内的部件或组件，例如机身与机翼连接部位的整流蒙皮等。

1.1.3 飞机结构的疲劳设计

飞行中飞机结构承受的载荷不仅具有静载荷的特点，而且还具有随时间变化的疲劳载荷的特点。例如，飞机"起飞—飞行—着陆"为一个循环，承受"地—空—地"周期循环载荷；气密座舱增压载荷也是周期性循环载荷。而在飞行中承受的突风载荷、机动载荷，着陆时撞击载荷、地面滑行载荷等又是载荷大小和出现次数都随机分布的随机载荷。因此，为了保证飞机飞行的安全，单单考虑飞机机体结构的静强度和刚度是不够的，还要考虑飞机机体结构在长期各种复杂载荷和复杂环境条件作用下，逐渐发生疲劳破坏的情况，以保证飞机使用的安全。

1. 安全寿命设计思想

安全寿命设计是建立在无裂纹的基础上，当结构在疲劳载荷作用下出现宏观的可检裂纹时，就到了结构的安全寿命终结点了。也就是说，一架机体结构不存在缺陷的新飞机从投入使用到出现可检裂纹这一段时间就是飞机结构的安全寿命。所以安全寿命设计只考虑无裂纹（即可检裂纹）寿命，而不考虑带裂纹的寿命。CCAR-25部规定安全寿命（疲劳）评定标准为：这些结构必须用有试验依据的分析表明，它们能够承受在其服役寿命期内预期的重复载荷作用而没有可察觉的裂纹。

安全寿命设计只考虑无裂纹寿命，而不考虑裂纹扩展寿命。实际上对于一般工程构件而言，存在初始裂纹和缺陷是难免的，有些按照疲劳安全寿命设计的飞机，在安全寿命内就发生了一些裂纹失稳扩展的断裂事故。

2. 破损安全设计思想

破损安全是指部件中的一个构件发生破坏之后，其他残存结构件仍能继续承担CCAR-25部中关于破损安全评定中所规定的各种状态下的载荷，以防止飞机的破坏，或造成飞机刚度降低过多而影响飞机的正常使用。这也就是说，这种设计思想允许飞机结构有破损，但必须保证飞机的安全。这种设计思想本身具有一定的局限性，远不足以解决安全和寿命问题。破损安全设计思想可看作损伤容限设计思想的"雏形"，至今仍是后者的一个组成部分。

3. 损伤容限设计

损伤容限设计概念是承认结构在使用前就带有初始缺陷，并认为由初始缺陷到形成临界裂纹的裂纹扩展寿命即是结构的总寿命。损伤容限设计不考虑结构件的无裂纹寿命，只考虑带裂纹寿命。

损伤容限设计的思想是：承认结构在使用前就带有初始缺陷，但必须把这些缺陷在规定的未修使用期内的增长控制在一定的范围内，使结构满足规定的剩余强度要求，以保证飞机的安全性和可靠性。损伤容限除了通过结构设计和试验研究裂纹扩展规律,控制裂纹扩展速率外,还有一个很重要的工作是使带有允许裂纹的结构满足规定的剩余强度要求,以保证飞机结构的安全性和可靠性。

损伤容限设计的结构应该是缓慢裂纹扩展结构或破损安全结构,或者是这两种类型的结合。

1) 缓慢裂纹扩展结构

这种结构应被设计成初始损伤以稳定、缓慢的速率扩展,以保证在规定的检查周期内,在使用载荷作用下,结构内的初始缺陷或裂纹不至于扩展到临界裂纹的尺寸。这种结构要求材料抗断裂韧性高、裂纹扩展速率较低,而且要通过质量控制使结构件中可能存在的初始缺陷尺寸小于通过试验和分析所确定的初始缺陷值。

通过选用裂纹扩展速率低的结构材料和控制结构件上初始缺陷的尺寸,使其由初始缺陷扩展到临界裂纹尺寸的寿命(分散系数为2)大于规定的检修周期,来确保飞机飞行安全。

2) 破损安全结构

破损安全结构又分为破损安全多路传力结构和破损安全止裂结构。

(1) 破损安全多路传力结构:具有两条或两条以上的传力路线,当一条传力路线由于其中某一构件破坏而中断时,要求的破损安全载荷仍可通过其他传力路线传递过去。

(2) 破损安全止裂结构:通过止裂带、止裂孔、蒙皮分块、开止裂缝等使已产生的裂纹停留在所设计的止裂区内,不再向前发展,保证飞机在规定的检修周期内,在使用载荷/环境作用下安全飞行。

损伤容限设计方法是对传统设计方法的补充和发展。它避免了由于构件存在初始缺陷或出现裂纹被漏检而引起的飞行安全事故,同时又对结构件上的裂纹扩展进行研究,科学地制定出对飞机结构进行检修的周期。所以,与传统的安全寿命设计相比,它是一种比较安全和经济的方法。

4. 耐久性设计

飞机结构的耐久性是指飞机结构在规定的经济寿命期间内,抵抗疲劳开裂、腐蚀、热退化、剥离、磨损和外来物偶然损伤作用的一种固有能力。经济寿命是执行耐久性试验计划的结果所表示的工作寿命,当被试验的结构出现遍布损伤,要修理不经济,不修理又影响结构使用功能时,则认为结构已达到经济寿命。

耐久性设计概念是针对飞机研制成本和生产成本以及使用维修费用的急剧增加而提出的一种结构设计思想。这种结构设计思想认为飞机结构在使用前就存在许多微小的初始缺陷(尺寸在1mm以下的单条或成群出现的较小裂纹),结构在载荷/环境作用下逐渐形成了一定长度和一定数量的裂纹和损伤群,此时结构必须进行修理(称为经济修理),否则继续扩展下去将会造成结构功能损伤或维修费用剧增影响到飞机的备用性。这种经济修理可以进行若干次,直到满足使用寿命要求。

耐久性设计目标是通过合理选择材料、工艺,控制应力水平、设计细节,检查及防护,以满足经济修理要求和降低使用维护费用,提高飞机的备用性、寿命和可靠性。

耐久性设计的基本要求:

(1) 飞机结构的经济寿命必须超过一个设计使用寿命(见图1.1-6);

(2) 在低于一个设计使用寿命期内不允许出现功能性损伤,如刚度降低、操纵效率下降、座舱减压和油箱漏油等；

（3）飞机经济寿命必须通过分析和试验验证，经济寿命应满足以下要求：经济寿命＝全尺寸结构耐久性试验或分析寿命/2＞设计使用寿命。

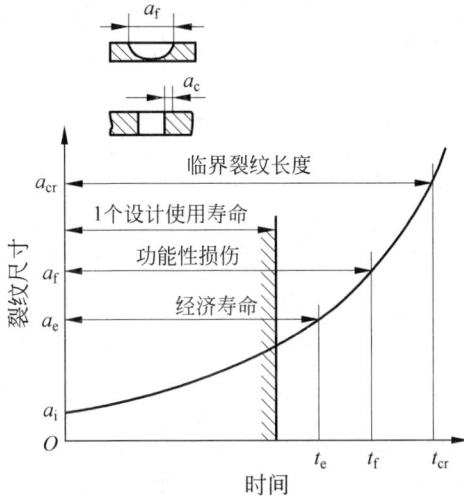

图 1.1-6　经济寿命和设计使用寿命的关系

飞机结构的耐久性设计可以取代安全寿命设计，并和损伤容限设计科学地结合起来，形成飞机结构的耐久性加损伤容限的设计思想。这种设计思想是要保证飞机结构在整个使用寿命期内，不会因疲劳、腐蚀和意外损伤而造成灾难性破坏，并且使结构具有良好的寿命特性和维修的经济性。它是用耐久性概念确定经济寿命，用损伤容限设计概念保证飞行安全。

1.1.4　站位编码与区域划分

为了便于在飞机使用、维护和修理中，确定部件的位置，需要建立参数基准给机身、机翼、尾翼等进行站位编号。

1. 飞机机体站位编号

1）机身站位、水线和纵剖线

为了便于定位机身内结构和部件的位置，通常采用机身站位、水线和纵剖线，如图 1.1-7 所示。

（1）机身站位（body station，BS）是指机身纵向各点的站位编号，站位编号用此点到基准面水平距离的英寸数表示。基准面是在飞机型号合格证数据单中给定的假想垂直面，它的机身站位编号为零。位于基准面之前各点的机身站位编号为负值，位于基准面之后各点的机身站位编号为正值。

（2）水线（water line，WL）是为了确定机体结构部件垂直方向位置而设立的一条水平参考线。

（3）机身纵剖线（body buttock line，BBL）是机身的中心线。机身纵剖线站位编号由中心线向左（或右）距离的英寸数确定。

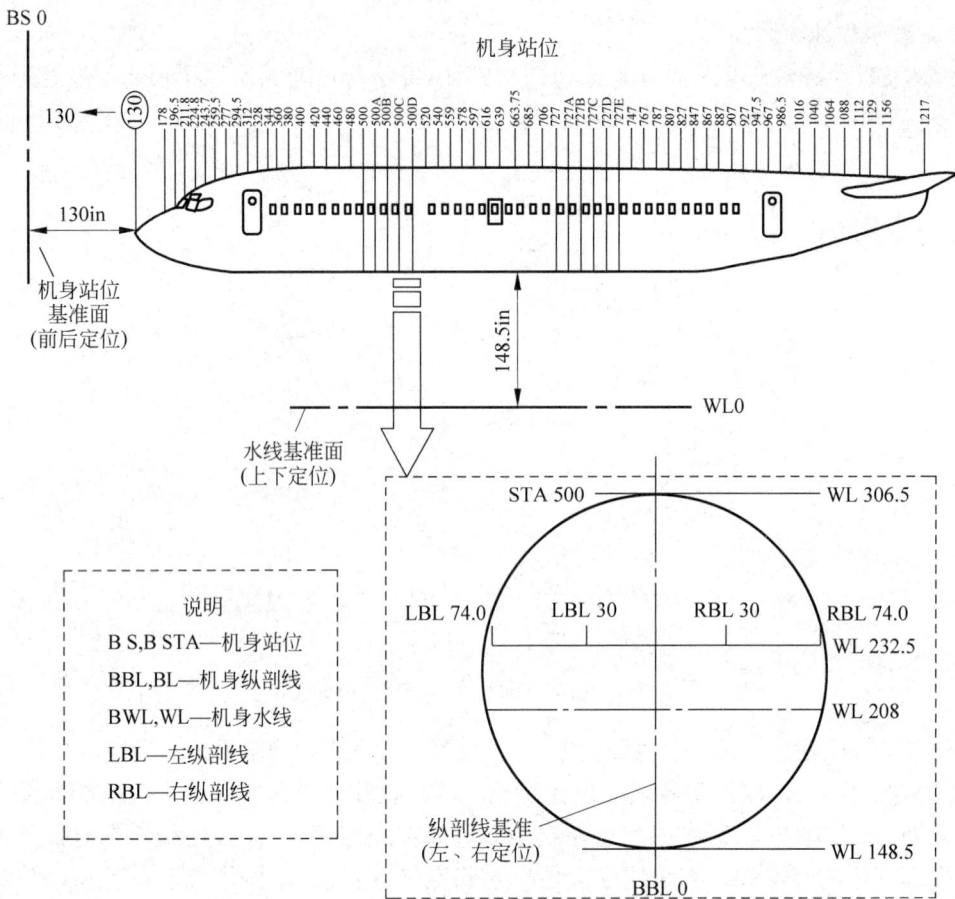

图 1.1-7   机身站位、水线和纵剖线①

2) 机翼站位

机翼采用机翼站位(wing station,WS)和机翼纵剖线(wing buttock line,WBL)作为测量基准。对于后掠机翼来说,机翼站位与机翼纵剖线不一致。它们的测量起点都是机身纵剖线(BBL 0)处,但机翼站位测量时与机翼前缘垂直,而机翼纵剖线站位测量时与机身纵剖线平行,如图 1.1-8 所示。

3) 尾翼站位编号

尾翼站位编号分为垂尾站位编号及水平安定面和升降舵站位编号,其中:垂尾站位编号可采用水线(WL)表示,水平安定面和升降舵站位编号采用水平安定面站位编号和纵剖线编号(BL)表示。对于水平安定面后掠的飞机,安定面站位编号和纵剖线编号与后掠机翼站位编号和机翼纵剖线编号规则相同。

2. 飞机机体区域划分

大型飞机机体区域的划分应按美国航空运输协会(Air Transport Association of American,ATA)的规范 ATA-100(ATA-100 与 ATA2100 合并为 ATA-2200 规范)中的规定进行,如图 1.1-9 所示。

---

① 1in＝2.54cm。

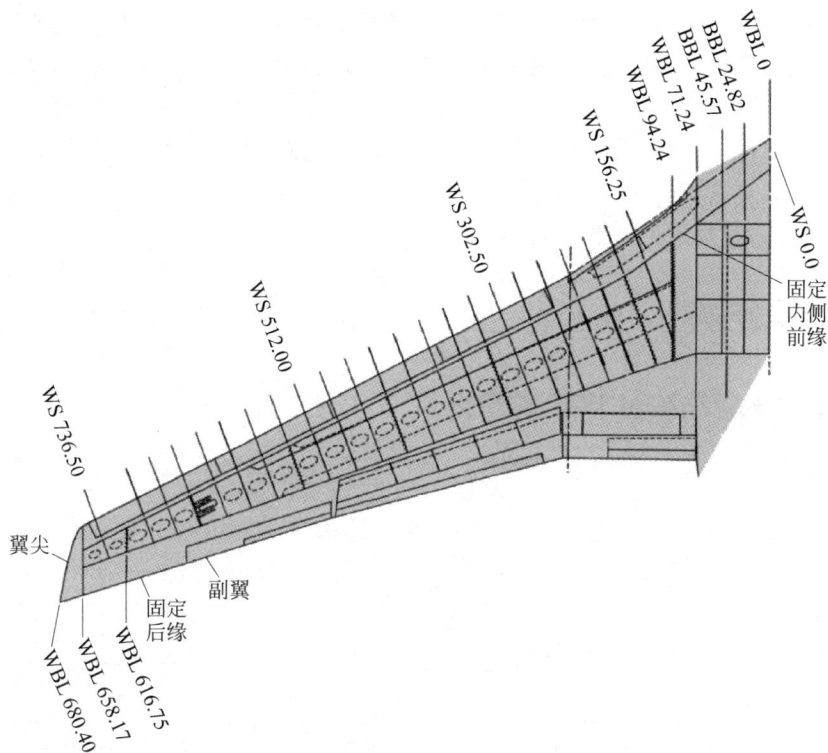

图 1.1-8 后掠机翼站位编号和机翼纵剖线

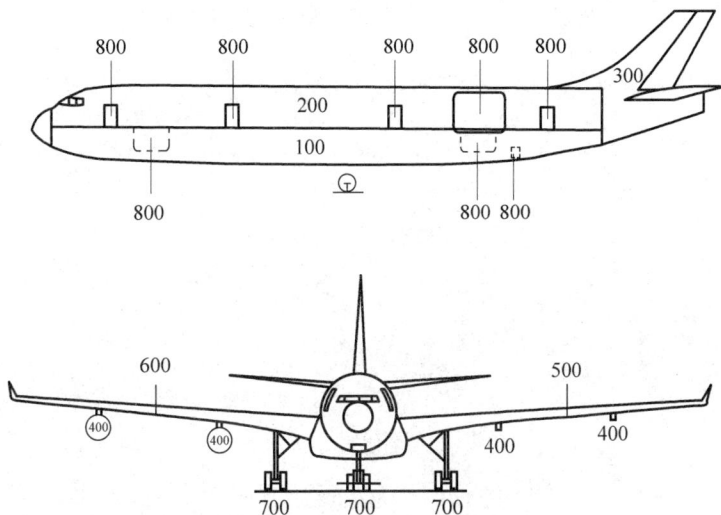

图 1.1-9 飞机主区域划分

100—机身下部；200—机身上部；300—机尾和安定面；400—动力装置和吊舱；
500—左机翼；600—右机翼；700—起落架和舱门；800—门

　　机体区域划分的基本原则是将机体由粗到细逐渐划分。先将机体进行大范围划分，划分得出的每个区域称为主区；每个主区再进一步划分成较小的区域，每个区域称为分区；再将分区进一步划分成更小的区域称为区域。机体区域编号用三个数字表示，第一个数字表示主区编号，第二个数字表示分区编号，最后一位数字表示区域编号。比如，机体区域编号321,第一个数字3是主区编号,表示的区域是尾翼部分(包括后气密框之后的机身);第二个数字2是分区编号,表示的区域是垂直安定面和方向舵;第三个数字1是区域编号,表示的区域是垂直安定面前缘。这样区域编号321就表示了机体的垂直安定面前缘部分。

经过以上对机体主区、分区和区域的编号,整个机体都被划成能用具体编号表示的区域,这给飞机结构的检查、维护和修理带来很大的方便。另外,这些编号还可用于计算机维护管理系统,使飞机维护记录数字化。

1.2　飞机结构

1.2.1　飞机结构及其基本要求

1. 飞机结构

飞机结构是指由多个零构件组成的装配体,它能够承受和传递一定范围之内的外载荷,且能满足一定强度、刚度、使用寿命和可靠性等要求。我们通常所说的飞机结构是指飞机的机体结构部分。一般认为,固定翼飞机的机体结构由机身、机翼、尾翼、发动机吊舱、起落架、操纵系统和其他系统的受力结构组成,如图 1.2-1 所示。

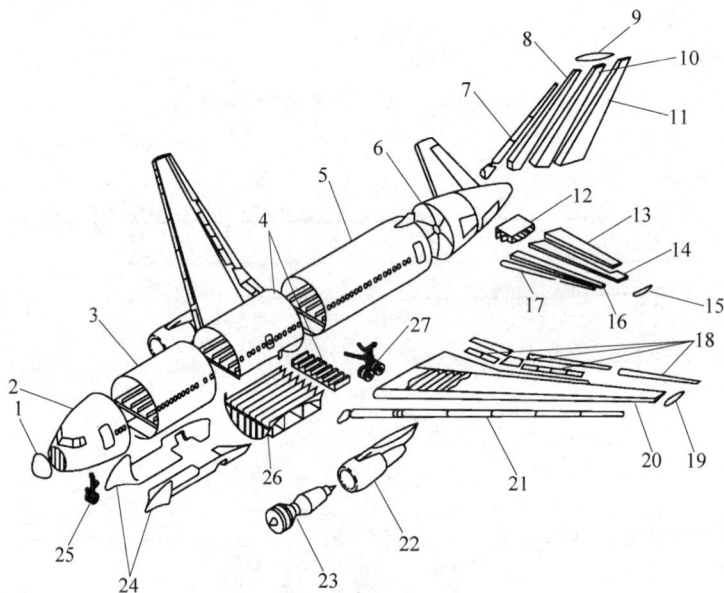

图 1.2-1　飞机的结构部件

1—雷达罩;2—机头段;3—前机身段;4—机身机翼连接结构;5—后机身;6—机尾段;7—垂尾前缘;
8—垂尾前扭力盒;9—垂尾尖;10—垂尾后扭力盒;11—方向舵;12—平尾中段;13—升降舵;14—平尾后扭力盒;
15—平尾翼尖;16—平尾前扭力盒;17—平尾前缘;18—机翼后缘装置(扰流板、副翼、襟翼);19—翼尖;20—翼盒;
21—前缘装置;22—短舱吊挂;23—动力装置;24—翼身整流罩;25—前起落架;26—中央翼盒;27—主起落架

我们通常将机身、机翼以及类似的大结构称为部件结构。机身和机翼又可分别沿机身纵向和翼展方向分成若干个制造大段,对这样的一大段结构,通常称为组件结构。组件结构还可以分为若干个小组件或构件等结构。

2. 对飞机结构的基本要求

1）强度和刚度要求

飞机结构应具有足够的强度和刚度，以承受各种规定的载荷，保证结构能够正常工作。

2）气动性能要求

当结构与气动外形有关时，结构外形应能满足总体设计规定的外形准确度。不允许机身、机翼和尾翼等结构有过大的变形，以保证飞机具有良好的气动升力和阻力特性，以及具有良好的稳定性和操纵性。

3）耐久性和可靠性要求

飞机结构应具有高的疲劳强度，经久耐用，并具有高的可靠性。

4）重量要求

在保证上述条件得到满足的前提下，要使飞机结构的重量尽可能轻。这样，不但可以改善飞机的飞行性能，而且使它能在同样的情况下增大载重量。

5）使用维护要求

为了确保飞机的各个部分能安全可靠地工作，需要按规定的周期检查和维护飞机结构。良好的维修性可以提高飞机在使用过程中的安全可靠性并且降低使用成本，为此，飞机结构上需要合理设置检查口盖和舱口，增加结构的开敞性和可达性。

6）工艺和经济要求

飞机结构应具有良好的工艺性和经济性。这就要求飞机结构应该容易制造和装配，能够适应成批或大量生产，并尽量降低其成本。

1.2.2 机身结构

1. 机身结构主要构件

机身主要是用来装载机组人员、空乘人员、乘客、货物、设备等。机身还作为整个机体的中枢部件，将机翼、尾翼、起落架、动力装置等组装在一起组成完整的飞机。

机身属于薄壁结构，由一些受力构件组成受力骨架，外面再蒙以蒙皮而形成。

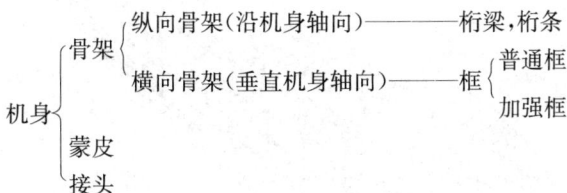

$$
机身
\begin{cases}
骨架
\begin{cases}
纵向骨架（沿机身轴向）——桁梁, 桁条 \\
横向骨架（垂直机身轴向）——框
\begin{cases}
普通框 \\
加强框
\end{cases}
\end{cases} \\
蒙皮 \\
接头
\end{cases}
$$

这些受力构件分为：①维形件：如普通框、蒙皮等；②承力件：如加强框、桁梁等。机身结构形式的发展也是经过了维形件与承力件从分开到逐渐合并的过程。

2. 机身结构形式

1）构架式

早期木布结构的机身是构架式的（图1.2-2）。一般受力骨架是由纵向四根桁梁及直支柱、斜支柱、横支柱等构成的空间桁架。受力骨架外面蒙上棉布或亚麻布的蒙皮。机身的总体载荷（弯矩、剪力、扭矩）均由空间桁架各构件承受拉压来传递，布质蒙皮仅仅形成机身气动外形，承受局部气动载荷，是典型的维形件。

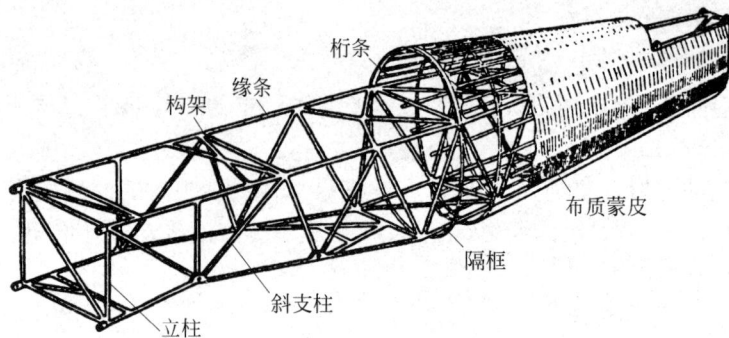

图 1.2-2 构架式机身

这种构架式机身制造简单,便于施工,机身上开口方便。但机身气动外形不理想,结构抗扭刚度差,蒙皮只承受局部气动载荷,材料并没有得到充分的利用,生存力也差。

2) 半硬壳式

随着飞机飞行速度的提高,铝合金广泛应用于飞机结构,飞机机身逐渐发展为半硬壳式机身。半硬壳式机身是全金属薄壁结构。铝合金蒙皮承载能力比布质蒙皮大大提高了,不仅能承受气动载荷,而且参与总体受力。但由于蒙皮厚薄不同,参与总体受力程度不同,半硬壳式机身又分为桁梁式机身和桁条式机身。

(1) 桁梁式机身。桁梁式机身(如图 1.2-3 所示)纵向有较强的桁梁受力件,而桁条较弱,蒙皮较薄,强而有力的桁梁成为承受弯矩的主要构件,蒙皮除了承受气动载荷外,还要以剪切形式承受剪力和扭矩。

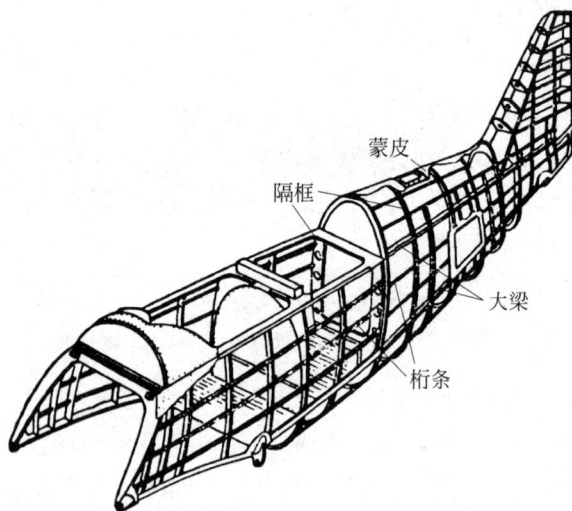

图 1.2-3 桁梁式机身

桁梁式机身构造简单,机身上易实现开口,结构对接也容易实现。但因为没有充分发挥桁条、蒙皮承受弯矩的能力,结构重量较大,而且抗扭刚度较小,生存力也较差,所以,这种结构型式适合于小型飞机,或机身上开口较多的部位。

(2) 桁条式机身。桁条式机身(如图 1.2-4 所示)纵向没有桁梁,全部是较强、布置较密的桁条,外面蒙以较厚的蒙皮。因为桁条较强较密,蒙皮较厚,桁条与蒙皮铆接成加劲板,成为承受弯矩的重要构件。此外,蒙皮还要以剪切形式承受剪力和扭矩。

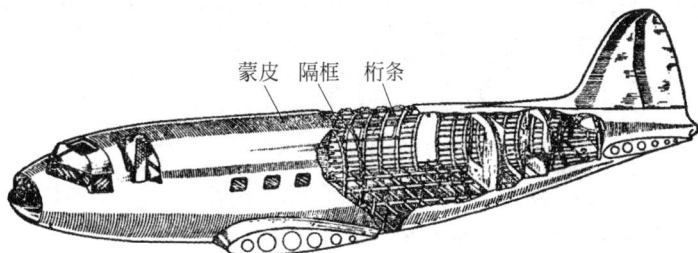

图 1.2-4 桁条式机身

桁条式机身充分发挥了桁条和蒙皮的承载能力,使结构重量减轻。而且由于蒙皮较厚,承受弯矩的构件分散,因此,机身抗扭刚度高,生存力强。这种结构形式的缺点是构造较复杂,结构对接困难,也不易在机身上开口。但它的优点对于高速度的大型飞机来说是非常重要的。

3) 硬壳式

硬壳式机身(如图 1.2-5 所示)采用框架、隔框、蒙皮形成机身的外形,而蒙皮承受主要的应力。由于硬壳式机身结构没有纵向加强件,因而蒙皮必须足够强,以维持机身的刚性。硬壳式机身面临的主要问题是重量较大,机身开口较困难。

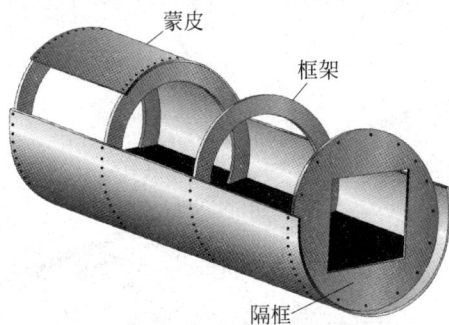

图 1.2-5 硬壳式机身

现代飞机机身的结构形式主要是半硬壳式。为了利用它们的优点,避免其缺点,许多飞机机身采用了桁梁式和桁条式组成的混合式结构。一般在前机身,因为开口较多,总体载荷较小,多采用桁梁式,而机身中段、后段,因为总体载荷较大,采用桁条式。

1.2.3 机翼构造

1. 机翼结构主要构件

机翼的结构形式是由它的主要功用来决定的。机翼的主要功用有以下几方面:产生飞机飞行时所需要的升力;安装飞机起飞、着陆时所必需的增升装置和对飞机进行横向操纵的操纵面,以减少飞机起飞着陆的速度,保证飞机的横向操纵性;安装发动机、起落架等部件,内部装有燃油及其他设备。

上述功用决定了机翼的结构形式应采用满足一定气动外形要求的薄壁结构。

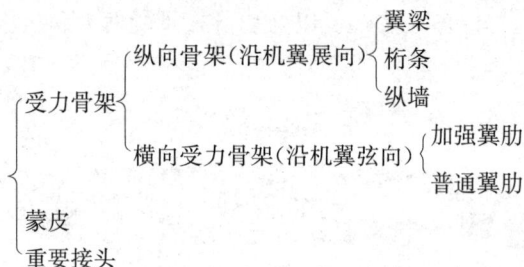

$$
受力骨架
\begin{cases}
纵向骨架(沿机翼展向)\begin{cases}翼梁\\桁条\\纵墙\end{cases}\\
横向受力骨架(沿机翼弦向)\begin{cases}加强翼肋\\普通翼肋\end{cases}\\
蒙皮\\
重要接头
\end{cases}
$$

这些受力构件的作用可以分为两大类:

(1) 使机翼具有产生气动升力所必需的外形和表面,承受局部气动载荷;

(2) 承受总体载荷产生的剪切弯曲和扭转,保证机翼总体强度和刚度。

起前者作用的构件称为维形件,如蒙皮、普通翼肋。起后者作用的称为承力件,如翼梁、桁条、加强翼肋等。

2. 机翼结构形式

机翼结构形式的变化过程是随着飞行速度的提高,由维形件和承力件分开逐步发展到合并的过程。机翼构件中的维形件(主要是蒙皮)参加总体承载的程度标志着机翼结构形式发展的不同阶段。

1) 桁架式机翼

早期的飞机速度较低,局部气动载荷不大,因此,机翼在结构上都采用了维形件和承力件分开的形式(如图1.2-6所示)。

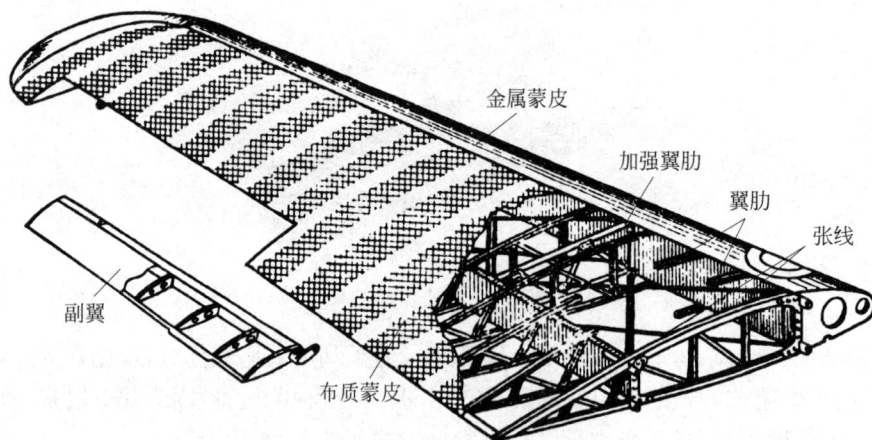

图1.2-6 桁架式机翼

桁架式机翼的主要结构特点是:由翼梁、张线、横支柱(翼肋)构成的桁架为受力骨架;承受总体载荷,即剪力,弯矩和扭矩;由布质蒙皮构成机翼气动外形并承受局部气动载荷。

桁架式机翼的优点是构造简单,重量轻,成本低;缺点是机翼扭转刚度太低,生存性差。因此,桁架式机翼只适用于低速飞机。

2) 桁梁式机翼

桁梁式机翼(如图1.2-7所示)的结构特点是:有一根或者数根很强的翼梁,蒙皮很薄,长桁的数量少,而且较弱。

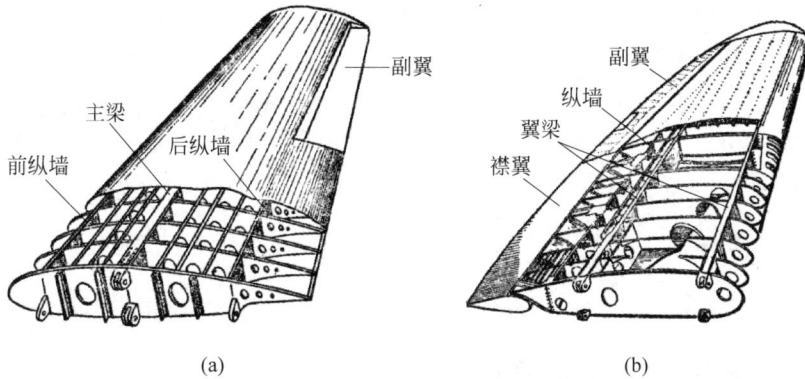

图 1.2-7　桁梁式机翼

（a）单梁机翼；（b）双梁机翼

承力特点：机翼总体弯矩主要由翼梁来承担；蒙皮参加承受扭矩；桁条的作用是与蒙皮一起承受局部气动载荷并提高蒙皮抗剪稳定性,使之能更好地承受扭矩。

优点：机翼上便于开口,机翼与机身连接简单。

缺点：生存力较差；蒙皮薄,在速度进一步提高的情况下,不能保证局部刚度和机翼扭转刚度。

3) 单块式机翼

单块式机翼构造如图 1.2-8 所示,其结构特点是：相比之下,翼梁缘条的强度并不十分突出；蒙皮较厚,桁条多而且较强,蒙皮和桁条组成的机翼上、下壁板很强。

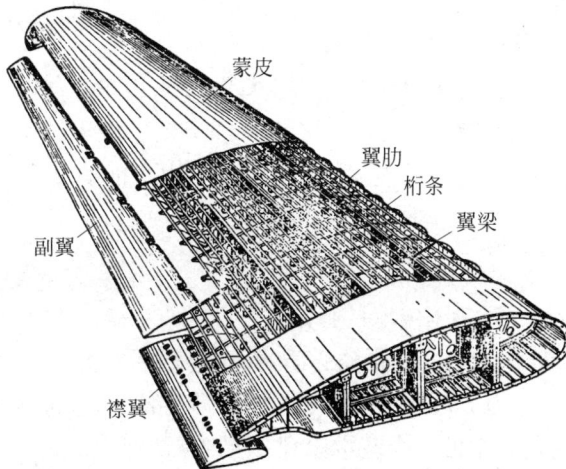

图 1.2-8　单块式机翼

承力特点：翼梁缘条、长桁和蒙皮组成机翼上、下壁板,一起承担总体弯矩,所以称为单块式机翼。

单块式机翼的优点是蒙皮厚,局部刚度和扭转刚度较大,受力构件分散,生存力较强,适用于高速飞机。其缺点是机翼上不便于开口,机翼和机身连接接头比较复杂。

第2章

液压与燃油系统

2.1 液压系统的基本原理

2.1.1 液压传动原理

液压传动是一种以液体为工作介质,利用液体静压能来完成传动功能的一种传动方式,也称容积式传动。液压传动建立在帕斯卡原理基础之上,帕斯卡原理指出,在装满液体的密闭容器内,在边界处对液体施加压力(物理学意义上的"压强"概念,在液压工程上被称为"压力")时,液体能把这一压力大小不变地向四面八方传递。

1. 传动模型

图 2.1-1 所示为基于液压传动原理的最简单的液压模型。它由两个液压缸(又称作动筒)1 和 2 组成,中间由管道相连,内部充满了液体。当液压缸 1 的活塞向左移动时,液压缸 1 左腔的液体被挤入液压缸 2 的右腔,这两个腔内的压力升高,液压缸 2 活塞被迫向左移动。若连续推动活塞 1,则液体连续地流经管道并推动活塞 2 持续运动。液压缸 1 推动液体流动并使液体建立压力,它就是一个简单的手动液压泵;液压缸 2 用来推动负载,它就是一个液压执行元件。

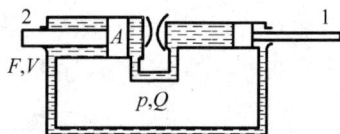

图 2.1-1　液压传动原理模型

2. 传动特性

分析液压传动模型,可得液压传动具有如下特性:

(1) 液压传动以液体作为传递能量的介质,而且必须在封闭的容器内进行。

(2) 为克服负载(符号为 F)必须给油液施加足够大的压力(符号为 P),负载越大所需压力亦越大。这是液压传动中的一个基本原理:压力取决于负载。

图 2.1-1 所示液压缸 2 的外负载为 F,活塞无杆腔面积为 A。理想情况下,为克服外负载,无杆腔活塞上的液压力(压力 P 与活塞面积 A 的乘积)应等于 F。经转换得出:$P=F/A$。

(3) 要完成一定的传动动作,仅利用油液传递压力是不够的,还必须使油液不断地向执行机构运动方向流动。单位时间内流入作动筒的油液体积称为流量(符号为 Q),流量越大活塞的运动速度越大。这又是液压传动中的一个重要规律:输出速度取决于流量。

图 2.1-1 所示液压缸 2 的无杆腔面积为 A,流量为 Q。单位时间 Δt 内,流入无杆腔的液体体积为 $Q \cdot \Delta t$,活塞杆运动位移量为 Δs(位移量为流入活塞液体体积与活塞面积之比)。活塞运行速度 $V = \Delta s/\Delta t = (Q \cdot \Delta t/A)/\Delta t$,简化可得 $V = Q/A$。

(4)液压传动的主要参数是压力 P 和流量 Q。

(5)液压传动中的液压功率等于压力与流量的乘积。

如图 2.1-1 所示,当系统稳定工作时,液压缸 2 的输出力为 F,运动速度为 V,输入的液压压力为 P,流量为 Q。理想状态下液压功率等于机械功率,则功率 $N = FV = (PA)(Q/A) = PQ$。

2.1.2 液压系统的组成

实际使用的液压系统要比图 2.1-1 中传动原理模型复杂得多。目前对液压系统的组成基本上有两种阐述方法,一种是按组成系统的液压元件的功能类型划分,另一种是按组成整个系统的分系统功能划分。

1. 按液压元件的功能划分

液压系统必须由一些主要液压元件组成,一般都包括 4 种元件(如图 2.1-2 所示)。

(1)动力元件,指液压泵,将电动机或发动机产生的机械能转换成液体的压力能;

(2)执行元件,指作动筒或液压马达,将液体的压力能转换为机械能;

(3)控制元件,即各种阀,调节各部分液体的压力、流量和方向,满足工作要求;

(4)辅助元件,除上述三项组成元件之外的其他元件,包括油箱、油滤、散热器、蓄压器及导管、接头和密封件等。

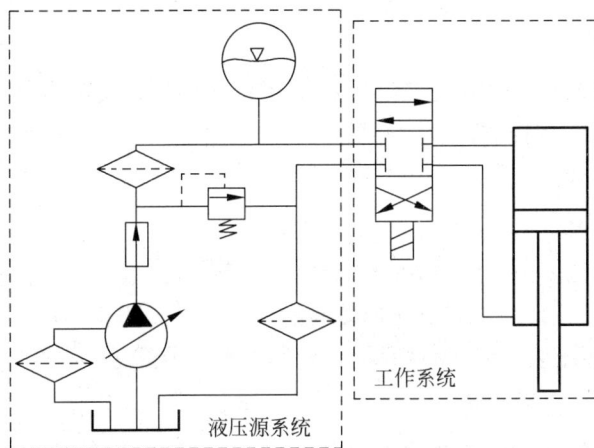

图 2.1-2 液压系统基本组成图

2. 按组成系统的分系统功能划分

从系统的功能观点来看,液压系统可分为液压源系统和工作系统两大部分。

(1)液压源系统,包括泵、油箱、油滤系统、冷却系统、压力调节系统及蓄压器等。飞机液压源系统(即 ATA 29 章)的大部分部件,除发动机驱动泵外,绝大部分位于液压舱内(主轮舱区域或专门的液压设备舱内)。

(2) 工作系统(液压操作系统、用压系统),它是用液压源系统提供的液压能实现工作任务的系统。利用执行元件和控制元件进行适当地组合,即可产生各种形式的运动或不同顺序的运动,例如飞机飞行操纵系统(即 ATA 27 章)、起落架收放系统(隶属 ATA 32 章)、液压刹车系统(隶属 ATA 32 章)、发动机反推系统(隶属 ATA 78 章)等。

2.1.3 液压传动的优、缺点

1. 液压传动的优点

(1) 单位功率的重量轻,结构尺寸小。据统计,轴向柱塞泵每千瓦功率的重量只有 $1.5\sim2N$,而直流电动机则高达 $15\sim20N$。在同等功率下,前者的重量只有后者的 $10\%\sim20\%$;至于尺寸相差就更大,前者为后者的 $12\%\sim13\%$。

(2) 液压执行机构反应速度快。电动机转动部件的惯量可达到其输出转矩的 50% 左右,而液压马达则不大于 5%。所以在加速中,同等功率的电动机需一秒到几秒的时间,而液压马达只需 0.1s。液压传动可在高速状态下起动、制动和换向,对于旋转运动的液压马达每分钟可达 500 次;直线往复运动的液压作动筒每分钟可达 $400\sim1000$ 次,这是其他传动控制方式无法比拟的。

(3) 大范围内实现无级调速,而且调速性能好。调速范围可达 $200\sim250$,而电动机通常只能达到 20。电气传动无级调速,但调速范围小,转速过低则不稳定;而液压传动执行机构,特别是液压马达可在极低的转速下输出很大的转矩(转速可低至 $1r/min$)。

(4) 能传递较大的力和转矩。传递较大的力和转矩是液压传动的突出优点。

(5) 易实现功率放大。这在控制系统中是一个非常重要的特点,它可以减少执行部件所需的操纵力,以微小的信号输入而得到较大的功率输出。对于电液伺服控制系统,其放大倍数可达 30 万倍以上。

(6) 操纵、控制、调节比较方便、省力,易实现自动化。尤其和电气控制结合起来,能实现复杂的顺序动作和远程控制。

(7) 易于实现过载保护和自动润滑,元件使用寿命较长。

2. 液压传动的缺点

(1) 液压元件结构复杂,制造精度要求高,成本高,维修技术要求高;
(2) 液压信号传递速度慢,与以光速传播的电控信号无法相比;
(3) 液压能量的传递很不方便,液压管路布置、连接麻烦。

3. 液压系统技术发展趋势

(1) 液压源供压的压力逐渐提高。飞机采用液压源系统可追溯到道格拉斯公司 1935 年首飞的 DC-3 型飞机,系统压力仅为 $785psi$[①]。后续研发的飞机液压系统压力逐渐升高。目前最新飞机(如空客 A-380 飞机和波音 B-787 飞机)的液压源系统的压力已经由主流的 3000psi 提高到 5000psi。液压源供压系统压力提高,可有效减小液压管路的直径、液压元件的尺寸和重量,从而减小液压系统总重量。

(2) 利用静液作动器(electro-hydrostatic actuator,EHA)替代部分常规液压作动器,利

---

① $1psi=1lb/in^2=6895Pa$。

用飞机电网替代液压管线实现动力电传,减少对液压系统管线需求。民航飞机对液压系统的可靠性要求较高,通常采用多套液压系统为工作系统(如飞行操纵系统等)供压,导致液压源系统非常复杂,管路密布,系统重量大,同时对维护要求也较高。因此,大型民航飞机尝试采用电静液驱动方案替代常规液压驱动方案。图 2.1-3 所示为飞机舵面采用液压伺服作动器的常规驱动方式与采用电静液作动器的多电驱动方式的技术差别。

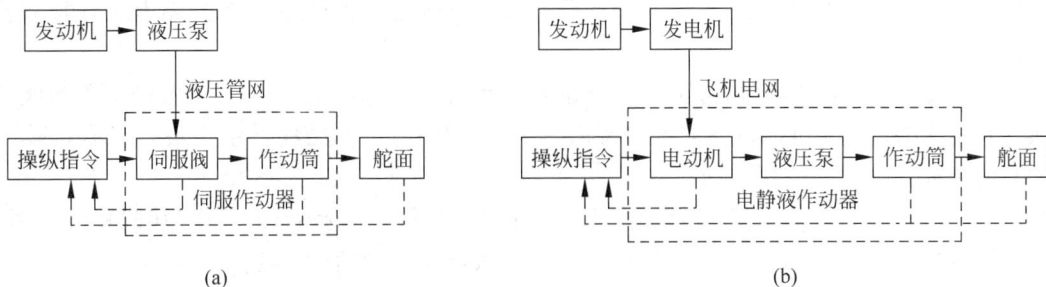

图 2.1-3 舵面常规液压驱动与多电驱动原理对比图
(a) 常规液压驱动(伺服作动器);(b) 多电驱动(电静液作动器)

图 2.1-3(a)为舵面采用液压伺服作动器作为驱动元件的常规驱动方案。液压泵将发动机输入的机械能转换成液压能,并输送到飞机液压管网。伺服作动器接收操纵指令,并从液压管网获取能量,根据操纵指令驱动飞机舵面运动。图 2.1-3(b)为采用静液作动器的多电驱动方案。电静液作动器是一种新型液压执行机构,将电动机、液压泵、微型油箱、作动筒集成在一起,从飞机电网获得电能,由电动机驱动液压泵,进而推动液压作动器操纵舵面运动。虽然静液作动器的尺寸和重量比常规液压伺服作动器大,但与常规液压驱动方案相比,多电驱动采用电网替代了液压管网,液压管路、接头和管路支撑件由重量更轻的电缆、卡箍替代,整个系统所需液压油体积亦随之减少,导致整体重量大幅下降。因此在大型飞机上(如空客 A380 飞机),电静液驱动方案替代了部分常规液压驱动方案。

2.2 液压泵

2.2.1 液压泵的基本工作原理

液压系统使用的动力源为液压泵。液压泵都是容积式泵,其工作原理是利用容积变化来进行吸油、压油的,图 2.2-1 为容积式泵的工作原理,图中柱塞 2 依靠弹簧 3 紧压在偏心轮 1 上;偏心轮 1 由发动机或电动机带动旋转,柱塞 2 便作往复运动,使密封工作腔 4 的容积发生变化。当工作腔容积变大时产生部分真空度,大气压力迫使油箱中的油液经吸油管顶开单向阀 5,进入工作腔,这就是吸油过程;当工作腔的容积变小时,吸入的油液受到挤压,产生压力,顶开单向阀 6 流到系统中去,这就是压油过程。偏心轮不断旋转,泵就不停地吸油和压油。这样,泵就把发动机输入

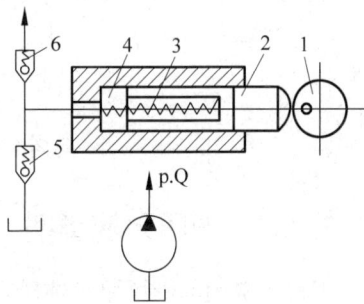

图 2.2-1 容积式液压泵的工作原理

的机械能转换成液压能。

由上述工作原理可知：

(1) 液压泵的工作是靠密封工作腔的容积变化来吸油和压油的,其输出的油量是由这个密封腔的容积变化量来决定的。

(2) 吸油过程,油液在液面表面压力与泵工作腔内的压力差作用下供向液压泵；压油过程,输出压力的大小取决于油液从单向阀6排出时所遇到的阻力,即泵的输出压力取决于负载。

(3) 泵在吸油和压油时,必须使密封腔的油液通路进行转换,图2.2-1中是由单向阀5和6来实现的。使泵油路进行转换的装置叫作配流装置,不同结构类型的泵具有不同形式的配流装置。

从工作原理上来说,大部分液压泵都是可逆的,即输入压力油,便可输出转速和扭矩,把液压能转换为机械能,实现这一功能的元件称为执行元件,即液压马达。

2.2.2　液压泵的性能参数

1. 排量和流量

(1) 排量。液压泵的排量是指在没有泄漏的情况下,泵每转一周所排出的液体体积。它是由泵的密封工作腔的大小来决定的。一般排量用 q 表示。

(2) 理论流量。液压泵的理论流量 Q_t 等于泵的排量 q 与泵的转数 n 的乘积,即 $Q_t = qn$,即指泵在不考虑泄漏的情况下单位时间内输出的液体体积。

(3) 额定流量。液压泵的额定流量是指在额定转速下,处于额定压力状态时泵的流量。由于泵总存在着内漏,所以额定流量总是小于理论流量。

2. 额定压力

液压泵的额定工作压力是指在额定转速下,在规定的容积效率下,泵能连续工作的最高压力。额定工作压力可根据图2.2-2中的压力-流量特性曲线确定,其大小取决于泵的密封件和制造材料的性质和寿命。若其工作中压力超过额定值就称为过载。

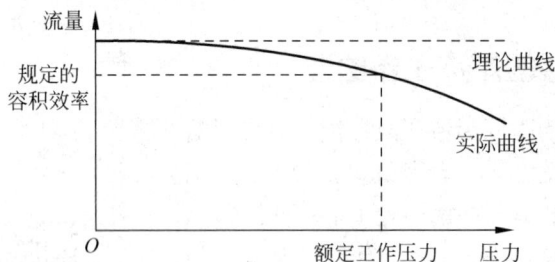

图2.2-2　液压泵压力-流量特性曲线

2.2.3　液压泵的类型

工程上常用的液压泵种类较多,按其结构形式可分为齿轮式、叶片式和柱塞式三大类,按其输出排量能否调节可分为定量泵和变量泵两类。在现代飞机液压源系统中,中低压系统多采用齿轮泵,对于高压系统($170\sim350\mathrm{kgf/cm^2}$),一般都采用柱塞泵。

1. 齿轮泵

齿轮泵(如图 2.2-3 所示)由两个啮合的齿轮组成,它们在一个油室内转动。主动齿轮由飞机的发动机或其他一些动力装置来驱动,从动齿轮与主动齿轮啮合并由其带动,两个齿轮与壳体之间的间隙是非常小的。

油泵的进口与油箱连接,油泵的出口与压力管路连接。当主动齿轮转动时,带动从动齿轮转动。在吸油腔中的啮合齿逐渐退出啮合,吸油腔容积增大,形成部分真空,油箱中的油液在油箱内压力作用下,克服吸油管阻力被吸进来,并随轮齿转动。

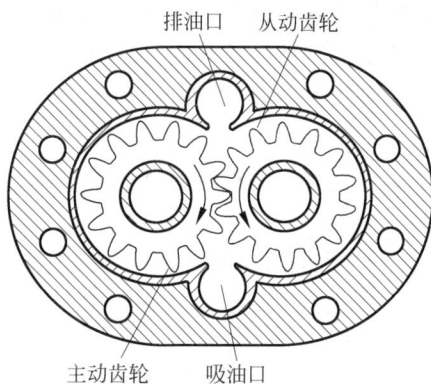

图 2.2-3　齿轮泵工作原理图

当油进入排油腔时,由于轮齿逐渐进入啮合,排油腔容积逐渐减小,将油从排油口挤压出去。齿轮不断旋转,油液便不断地吸入和排出。两个齿轮相互啮合的部分把吸油腔和排油腔分开,它们即起到配流的作用。因为啮合点位置随齿轮旋转而改变,因此齿轮泵对油液污染不敏感。齿轮泵属于定量泵,其压力-流量特性曲线如图 2.2-2 所示。

2. 柱塞泵

柱塞泵按柱塞排列的方式不同,分为轴向式和径向式。轴向式柱塞泵按其结构特征又可分为直轴式和斜轴式两大类。由于目前民航飞机液压源系统普遍采用直轴式柱塞泵,所以本节只对直轴式柱塞泵加以分析。

直轴式柱塞泵又称为斜盘式轴向柱塞泵,其工作原理如图 2.2-4 所示。

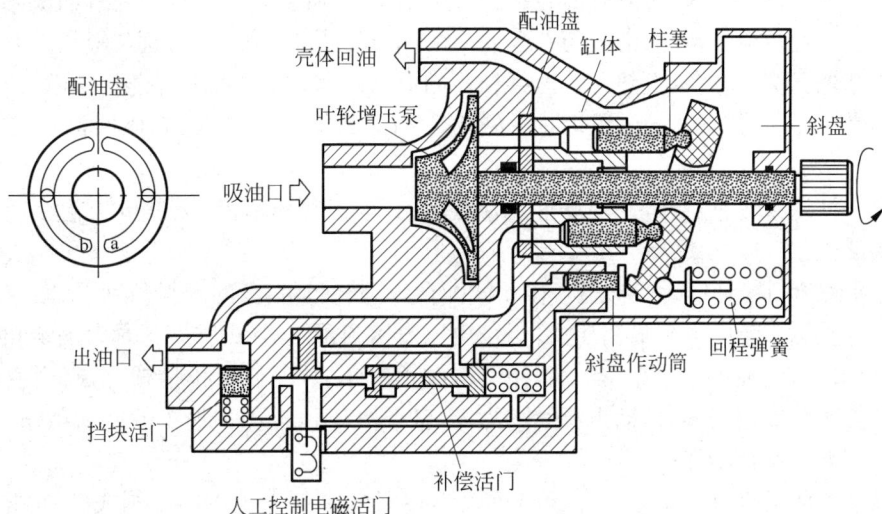

图 2.2-4　直轴式轴向柱塞泵的工作原理图

柱塞轴向沿圆周均布在缸体内,一般有 5～9 个柱塞,并能在其中自由滑动,斜盘和缸体轴线成一定夹角 θ,配流盘紧靠在缸体上但不随缸体旋转。传动轴带动缸体旋转时,柱塞亦随之旋转,但柱塞顶部靠机械装置(滑靴或弹簧)作用始终紧靠在斜盘上。因此,柱塞随缸体自下向上回转的半周内逐渐向外伸出,使柱塞孔容积扩大而形成一定真空度,油液便从配流盘的配流口 a 吸入;在自上向下回转的半周内的柱塞孔容积缩小,将油液经配流盘的配流口 b 压出。缸体每转一周,每个柱塞就作一次往复运动,完成一次吸油和压油。柱塞的行程由斜盘倾角控制,改变斜盘倾角,可改变柱塞的行程(如图 2.2-5(a)所示),从而改变泵的排量。

直轴柱塞泵的柱塞通过滑靴与斜盘接触,柱塞中空,通过柱塞头部小孔将泵内的高压油引入滑靴与斜盘的接触面内(如图 2.2-5(b)所示)。高压油在滑靴与斜盘形成的缝隙内形成刚性支撑油膜,能起到很好的润滑效果,确保油泵高速运转。

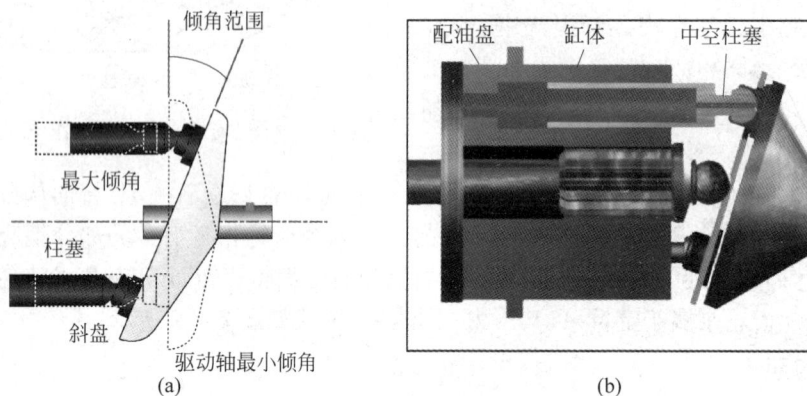

图 2.2-5　直轴柱塞泵内柱塞、斜盘与滑靴细节
(a)斜盘倾角与柱塞行程;(b)柱塞内部通孔细节

润滑油液经过滑靴与斜盘间的间隙进入缸体周围泵壳体内,经过壳体回油管返回油箱,形成泵的壳体回油。如果壳体回油路发生堵塞,油泵壳体内压力将升高,导致油液无法经过柱塞内部油孔经滑靴面流出,滑靴与斜盘之间的润滑油膜无法形成,滑靴与斜盘之间将出现金属接触摩擦,油泵将严重发热并快速磨损。因此,保持油泵壳体回油路通畅,对油泵的正常工作非常关键。为了防止油泵磨损污染物影响油箱清洁度,应在壳体回油管路上安装油滤。

为确保柱塞泵正常工作,泵内设置了补偿活门、人工释压活门、吸油口叶轮增压泵和出油口挡块活门。

(1)补偿活门。补偿活门与斜盘作动筒配合,控制油泵斜盘的倾斜角度,从而改变柱塞的行程。补偿活门感受油泵输出压力,当输出压力达到预定值(由弹簧预紧力确定)时,补偿活门将泵出口压力油供向斜盘作动筒,使斜盘倾角减小,从而使泵排量减小,起到变量调节作用。当斜盘角度调为零时,输出流量亦为零,油泵处于消耗功率最小的卸荷状态。因此,柱塞泵具有自动卸荷功能。

(2)人工释压活门。人工释压活门可以实现对油泵的人工关断。当飞机在地面试车时,为减小油泵的损耗,可通过手动控制打开人工释压活门,压力油接通补偿活门左侧大活塞面,可以用较小的压力克服补偿活门弹簧力,将压力油引到斜盘作动筒,推动斜盘组件,直至倾角接近于零。此时油泵工作在输出压力和流量均很低的关断状态。

(3)叶轮增压泵。吸油口的叶轮增压泵可提高进入配油盘的油液压力,确保油液能在极短的时间内填充进柱塞腔,提高油泵的充填效率。设置吸油口叶轮增压泵还可以提高油泵的自吸能力,使油泵吸油可靠性增加。

(4) 挡块活门。泵出口处的挡块活门由弹簧控制。当油泵输出压力高于弹簧压力时,挡块活门打开,油泵向系统管路输出油液。当油泵输出压力下降(油泵关断或吸油不足时),挡块活门在弹簧作用下使泵口隔断,停止向系统供油,同时防止系统中的高压油液反冲损坏油泵。

为了提高油泵工作安全特性,油泵驱动轴与动力输入轴之间设有保护装置。通常的解决方案是在连接油泵驱动轴与动力输入轴之间的联轴器上设置剪切销,当油泵出现机械卡滞时,剪切销断开,将油泵驱动轴和动力输入轴断开,避免造成更大损失。

另外,也可设置发动机驱动泵离合器,当发动机驱动泵发生卡滞时,离合器将断开,切断动力输入轴与油泵的连接。发动机驱动泵离合器只能在地面进行复位操作。

柱塞泵的压力流量特性如图 2.2-6 所示:当系统压力尚未超过规定值 P_1 时,液压泵始终处于最大供油状态(斜盘角度不变段),但由于它的泄漏损失和填充损失是随着出口液压增大而增大的,所以系统压力增大时,泵的流量仍稍有降低。系统压力大于 P_1(额定压力,即泵内压力补偿活门调定压力)时,流量开始显著降低(斜盘角度变化段),直到压力增大到 P_2,流量即下降到零,油泵处于功率消耗最小的卸荷状态。

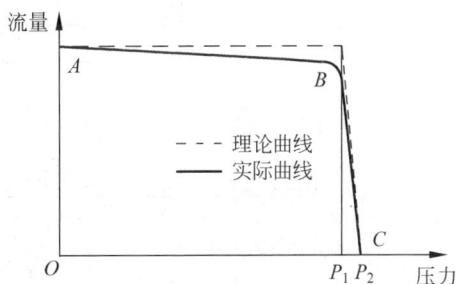

图 2.2-6　柱塞泵压力-流量特性曲线

在泵特性曲线中,A 点为泵空载点(压力为零,流量最大),B 点为功率最高点(输出流量和压力均很高),C 点为卸荷工作点(压力最高,输出流量为零)。

在液压系统工作时,柱塞泵的工作压力在 $P_1 \sim P_2$ 间变化。由于 P_1 与 P_2 非常接近,即柱塞泵工作时压力近似恒定,其流量则随着工作系统工作状态的变化而改变,因此这种变量控制方式被称为“恒压变量控制”。

2.3　飞机液压分配系统

2.3.1　现代飞机液压源系统组成

为了保证供压的安全可靠,现代飞机上一般都有几个独立的液压源系统。双发飞机,如波音 737 系列和空客 320 系列,一般有三个独立的液压源系统。而四发飞机,如波音 747,具有四个独立的液压源系统。所谓独立的液压源系统是指每个液压源都有单独的液压元件,可以独立向用压系统提供液压。

不同机型上液压源系统的名称有所不同,如在波音 737 上称为 A、B 和备用液压系统(如图 2.3-1 所示),波音 777 上称为左液压系统,右液压系统和中央液压系统,而空客 320 则称为绿、黄和蓝液压系统。我国自主设计制造的新型涡扇支线客机 ARJ21 的液压系统分为 1 号、2 号和 3 号,其中 1 号、2 号为主液压源系统,3 号为备用液压源系统。图 2.3-1 所示为某型飞机液压系统原理图。

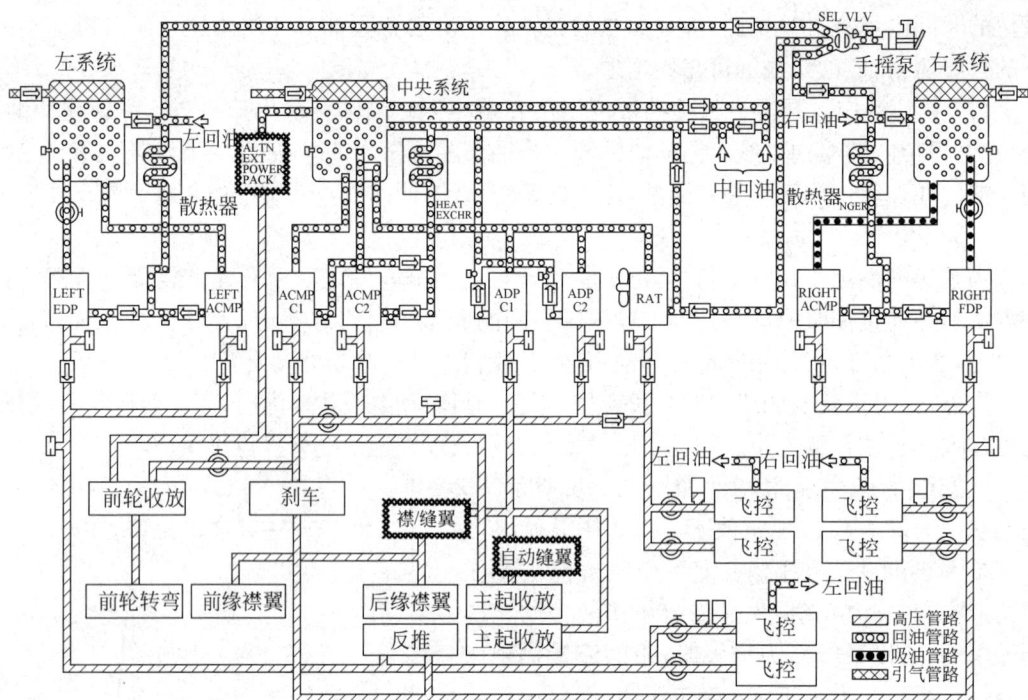

图 2.3-1　某型飞机液压源系统原理图

2.3.2　压力分配

在液压源系统中,液压泵的压力是通过压力组件分配到各用压系统的,从各分系统的回油统一经过回油组件返回油箱。

1. 压力组件

压力组件位于液压泵的出口管路,即压力管路上,它的主要作用是过滤和分配液压泵出口的液压到各用压系统。不同型号的飞机其压力组件的组成元件会有所不同,即使同一架飞机内不同液压源系统内的压力组件的组成元件也可能各不同。如图 2.3-2 所示,压力组件内一般包括:单向活门、油滤、释压活门、压力及温度传感器、地面压力接头等。

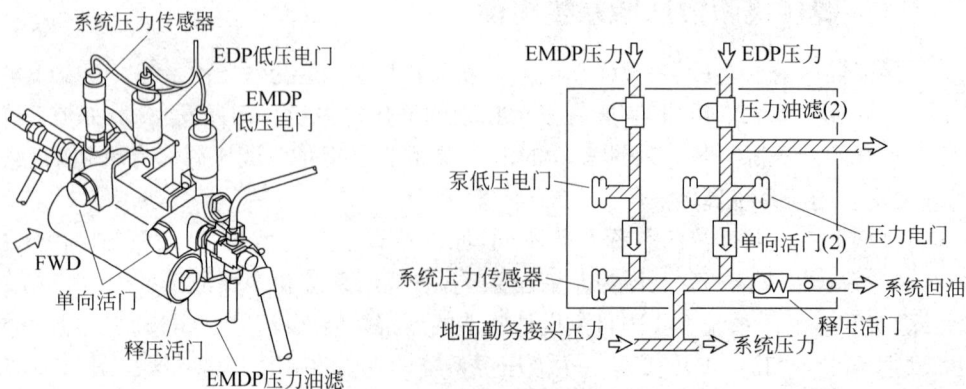

图 2.3-2　压力组件

2. 回油组件

回油组件位于回油管路,其主要作用是过滤及引导返回油箱的油液。回油组件的构造如图 2.3-3 所示,其主要组成元件包括油滤、单向活门、旁通活门等。

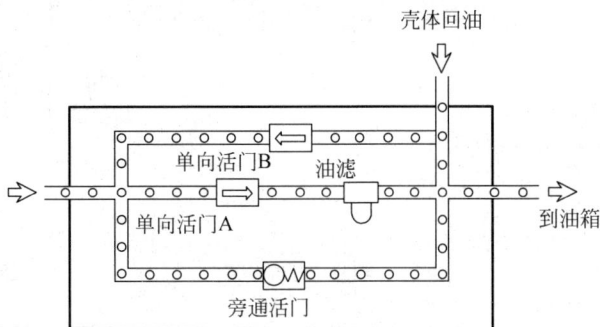

图 2.3-3 回油组件

单向活门 A 位于油滤上游,允许系统油液经过油滤到进入油箱。若没有此单向活门,当工作系统出现低压时,可能会出现"油滤反冲"现象。所谓油滤反冲,就是油箱内油液在油箱增压压力作用下通过油滤回流,导致滤杯内污染杂质随油液逆流到工作系统中,使上游系统遭到污染。单向活门 B 的流动方向与单向活门 A 相反,可为逆流的油液提供通路,从而避免了油滤反冲现象的出现。

2.4 液压指示系统

液压指示系统主要向机组提供油箱内的油量、工作系统压力等指示信息和液压泵低压及油液超温等警告信息。指示系统一般包括三个环节:传感器、控制器和显示器/显示组件。

2.4.1 油量指示

液压油量指示系统原理如图 2.4-1 所示。油箱中的浮子感受油箱中油面的高低变化,油量传感器将浮子的机械位置信号转变为电信号,分两路送到下游:①直接送到油箱外表面的油量指示器,为维护人员提供油量信息;②经过传感器电气接头,送到油量显示控制组件,经变换放大后,分别送到加油勤务面板和驾驶舱,给出油量指示。

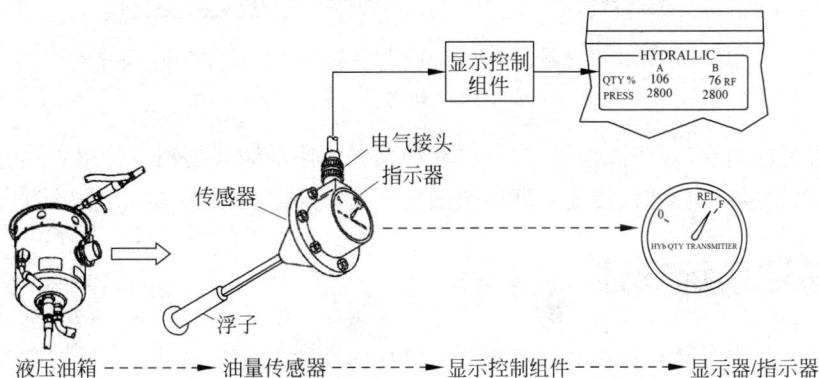

图 2.4-1 液压油量指示原理

2.4.2   压力指示和警告

飞机液压系统压力指示和油泵低压警告系统原理如图 2.4-2 所示。

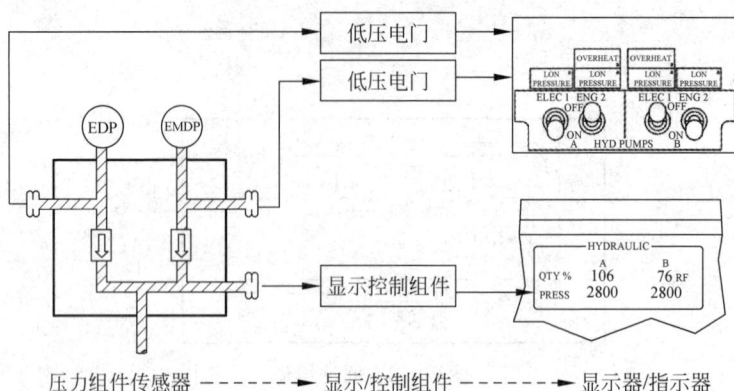

压力组件传感器 ------→ 显示/控制组件 ------→ 显示器/指示器

图 2.4-2   压力指示原理

液压系统的压力指示和低压警告信号均来自系统的压力组件:液压系统的压力传感器位于压力组件中单向活门下游,感受两个油泵为系统提供的压力,该压力信号经显示控制组件变换放大后,显示在驾驶舱液压控制面板上;低压警告传感器位于单显活门上游,分别感受系统每个油泵出口的压力,当压力低于一定值(波音 737 飞机为 1300psi 时),发出信号,电路中的低压电门接通液压控制面板上的低压指示灯。当压力上升到某一特定值(波音 737 飞机为 1600psi 时),低压警告灯熄灭。

2.4.3   超温警告

液压系统油液超温警告原理如图 2.4-3 所示。

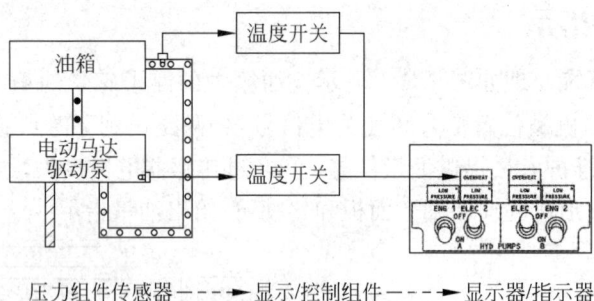

压力组件传感器 ---→ 显示/控制组件 ---→ 显示器/指示器

图 2.4-3   超温警告原理

装在系统回油滤(或回油组件出口处)和油泵壳体回油滤处的温度传感器感受油液温度信号,当油温超过一定值时,接通电路中的温度开关,点亮驾驶舱内的超温指示灯。

2.5   燃油系统概述

燃油系统是为存储和输送动力装置所需燃料而设置的。一架飞机完整的燃油系统包括两大部分:飞机燃油系统与发动机燃油系统。一般将由发动机直接驱动的燃油泵之前的燃油系统划归飞机燃油系统。有的飞机在高压燃油泵之前还有一级低压增压泵,那就将第二级增压泵起的燃油系统划归发动机燃油系统。

除了燃油箱之外,飞机燃油系统包括以下分系统:油箱通气系统、加油/抽油系统、供油系统、空中应急放油系统和指示/警告系统。

2.5.1　燃油系统的功用

飞机燃油系统有以下主要功用:

(1) 存储燃油。飞机油箱中存储着飞机完成飞行任务所需的全部燃油,包括紧急复飞和着陆后的备用燃油。

(2) 可靠供油。飞机燃油系统可在各种规定的飞行状态和工作条件下保证安全可靠地将燃油供向发动机和APU。

(3) 调节重心。通过燃油系统,可调整飞机横向和纵向重心位置:横向重心调整可保持飞机平衡,减小机翼机构受力;纵向重心调整可减小飞机平尾配平角度,减小配平阻力,降低燃油消耗。

(4) 冷却介质。燃油可作为冷却介质、用来冷却滑油、液压油和其他附件。

2.5.2　燃油系统的特点及对燃油系统的要求

现代运输机燃油系统具有以下几个方面的特点:

(1) 载油量大。采用涡轮风扇发动机作为动力装置的现代运输机燃油消耗率很大,整个航程中要消耗大量的燃油,为解决载油和空间的矛盾,飞机多采用结构油箱。

(2) 耗油率高。飞机在飞行中,燃油消耗率很高,而燃油油箱又难以全部装在飞机重心附近,飞机重心可能会发生显著移动,对飞机的平衡会产生较大的影响,因此在飞行中要对飞机重心进行调节。

(3) 供油安全。现代飞机多采用交输供油系统,可以实现任何一个油箱向任何一台发动机供油,而且每个油箱至少有两台增压泵,以保证供油安全。当两台油泵都失效时,依靠发动机燃油泵的抽吸仍可保证燃油供给。确保供油安全还要考虑防火问题。

(4) 维护方便。飞机燃油泵设有快卸机构,维护人员不用放油,也不用进入油箱即可拆装油泵,提高了燃油系统的维护性能。

(5) 避免死油。在燃油箱内采用了引射泵,它借助于燃油增压泵提供的引射流,可将死区(一般位于油箱较低处)的含水油液引射到增压泵的进口,减小水在油箱底部的沉积,尽可能降低油箱的微生物腐蚀。

(6) 压力加油。现代飞机可以通过飞机上的加油站,向任何一个燃油箱进行加油,即所谓单点加油。压力加油大大提高了工作效率,减小了加油过程中燃油污染、起火的危险。

2.5.3　燃油箱的布局

燃油箱通常布置在机翼的翼盒中。为了飞机横向重心稳定,飞机油箱应沿其纵轴线对称布置。目前民航飞机均采用多油箱布局,对于双发飞机来说,普遍采用三油箱布局,即左右机翼主油箱、中央翼油箱(如图 2.5-1(a)所示),也有的飞机采用两主油箱布局(如图 2.5-1(b)所示)。

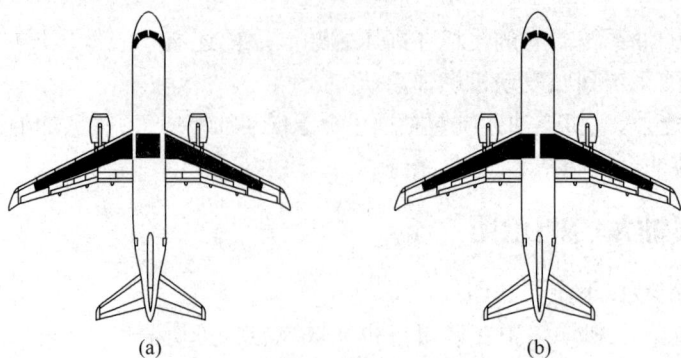

图 2.5-1   双发飞机油箱布局示例

（a）三油箱布局；（b）两油箱布局

两油箱布局取消了中央翼油箱，两个油箱均为供油主油箱。此种设计降低了对油箱惰性气体抑爆系统的需求，但飞行中机翼受力情况不如三油箱布局。

为了充分发挥机翼燃油箱对机翼升力的卸载作用，有些双发飞机(如空客 A320 系列飞机)采用了 5 油箱布局，即将机翼油箱分隔为内侧油箱和外侧油箱，如图 2.5-2 所示。

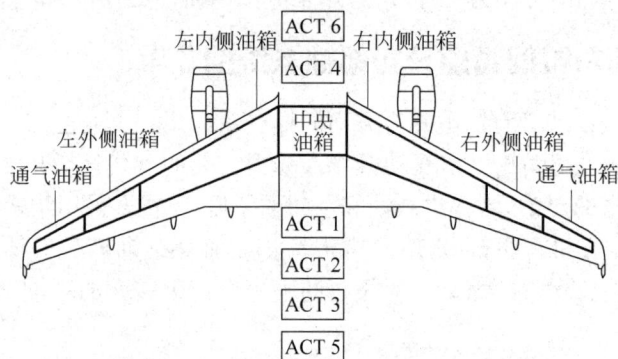

图 2.5-2   A320 系列飞机油箱布局示例

四发飞机的油箱布局比较复杂，至少为 5 油箱布局(即四个供油主油箱和 1 个中央翼油箱)，有些飞机甚至采用了 7 油箱布局或 8 油箱布局，如波音 747-400 飞机便采用了 7 油箱布局，如图 2.5-3 所示。

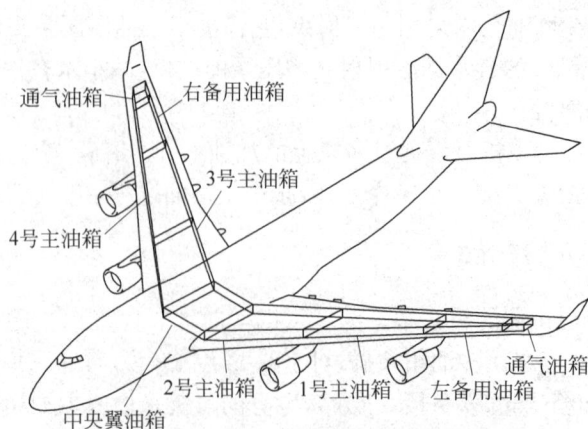

图 2.5-3   波音 747-400 飞机油箱布局示例

2.5.4　燃油箱抑爆系统

民航飞机燃油箱抑爆系统的提出源于多起中央燃油箱爆炸事故。1990 年 5 月 11 日，菲律宾航空波音 737-300 飞机地面滑行时，中央油箱内损坏的浮子控制电门导线起火导致油箱爆炸，8 名旅客遇难；1996 年 7 月 17 日，美国环球航空 800 航班 747-100 飞机，起飞几分钟后因中央油箱内一条电缆绝缘皮破损，火花放电引爆燃油箱内燃油蒸气，飞机在空中爆炸，导致含机组在内的 230 人遇难。

1. 燃油箱爆燃危险性分析

1）航空煤油点火能量分析

影响航空煤油易燃性的指标是燃油的蒸气压，因为燃烧的是燃油蒸气而不是液态燃油本身。对于燃油蒸气燃烧，必须存在相应的燃油蒸气与空气混合比。如果燃油蒸气不足，则混合物对于燃烧来说呈贫油状态；相反，如果燃油蒸气过多，混合物则呈富油状态。对于航空煤油来说，贫油极限为 0.6%（空气中的燃油蒸气体积分数），富油极限为 4.7%。

图 2.5-4 给出了 JET A 型航空煤油的易燃性边界与燃油温度和飞行高度的关系曲线，以引发点燃所需的能量（mJ）来衡量。从图中可以看出，a 区燃油最危险，只需要很少的能量即能点燃；h 区之外的燃油相对安全，需要相当大的能量才能点燃。

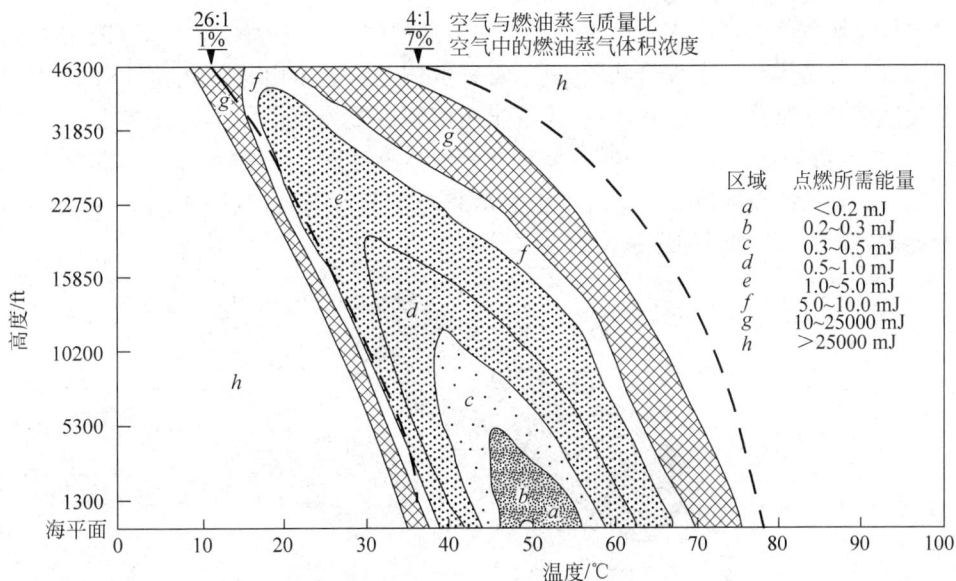

图 2.5-4　航空煤油易燃性边界

2）燃油箱爆燃危险源分析

由于民航飞机采用多油箱布局，因此在执行短航程任务时，中央翼油箱通常不加满燃油甚至不加燃油。由于燃油箱采用结构油箱，中央翼油箱底部由桁条、翼肋等构件形成的空间内容纳了剩余燃油。剩余燃油在中央翼油箱底部热源（如空调系统组件等）的加温下，温度不断升高，燃油蒸气密度不断上升（如图 2.5-5 所示）。当燃油蒸气浓度达到合适的爆燃浓度时，若油箱内出现高能点火源（通常为静电火花或油箱电气线路短路引起的火花），则中央油箱可发生爆炸。

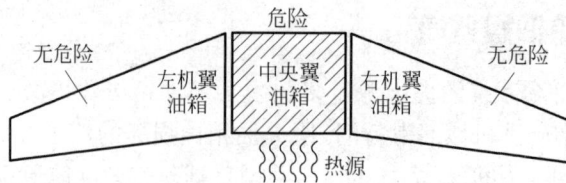

图 2.5-5 民航飞机燃油箱爆燃危险性评估

对此,FAA 发布油箱系统故障容限评估要求,明确指出应在飞机的整个运行寿命期限内,燃油箱内任何位置都不允许出现足以点燃燃油蒸气的点火源。点火源可能是电弧、摩擦产生的火花或者是过热足以引起自燃的高温。点火源的产生不仅要考虑单一失效,还应考虑多个故障的叠加效应。

2. 燃油箱惰化抑爆系统

目前民用飞机燃油箱防爆主要采用油箱惰化技术,即利用氮气或富含氮气的空气(nitrogen enriched air,NEA)来替代燃油箱剩余空间(也称为油面以上空间)内的空气。该过程又被称为燃油箱油面以上空间净化。NEA 是用来描述低纯度氮气(90%～98%的纯度)的术语,一般通过气体分离过程产生。

1) 中空纤维膜气体分离技术

中空纤维膜气体分离技术提供了一种经济有效的气体分离方法。它采用选择性渗透膜壁原理实现气体分离。对于聚合物膜来说,每种气体的渗透率由其在该膜材料中的溶解度以及透过膜壁的扩散率确定。在膜中,表现出高溶解度及分子体积小的气体比分子体积较大、非溶气体的渗透更快。由于"快"气体比"慢"气体更容易透过膜壁,原气体混合物可分成两种气流:富氮气体和其他富氧空气。中空薄膜纤维非常细,将其纳入图 2.5-6 所示的圆管型容器内,即可作为油箱抑爆系统的空气分离模块。

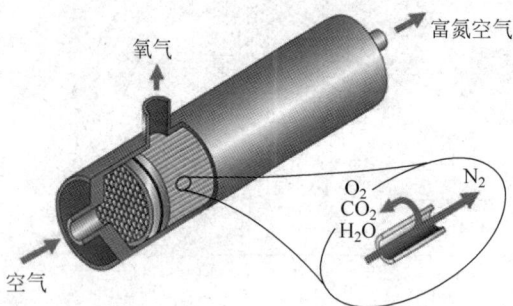

图 2.5-6 空气分离模块-中空薄膜纤维管原理

在实际使用中,可通过改变空气流动速度、空气的温度或压力对出口的富氮空气的纯度进行调节。另外需要注意的是,随气源进入的污染物(臭氧、水蒸气、油液和微粒)对空气分离系统的使用寿命和可靠性存在不利影响。因此,为了防止空气分离器过早地出现性能衰退,可采用过滤器和臭氧转换器对它给予保护。

2) 民航飞机燃油箱抑爆系统

军用飞机的燃油箱抑爆系统可追溯到 20 世纪 50 年代,强制民航飞机的燃油箱加装抑爆系统是在环球 800 空难发生 10 年后,即 2006 年。目前几乎所用的新型民航飞机均采用了燃油箱抑爆系统,另外航空制造厂商也开始对已经服役的机型进行改装,使其具备燃油箱防爆功能。图 2.5-7 为波音公司 B787 飞机的燃油箱抑爆系统原理图,该系统由氮气生成系统和氮气分配系统组成。

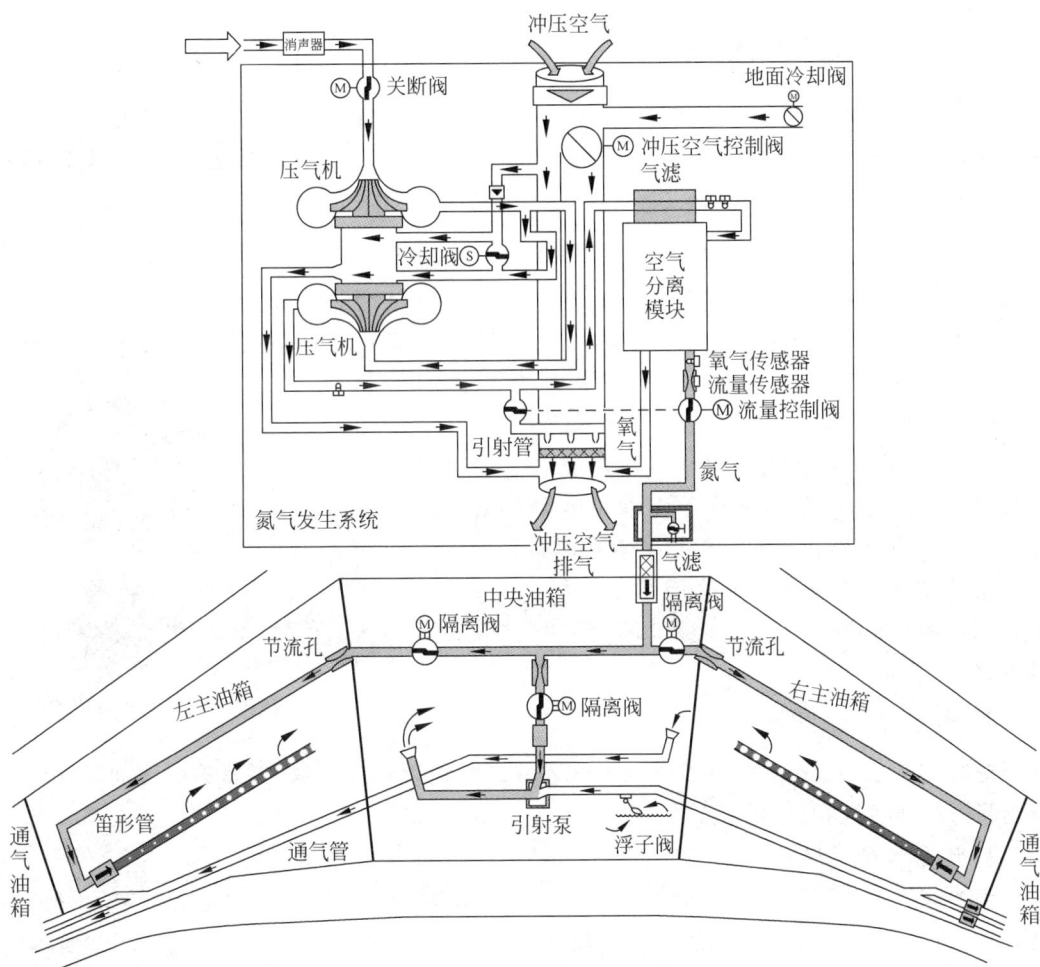

图 2.5-7　典型飞机燃油箱抑爆系统

(1) 氮气生成系统。电机驱动的压气机对来自座舱的空气进行增压,并将其输送到热交换器。热交换器对压缩空气进行冷却,并将冷却后的空气送入空气分离组件。空气进入空气分离组件前,先经过气滤过滤,防止空气中的灰尘污物堵塞空气分离组件中的纤维。空气分离组件将空气中的氧气等其他气体分离出来,将氮气经过管道输送到燃油箱抑爆系统管路,同时将分离出来的氧气经冲压空气排气排出机外。

(2) 氮气分配系统。氮气经过分配管路输送到中央油箱和主油箱,每个油箱的分配管路内都有隔离阀和节流孔控制相应油箱的氮气。在中央油箱内设有气体引射泵,用供入的氮气作为引射气体。当中央油箱内的油量降低时,通气管路上的浮子阀打开,将靠近燃油表面的燃油蒸汽抽吸到引射泵,使燃油蒸汽与氮气充分混合。由于氮气不断供入中央油箱,中央油箱保持正压,混有氮气的燃油蒸汽经通气管路由通气油箱不断被排到机外,起到油箱抑爆作用。供入主油箱的氮气经过单向活门供入笛形管(多孔通气管),释放到主油箱内,起到主油箱抑爆作用。

2.6　燃油指示/警告系统

2.6.1　油量指示系统

油量指示系统可为飞行员和飞机维护人员提供每个油箱的燃油量指示,也可为飞机其他系统提供油箱内燃油量信息。燃油油量传感器是燃油指示系统的关键元件,根据传感器不同,油量指示系统可分为机械式(浮子式)指示系统、电容式指示系统、超声波指示系统和油尺。

1. 机械(浮子)式指示系统

机械(浮子)式指示系统由油箱中的浮子式传感器(如图 2.6-1 所示)和驾驶舱内的油量指示器(油量表)组成。当燃油平面改变时,传感器的浮子随油面移动,感受油面高度的变化,从而把油量变化转换成位移信号,再将位移信号转换成电信号通过导线送到油量表,油量表便显示出油箱内燃油量。浮子感受油面的变化,因此显示油量为容积油量。

机械(浮子)式指示系统会因浮子连杆的摩擦、卡滞、运动部件间的间隙和温度波动等原因造成指示不准确,精度较低。

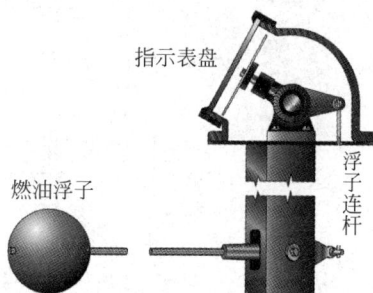

图 2.6-1　机械(浮子)式油量传感器

2. 电容式指示系统

电容式指示系统是航空界普遍认可的燃油精确测量系统,在相对恶劣的燃油箱环境中具有良好的兼容性和可靠性,工作寿命长。

1) 电容式系统组成

电容式指示系统利用电容式传感器将燃油面高度的变化转换成为电容器电容量的变化,主要组成部件包括电容式传感探头、桥式电路、驱动放大器和指示器(如图 2.6-2 所示)。

电容式传感器的基本原理是空气与燃油在介电特性方面存在差值。电容式传感器由两个同心的电极管组成,垂直地安装在油箱内构成电容器。当燃油油位变化时,浸在燃油中的传感器中空气和燃油之比将随之相应变化,因此传感器的电容值发生变化。传感器的电容与再平衡电桥中的基准电容器进行比较,其不平衡信号由驱动放大器放大后传送到指示器。目前客机燃油系统的驱动放大器采用正弦电压波形来激励传感器,电源为 400Hz 交流电。

2) 电容式传感器

电容式传感器通常由名义直径 1in 的薄壁金属外管和名义直径为 0.5in 的薄壁金属内管组成,两个金属管上端和下端开口,便于空气和燃油进出其内的空间(大约 0.25in 的环形空间)。传感器的电容值由三个因素决定:电容器极板面积、极板之间的距离以及极板间填充材料的介电常数。

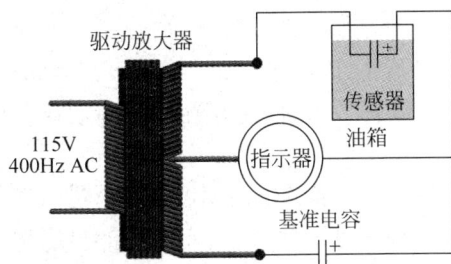

图 2.6-2 电容式指示系统原理简图

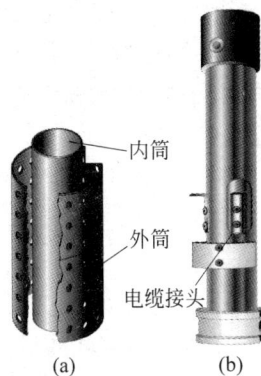

图 2.6-3 电容式油量传感器
(a) 传感器原理；(b) 传感器外观

当传感器的几何尺寸确定后,传感器极板间填充材料的介电常数由极板间的空气和燃油比例决定。在工程上,采用相对介电常数作为衡量不同材料介电特性的参数。相对介电常数是指材料的介电常数与真空介电常数的比值。在燃油量测量所涉及材料的相对介电常数详见表 2.6-1。

表 2.6-1 燃油系统电容测量材料的相对介电常数(20℃条件)

介 质 材 料	相对介电常数	备 注
真空	1	$\varepsilon_0 = 8.85415 \times 10^{-12} C^2/(N \cdot m^2)$
空气	1.00059	标准大气压下
燃油蒸气	1.001~1.002	
航空煤油	2.09	Jet A 燃油
水	80.4	
冰	2.85	−5℃

从全世界各地许多油料供应商处收集的多种油品的大量样本数据证明,燃油的介电常数与燃油的密度成正比(如图 2.6-4 所示)。因此,电容式传感器测量的电容值体现了燃油的密度变化,即电容式传感器既可以感受燃油容积,又可以测量燃油的密度。因此电子式油量指示系统直接测量油箱内燃油的重量容量,常采用"磅"(1b)或"千克"(kg)作为计量单位。

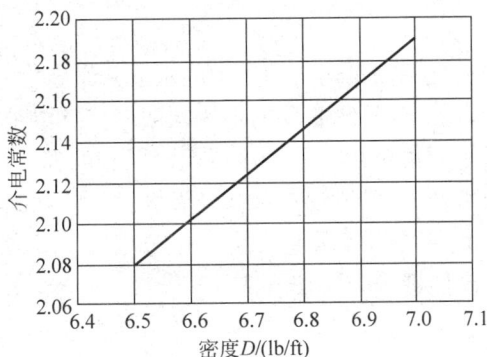

图 2.6-4 燃油介电常数与燃油密度的关系曲线

电容式指示系统的精度比较高,是因为:电容式指示系统的传感器没有活动部件,消除了机械摩擦等影响;一般采用多个传感器进行多点探测,消除了飞机姿态变化对燃油信号的影响,可得到油箱内油面的精确信号。

3) 温度修正补偿

航空燃油的相对介电常数会随着温度的升高而下降(曲线如图 2.6-5 所示)。因此电容式指示系统在处理电容传感器信号时,若将介电常数按常数处理,将存在燃油指示误差(最高可达±6%)。

为了消除温度波动引起的指示误差,现代飞机油箱内安装了燃油温度补偿器进行补偿。燃油温度补偿器与电容式油量传感器的工作原理相同,只是尺寸略小,安装在油箱底部,确保全部浸没在燃油内,即使燃油油位下降到非常低,仍能跟踪燃油的介电常数(如图 2.6-6 所示)。

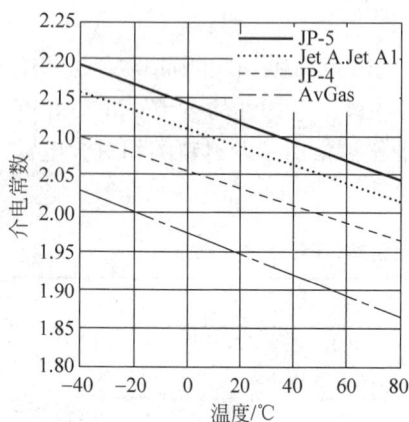

图 2.6-5　燃油介电常数与燃油温度的关系曲线　　　图 2.6-6　温度补偿器和油量传感器安装示意图

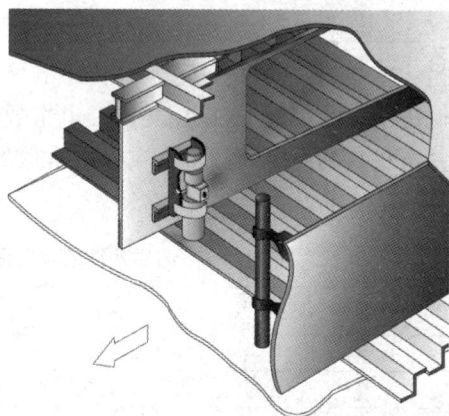

安装温度补偿器后,燃油指示系统的误差可以减少到±2.75%。为了进一步提高燃油系统的指示精度,可以在燃油系统中引入直接密度测量系统。常用的密度计为振动式密度计,其传感器是一个空心圆筒即振动管,圆筒旁设置电磁驱动线圈及检测线圈,迫使圆筒及其支撑振动。同时燃油不断流过圆筒,圆筒的振动频率与燃油的密度成反比,从而可对输出信号进行指示。采用温度补偿和密度测量系统的燃油指示系统,误差可以减少到±1%指示油量。

4) 传感器的冲洗

影响电容式指示系统精度的因素还有油箱中的水分和微生物滋生等因素。由于水的介电常数远高于燃油的介电常数,当油箱底部的水进入油量传感器时,会导致燃油信号出现较大误差。当细菌滋生的污染物集聚在油量传感器或温度补偿器入口时,会导致燃油不能顺利流入和流出传感器或补偿器,造成燃油指示系统失效。为消除此类故障,油箱内的加油管有一根清洗油管被引到油量传感器和温度补偿器处(如图 2.6-7 所示)。每次加油时,加入的清洁燃油可对传感器和补偿器进行自动清洗。

3. 超声波式指示系统

超声波式指示系统与电容式指示系统的基本区别在于油量传感器不同。超声波油量表的工作原理基于超声波可在不同密度介质的分界面上产生反射的特性。超声波指示系统的测量元件由声速计和传感器组成,工作原理如图 2.6-8 所示。

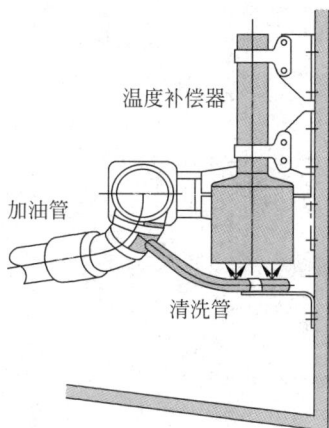

图 2.6-7 传感器/补偿器清洗原理

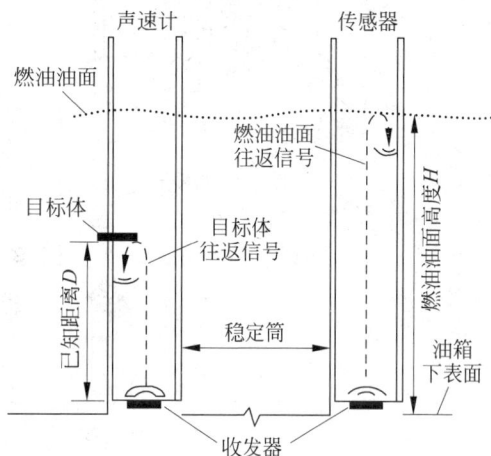

图 2.6-8 声速计和传感器工作原理

声速计由稳定筒、超声波收发器以及安装在稳定筒中部的超声波目标体构成。超声波收发器向上发出超声波束,遇到目标体返回,被收发器接收。由于目标体安装的距离是固定的,因此可以测出当前情况下燃油内的声速。超声波传感器内没有目标体,超声波收发器发出的信号遇到燃油与空气的交界面会返回,由超声波收发器所接收。稳定筒的作用是减少燃油晃动和油面波纹的影响。

从发射脉冲到接收脉冲所经过的时间与油面高度成正比,这个比值由接收器-计算机储存起来,然后再根据发送和接收脉冲之间所测到的间隔时间和油箱几何形状,计算出油箱中的燃油容积。

超声波指示系统的指示精度受燃油晃动、内部游离水折射、气泡(飞机爬升时燃油溶解的空气析出)和飞机姿态的影响较大。当飞机姿态改变时,燃油油面与稳定筒之间出现一定夹角,超声波在油面的反射波不会垂直反射到底部收发器;而是在稳定筒内壁中成 Z 形折射,延长了信号传输时间,造成指示误差。

4. 油尺

油尺为地面维护人员确定飞机每一个油箱内的燃油量提供了可能,油尺构造简单,使用方便,主要有三种类型:磁性浮子油尺、滴油管式油尺和光线式油尺。其中前两种在飞机上得到了广泛应用。

1) 磁性浮子式油尺

磁性浮子的构造如图 2.6-9(a)所示。浮子内和油尺的端头都带有磁铁。浮子可随油平面高度变化而上下运动,从而探测油平面的高度。油尺可从油箱下部拉出。测量时用工具将油尺解锁,并将其从油箱内拉出。当油尺的端头靠近浮子时,可明显感觉到有磁吸力的作用,此时观察油尺的伸出刻度即可得知油量。

2) 滴油管式油尺

滴油管式油尺构造如图 2.6-9(b)所示。当空心滴油管顶端落到燃油平面时,燃油就会

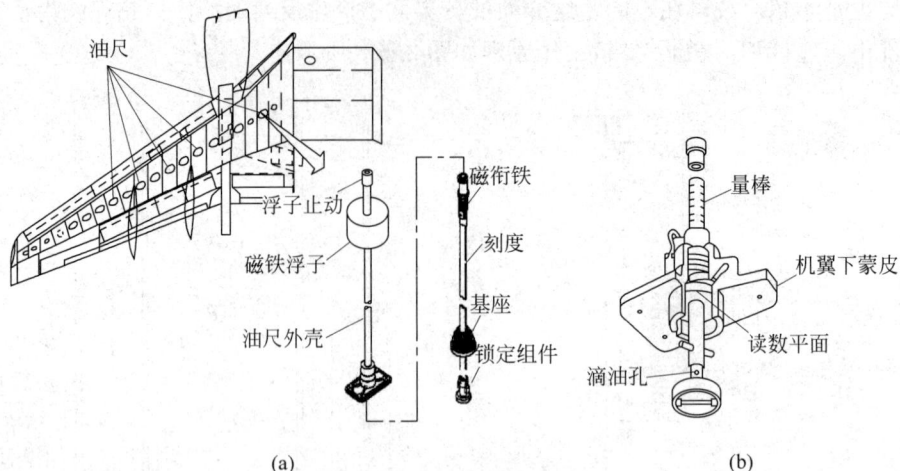

图 2.6-9　油尺
(a) 磁性油尺；(b) 滴油管式油尺(漏油尺)

进入滴油管顶部开口，即可读出油箱内油量。滴油管式油尺又称为漏油尺。

3) 光线式油尺

光线式油尺是一根长的玻璃棒，外面用一个带刻度的管子保护，管顶带一个反射镜。当顶端浸入油液时，在玻璃棒的下端可见到一个亮点。当反射光减小到最小可见点，读出棒上表示油量的刻度值。

2.6.2　低压警告

在驾驶舱燃油控制面板设有燃油增压泵的低压指示灯，其作用是当燃油增压泵输出压力低于特定值时，向机组发出警告，工作原理如图 2.6-10 所示。

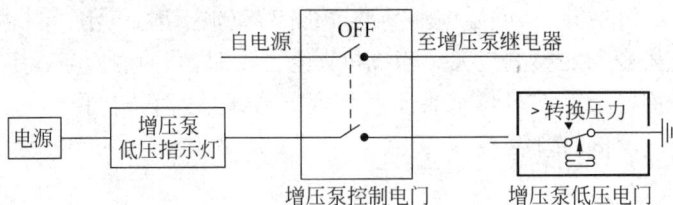

图 2.6-10　燃油低压警告

当打开增压泵控制电门时，接通了油泵低压指示灯电路和增压泵继电器电路。此时低压指示灯点亮。增压泵继电器通电后，将三相交流电输送到增压泵电动机，增压泵开始工作。增压泵出口管路的低压电门感受油泵出口压力。当燃油压力高于调定值时，低压电门将低压指示灯电路断开。若油泵出现故障或油箱内油液快用光时，油泵输出压力降低，低压电门会在压力低于调定值时接通电路，点亮增压泵低压指示灯。此时飞行员应将增压泵控制电门关闭，低压指示灯自动熄灭。

现代民航飞机巡航高度很高，飞机燃油会被冷却到极低的温度。一般经长时间巡航后(7～8 个飞行小时)，橡胶油箱内的燃油可能冷却到－30℃，金属油箱内的燃油则可能冷却到-45℃。低温会导致燃油特性下降,因此,必须在燃油系统中设置温度指示装置,便于飞行机组监控燃油温度。机组可根据需要,打开或关闭燃油加热器的热空气(或热滑油)活门,防止燃油温度过低;另外,燃油加热系统可采用自动温度控制系统,根据燃油温度自动打开或关闭燃油加热器。

低温会导致燃油特性下降,主要表现在以下两个方面:

(1)燃油析出冰晶和石蜡。所有航空燃油均含有水分。使用中,外界条件不断发生变化,燃油内始终存在着饱和水或脱水的过程,脱出的水在低温下凝结为冰晶。航空煤油中含有石蜡,其冰点为-30℃。冰晶和燃油石蜡晶粒会堵塞管路和油滤,直接破坏发动机供油。

(2)燃油低温会导致油液黏度增加。燃油黏度会随温度的降低而增加。随着黏度的增加,燃油的流动阻力增大,造成发动机实际进口压力降低,而油泵所需的功率就要增大。为了控制燃油低温的影响,可在系统中安装燃油加热器。燃油加热器通常为燃油-空气热交换器或燃油-滑油热交换器,工作原理如图 2.6-11 所示。燃油温度传感器探测流过燃油加热器的燃油温度,并将其显示在燃油控制面板的燃油温度表上。

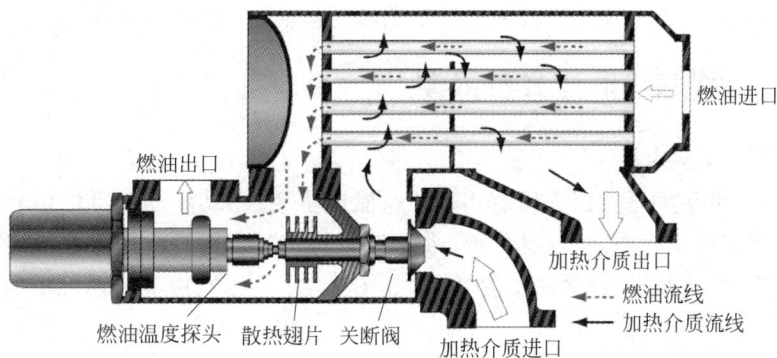

图 2.6-11 燃油加热器原理图

第3章

飞行操纵系统

3.1　操纵系统基础

飞机飞行操纵系统是飞机上的主要系统之一,它的工作性能好坏,直接影响着飞机飞行的性能,对于民航飞机来说,更在很大程度上影响飞机的安全性和乘坐品质。

3.1.1　操纵系统的定义及分类

1. 飞行操纵系统的定义

飞机飞行操纵系统是飞机上所有用来传递操纵指令、驱动舵面运动的所有部件和装置的总和,用于对飞机飞行姿态、气动外形、乘坐品质的控制。驾驶员通过操纵飞机的各舵面和调整片实现飞机绕纵轴、横轴和立轴旋转(如图 3.1-1 所示),以完成对飞机的飞行姿态和飞行轨迹的控制。

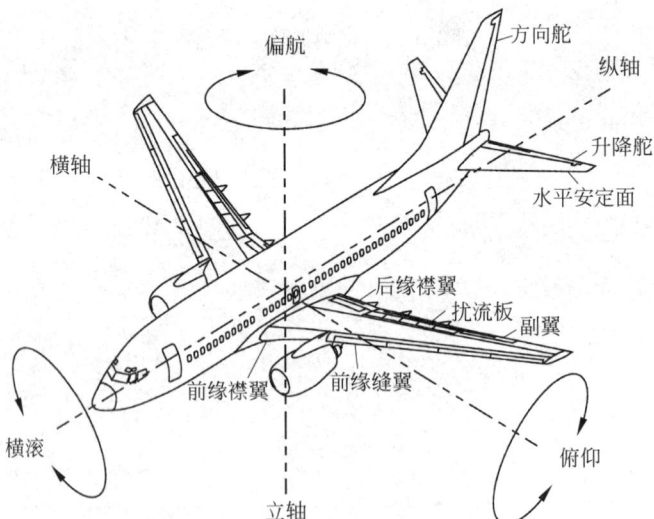

图 3.1-1　飞机绕三个轴的运动

2. 飞行操纵系统的分类

飞行操纵系统分类的方法较多,一般按照操纵信号来源、信号传递方式和驱动舵面运动的方式三种方法分类。

1) 根据信号来源

根据操纵信号的来源，现今飞机飞行操纵系统可以分为两大类：人工飞行操纵系统和自动飞行控制系统。人工飞行操纵系统，其操纵信号是由驾驶员发出的，而自动飞行控制系统，其操纵信号是由系统本身产生的。自动飞行控制系统是对飞机实施自动和半自动控制，协助驾驶员工作或自动控制飞机，如自动驾驶仪。

2) 根据信号传递方式

根据操纵信号传递的方式，操纵系统可以分为机械操纵系统和电传操纵系统。机械操纵系统的操纵信号由钢索、传动杆的机械部件传动，而电传操纵系统（fly by wire，FBW）的操纵信号通过电缆传动。目前正在研究的传动方式为光传操纵系统，操纵信号为在光缆中的光信号。

3) 根据驱动舵面方式

根据驱动舵面的方式，操纵系统可分为简单机械操纵系统和助力操纵系统。简单机械操纵系统依靠驾驶员体力克服铰链力矩驱动舵面运动，又被称为简单机械操纵系统。简单机械操纵系统分为软式操纵系统和硬式操纵系统。简单机械操纵系统构造比较简单，主要由驾驶杆、脚蹬、钢索、滑轮、传动杆、摇臂等组成。

随着飞机尺寸和重量的增加，飞行速度的不断提高，即使使用了气动补偿，驾驶杆力仍不足以克服铰链力矩，20 世纪 40 年代末出现了液压助力器，实现了助力操纵。目前飞机舵面的驱动装置除了常用的液压助力器外，还有电动驱动装置。

另外，根据舵面类型不同，操纵系统还可分成主操纵系统和辅助操纵系统。主操纵系统包括副翼操纵、升降舵操纵和方向舵操纵；辅助操纵系统包括增升装置、扰流板操纵和水平安定面配平操纵。

3. 操纵系统的发展

随着科学技术的发展，高精尖技术首先在飞机上获得了应用，在此期间，操纵系统也发生了一系列变化。

1) 经典：机械操纵阶段

早期飞机操纵系统为简单机械操纵系统。随着飞机尺寸和重量的增加，飞行速度的不断提高，飞机的操纵越来越费力，即使采用了气动补偿，驾驶杆力仍不足以克服铰链力矩。在 20 世纪 30 年代首先在重型飞机的副翼操纵系统里采用了有回力的液压助力器。50 年代初，又采用了无回力的液压助力器，实现了助力操纵。

2) 主流：电传操纵阶段

由于在复杂的机械系统中存在着摩擦、间隙和弹性变形，始终难以解决精微操纵信号的传递问题。20 世纪 70 年代初，成功地实现了电传操纵技术，它取代不可逆助力操纵系统而成为主操纵系统。电传操纵系统是在控制增稳系统基础上发展的必然产物，微电子技术和计算机科学的发展，可靠性理论和余度技术的建立为电传操纵系统奠定了基础，余度系统赋予它较高的安全可靠性。多余度电传操纵系统在现代民航飞机中已获得大范围的应用，例如 A320、A330、A380、A350、B777、B787 等民航客机，采用了电传飞行操纵系统。

3) 未来：光传操纵阶段

考虑到电传操纵存在着单通道可靠性较低、易受雷击和电磁脉冲干扰等问题，另外一种更为先进的操纵系统已在20世纪70年代进入研制,这就是光传操纵(fly by light,FBL)系统。光传操纵系统以光代替电作为传输载体,以光导纤维作为物理传输媒质,是在计算机之间或计算机与远距离终端(如舵机等)之间传递指令和反馈信息的飞行控制系统。传递操纵指令的主要元件是光导纤维,它具有抗射频、核爆炸、电磁及噪声能力强,故障隔离性能好,传输数字信号速率高,频带宽、功率小和重量轻等优点,因此光传操纵系统是未来飞机飞行操纵系统发展的必然趋势。

3.1.2　中央操纵机构

飞机主操纵系统是由中央操纵机构和传动系统两大部分组成。由驾驶员手脚直接操纵的部分,叫作中央操纵机构。中央操纵机构由手操纵机构和脚操纵机构所组成。

1. 手操纵机构

1) 机械手操纵机构

手操纵机构分为驾驶杆式手操纵机构和驾驶盘式手操纵结构。图3.1-2(a)表示一种驾驶杆式手操纵机构。前推或后拉驾驶杆时,驾驶杆绕着轴线 a—a 转动,经传动杆1和摇臂1等构件的传动,可操纵升降舵;左右压杆时,驾驶杆绕轴线 b—b 转动,这时扭力管和摇臂2都随之转动,经传动杆2等构件的传动,即可操纵副翼。

驾驶杆式手操纵机构虽然要操纵两个舵面——升降舵和副翼,但两者不会互相干扰。也就是说,单独操纵某一舵面时,另一舵面既不随之偏转,也不妨碍被操纵舵面的动作。

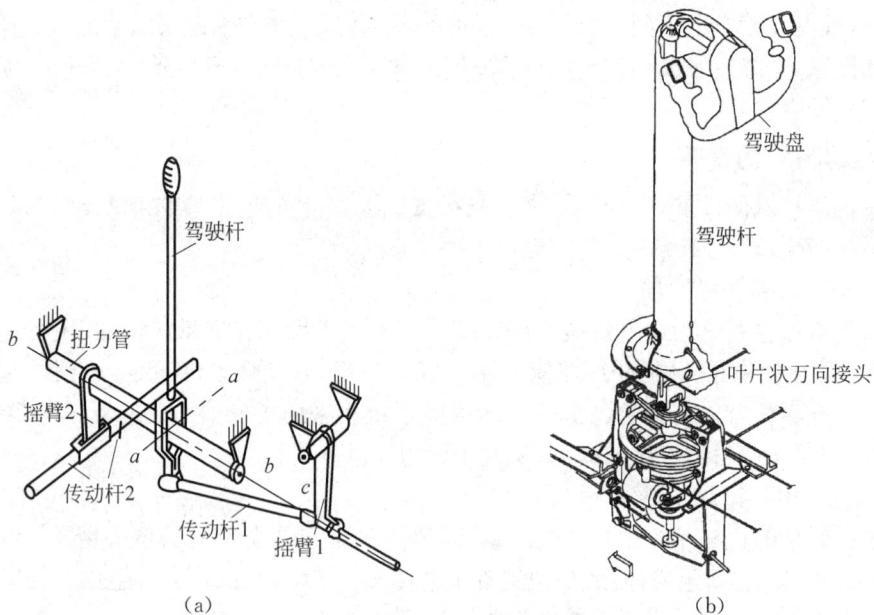

图3.1-2　机械手操纵机构

(a) 驾驶杆;(b) 驾驶盘

图3.1-2(b)表示一种驾驶盘式手操纵机构。驾驶盘在操纵时,通过内部的齿轮传动装置带动驾驶杆内的一根扭力管转动,扭力管通过一个万向接头带动副翼操纵钢索轮,提供操纵副翼的信号,前推或后拉驾驶盘时,可操纵升降舵。

　　上述两种手操纵机构相比,驾驶杆构造较简单,便于飞行员一手操纵驾驶杆,一手操纵油门手柄,但是它不便于用增大驾驶杆倾斜角度的办法来减小操纵副翼时的杆力;驾驶盘式构造较复杂,但可通过增大驾驶盘的转角,使操纵副翼省力,当然,这时使副翼偏转一定角度所需的时间要相应增长。

　　因此,前者多用于机动性较好而操纵时费力较小(或装有助力器)的飞机,后者多用于操纵时费力较大而机动性要求较低的中型和大型飞机。

　　2) 电传手操纵机构

　　(1) 侧杆式电传操纵机构。空客系列飞机的电传操纵系统采用"侧杆"操纵机构。所谓"侧杆"是"侧杆操纵器"的简称,是一种输入为力信号,输出为电信号的小型侧置手操纵机构,如图 3.1-3 所示。

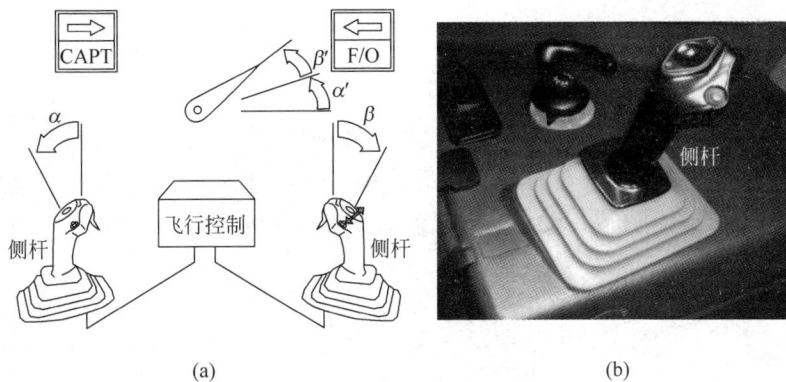

图 3.1-3　侧杆式电传手操纵机构

(a) 侧杆操纵器原理;(b) 某型飞机侧杆操纵器特写

　　这种手操纵机构代替了传统的驾驶杆(或驾驶盘)。它前后、左右摆动发出互不干扰的电信号,通过电传操纵系统使飞机产生纵向和横向运动。其具体结构、力特性与驾驶员的生理特点、操纵感觉、飞机操纵性能有关。

　　由于侧杆操纵器重量轻,空间尺寸小,改善了驾驶员观察仪表的工作条件,克服了重力加速度给驾驶员带来的不必要困难,在操纵时,侧杆的输入杆力与舵面偏转角一一对应,机长和副驾驶的操纵信号在舵面上产生叠加效果。

　　侧杆操纵机构之间没有机械连接装置,当机长(或副驾驶)操纵飞机时,另一侧的侧杆不会发生联动。另外,当自动驾驶仪操纵飞机舵面运动时,侧杆不会随动,驾驶员无法根据侧杆的状态判断飞机控制情况。

　　(2) 驾驶盘式电传操纵机构

　　波音公司在 B777 飞机上开始采用电传操纵系统,其手操纵机构仍然采用传统的驾驶盘结构,如图 3.1-4 所示。驾驶员操纵驾驶盘时,力传感器将操纵信号变为操控电信号。由于两个驾驶盘之间存在机械连接,当机长(或副驾驶)操纵飞机时,另一侧的驾驶盘会同步随动,便于掌控飞机操纵动态,有利于培训和带飞。当自动驾驶仪衔接后,自动驾驶的操纵信号可通过反向驱动作动器操纵驾驶盘,驾驶员可根据驾驶盘的动态监控驾驶仪操纵情况。

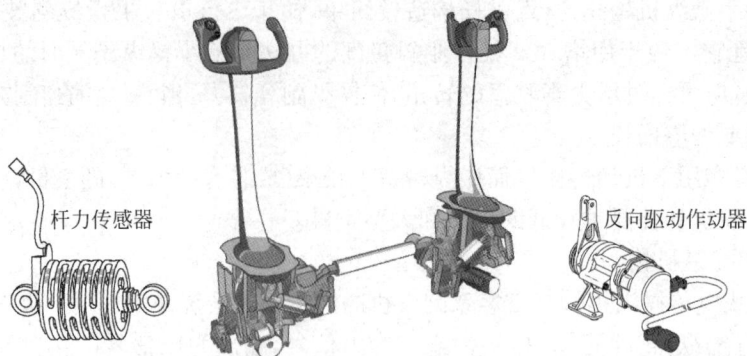

图 3.1-4　驾驶盘式电传操纵机构

2. 脚操纵机构

脚操纵机构有脚蹬平放式和脚蹬立放式两种。

图 3.1-5 表示一种脚蹬平放式脚操纵机构。图中的脚蹬安装在由两根横杆和两根脚蹬杆组成的平行四边形机构上。飞行员蹬脚蹬时,两根横杆分别绕转轴 O 和 O' 转动(转轴固定在座舱底板上),经钢索(或传动杆)等的传动,使方向舵偏转。

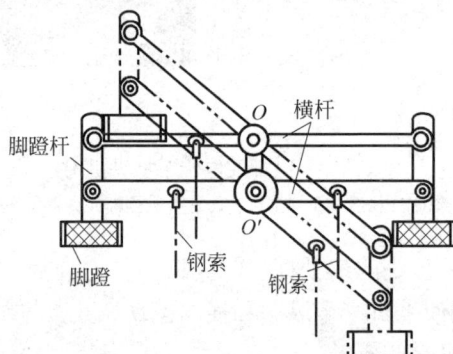

图 3.1-5　脚蹬平放式脚操纵机构

平行四边形机构的作用是保证在操纵方向舵时,脚蹬只作平移而不转动(如图中双点画线所示),以便于飞行员操纵。

图 3.1-6 为现代民航机采用的立放式脚蹬机构。脚蹬通过立杆、传动拉杆与方向舵钢索鼓轮相连。机长脚蹬和副驾驶脚蹬通过公共连杆相连,当机长或副驾驶操作方向舵脚蹬时,另一侧可脚蹬同步随动。当机长用左脚向前蹬左脚蹬时,左脚蹬向前,立杆 1 带动传动杆 1 向前,从而驱动左摇臂带动鼓轮 1 顺时针转动,驱动方向舵钢索转动,与此同时传动杆 2 向后拉,带动右脚蹬向后。

上述两种操纵机构相比,脚蹬平放式脚操纵机构,为了取得较大的操纵力臂,两脚蹬之间的距离较大;脚蹬立放式脚操纵机构,是通过增长与脚蹬连接的摇臂来获得足够的操纵力臂的,两脚蹬之间的距离可以做得较小。所以,前者多与左右活动范围较大的驾驶杆式手操纵机构组合,后者则多与驾驶盘式手操纵机构组合。

现代飞机驾驶舱仪表板布局复杂,同时为保证驾驶员正常观察窗外情况,需要确保驾驶

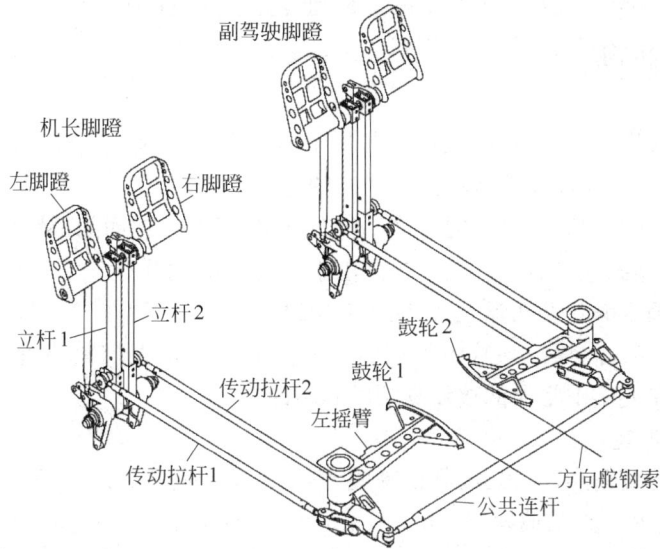

图 3.1-6 脚蹬立放式脚操纵机构

员的眼点位置固定。眼点位置固定意味着驾驶员座椅的位置相对固定,因此,为保证不同身高的驾驶员能够正常操纵飞机,脚蹬的水平位置可进行前后微调。图 3.1-7 所示为某型民航飞机的驾驶员脚蹬位置调节机构。当驾驶员调整好座椅位置后,通过摇动脚蹬位置调节手轮,调节脚蹬的前后位置,直到获得最佳腿部操纵空间。

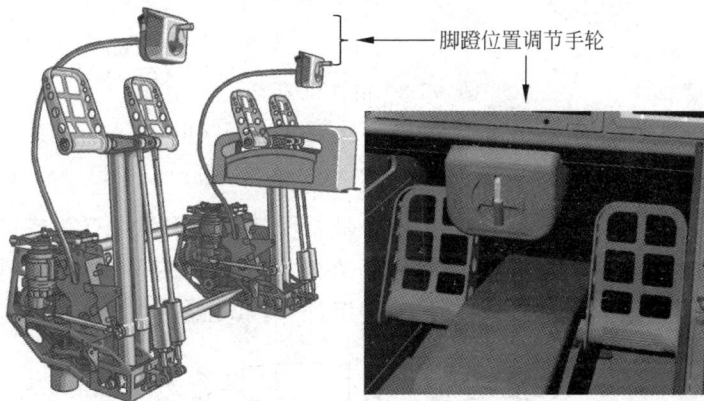

图 3.1-7 民航飞机脚蹬前后位置调节结构

除此之外,还有脚蹬的限动装置,限制脚蹬的最大活动范围,从而控制舵面的最大偏转角以符合规定,凡是可以调整的限动装置应在调整好的位置上保证确实锁紧,或用保险丝保险。为了防止可能因错误调整或错误装配而使舵面的偏转角超过规定而产生危险,则在舵面附近也应有限动装置。

3.1.3 传动机构

传动机构的作用是将操纵机构的信号传送到舵面或助力器。在简单机械操纵系统中,传动是由一些机械机构来完成的,称为传动机构。而在助力操纵系统和电传操纵系统中,传动是由一些机构和部件组成的,习惯上称为传动装置或传动系统。

1. 软式传动机构

1）钢索

钢索是由钢丝编成的,它只能承受拉力,不能承受压力。所以,在软式传动机构中,都用两根钢索构成回路,以保证舵面能在两个相反的方向偏转。

钢索承受拉力时,容易伸长。因此当飞行员操纵舵面时,舵面的偏转会落后于驾驶杆或脚蹬的动作,就像操纵系统有了问题一样。由于操纵系统的弹性变形而产生的"间隙"通常称为弹性间隙。钢索的弹性间隙太大,就会使操纵的灵敏性变差。

为了减小弹性间隙,操纵系统中的钢索在装配时都是预先拉紧的,预先拉紧的力简称"预紧力"。钢索在使用中常见的故障是断丝和腐蚀。

2）滑轮和扇形轮

滑轮通常用酚醛树脂(胶木)或硬铝制成,它用来支持钢索和改变钢索的运动方向,为了减小摩擦在支点处装有滚珠轴承,如图 3.1-8(a)所示。扇形轮也叫扇形摇臂(见图 3.1-8(b)和(c)),它除了具有滑轮的作用外,还可以改变力的大小。扇形轮多用硬铝制成,在支点处也装有滚珠轴承。

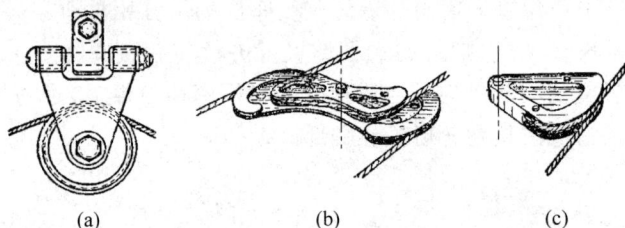

图 3.1-8　滑轮和扇形轮
(a) 滑轮；(b) 双扇形轮；(c) 单扇形轮

3）松紧螺套

松紧螺套用来调整钢索的预紧力,由两个带相反螺纹的钢索螺杆头式接头和一个两端带相反内螺纹的螺套组成,如图 3.1-9 所示。在螺套左螺纹的一端外部,刻有一道槽或滚花。转动螺套,即可使两根螺杆同时缩进或伸出,使钢索绷紧或放松。

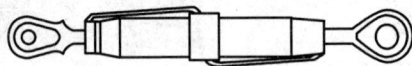

图 3.1-9　松紧螺套

4）钢索张力补偿器

由于飞机机体上的外载荷的变化和周围气温变化的影响,飞机机体结构和飞机操纵系统之间会产生不同程度的相对变形,因而钢索可能会变松或过紧。变松将发生弹性间隙,过紧将产生附加摩擦。

钢索张力补偿器的功用正是保持钢索的正确张力,而不受上述因素的影响。某型飞机的钢索张力补偿器如图 3.1-10 所示。

滑架承受弹簧的作用可以保持钢索的正确张力。滑管顶端有一个张力指示孔,当这个指示孔刚好全部漏出时,钢索的张力是正确的,不需要张力器或其他设备测量张力。

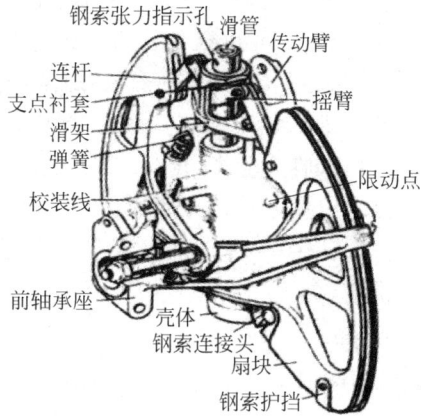

图 3.1-10 钢索引力补偿器

2. 硬式传动机构

1）传动杆

传动杆又称为拉杆。它的特点一是不存在拉力随时变化的麻烦，二是构造简单，只靠一根管材就能传递拉力和压力。传动杆一般是细长杆，因此，当受到压力时就可能发生失稳现象，称为失去总稳定性（又称杆轴失稳）。压杆时发生失稳现象就意味着杆已损坏。

2）摇臂

摇臂通常由铝合金材料制成，在与传动杆和支座的连接处都装有轴承。摇臂按臂数可分为单摇臂、双摇臂和复合摇臂三类（如图 3.1-11 所示）。

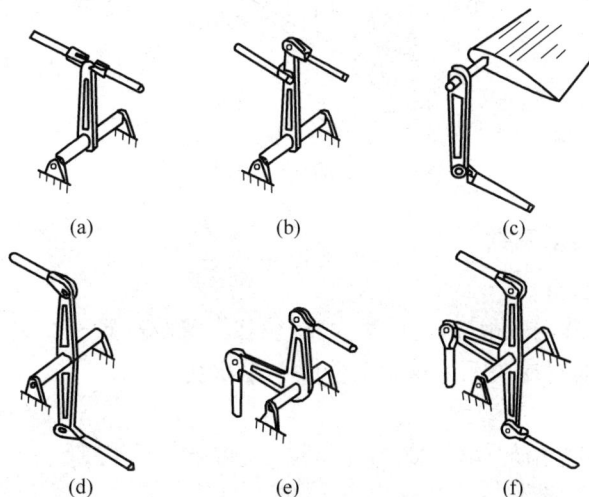

图 3.1-11 摇臂的类型

摇臂主要有以下作用：支持传动杆；放大或缩小力；放大或缩小传动杆的位移；放大或缩小传动杆的运动速度；改变传动杆运动方向；实现差动操纵。

有些飞机的副翼是差动的。所谓差动，就是当驾驶杆左右偏转同一角度时，副翼上下偏转的角度不同。这样做的目的是消除由于副翼偏转造成的两机翼助力差，消除不必要的偏

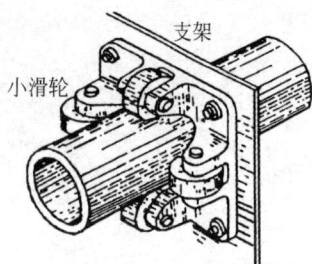

图 3.1-12　导向滑轮

航。实现差动操纵最简单的机构是差动摇臂。

3）导向滑轮

导向滑轮是由三个或四个小滑轮及其支架所组成（如图 3.1-12）。它的功用是：支持传动杆,提高传动杆受压时的杆轴临界应力,使传动杆不至于过早地失去总稳定性,并且可以增大传动杆的固有频率,防止传动杆发生共振。

在传动中,传动杆要与导向滑轮摩擦,故维护中应注意检查,防止磨损。

3. 混合式传动机构的主要构件

现代民航飞机的操纵系统传动机构中,可能同时采用硬式传动机构元件和软式传动机构元件,构成混合式传动机构。在混合式传动机构中,可利用扭力管等形式的构件实现软、硬构件间力的传递。扭力管安装在操纵系统中需要有角运动或扭转运动的地方,如图 3.1-13所示。

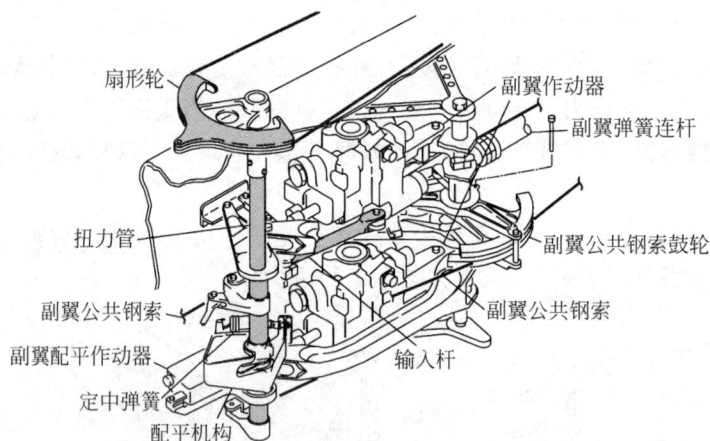

图 3.1-13　混合式传动机构

4. 操纵系统的传动系数

1）传动系数的定义

驾驶杆（或脚蹬）移动的距离,简单称为"杆位移",又称杆行程。它与舵面偏转角度（简称"舵偏角"）有一定的对应关系。这个对应关系是用传动系数 K 来表示的。

所谓传动系数 K 是指舵偏角 $\Delta\delta$ 与杆位移 Δx 的比值（如图 3.1-14）所示,即

$$K = \frac{\Delta\delta}{\Delta x} \qquad (3-1)$$

驾驶杆杆力和舵面铰链力矩之间也存在一定的关系,如果不计系统的摩擦力,驾驶杆输入的功等于克服舵面偏转的功,即

$$F \cdot \Delta x = M_\mathrm{j} \cdot \Delta\delta \qquad (3-2)$$

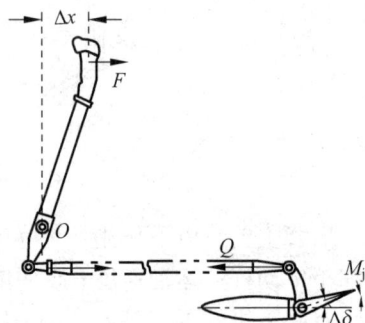

图 3.1-14　操纵系统的传动系数

由此可得传动系数的另一个表达式：

$$K = \frac{F}{M_j}$$

（3-3）

2）传动系数的含义

根据式(3-1)，传动系数表示：单位杆位移对应的舵偏角的大小。因此，操纵系统的传动系数大，飞机操纵灵敏性好；传动系数小，飞机操纵灵敏性差。

而根据式(3-3)，传动系数又表示克服单位铰链力矩所需杆力的大小，即操纵系数大，操纵飞机费力；操纵系数小，操纵飞机省力。

3.1.4　舵面驱动装置

早期飞机操纵系统靠驾驶员的体力克服铰链力矩，即利用钢索或传动杆将驾驶员作用在驾驶杆或脚蹬上的力传递到舵面的操纵摇臂，克服铰链力矩从而驱动舵面偏转。众所周知，舵面铰链力矩随着飞机舵面尺寸和飞行速度的增大而增大，当铰链力矩达到一定程度，驾驶杆(或脚蹬)上的力将超过驾驶员能够承受的范围。解决舵面铰链力矩过大的有效措施是安装液压驱动装置或电动驱动装置。

1. 液压驱动

1）液压助力器

液压助力器是一种以液压作为工作能源的执行操纵指令的机械液压位置伺服功率放大装置，一般由液压放大器、执行元件和比较机构组成。助力器输出的机械位移，与输入指令的机械位移量成正比。

液压放大器是一种起功率放大作用的元件，下文中的控制阀(配油阀或配油柱塞)是一种典型的滑阀式液压放大器。液压执行元件实际上是一种液压作动筒，其主要作用是在液压压力作用下，输出机械功。比较机构是将操纵指令和输出的反馈量进行比较，经液压放大器，控制执行元件，使执行元件的位移量满足操纵指令要求。

图3.1-15表示一种典型机械液压伺服助力器。它的基本组成部分为双重输入摇臂、控制阀(具有双重滑阀芯)、旁通阀和作动筒等。作动筒的活塞杆与飞机结构固定，外筒可产生输出，驱动舵面运动。

驾驶员的飞行操纵指令输送到双重摇臂的输入端(输入端具有机械挡块，防止出现过猛操作)。主输入摇臂和次输入摇臂通过扭力弹簧相连，正常操作时，两个摇臂可同步运动，驱动控制阀的主滑阀芯和次滑阀芯(相当于套在主滑阀芯外部的衬套)同步运动，当控制阀出现卡滞时，次输入摇臂将不能转动，主输入摇臂将克服扭力弹簧的力驱动主滑阀芯运动，继续操纵助力器工作。

2）载荷感觉定中机构及配平

助力操纵系统由于采用了液压助力器承担舵面载荷，因此驾驶员在操纵机构上不能感受到适当的载荷，因此要设置载荷感觉机构。图3.1-16(a)所示为副翼操纵系统中机械载荷感觉机构，由支架、感觉弹簧、定中凸轮和一个滚轮臂构成。凸轮用螺栓连接在扭力轴上。滚轮臂连接在支架上，在弹簧作用下将滚轮压紧在凸轮的近心点上。当操作机构有输入时，传动机构驱动凸轮转动。由于凸轮为型面对称且滚轮压在凸轮的最低点，所以不论凸轮向哪个方向转动，都要推开滚轮，使滚轮臂上升，拉伸感觉弹簧。在整个操作过程中，弹簧力与

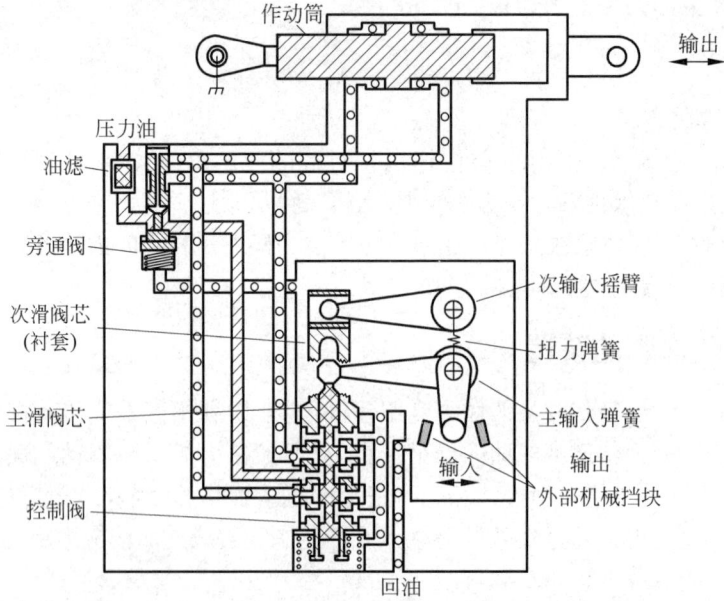

图 3.1-15　典型机械液压伺服助力器

输入机构的输入行程成正比,形成操纵所需要的感觉力。当停止操纵并松杆时,滚轮在感觉弹簧力作用下回到凸轮中心位置,于是整个操纵系统都回到中立位置,这就是载荷机构的定中作用。

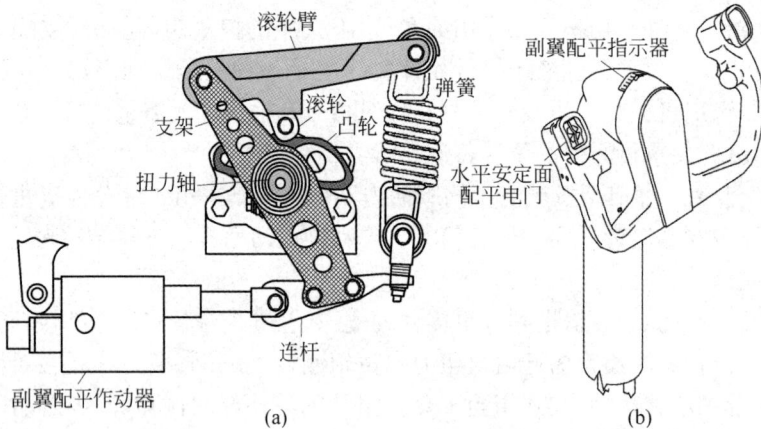

图 3.1-16　副翼感觉和定中配平机构及配平指示

　　配平作动器可改变副翼和驾驶盘的中立位置,以实现配平功能。在配平操纵期间,副翼配平作动器使支架移动,弹簧保持滚轮在凸轮的近心点,带动凸轮一起转动。这就给副翼助力器一个输入信号,从而移动副翼,产生滚转力矩,维持飞机的气动力平衡;同时带动驾驶盘偏转到新的中立位。在进行配平操纵时,驾驶盘会随动,但操作杆力为零。在驾驶盘顶部设有副翼配平指示器,指示副翼配平状态,如图 3.1-16(b)所示。

2. 电静液驱动

　　空客 A380 飞机的飞控系统采用电静液作动器(electro-hydrostatic actuator,EHA)和

电静液备份作动器(electro-backup-hydraulic actuator，EBHA)，大大简化了飞控液压源系统(具体参见 2.1.3 节)。电静液作动器原理如图 3.1-17 所示。与普通的液压驱动作动器相比，电静液作动器是一种高效的作动形式，只在作动器有操纵指令时才从飞机电网获取较大能源，在其余飞行时间，作动器为静止状态。

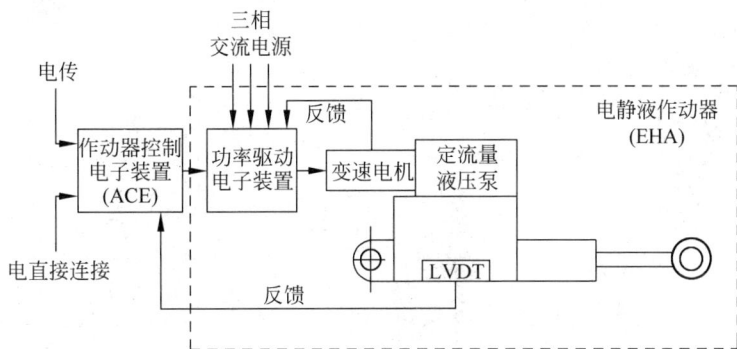

图 3.1-17　电静液作动器(EHA)工作原理

电静液作动器由功率驱动电子装置、双向变速电机驱动的定量液压泵和液压伺服作动筒构成。功率驱动电子装置接收来自作动器控制电子装置(actuator control electronics，ACE)的控制信号和来自三相交流电网的电功率。变速电机受功率驱动电子装置控制并提供反馈，控制定流量液压泵工作，输出液压功率驱动伺服作动筒。伺服作动筒输出功率推动舵面运动，通过线位移传感器(linear variable differential transformer，LVDT)向作动器控制电子装置发出反馈信号，实现操纵信号对舵面的伺服控制。

在实际使用中，如果 EHA 长时间工作会造成电机发热，周边的复合材料机体结构件处在高温下会出现不同程度的性能下降，因此 EHA 目前只适合作为一种备用作动器。

3. 传统电力驱动

飞机舵面采用电动驱动操纵的原理与液压助力操纵相类似，只是用电助力器代替液压助力器，但其控制方式由各种手柄改为各种电门。电动控制常用于各种辅助操纵系统，在上文中的配平装置就是其中一种。不过电动系统的工作速度低于液压系统的工作速度，输出力也有一定限制，所以一般应用于辅助操纵的备用形式或运动速度较缓的系统(如水平安定面的配平操纵)。

简单的电动控制一般是驾驶员和操纵机构一起组成的闭环控制系统(如图 3.1-18 所示)。

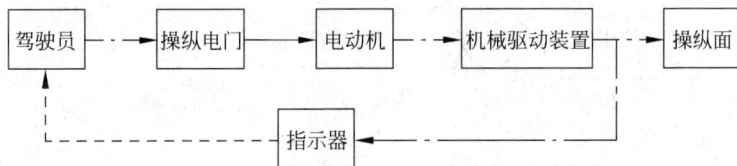

图 3.1-18　电动操纵原理的方块图

图 3.1-19 为采用电动驱动的水平安定面配平系统示意图。驾驶员根据飞机实际飞行状态操纵配平电门，通过控制电路，使配平作动器(电动机)工作。电动机带动齿轮箱转动，驱动丝杠转动。丝杠上的球形螺母驱动水平安定面托架带动水平安定面偏转。水平安定面

位置传感器将安定面的位置信号反馈给位置指示器,驾驶员根据指示器判断水平安定面的
实际位置,进行调整。当操纵面运动到规定位置时,驾驶员停止操纵。

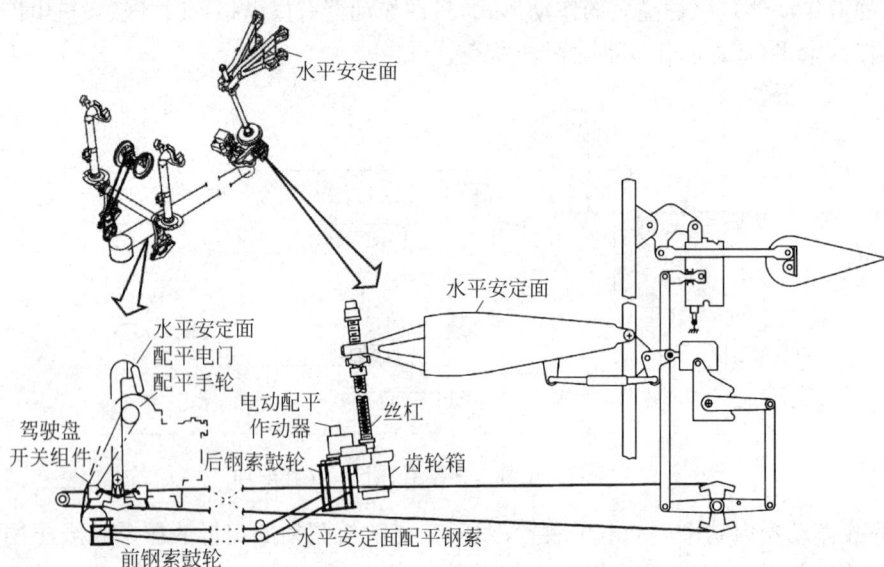

图 3.1-19　水平安定面的配平操纵

　　需要注意的是,配平电门一般采用弹簧加载的定中电门。松开电门,电门会自动回到关
断位,电动机停止工作。同时在电动操纵系统中,往往带有一些极限位置电门,当操纵面运
动到极限位时,位置电门将使控制电路断开,防止操纵面运动超过极限位置,引发安全问题。

4. 多电飞机电力驱动

　　随着多电飞机的发展,电力驱动技术在多个方面取得了重大进展,主要体现在 270V 直
流电机中稀土材料的应用、大功率固态开关器件和轻型电机控制的微处理器等方面。这些
技术应用使得机电作动器(electro-mechanical actuator,EMA)与普通液压伺服作动器、电静
液作动器共同跻身于飞行操纵控制应用场合。正如电静液作动器是直线作动器的多电替代
装置一样,机电作动器是螺旋作动器的多电型式,其原理如图 3.1-20 所示。

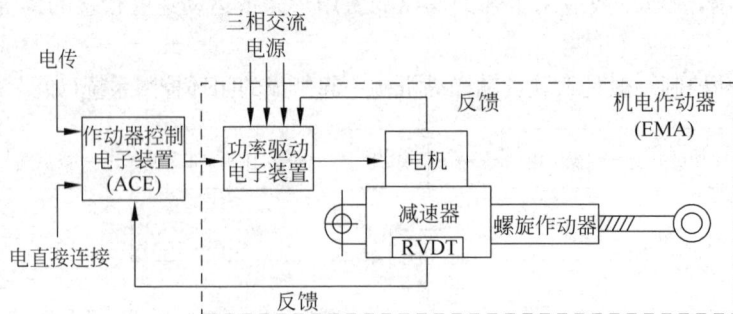

图 3.1-20　机电作动器(EMA)原理

　　EMA 的原理与螺旋作动器相同,所不同的是它应用功率驱动电子装置来驱动直流无
刷电机。无刷电机接收功率驱动电子装置的控制信号并提供反馈,可进行双向转动拖动减

速齿轮箱而产生旋转运动。减速齿轮箱驱动螺旋作动筒伸出或缩入并通过角位移传感器(RVDT)将输出反馈到作动器控制电子装置(ACE),实现对操纵指令的快速响应。

在现代民航飞机上,EMA 用于水平安定面、襟翼、缝翼和扰流板的驱动。例如波音 B787 飞机在其机翼中部两块扰流板上使用了机电作动器(如图 3.1-21 所示)。与相同设计标准下的电液伺服作动器相比,EMA 在重量和体积上都较大,同时考虑其可靠性较低(如作动器的卡死问题),因此在实际应用方面仍有很大改进的空间。

图 3.1-21 波音 B787 飞机上的机电作动器(EMA)

3.2 电传操纵系统

电传操纵系统(fly-by-wire,FBW)是指利用电气信号形式,通过电缆实现驾驶员对飞机运动进行操纵的飞行控制系统。本节介绍电传操纵系统的组成、工作原理,电传操纵系统的优缺点和存在的问题。

3.2.1 电传操纵系统的提出

1. 机械传动系统的缺点

由于在机械传动系统中存在着摩擦、间隙和弹性变形,始终难以解决精微操纵信号的传递问题。20 世纪 70 年代初,成功地实现了电传操纵系统,它取代不可逆助力操纵系统而成为主操纵系统。电传操纵系统是控制增稳系统发展的必然产物。若把操纵权限全部赋予控制增稳系统,并使电信号替代机械信号而工作,机械系统处于备用地位,这就是"准电传操纵系统";若再把备用机械操纵系统取消,就成为"纯电传操纵系统",简称为"电传操纵系统"。

2. 电传系统的可靠性问题

从工程实际来看,机械操纵系统的可靠性远比单套电信号操纵系统好。美国对军民用飞机因机械操纵系统故障所造成的致命故障而统计出来的故障率为:从 1952—1959 年间事故为 $2.3 \times 10^{-7}/\text{FH}$[①],1962—1969 年间的事故率为 $1.19 \times 10^{-7}/\text{FH}$,以后的两个年代事故率还有所减小(约为 $1 \times 10^{-7}/\text{FH}$)。按照这种致命故障率(以后简称故障率)估计,即使每个飞行日飞行十个小时,也要二千多年才会出现一次致命的事故。

当时技术设计的单套电气控制系统的最小故障率只能达到 $(1 \sim 2) \times 10^{-3}/\text{FH}$,与机械

---

① FH 表示飞行小时。

操纵系统相比要差上万倍。这是因为机械零件由于磨损与断裂而造成的故障隐患极为明显,外场维护人员发现并更换零件后,在相当长的时期内可以万无一失。而电气电子设备的隐患往往看不见、摸不着,传统的电气电子设备的故障是十分令人头痛的。但是从20世纪50年代后期开始应用的余度技术与可靠性工程,在60年代已较成熟。尽管单套电气操纵系统满足不了可靠性要求,却可采用多余度电气操纵系统来提高。只要设计合理,其可靠性可以与原来机械操纵系统的相当,甚至超过机械操纵系统的可靠性。

目前世界各国均定 $1 \times 10^{-7}/FH$ 作为电传操纵系统的可靠性指标。为了保证电传系统的可靠性,需要采用余度技术,即引入多重系统。

余度技术是利用多重设备执行同一指令、完成同一任务而布局的系统设计方法。它不是仅仅多重硬件和软件资源的简单重叠。其必须要包括以下几个条件,即余度管理功能:

(1) 对组成系统的各个部分具有故障监控、信号表决的能力;

(2) 一旦系统或系统中某部分出现故障后,必须具有故障隔离的能力;

(3) 当系统中出现一个或几个故障时,它具有重新组织余下的完好部分,使系统具有故障安全或双故障安全的能力。

现代飞机的基本余度等级,以四余度和具有自监控能力的三余度方案最为常见,二者均可以实现双故障工作,其故障率均可降到 $1 \times 10^{-9}/FH$。但目前自监控能力有待完善,所以民航飞机上,按比较监控的方式进行监控的四余度方案为首选。

多余度系统结构可以使电传操纵系统代替传统的机械式操纵系统,但其也是有代价的。它是以超常规所需的资源来换取高可靠性,因而使系统的重量、空间、复杂性、费用和设计时间大为增加。而复杂性的增加又将造成非计划维修可靠性下降,即增加了维修任务。因此多余度系统在提高系统安全性、任务可靠性的同时,相应降低了系统基本可靠性,即平均无故障时间(mean time between failure,MTBF)。

3.2.2　电传操纵系统的组成及原理

1. 电传操纵系统的组成

电传操纵系统主要由驾驶杆或侧杆(含杆力传感器)、前置放大器(含指令模型)、传感器、机载计算机和执行机构组成,如图3.2-1所示。

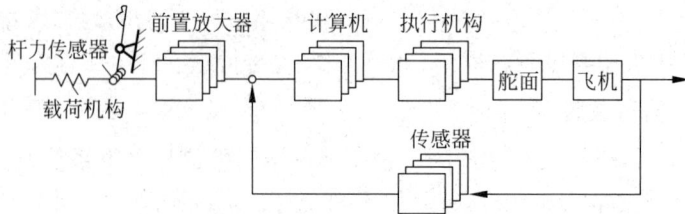

图3.2-1　四余度电传操纵系统简图

电传操纵系统是把驾驶员发出的操纵指令,变换为电信号并与飞机运动传感器反馈回来的信号综合,经过计算机处理,把计算结果通过电缆(导线)输送给操纵面作动器,对飞机进行全权限操纵的一种人工飞行操纵系统。由于操纵时,驾驶员不是直接控制操纵面的位置,而是直接控制飞机运动的参数。所以电传操纵系统也称为一种利用反馈技术的电飞行操纵系统。

2. 电传操纵系统工作原理

由图 3.2-1 可知,四余度电传操纵系统实质上是由四套完全相同的单通道电传操纵系统组合而成的,其目的使电传操纵系统的可靠性至少不低于机械操纵系统。因此四余度电传操纵系统的组成、工作原理基本上与单通道电传操纵系统相同,只是在每个传输信号的通道中还增加表决器/监控器电路等,如图 3.2-2 所示。

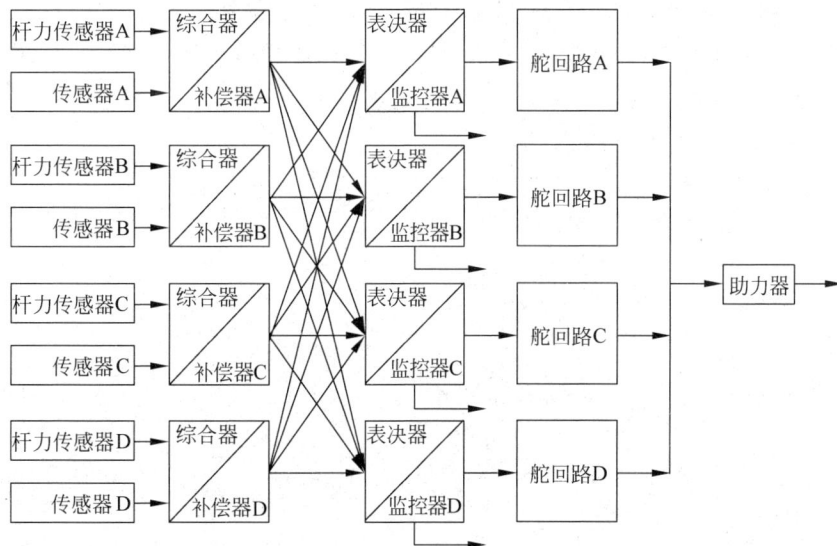

图 3.2-2　四余度电传操纵系统原理图

它由 A、B、C、D 四套完全相同的单通道电传操纵系统按一定关系组合而成。如图中表决器/监控器是用来监视、判别四个输入信号中有无故障信号,并输出一个从中选择的正确的无故障信号,如果四个输入中任何一个被检测出是故障信号后,系统自动隔离该故障信号,不使它再输入到后面的舵回路中去。

当四套系统都工作正常时,驾驶员操纵驾驶杆经杆力传感器 A、B、C、D 产生四个同样的电指令信号,分别输入到相应的综合器/补偿器、表决器/监控器中,通过四个表决器/监控器的作用,分别输出一个正确的无故障信号加到相应的舵回路,四个舵回路的输出通过机械装置共同操纵一个助力器,使舵面偏转,以操纵飞机相应的运动。

如果某一个通道中的杆力传感器或其他部件出现故障,则输入到每个表决器/监控器的四个输入信号中有一个是故障信号,此时由于表决器/监控器的作用,将隔离这个故障信号。因此每个表决器/监控器按规定的表决方式选出工作信号,并将其输至舵回路,于是飞机仍按驾驶员的操纵意图作相应运动。如果某一通道的舵回路出现故障后,它本身能自动切除与助力器的联系(因舵回路是采用余度舵机),这样到助力器去的仍是一个正确无故障信号;同样,如果系统中某一通道再出现故障,电传操纵系统仍能正常工作,而且不会降低系统的性能。由此可见,四余度电传操纵系统具有双故障工作等级,故它又称双故障/工作电传操纵系统。

综上所述,电传操纵系统可定义为:驾驶员的操纵指令信号,只通过导线(或总线)传给计算机,经其计算(按预定的规律)产生输出指令,操纵舵面偏转,以实现对飞机的操纵。显然它是一种人工操纵系统,其安全可靠性是由余度技术来保证的。

3. 民航飞机电传操纵系统实施

英美联合研制的"协和"号飞机是第一架采用电传操纵系统的民用飞机,此后空中客车公司在 A320 系列飞机中采用了电传操纵系统,B777 飞机为波音公司第一架采用电传操纵系统的飞机,这构成了民航飞机电传操纵系统的两大技术系列。

现代民航飞机电传系统的飞行控制计算机执行电传操作系统的核心功能,按照预定的飞行控制法则(control law,亦可称为"控制律")对各飞行操纵面进行控制。虽然各飞机制造商采用的电传操纵技术案不同,但是控制法则和各模式具有一定的相似性,具体如图 3.2-3 所示。

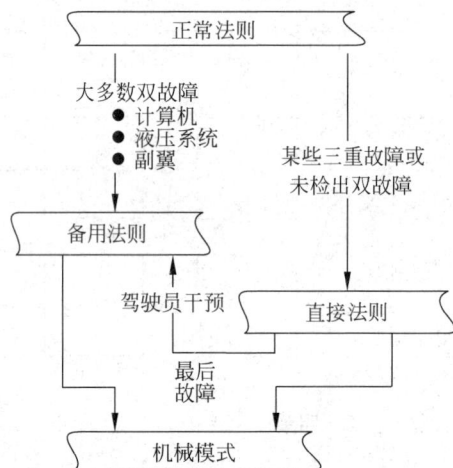

图 3.2-3　典型电传操纵系统控制法则相互关系

电传操纵系统控制法则一般包括:正常法则、备用法则、直接法则,分别对应正常模式、备用模式和直接模式,并具有最终的机械模式。

正常法则:在正常模式下,提供基本控制法则,并提高操纵品质,避免超过某种姿态和姿态速率的保护。当计算、传感器或作动动力通道出现双故障时,正常法则将转换到备用法则,起动备用模式。

备用法则:在备用模式下,提供基本控制法则,但没有正常模式所提供的提高操纵品质的特性与保护。若再发生一次故障,备用模式将转换到机械模式。

直接法则:提供包括从驾驶杆直接传递信号到操纵面的控制、人工配平以及某些与飞机重心和飞机系统构型有关的限制功能。在某些特定场合,可通过驾驶员干预而在此接通备用模式。当再次发生故障时,将导致切换到机械模式。

机械模式:包括俯仰配平和方向舵脚蹬控制的飞机基本人工控制,用以帮助恢复飞机电气系统,或者在条件许可的情况下机械操纵飞机着陆。

飞机从地面起飞经空中飞行到地面着陆的整个飞行剖面内,飞行操纵按不同飞行阶段执行不同控制法则:地面阶段处于地面模式,执行"地面法则";飞行阶段处于飞行模式,执行"飞行法则";落地前阶段处于改平模式,执行"改平法则",落地后再次切换为地面模式。

在地面模式下,驾驶杆与舵面面之间处于直接连接模式;当飞机主减震支柱处于伸张状态时,起动飞行模式;飞机处于飞行模式且飞行高度低于特定值时,飞机准备着陆,进入改平模式;当飞机在改平模式下主减震支柱压缩,飞机再次进入地面模式。其中在飞行模式和改平模式下,飞行操纵系统具有俯仰姿态保护、过载保护、侧滑角度保护、高速保护、失速保护(又称迎角保护)等相关保护功能,具体如图 3.2-4 所示。

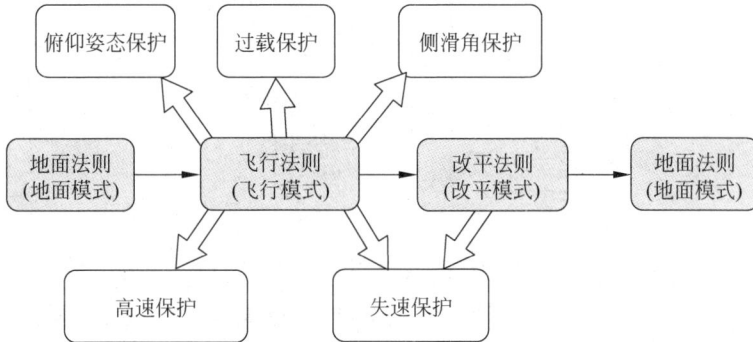

图 3.2-4　不同飞行阶段对应的控制法则和相应保护功能

图 3.2-5 给出了空客 A320 飞机电传操纵系统简化原理图。A320 操纵系统采用 7 台飞控计算机,其中 2 台升降舵/副翼计算机(elevator aileron computer,ELAC)、3 台扰流板/升降舵计算机(spoiler elevator computer,SEC)、2 台飞行增稳计算机(flight augmentation computer,FAC)和 2 台襟翼/缝翼计算机(slat flat control computer,SFCC)。这 7 台飞控计算机完成对升降舵、副翼、扰流板、偏航阻尼器、襟翼和缝翼的控制。A320 飞机的方向舵和水平安定面配平仍为机械操纵控制。

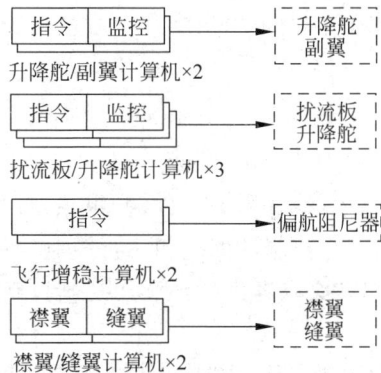

图 3.2-5　空客 A320 飞机电传操纵系统原理简图

飞控计算机采用不同的结构和不用的硬件,内部采用不同软件执行指令和监控功能,所用的电源和信号通路进行分散隔离。从 A320 飞机投入使用情况看,当出现所有计算机都发生故障这种极不可能的情况时,飞机仍可飞行和着陆。

图 3.2-6 给出了波音 B777 飞机电传操纵系统原理简图,系统包括 3 台主飞控计算机(primary flight computer,PFC),其中每一台有 3 个由不相似硬件、但有相同软件组成的相似控制通路。

每一通路在一个工作周期中有各自的任务,供电后这些任务被不断循环。应用表决技

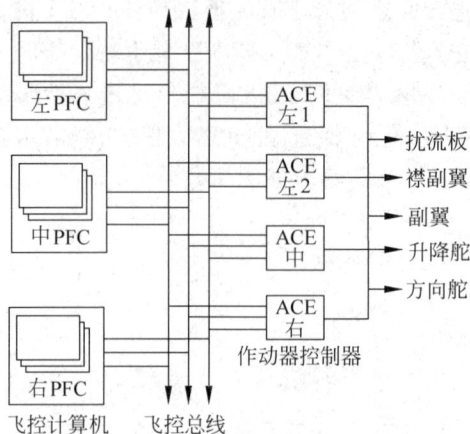

图 3.2-6　波音 B777 飞机电传操纵系统原理简图

术检测通路间的偏差或不一致,而采用的比较技术随数据形式不同而不同。通过多路 ARINC629 总线实现与舵面作动器控制器(ACE)的联系。ACE 直接驱动飞控作动器。飞行控制系统由单独的飞控直流电系统供电。

3.2.3　电传操纵系统的优点及存在的问题

传统的机械操纵系统存在许多缺点:重量大、体积大、存在非线性(摩擦、间隙)、弹性变形和保证飞机合适的操纵性的机构相当复杂。例如某飞机的机械操纵系统,总共有 114 个铰支点,重 2225N,每个铰支点都有一个摩擦源和可能的故障源。但机械操纵系统的最大优点就是可靠性较高,电传操纵系统的优缺点大体上与机械操纵系统相反。单通道电传操纵系统的可靠性是不及机械操纵系统,但采用余度技术后就可克服此缺点。下面叙述一下电传操纵系统的优缺点:

1. 电传操纵系统的优点

(1) 减轻了操纵系统的重量、体积,节省操纵系统的设计和安装时间。电传操纵系统用电缆替代了钢索、滑轮(传动杆、摇臂)等机械元件,操纵系统的重量、体积随着减小。另外,设计操纵系统的重点工作转向飞行控制计算机和飞行控制律的设计,不用考虑机体空间和相对位置(这是设计机械传动机构必须考虑的环节)的影响,节省了系统设计、安装和校装的时间。

(2) 消除了机械操纵系统中的摩擦、间隙、非线性因素以及飞机结构变形的影响。电传信号消除了机械操纵系统中的摩擦、间隙和非线性因素,这就改善了精微操纵信号的传递。此外,机械操纵系统对飞机结构的变化是非常敏感的,设计师必须尽最大努力使这种影响减到最小,采用电传操纵系统后,这种影响自然消失了。

(3) 简化了主操纵系统与自动驾驶仪的组合。因为电气组合简单,所以电传操纵系统与自动飞行控制系统(自动驾驶仪)的结合是很方便而且易于实现的。

(4) 可采用小侧杆操纵机构。采用小侧杆操纵机构可减轻驾驶员的工作负担,同时驾驶员观察仪表的视线不再受中央驾驶杆的影响。另外,也消除了重力加速度对驾驶员给驾驶杆输入量的影响。

（5）飞机操稳特性不仅得到根本改善，且可以发生质的变化。电传操纵系统不仅能改善飞机的稳定性、操纵性，而且能改善机动性，这是这种系统最突出的优点。应该指出，如果没有与电气操纵系统融合为一体的系统，放宽静稳定性功能就无法实现。由于飞机静稳定度放宽以后，通过单纯的机械操纵系统已无法稳定地操纵飞机，因而出现了电传操纵系统，它依靠电信号传递指令，与控制增稳系统融合为一体，不带机械备份操纵系统，而且是一种全权限操纵系统。

正是因为有了这个优点，电传操纵系统才有可能成为设计随控布局飞机的基础，使飞机的性能发生质的变化。

2. 电传操纵系统存在的问题

（1）单通道电传操纵系统的可靠性不够高。由于单通道电传操纵系统中的电子元件质量和设计因素关系，故单通道系统的可靠性不够高。所以，目前均采用三余度或四余度电传操纵系统，并利用非相似余度技术设计务分系统，如四余度电传操纵加二余度模拟热备份系统。

（2）电传操纵系统的成本较高。就单套系统来说，电传操纵系统的成本低于机械操纵系统，但前者必须采用余度系统才能可靠工作，所以成本还是比较高的，需要进一步简化余度和降低各部件的成本。

（3）系统易受雷击和电磁脉冲波干扰影响。由于大量电子线路、数字装置的采用以及复合材料在飞机结构中所占比重越来越大，这些材料与金属材料相比，电磁屏蔽能力相当小，导致对电磁干扰和雷击防护性能的降低，成为电传操纵系统的突出问题。在 FBW 系统研制过程中必须重视解决对雷击损害的防护和系统之间电磁干扰等问题。目前解决这些问题的唯一办法是采用光纤作为传输线路。因为光纤是介质材料，不向外辐射能量；不存在金属导线所固有的地环流及由此产生的瞬间扰动；对核辐射电磁干扰不敏感；可以隔离通道之间故障的影响；再加上光纤系统传输容量大，一根光纤能传输视频、高频及数据信息。由于光纤技术和数字式电传操纵系统的发展，因而出现了光传操纵系统（FBL）。按功能来说，光传操纵系统就是应用光纤技术实现信号传递的操纵系统。当然，这种系统还有强度、成本问题、地面环境试验问题及光纤维和飞机结构组合等问题有待进一步解决。

3.3 典型飞机操纵系统

3.3.1 主飞行操纵与辅助操纵系统的区别

在人工飞行操纵系统中，通常分为主操纵系统和辅助操纵系统。主操纵系统是指驱动副翼、升降舵、方向舵，使飞机产生围绕纵轴、横轴、立轴转动的系统，图 3.3-1 所示为主操纵系统的简单原理图。其他如扰流板、前缘装置、后缘襟翼和水平安定面配平的操纵系统均称为辅助操纵系统，如图 3.3-2 所示。

飞机辅助操纵系统与主操纵系统不同，后者必须给驾驶员有操纵力和位移的感觉，而前者则没有。但驾驶员必须知道辅助操纵面的位置，故需要位置指示器或指示灯。由于驱动装置本身的特点，辅助操纵系统在工作时，当操纵面被操纵到需要的位置后，不会在空气动力作用下返回原来位置。

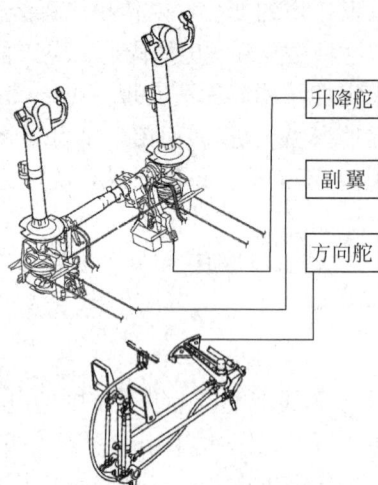

图 3.3-1 主操纵系统简图

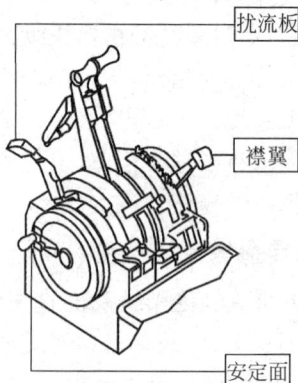

图 3.3-2 辅助操纵系统简图

3.3.2 主操纵系统

1. 副翼操纵系统

飞机的副翼铰接在机翼外侧的后缘。副翼系统是操纵飞机的绕纵轴飞行运动,即滚转运动。在滚转操纵期间,一侧机翼的副翼向上运动,另一侧机翼的副翼向下运动,在两个机翼上产生升力差,使飞机滚转。

为了增加副翼的操纵效能,在正常操纵副翼时,扰流板会配合副翼偏转:当转动驾驶盘超过一定角度时,副翼上偏一侧的飞行扰流板打开,以协助副翼进行横侧操纵。

2. 升降舵操纵系统

飞机的升降舵铰接于水平安定面的后缘,驾驶员靠驾驶杆的前后移动,操纵升降舵,使飞机产生沿横轴的俯仰操纵。当自动驾驶仪接通时,可自动操纵升降舵:在自动驾驶仪工作期间,从自动驾驶作动器的输入通过升降舵操纵系统回传到驾驶杆。同时在水平安定面配平时和马赫配平时,升降舵也要相应偏转。

某些现代飞机,当飞行速度大到机翼上出现局部超声速区与局部激波时,由于超声速区大部分在机翼后段,机翼后段的升力增大,总升力作用点(压力中心)势必后移,飞机的低头力矩增大。如果此时驾驶盘不随马赫数的增大而减小推杆力,飞机将自动减小迎角,升力也随之减小,飞机便会自动进入下俯状态,这就是飞机的自动下俯现象。

马赫数配平装置是一套自动控制装置。当飞行马赫数达到产生自动下俯现象的数值时,马赫数配平装置自动操纵升降舵向上偏转一个角度,从而避免自动下俯现象。

3. 方向舵操纵系统

方向舵安装在垂直安定面后缘上,方向舵操纵系统的功用是为飞机提供偏航操纵。驾驶员蹬踏方向舵脚蹬,操纵飞机使其绕垂直轴作偏转运动。

(1) 飞机协调转弯。当操纵飞机转弯时,不能只操纵方向舵,需要靠副翼、升降舵协调转弯操纵。为了平衡飞机转弯时产生的离心侧滑力,应使飞机横向侧倾一定角度,利用机翼升力在水平方向的分量提供向心力,以平衡转弯离心力。而由于飞机侧倾,升力在垂直方向上的分量会减小,造成飞机高度下降。为了抵消飞机的下降趋势,在转弯时应向后轻拉驾驶盘,使飞机迎角增加。这就是飞机的协调转弯,即飞机转弯平稳且高度不变。

(2)偏航阻尼器。飞机方向舵操纵系统还装有偏航阻尼器,其作用是及时根据飞机姿态的变化操纵方向舵,防止产生荷兰滚。偏航阻尼器驱动方向舵的偏转角小于脚蹬操纵的方向舵偏转角。

3.3.3　辅助操纵系统

1. 增升装置

民航飞机的增升装置包括前缘装置(襟翼、缝翼)和后缘装置(一般为后退式开缝襟翼)。在工作中,前缘装置和后缘装置相配合,由襟翼手柄控制,根据飞机状态收起、伸出,而伸出位又分为起飞位置和着陆位置,如图 3.3-3 所示。

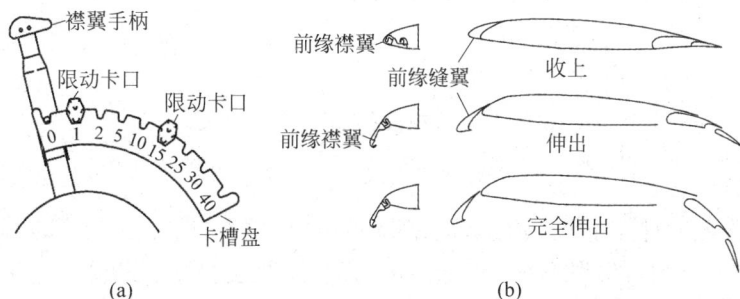

图 3.3-3　飞机增升装置
(a)襟翼手柄;(b)不同阶段增升装置的位置

1)襟翼操纵

根据增升原理,当后缘襟翼在放出时,虽然起到增加升力的作用,但也导致飞机的实际迎角增大,使飞机易发生失速。为避免出现失速,前缘装置往往作为后缘襟翼的随动装置,也就是前缘装置随后缘装置工作而作动。图 3.3-4 为飞机襟翼操纵系统原理图。

当正常操纵时,襟翼控制手柄向后扳动,通过传动钢索、扇形轮和传动杆等机构,操纵襟翼控制活门偏离中立位置,将系统液压引到液压马达。液压马达转动,通过扭力管向襟翼传递扭矩。转换机构将沿翼展方向的转动信号转换为沿飞机纵轴方向的转动信号,通过丝杠螺帽,再将转动信号转换为沿纵轴向后的运动,从而推动后缘襟翼放出。

在输出扭力管转动的同时,反馈鼓轮将扭力管的输出信号反馈到输入端的凸轮。其中一个凸轮通过传动杆,作动襟翼控制活门向中立方向运动。当后缘襟翼到达预定位置后,襟翼控制活门返回中立位置,供往液压马达的油液被切断,液压马达停止转动,操纵过程结束。此时,后缘襟翼停在预定位置。

反馈鼓轮的反馈信号通过反馈钢索,同时带动另一个凸轮,该凸轮可作动前缘装置的控制活门。前缘装置控制活门可将液压引到前缘装置作动筒,从而使前缘襟翼和缝翼放出。由以上控制可看出,前缘装置的位置是由后缘襟翼位置所决定的。

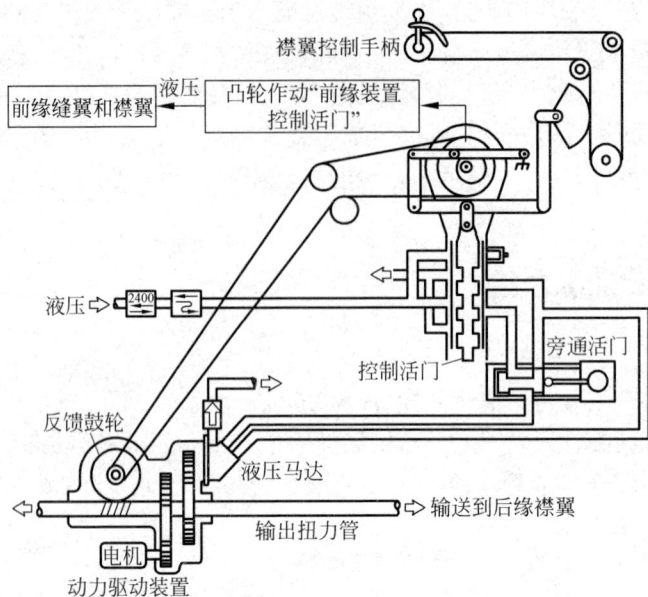

图 3.3-4   飞机襟翼操纵系统原理图

2）襟翼保护

（1）左右襟翼不对称保护。由于后缘襟翼放出角度大，如果放出时左、右两侧襟翼放出角度差异超过一定值时，出现不对称步，则襟翼操纵系统会自动切断襟翼的工作，防止襟翼不对称进一步扩大。

（2）襟翼不同步偏斜保护。飞机襟翼通常由内外两个驱动装置进行驱动。当放下襟翼时，若两个襟翼驱动机构出现不同步，襟翼将会偏斜。当偏斜角度过大时，会造成襟翼卡阻，严重时将导致襟翼结构损坏，影响飞机安全。襟翼不同步偏斜保护可在襟翼偏斜超过一定范围时，自动切断襟翼驱动机构，防止偏斜量增大。

（3）过载保护。在襟翼驱动机构中设置了襟翼载荷限制器，用于保护襟翼结构，防止过大的气动载荷损伤襟翼。当后缘襟翼处于完全放出位置时，如果某时刻的空速突然超过预定值，后缘襟翼会自动收进一个稍小的角度，防止襟翼结构承受过大的气动载荷。

3）襟翼位置指示

图 3.3-5 所示为后缘襟翼位置指示器，其信号来自位于襟翼扭力管上的位置传感器。传感器将具体的襟翼位置连续地供到驾驶舱内的指示器上。指示器上有襟翼的位置刻度，中间是襟翼的指针。指针采用双指针形式，通常只能看见左指针，但襟翼发生不对称的故障时，两个指针分开，可看到右指针。

前缘装置指示器为指示器面板的襟翼和缝翼位置灯。因为前缘襟翼有两个位置，位置灯为过渡灯（表示襟翼处于运动状态）和伸出灯，而缝翼有三个位置灯：过渡灯、伸出灯和完全伸出灯（如图 3.3-6 所示）。

当前缘襟翼、缝翼在收上位置时，所有灯熄灭；当前缘装置移动时，过渡灯亮；当前缘装置移动到伸出位置时，伸出灯亮；当前缘缝翼在完全伸出位置时，完全伸出灯亮。在前缘装置指示器面板上有一个测试电门，当按压该电门时，所有灯亮指示。

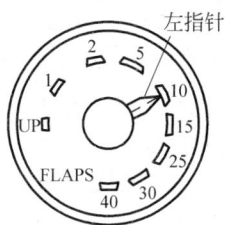

图 3.3-5 后缘襟翼指示器

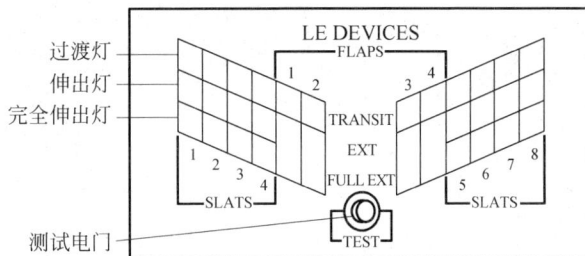

图 3.3-6 前缘装置指示灯

2. 扰流板

民航飞机在每侧机翼上表面装有多块扰流板。当扰流板打开时,机翼上表面的气流受到扰动,气流发生分离,破坏机翼流场,使机翼升力减小,阻力增加。根据扰流板的作用不同,可分为地面扰流板和飞行扰流板(如图 3.3-7 所示)。

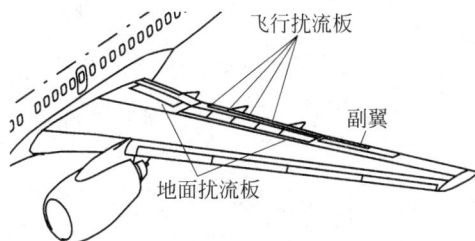

图 3.3-7 飞机扰流板

1) 地面扰流板

地面扰流板只能在地面使用,有"打开"位和"放下"两个工作位置,由减速板手柄控制,其作动装置为普通双向单杆液压作动筒。

当飞机在空中时,空地电门将地面扰流板内部锁活门置于"空中"位(如图 3.3-8 所示),切断供向地面扰流板作动筒的油液压力,将地面扰流板锁定在"放下"位,防止其误动作。

当飞机准备着陆(或起飞前),可将减速板手柄置于"ARMD"位。当飞机着陆接地后(或飞机需要中断起飞时),驾驶员收回油门杆并拉反推,自动减速板作动器将减速板手柄作动到"打开"位,空地电门将扰流板内部锁活门切换到地面位。液压油经地面扰流板控制活门、地面扰流板内锁活门供向地面扰流板作动筒,作动筒将地面扰流板完全打开,破坏机翼上表面气流,气动阻力增大,使飞机减速;同时卸掉大翼的升力,使飞机重量转移到机轮,增加机轮与地面摩擦力,为实施刹车做好准备。

2) 飞行扰流板

飞行扰流板与地面扰流板不同,不但可在地面使用,也可在空中使用。当飞机在地面时,飞行扰流板受减速板手柄控制,其作用与地面扰流板的作用相同,即实现飞机地面增阻减速和机翼卸升。

与地面扰流板不同的是,当飞行扰流板在空中使用时,可以根据驾驶员的操纵指令在多个位置工作,因此其作动装置为伺服作动器。图 3.3-9 所示为某型飞机飞行扰流板作动器及原理图。扰流板操纵信号通过输入摇臂驱动控制阀开度,将压力油引入作动器,推动活塞

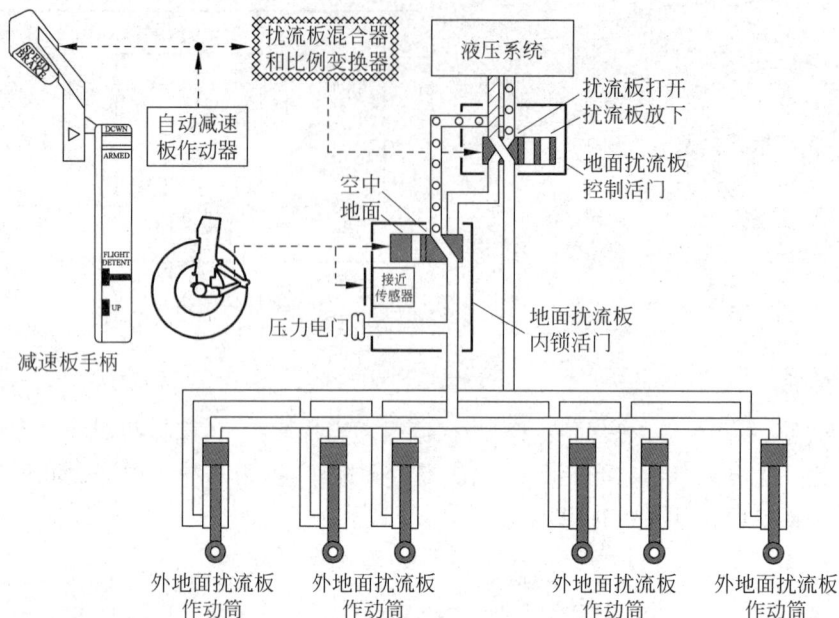

图 3.3-8   地面扰流板操纵系统原理

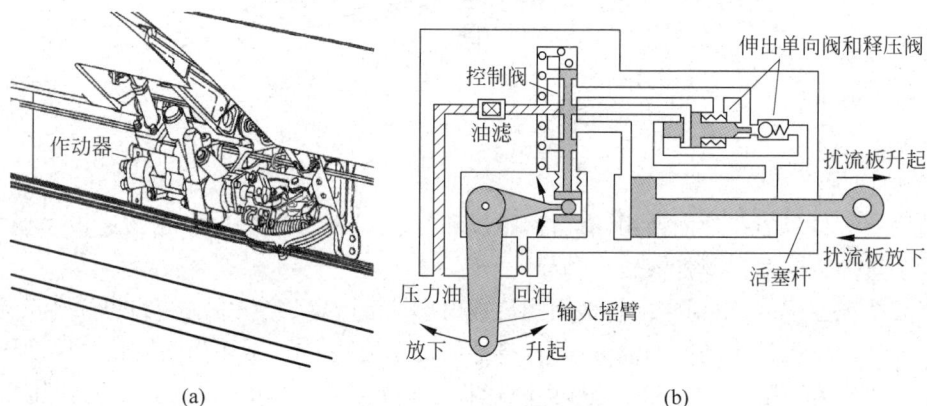

图 3.3-9   飞行扰流板作动器
(a) 飞行扰流板作动器安装位置;(b) 飞行扰流板作动器原理图

杆运动,控制扰流板升起或放下。

当飞机在空中时,飞行扰流板受驾驶盘和减速板手柄控制,具体功能如下:

(1) 协助副翼进行滚转操纵。图 3.3-10 为某型飞机飞行扰流板操纵系统。副驾驶可通过右侧驾驶盘驱动飞行扰流板钢索对飞行扰流板进行操纵。在副翼操作过程中,若驾驶盘偏转角度较小,飞行扰流板不打开;若驾驶盘偏转超过一定角度,则副翼上偏一侧的飞行扰流板打开,从而配合副翼操纵飞机绕纵轴滚转,提高飞机滚转操纵能力。

以飞机向左滚转操纵为例:当驾驶盘向左转动时,左机翼的副翼向上偏转,右机翼的副翼向下偏转;当驾驶盘偏转超过一定角度,左机翼的飞行扰流板开始打开,使左大翼的升力进一步减小,飞机绕纵轴向左侧滚转。

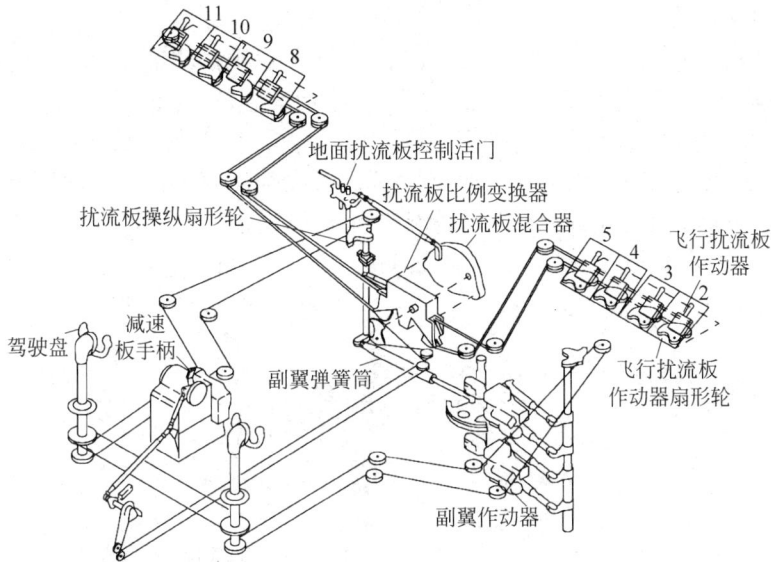

图 3.3-10 飞行扰流板操纵系统原理

（2）副翼卡阻时实现应急滚转操纵。飞行扰流板系统可在副翼操纵系统发生卡阻时实现对飞机的应急滚转操纵。当副翼钢索卡阻时，左侧驾驶盘将不能转动，此时副驾驶操纵驾驶盘，克服扭转弹簧力，操纵右驾驶盘转动。当副驾驶盘转过一定角度时，安装于副驾驶盘扭力管上的摇臂才会接触到空行程挡块，驱动扰流板控制鼓轮转动从而驱动飞行扰流板，进行应急横侧操纵。

（3）飞机空中减速。飞机减速是通过操纵减速手柄实现的，减速手柄位于中央操纵台左侧。在空中操纵减速手柄，左、右侧飞行扰流板同时打开。空中减速时，减速板手柄的机械信号会输送到混合器，由混合器通过钢索再传送到飞行扰流板，左、右侧的飞行扰流板同时打开，进行空中减速。

当空中减速时，扰流板也可以辅助副翼进行横侧操纵：空中减速时，提起减速手柄向后扳动，左、右侧的飞行扰流板同时打开，如果此时驾驶盘转动角度超过预定值，飞行扰流板仍可以配合副翼进行横侧操纵。此时减速手柄的信号和配合副翼横侧操纵的信号都输送到混合器，混合器将两种信号叠加，然后输送到飞行扰流板作动器。

（4）起飞或着陆时进行机翼整流。当飞机巡航飞行时，扰流板收起并紧贴在机翼上，构成机翼平滑的气动外形。当飞机处在起飞、着陆构型时，后缘襟翼后退并向下偏转，导致扰流板后缘与后退的襟翼之间形成扰流区，造成机翼升力下降和阻力增加。波音 B787 飞机的扰流板控制系统根据襟翼手柄位置将扰流板自动下偏一定角度（见表 3.3-1），减小扰流板后缘与襟翼之间的间隙，使机翼上表面有更加合理的气动外形，从而增加升力并在一定程度上减小阻力。

表 3.3-1　起飞着陆构型时，波音 787 飞机扰流板自动下偏角度

襟翼手柄位置	1	5	15	20	25	30
扰流板下偏角度/(°)	0	4.7	6.2	8.9	8.9	9.4

3. 水平安定面配平

现代大中型民航飞机由于纵向尺寸大,飞行中重心纵向位移量大,如果重心偏前或偏后量过大,单靠升降舵是不能完全实现纵向操纵的,因此大多数飞机的水平安定面的安装角是可调节的(如图 3.3-11 所示)。水平安定面采用螺杆丝杠作为驱动机构,当丝杠转动时,驱动水平安定面托架上的球螺母上下运动,改变水平安定面的安装角度,进行配平调整。飞机在起飞之前应根据飞机的载重和平衡的情况进行水平安定面的配平,即必须把水平安定面调节到"起飞"(绿区)位置,以保证飞机起飞滑跑过程中的纵向控制。

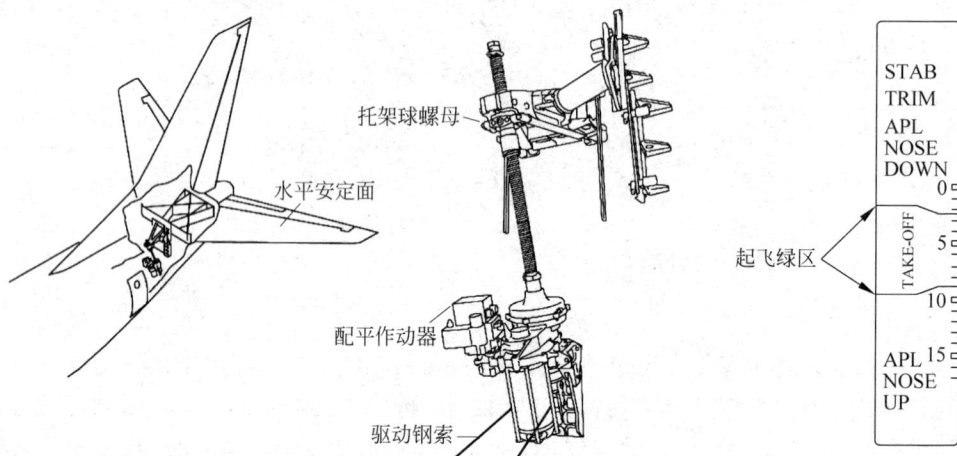

图 3.3-11　飞机水平安定面配平机构及指示

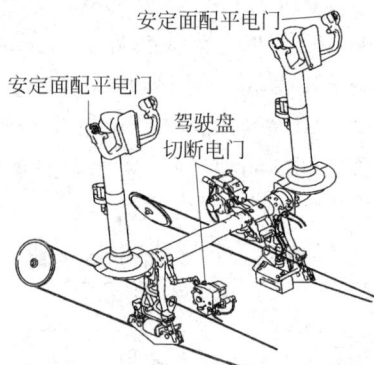

水平安定面配平操纵系统有三种输入形式:

(1) 手动配平(安定面配平手轮)。驾驶员使用安定面配平手轮进行人工俯仰配平操纵,手轮在操纵台两侧(如图 3.3-12 所示)。安定面配平手轮的转动通过链条驱动前钢索鼓轮转动,前钢索鼓轮带动与后钢索鼓轮相连的钢索;当后钢索鼓轮运动时,驱动齿轮箱、丝杠,调整安定面角度。

(2) 电动配平(安定面配平电门)。驾驶员使用安定面配平控制电门进行俯仰配平操纵。配平电门安装在驾驶盘的外侧(如图 3.3-13 所示),给安定面配平作动器马达提供电力输入,马达工作并驱动齿轮箱和安定面丝杠。在电动配平操纵期间,如果驾驶员输入一个相反方向的升降舵操纵,驾驶杆电门组件使安定面电动配平停止。

图 3.3-12　水平安定面配平手轮　　　　图 3.3-13　水平安定面配平电门

（3）自动配平。自动驾驶仪给安定面配平马达提供电动输入。安定面位置传感器给自动驾驶仪提供安定面位置信号。

以上三种输入的优先权不同：手动配平的优先权最高，而自动驾驶仪的优先权最低。

3.4　飞行操纵警告系统

飞机飞行操纵警告系统的作用是在潜在危险发生前，提前警告驾驶员，从而避免事故发生。飞机飞行操纵警告系统分为起飞警告系统和失速警告系统两种。

3.4.1　起飞警告系统

1. 起飞警告触发

飞机起飞时，若某些飞行操纵组件不在正确位置，起飞警告系统将给驾驶员提供一个音响警告信号，起飞警告触发逻辑如图3.4-1所示。

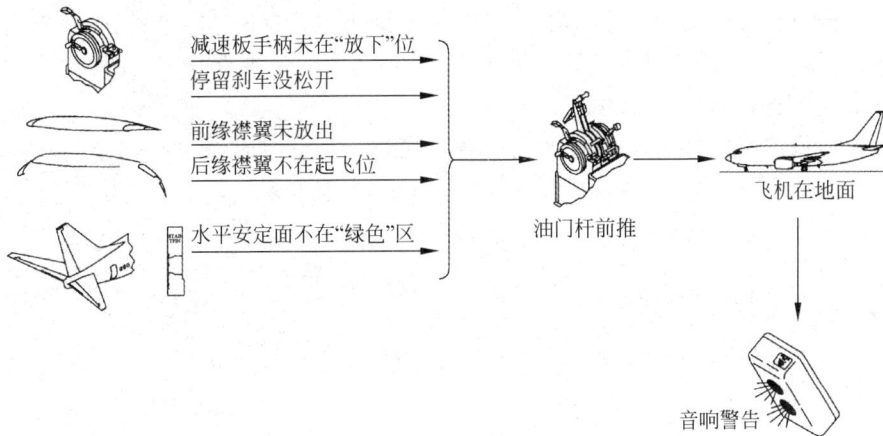

图3.4-1　起飞警告逻辑图

当飞机在地面时，任一油门杆前推，发生下列任一情况都会触发起飞警告：

（1）减速板手柄未在"放下"位；

（2）停留刹车没松开；

（3）前缘襟翼未放出；

（4）后缘襟翼不在起飞位（后缘襟翼伸出位不对）；

（5）水平安定面指针不在"起飞"（绿区）范围内（如图3.4-2所示）。

2. 起飞警告解除

起飞警告为间歇性喇叭警告，系统不能设置切断电门以切断喇叭声。只有在飞行控制组件置于适当位置或油门杆均收回后，才能使喇叭声停息。

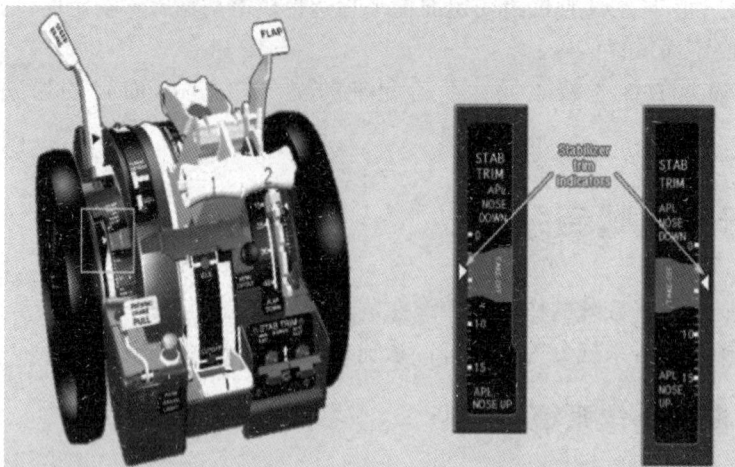

图 3.4-2　某型飞机起飞警告相关控制元件

3.4.2　失速警告系统

失速警告就是飞机临近或达到最大可用升力(即飞机接近失速状态)时的警告。作为警告刺激而言,驾驶员只能通过人的感官来感受,可供选择的是视觉、听觉和触觉。一般飞机上多装有音响警告和驾驶杆抖动器。

失速警告系统由信号输入、信号处理和输出警告三部分组成,如图 3.4-3 所示。

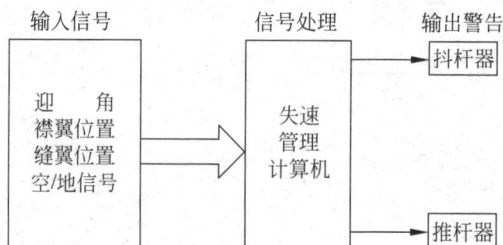

图 3.4-3　失速警告系统组成

1. 输入信号

迎角探测器用来探测安装部位处(装在机身外侧)的气流方向,并将该处气流角度的变化情况以成比例的电信号传输给失速管理计算机。迎角探测器的型式有探头式和叶片式两种,目前民航飞机多采用叶片式迎角探测器(如图 3.4-4 所示)。

飞机在飞行中的失速迎角与飞机姿态、气动外形的变化有关,所以除了迎角信号以外,还需把缝翼、襟翼位置信号及空/地转换信号也输入到失速管理计算机中。

2. 信号处理

失速管理计算机接收输入的信号后,作综合比较,

图 3.4-4　叶片式迎角传感器

输出电信号,经过控制放大器和解调器,再经过驱动放大器驱动抖杆器和推杆器。

3. 输出警告

1) 抖杆器

抖杆器接收来自失速管理计算机的信号,它是一个电动机带动的不平衡重块(固定在驾驶杆上,如图 3.4-5 所示)。当有信号时电动机起动使驾驶杆抖动。其频率和振幅应配合,如频率过低,即使振幅相当大也提供不了足够刺激;如频率过高,结果会引起"嗡鸣",振幅不明显。最适当频率在每秒 10~30 次,并要有足够的振幅,能使杆抖动。

2) 推杆器

图 3.4-6 为某型飞机的升降舵载荷感觉系统示意图,推杆器便安装在升降舵载荷感觉机构内。推杆器用于自动恢复操作,在飞机接近失速时,自动推杆,使飞机机头自动下俯,防止失速。

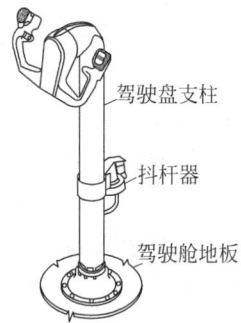

图 3.4-5 驾驶杆抖杆器安装位置示意图

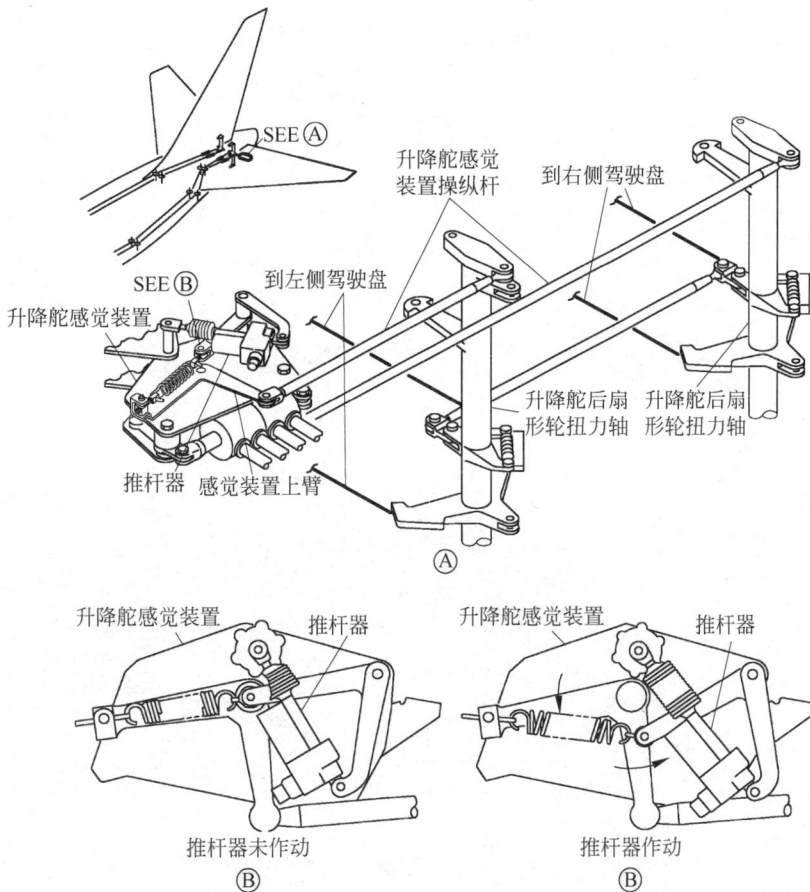

图 3.4-6 推杆器位置及作动原理

　　推杆器向前推杆的力量,典型数值大约 80lb。在推杆器工作时,这样大的力量足以抑制驾驶员有意拉杆,在推杆器失控的条件下,该力量也不至于大得使驾驶员不能稳住驾驶杆。当失速管理计算机探测出飞机接近失速状态,而且前缘襟翼和前缘缝翼处于完全收上位时,推杆器的驱动杆伸出,通过配平感觉定中机构,改变舵面位置,产生一个使飞机低头的力矩,减小飞机迎角。操纵力通过一个弹簧装置作动,因此当驾驶员有意识握杆时,可以超控该装置。当飞机迎角低于一定值或前缘装置工作时,推杆器将复位。

　　3) 自动缝翼系统

　　另外,有些飞机失速警告系统采用自动缝翼系统防止飞机进入失速状态。在飞机接近失速状态时,如果此时前缘缝翼位于部分伸出位置,自动缝翼控制系统会自动驱动前缘缝翼由部分伸出位置到完全伸出位置,提高飞机升力,防止发生失速。

第4章

空调及机舱设备

4.1 空调系统概述

飞机座舱空调系统的基本任务是在各种不同的飞行状态和外界条件下,使飞机的驾驶舱、旅客舱、设备舱及货舱具有良好的环境参数,以保证飞行人员和乘客的正常工作条件和生活环境、设备的正常工作及货物的安全。飞机座舱环境参数主要是指座舱空气的温度、压力和压力变化率,还包括空气的流速、湿度、清洁度和噪声等。为保证座舱内部条件良好,使这些参数维持在规定范围之内,必须采取相应的技术措施,包括各种机械和自动控制装置,以及安全保护指示设备。

随着航空技术的发展和民用飞机的现代化、大型化,飞机座舱空调系统的作用和地位日趋重要,其设备日益完善,性能更为先进。良好的座舱环境不但关系到机上人员的工作条件和生命安全,还可以提高旅客的舒适度,从而提高航班的上座率。

4.1.1 大气物理特性及高空环境对人体的生理影响

1. 大气物理特性

地球被大气层包围,大气层的成分主要有氮气(占 78.1%)、氧气(占 20.9%)、氩气(占 0.93%),还有少量的二氧化碳、稀有气体(氦气、氖气、氪气、氙气、氡气、氢气)和水蒸气。在地球引力和太阳辐射共同作用下,整个大气层被分为若干层,分别为:对流层、平流层、中间层、热层(亦称"电离层")和散逸层。民航飞机主要在对流层和平流层底部飞行,因此主要关注对流层和平流层的大气物理特性。

所谓大气物理特性,是指大气的压力、温度和湿度等主要参数随高度而变化的规律。这些参数对航空人员生理机能的正常发挥和机上设备的正常工作都有很大影响,是进行座舱环境控制的基本依据。民航客机(包括涡轮螺旋桨和涡轮喷气飞机)的巡航高度为 6000～12000m(20000～40000ft[①]),因此应重点研究高空环境对人体的影响。

1) 大气压力随高度变化的规律

空气有质量,在地球引力的作用下产生压力。空气在单位面积上所形成的压力称为大气压力。空气受地球引力作用,因此地球周围的空气密度分布很不均匀,越接近地球表面空

---

① 1ft=12in=0.3048m。

气密度越大,越到高空,空气密度越小。不同高度层内的大气压力由该高度层以上的空气质量决定,因此大气压力随高度上升而逐渐下降。由于大气密度随着高度增加而逐渐减小,因此大气压力的降低是非均匀线性的,基本接近于指数函数变化,即越到高空,大气压力下降速度越快,如图 4.1-1 所示。

2) 大气温度随高度的变化规律

大气温度随高度变化的规律相对复杂。大气温度主要受太阳辐射和地表反射热量等因素影响。大气层各层温度变化的大致规律如图 4.1-2 所示。对流层紧靠地球表面,由于太阳辐射使地表面温度升高。地表受热后,通过传导和红外热辐射向邻近空气传递热量。大部分的红外热辐射被大气底层内的二氧化碳和水蒸气所吸收,形成温室效应,空气升温迅速。接近地表的空气被加热后,体积膨胀,因密度下降而上升,导致空气发生强烈的水平垂直运动,相邻地区的空气流过来补充,形成空气的水平流动(也就是风)。上升的空气中的水蒸气在高空中凝结,形成云、雾、雨、雪等多种气象现象,这是对流层的主要气象特征。

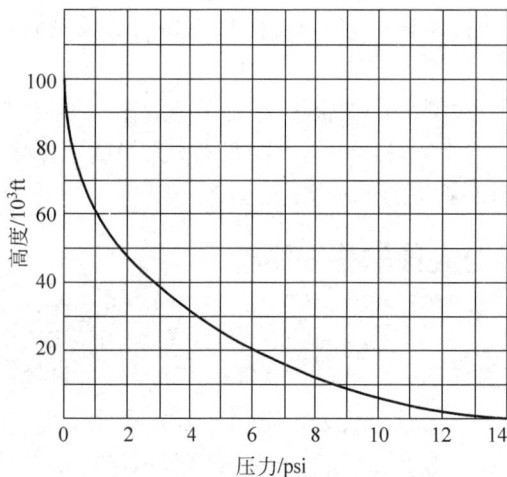

图 4.1-1　大气压力随高度变化规律

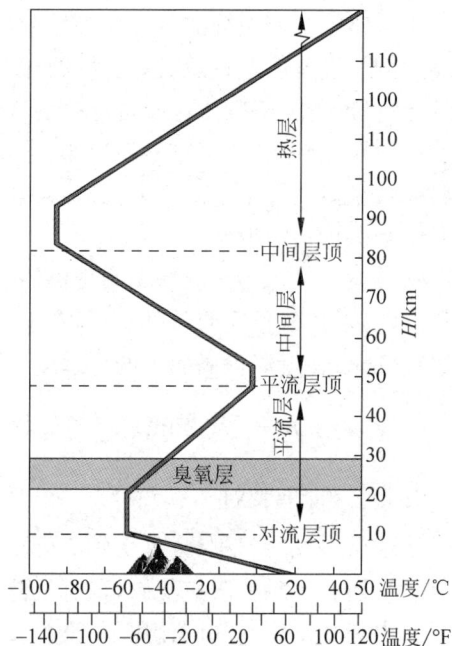

图 4.1-2　大气分层及温度随高度变化规律

在对流层中,底层气团受热上升,由高压向低压膨胀降温,所以从地面开始,大气温度随高度的升高而逐渐降低。高度每增加 1000m,气温平均下降 6.5℃,即气温随高度的平均递减率(温度梯度)为 -6.5℃/km。当高度达到 12km 后,大气温度降到 -56.5℃,达到对流层顶部,进入平流层。

平流层内从 12~20km 范围内的大气温度基本不变,一直稳定在 -56.5℃ 左右,因此又称为同温层。平流层内自 20~50km 范围,大气温度随高度增加而略微升高。平流层的空气比较稳定,大气是在水平方向内平稳流动的,故称为平流层。在平流层内水蒸气和尘埃很少,大气能见度好。因此,民航客机的飞行活动主要在对流层内和平流层底层。

3) 标准大气

标准大气：国际航空界对北纬 40°～50°区域的地球大气多年观测的结果加以模型化，给出的一种假想的大气模型。国际性组织颁布的称为国际标准大气，国际组织颁布的称为国家标准大气。标准大气可作为校准飞机航行仪表和比较飞机性能的依据。

我国于 1980 年由国家标准总局颁布了《中华人民共和国国家标准大气（30km 以下部分）》（GB 1920—1980）。该模型规定大气高度的起点 $H=0$ 处为海平面，其对应的标准大气参数为：

空气温度 $t_0=15℃(288.15K)$

空气压力 $p_0=101325N/m^2$

空气密度 $\rho_0=1.2250kg/m^3$

音速 $a_0=340.294m/s$

描述这种标准大气模型的表格，称为标准大气表，表 4.1-1 为国家标准大气简表。

表 4.1-1　国家标准大气简表

高度	温　度		压　力			密　度	
H/m	t/K	$t/℃$	p/kPa	$p/mmHg$	P/P_0	$\rho/(kg/m^3)$	ρ/ρ_0
−1000	294.65	21.50	113.93	854.55	1.1244	1.3470	1.0996
−500	291.40	18.25	107.47	806.15	1.0607	1.2849	1.0489
0	288.15	15.00	101.325	760.00	1.0000	1.2250	1.0000
1000	281.65	8.50	89.876	674.12	0.8870	1.1117	0.9075
2000	275.15	2.00	79.501	596.30	0.7846	1.0066	0.8217
3000	268.66	−4.49	70.121	525.95	0.6920	0.9093	0.7423
4000	262.17	−10.98	61.660	462.49	0.6085	0.8194	0.6689
5000	255.28	−17.47	54.048	405.39	0.5334	0.7364	0.6012
6000	249.19	−23.96	47.217	354.16	0.4660	0.6601	0.5389
7000	242.70	−30.45	41.105	308.31	0.4057	0.5900	0.4817
8000	236.22	−36.93	35.651	267.40	0.3519	0.5258	0.4292
9000	229.73	−43.42	30.800	231.02	0.3040	0.4671	0.3813
10000	223.25	−49.90	26.499	198.76	0.2615	0.4135	0.3376
11000	216.77	−56.38	22.699	170.26	0.2240	0.3648	0.2978
12000	216.65	−56.50	19.399	145.50	0.1915	0.3119	0.2546
13000	216.65	−56.50	16.579	124.35	0.1636	0.2666	0.2176
14000	216.65	−56.50	14.170	106.28	0.1400	0.2279	0.1860
15000	216.65	−56.50	12.111	90.85	0.1195	0.1948	0.1590

2. 高空环境对人体的影响

1) 大气压力对人体生理的影响

大气压力随高度增加而降低，它给飞行带来的主要困难是缺氧和低压。此外，压力变化率太大也会给人的生理造成严重危害。

（1）缺氧。氧气是维持人体生命不可缺少的成分。人体吸入的氧气量与空气中氧气分压的大小有关。随着飞行高度的增加，大气压力下降，在大气中氧分压和肺泡空气中的氧分压也会相应降低,血液中的氧气饱和度就减少,机体组织细胞得不到正常的氧气供应,在一定条件下会导致人体缺氧。这种由于吸入空气中氧分压降低而引起的缺氧称为高空缺氧(症)。

人体在不同高度上对缺氧的反应比较复杂,取决于诸多因素,包括人体差异及锻炼程度等,但大多数人的缺氧反应状况与动脉血氧饱和程度有关。根据人体生理试验,可得到不同高度下的人体血氧饱和度变化与具体缺氧症状,具体数据如表 4.1-2 所示。

表 4.1-2　人体缺氧症状对应高度划分

高度范围/km	0~3	3~5	5~7	>7
血氧饱和度	90%以上	90%~80%	80%~60%	60%以下
症状	无明显反应	头疼,疲劳	昏昏欲睡,头疼,视力模糊 指甲发紫,脉搏呼吸加快	意识丧失
影响程度	无症状区	代偿区	障碍区	危险区

大约从 3km 高度开始,动脉血氧饱和度维持在 90%以下,属于不显性缺氧范围;代偿区出现在 3~5km 这一高度上,人体对氧分压的变化是通过加强呼吸和血液循环来补偿氧气不足的,因而称为完全代偿区;障碍高度是在 5km 以上,有少数人会发生代偿障碍,6km以上高度属于严重缺氧高度,血氧饱和度只能维持在 77%以下,会发生生理代偿功能的严重障碍;危险高度从 7km 开始,人体的代偿性活动已不能保证大脑皮层对氧的最低需求,动脉血氧饱和度降到 60%左右,人体会迅速出现意识丧失、突然虚脱的现象。

(2) 高空减压症。除了高空缺氧以外,低气压本身对人体也有危害。随着大气压力的降低,人体会出现高空减压症。高空减压症发生的高度,多数是在 8km 左右的高度发生,个别人可能在 5.5km 的高度上发生。高空减压症分为高空胃肠气胀、高空栓塞和组织气肿。

① 高空胃肠气胀。人体胃肠是含有气体的空腔器官。当高度缓慢上升时,外界压力降低,胃肠内气体膨胀并可通过各自通道逸出,从而保持内外压力平衡。但是胃肠管道很长而且有多处"关口",当飞机出现缓慢减压故障时,膨胀气体来不及排出,引起膨胀感或疼痛、呼吸困难,这种现象称为高空胃肠气胀。气胀的发生高度因人而异,与饮食和上升速度有关,8000m(26000ft)以上开始明显。

② 高空栓塞。人体在 8000m 以上高度停留 10~20min 将会出现此症状。因为随着压力的降低,原来溶解在血液内的氮气游离出来形成气泡,在血管内造成栓塞,阻碍血液流通并压迫神经,导致关节痛、头痛、咳嗽和呼吸困难等症状。

③ 皮肤组织气肿。当高度继续增大到 19.2km 时,大气压力为 47mmHg,水的沸点为37℃,这正好等于人的体温。按理论而言,如果人体突然暴露在该条件下,体内液体将会沸腾汽化,产生大量的气体而引起皮肤组织气肿,严重时会使人体的血液循环停止而导致死亡。

(3) 压力变化率。正常情况下,人体内外压力相等而处于平衡状态。当外界压力快速降低时,内外压力来不及平衡而在瞬间产生很大的压力差,严重时可能造成肺部破裂出血等损伤。当飞机迅速上升或下降时,若对应的压力减小或增大速率超出一定范围时,常引起航空性中耳炎和牙痛,其中中耳炎发病率最高。当外界压力变化速率过大,尤其是飞机下降使压力增加过快时,会出现剧烈的耳痛、耳鸣、晕眩和恶心,严重时可导致鼓膜破裂。

压力变化过速最为严重的情况是爆炸减压。所谓爆炸减压是飞机的增压座舱在高空突然失去气密的一种事故。爆炸减压后,座舱敞开,高空缺氧、低压和低温会同时袭来,严重危及人员和飞机的安全。爆炸减压的危害程度与座舱内外压差和飞机破损面积有关,当座舱内外压差越大、气密舱破口越大时,则减压速度越大,造成的危害也就越严重。

对于旅客机,发生爆炸减压事故后应考虑的安全措施,一是迅速将飞机下降到安全高度;二是尽快使用氧气设备。

2) 大气温度对人体生理的影响

人的体温取决于发热和散热的平衡。人体自身具有温度调节的功能,但人体自身的温度调节有一定的局限性,如果外界温度过高或过低,超过了人体自身的调节范围,人就会出现一系列不适反应。

(1) 高温对人体的影响。高温负荷可引起一系列生理变化:使汗腺活动增加并使体温上升;引起心输出量增加及皮肤血管扩张使心率加快;由于心脏、呼吸肌和汗腺加强及体温升高引起的细胞代谢增强而使机体耗氧量增加;消化功能及中枢神经系统功能失调。若环境温度升高超过人体的调节能力,人体会处于难以忍受的状态。若超过人体生理极限值时,体温调节机制将失去作用,如果不采取措施,体温会迅速上升,人会中暑、昏迷,直至死亡。

(2) 低温对人体的影响。人体遇到寒冷时,即出现一系列代偿性生理功能变化,如外围血管收缩、代谢产热增加等。低温对人体产生不利影响的基本原因在于:散热量超过产热量,体热不能保持平衡。皮肤血管收缩可使体表温度降至接近周围冷空气的水平,以缩小人体表面与环境间的温度梯度,使辐射、传导和对流散热作用降到最低程度。人体在低温环境中会感到不舒适,工作效率降低,严重时会发生冻伤。人们通常认为温度在 $15\sim26℃$ 之间是适宜的。

3) 大气湿度对人体生理的影响。空气湿度,是指空气中的潮湿程度,它表示当时大气中水汽含量距离大气饱和的程度,一般用相对湿度百分比来表示大气湿度的大小。空气湿度对人体健康有直接的影响,人体对湿度的感觉取决于相对湿度,人类的舒适感觉要求相对湿度在 $40\%\sim70\%$ 之间。

高湿度对人体生理的影响:在高温时主要表现为妨碍汗液的蒸发,从而引起“闷热感”;在低温时使身体与周围空气的传热量加大,会产生“湿冷感”。

低湿度对人体生理的影响不十分明显,航空医学的研究试验已经证明低湿度对人的工作效能的任何影响不是立即就能显示出来,有关症状的发生随时间的增加而增加。如果长时间飞行,低湿度可能会导致喉干和“沙”眼。

4) 其他环境参数对人体生理的影响

(1) 臭氧对人体的影响。臭氧是强氧化剂,具有强烈的臭味,化学性质活泼,对飞机上的橡胶件具有较强的腐蚀作用。臭氧在高温作用下可被分解,目前防护臭氧的措施除通过座舱增压系统压气机的加温作用将其破坏以外,还可以在空调的热交换器中使用涂镍肋片,使大部分臭氧解体。有些飞机(如波音 B777、B787)空调系统中设置臭氧转换器将臭氧分解。

(2) 噪声对人体的影响。实验指出,频率 $4000Hz$ 以上的声音具有强烈的刺激性。飞机的噪声源主要为发动机噪声和空气动力噪声(机体噪声)。座舱内噪声太高容易使人疲劳,产生烦躁不安的感觉。所以,座舱噪声量规定应在80~100dB以下。

(3) 空气清洁度对人体的影响。座舱空气是否清洁新鲜,主要取决于座舱空气的来源以及座舱的通风换气量,这些在现代民用飞机上都能够较好地得到满足。座舱内危险气体主要包括一氧化碳、危险蒸气、烟雾和二氧化碳。目前民航机一氧化碳主要来自燃油系统和动力装置的故障;危险蒸气和烟雾来自液体的泄漏和电气火灾;二氧化碳来自机上人员呼吸。

4.1.2　空调系统的提出

1. 克服高空环境的措施

由于高空存在缺氧、低压和低温等不利情况,为保证高空人员的安全和舒适,需采取一定的技术措施。

1) 供氧装置

一般在4km左右的高度开始供氧,通过提高氧气浓度的方法补偿氧分压的下降。此种措施一般适用于低空低速的螺旋桨飞机。另外,供氧可作为喷气式飞机气密座舱的一种补充方式,如给机组人员或病员补充供氧,或者当座舱失去气密时用氧气面罩作为应急供氧。

2) 气密舱(又称增压座舱)

1938年波音B307和DC4E客机第一次使用了气密舱(空调增压座舱)。所谓气密舱,就是在飞机内营造一个封闭的空间,然后给它供气增压,使舱内压力大于外界大气压力,并通过各种手段控制这个空间内空气的环境,使座舱内空气的压力、温度等参数能满足人体的基本需求,创造舒适的座舱环境,从而满足高空飞行的需求。

气密舱可以使座舱气压增高,保证足够的氧气供应,使机上人员不会因气压过低引起高空减压症。还可以通过调节座舱温度控制系统使座舱保持最合适的温度。这样就可以同时解决增压、通风和温度调节等几个方面的问题,特别是当座舱高度保持在2400m或2400m以下时,就不需要用氧气设备了,能较好地满足机上乘员的需要。

当座舱增压后,机身结构承受拉应力。由于高空飞行的需要,气密舱逐渐普及。当前大型客机的飞行高度一般在三万英尺左右,座舱内环境控制系统成为民用飞机必不可少的组成部分。

2. 气密舱环境参数

1) 座舱温度

根据航空医学要求,最舒适的座舱温度为20~22℃,正常保持在15~26℃的舒适区范围内。另外,座舱内温度场应均匀,各方向上座舱温度差值一般不得超过±3℃。座舱地板和内壁温度应保持与座舱内温度一致,内壁温度应高于露点,使其不致蒙上水汽。

2) 座舱高度

座舱压力也可以用座舱高度表示。座舱高度是指座舱内空气的绝对压力值所对应的标准气压高度。一般要求飞机在最大设计巡航高度上,必须能保持大约8000ft(2438m)的座舱高度。这样,在气密舱内可以不必使用氧气设备飞行。现代一些大中型飞机上,当座舱高度达到10000ft(相当于3050m)时,通常设有座舱高度警告信号,向机组成员发出警告,它表示座舱压力不能再低,此时必须采取措施降低座舱高度;当座舱高度继续上升,达到14000ft(相当于 4270m)时,氧气面罩会自动落下,开始为旅客紧急供氧。

3) 座舱余压

座舱内部空气的绝对压力与外部大气压力之差就是座舱空气的剩余压力,简称余压。正常情况下,余压值为正(即座舱内压力高于外部环境压力),但在某些特殊情况下,也可能会出现负余压。飞机机体所能承受的最大余压值取决于座舱的结构强度,而飞行中飞机所承受的余压值与飞行高度有关。

随着客机使用升限的提高和对舒适性要求的提高,客机的余压值有增大的趋势。如波音 B747-400 飞机座舱的最大余压值达 9.1psi。飞机座舱余压大,航空公司在运营该飞机时有两种策略:①在较高的飞行高度巡航,同时保证座舱高度不超过 8000ft,提高飞行速度、飞行平稳性并降低发动机油耗;②巡航高度与其他飞机相同,可保持更低的座舱高度,提高客舱舒适度。

4) 座舱高度变化率

单位时间内座舱高度的变化率称为飞机的座舱高度变化率,它反映的是座舱压力的变化速度。飞机在爬升或下降过程中,由于飞行高度的变化,可能导致座舱高度产生突变。飞机升降速度较大,即外界压力变化速率较大时,座舱内压力变化的幅度应当较小,并具有比较缓和的变化率。现代大中型民航客机通常限制座舱高度爬升率不超过 500ft/min,座舱高度下降率不超过 350ft/min。

5) 座舱通风要求

座舱通风系统可保证飞机座舱内空气清洁。根据 CCAR-25 部第 25.831 条规定:飞机的通风系统能在正常情况下为每位乘员(机组和乘客)提供每分钟 0.25kg(0.55lb)的新鲜空气,确保机组能够完成其职责而不致过度不适或疲劳,提高乘客合理的舒适性。故障情况下,供给每位乘员的新鲜空气量不得低于 0.4lb/min。目前飞机客舱通风换气量达到每小时 25～30 次(约两分钟即完成一次全座舱换气)。

3. 现代民航飞机空调系统的组成

现代民航飞机空调系统基本由四大分系统组成:气源控制系统、温度控制系统、压力控制系统和座舱空气分配系统,如图 4.1-3 所示。

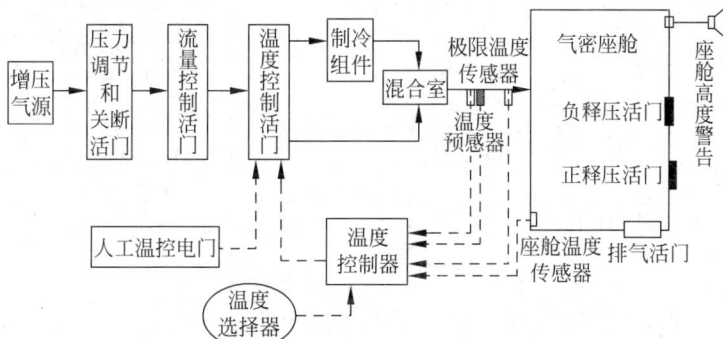

图 4.1-3　空调系统组成原理图

空调系统的供气来自增压气源(发动机的压气机或专门的引气增压器),引气经压力调节和关断活门、流量控制活门(组件活门)进入空调系统后,由两套(或三套)完全相同的制冷组件进行冷却,在这里对空气进行基本的温度和湿度调节。然后冷空气与热空气混合以保证空调舱的确定温度。另外,空调系统还对仪表板、电瓶和设备架进行冷却。最后,调节好的空气分配到座舱各个区域,由排气活门控制对驾驶舱和客舱按飞行高度进行增压控制。系统具有10000ft座舱高度警告、正释压活门、负释压活门等安全措施。

4.2　空调气源系统

4.2.1　气源系统概述

气源系统由增压供气源和供气参数控制两部分组成。增压供气源向座舱供入清洁度符合要求的空气,而供气参数控制则对所供空气的压力、温度和流量等参数进行调节。

现代喷气式客机增压空气的主要来源是发动机压气机引气,它是飞机正常飞行时的主要气源;在地面和空中一定条件下可使用辅助动力装置(auxiliary power unit,APU)引气;在地面还可以使用地面气源。图4.2-1是现代大多数民用飞机气源系统布局的典型代表。

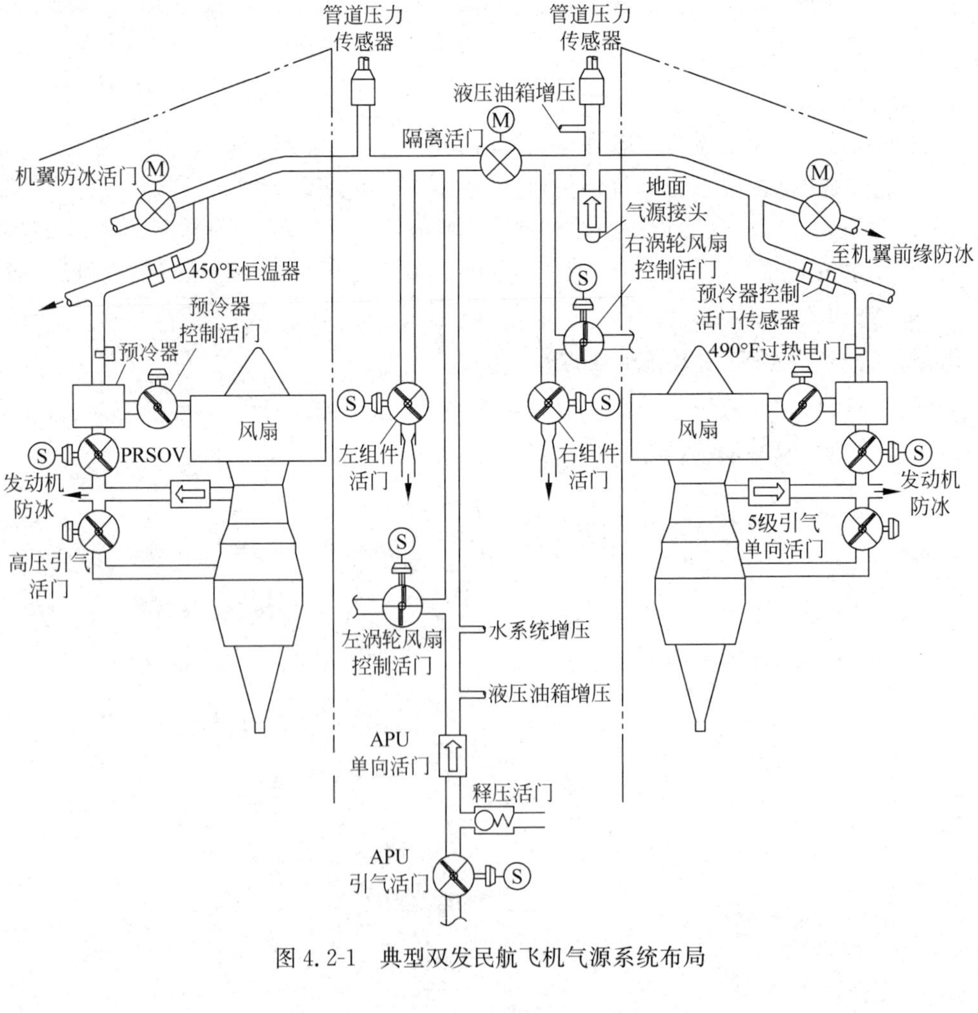

图 4.2-1　典型双发民航飞机气源系统布局

增压空气主要用于座舱的空调与增压,发动机进气道前缘及大翼前缘热气防冰,发动机起动用气源,饮用水、液压油箱等系统的增压。另外,某些飞机还利用气源系统为冲压空气散热风扇(见 4.2-1)、气动驱动液压泵(air driven pump,ADP)、前缘襟翼气动马达提供能源。

1. 发动机压气机引气

双转子涡轮风扇发动机的压气机分为低压压气机和高压压气机,空调系统所用引气来自压力较高的高压压气机。发动机压气机引气系统如图 4.2-2 所示。

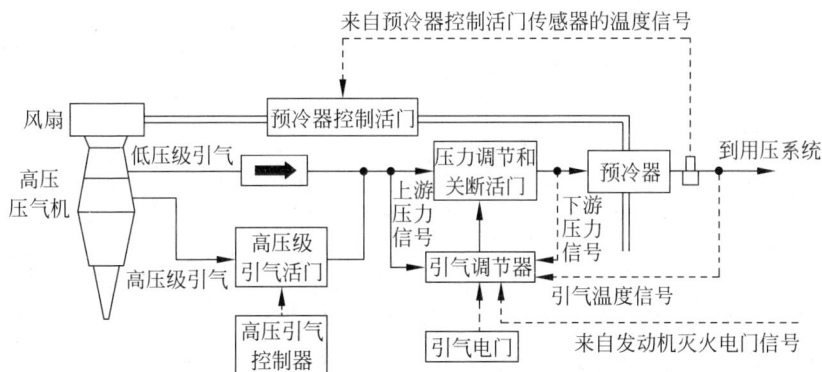

图 4.2-2　发动机压气机引气系统组成原理

1) 引气部位

为了降低由于压气机引气对发动机造成的功率损耗,并使燃油消耗最小,许多现代客机都采用两级引气,即从高压压气机的低压级和高压级分别引气:正常情况下(较高发动机功率时),空气从低压级引气口引出,此时高压级引气关闭;当发动机在低功率下工作时,低压引气压力不足,则高压级引气活门自动打开,由高压级引气口供气。为防止高压级引气时气体向低压级倒流,在低压级引气出口装有单向活门。

发动机工作过程中,气源系统首先从高压压气机的高压级引气口引气,低压引气管路上的单向活门防止引气倒流;随着发动机转速的增加,低压引气口压力达到调定值,高压引气控制器将高压级引气活门关闭,气源系统从低压级引气。

2) 引气控制

发动机压气机引气由"压力调节和关断活门"(pressure regulating shutoff valve,PRSOV)控制。当人工控制引气电门向引气调节器发出控制信号时,PRSOV 打开,低压级引气经单向活门流向 PRSOV,经下游的风扇预冷器初步冷却,然后供向下游用压系统。当低压级引气压力不足时,高压级引气活门自动打开,从高压级引气。

PRSOV 的引气调节器感受 PRSOV 下游的压力信号和风扇预冷器出口的气流温度信号,通过调节 PRSOV 的开度,达到限制活门下游压力和温度的目的。

3) 引气关断

PRSOV 接收引气调节器的关断信号,在下列情况会自动关断引气:

(1) 引气异常。当引气出现超压、超温等异常情况时,引气调节器将向 PRSOV 发出关断信号,关断引气。当 PRSOV 出口压力高于其进口压力(即引气出现反压)时,引气调节器也会向 PRSOV 发出关断信号。

（2）发动机火警。引气调节器还受发动机灭火电门控制。当发动机出现火警时，提起灭火手柄，灭火电门向引气调节器发送关断信号，将引气关断。

（3）人工关断。PRSOV 还可以人工关断，当发动机引气电门扳到"OFF"位时，即可切断这台发动机的引气。

2. APU 引气

辅助动力装置的引气通过 APU 引气活门引出，为避免发动机供气时增压空气倒流到 APU 内，在 APU 供气管路上装有单向活门。

APU 引气可以用于地面空调、起动发动机，另外在飞机起飞或复飞时，为了减少发动机功率的损耗，常常用 APU 引气代替发动机引气。

除用 APU 供气起动发动机外，在 APU 引气活门打开时是不允许再打开发动机引气活门的，所以在某些飞机上设有双引气警告灯或其他形式的警告电路。当双引气警告灯亮时，应将 APU 引气活门关闭，以防止发动机引气损坏辅助动力装置。当用 APU 供气起动发动机时，APU 引气经过引气管路流向发动机起动机，发动机引气活门打开，此时双引气警告灯亮，但发动机尚未起动，这是正常情况。发动机起动成功后，应将 APU 引气电门关断。

3. 地面气源

飞机在地面进行维护工作时，可通过地面气源接头，利用地面气源车为空调系统提供气源。

4. 电动离心增压器供气

波音公司 B787 飞机取消了传统的气源系统，采用专用的电动离心增压器——座舱空气增压器(cabin air compressor,CAC)作为空调系统的增压气源。波音 B787 空调气源系统组成及工作原理如图 4.2-3 所示。

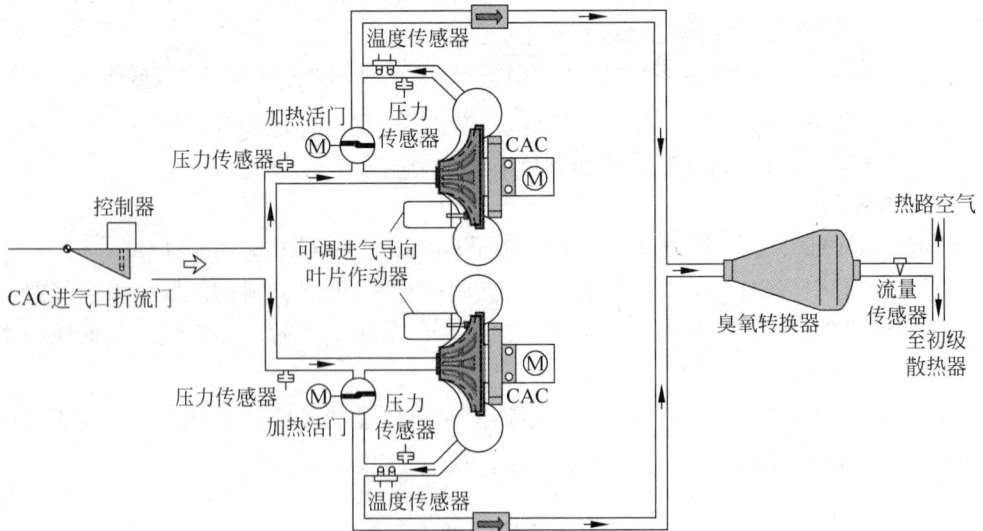

图 4.2-3　波音 B787 飞机的空调气源系统

座舱空气压缩机由驱动电机、压缩机、可调进气导向叶片作动器、加热阀等主要组件组成,最大转速可达 43929r/min。每个空调组件由两台并联的座舱空气压缩机向空调组件供气。座舱空气压缩机从冲压空气进气道抽吸空气到压缩机进气口,经压缩机压缩后,提高空气温度和压力。组件控制元件(PCU)根据压缩机输出温度、压力和流量控制压缩机转速、加热活门和可调进气导向叶片作动器。当增压温度不足时,加热活门打开,增压空气回流到进气口再次压缩,保持出口温度恒定。当出口空气温度超过设定值时,加热活门关闭。若出口空气超温,对应的座舱空气压缩机将关断。

外界空气经过座舱空气压缩机增压后,输送到臭氧转换器将空气中的臭氧分解转换,然后分成两路,一路送往混合室(即热路),另一路送往制冷组件(即冷路)。

4.2.2　气源系统的调节与控制

由于发动机压气机的出口参数随飞行高度、飞行速度和发动机工况等有较大的变化,为了减少气源系统供气参数的波动,在发动机压气机的引气管路上设置了相应的控制和调节装置,以保证飞机在飞行各阶段和地面工作时,气源系统的供气压力、温度及流量在规定的范围之内。另外,系统中还设置空气清洁器,控制引气的清洁度,因为空气清洁器会将一部分引气排出,因此应将空气清洁器设置在流量调节元件的上游。

1. 引气压力调节和温度限制

引气系统的压力调节由压力调节和关断活门实施,压力调节和关断活门为由压力调节器控制的气控气动活门。下面以波音 B737NG 飞机的压力调节与关断活门为例(如图 4.2-4 所示),说明压力调节和关断活门的工作原理。

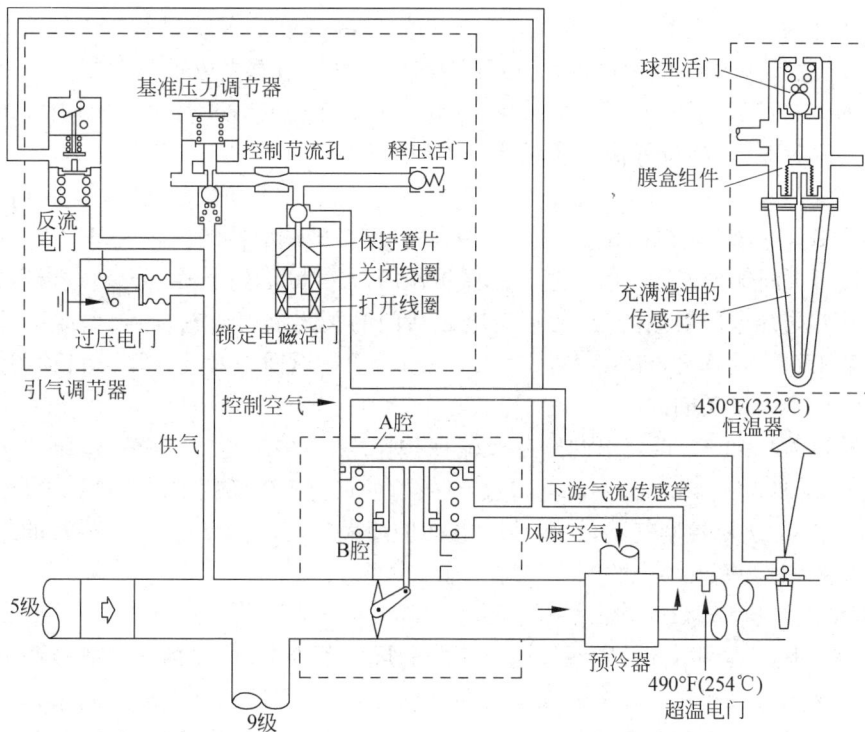

图 4.2-4　典型压力调节和关断活门(PRSOV)原理图

从图4.2-4中可以看出,该活门由蝶形关断活门、气动作动器、引气调节器等几部分组成。关断活门是一个蝶形活门,由气动式作动器驱动,作动筒由筒体、活塞、返回弹簧和传动杆等部件组成,通过活塞上腔(A腔)压力、下腔(B腔)压力与弹簧作用力相比较,控制活塞的移动,当活塞下移时通过传动杆可将活门打开,反之,则使活门关闭。

引气调节器内有基准压力调节器、锁定电磁活门(包括球阀钢珠、打开线圈、关闭线圈和保持簧片),以及反流电门、过压电门、释压活门。

1) 引气压力调节

引气调节器通过控制活门作动器控制腔(A腔)内的压力来控制活门的开度。当引气电门处于"OFF"位时,锁定电磁活门的关闭线圈通电,球阀钢珠上移并由保持簧片保持在上位,控制器A腔接外界空气,蝶形关断活门在返回弹簧的作用下处于关闭状态。

当引气电门处于"ON"位时,锁定电磁活门的打开线圈通电,球阀钢珠下移并被保持簧片保持在下位,将关断活门上游的增压空气经基准压力调节器、锁定电磁活门引入活门作动器的A腔。基准压力调节器将上游来的增压空气调压(24psi)后,作用在作动器活塞的上部,克服弹簧力而使活塞向下移动,将活门打开,增压空气经活门向下游流去。

随着气流的流动,活门下游压力增大,使得作动器活塞下腔(B腔)的压力随之增大,活塞在上、下腔压力与弹簧力作用下平衡于某一位置,从而使调节活门处于某一开度,将活门下游压力保持在一定值(一般为45psi)。

2) 关断保护

(1) 起动发动机和灭火抑制。引气调节器的控制信号来自发动机引气电门、发动机灭火电门以及空调附件装置(air conditioning accessory unit,ACAU)。ACAU接收的信号来自发动机灭火电门、发动机引气电门、发动机起动电门以及引气调节器过压电门和超温电门。

正常工作时,发动机引气电门设置在"ON"位,控制信号经ACAU控制引气调节器电磁活门打开;当发动机引气电门设置在"OFF"位时,引气调节器电磁活门关闭。当灭火电门在正常位时,与发动机引气电门接通;当灭火电门在灭火位时,控制信号关闭引气调节器的电磁活门,不管引气电门位置在何处,最终关闭PRSOV。

为了防止发动机起动时引气总管中的气流发生反流,在发动机起动时,起动活门将信号传递给ACAU,不管引气电门位置在何处,ACAU向引气调节器的电磁活门发出关闭指令。

(2) 过压关断保护。过压电门起超压保护作用,当关断活门上游压力超过极限值(一般为180psi)时,过压电门触点换位,使锁定电磁活门的关闭线圈通电,球阀钢珠由下向上移动,关断控制气路,使作动器的A腔通大气,关断活门在返回弹簧的作用下自动关闭,此过程称为引气超压自动关断。

(3) 反流关断保护。反流电门则起反流保护作用,当关断活门下游管道压力比上游管道压力高时(一般为0.18psi),反流电门触点转换,使锁定电磁活门的关闭线圈通电,球阀钢珠由下向上移动,关断控制气路,使作动器的A腔通大气,关断活门在返回弹簧的作用下自动关闭,此过程称为引气反流关断。

3) 温度限制

引气气流从压力调节和关断活门送入下游的风扇预冷器,风扇预冷器的冷源为发动机风扇引气。来自发动机压气机的高温空气通过预冷器后,可控制其温度或限制其温度在一定范围之内。压力调节和关断活门接受下游引气管道恒温器和超温电门的控制,完成对引气的温度限制。

(1) 恒温控制。恒温器对关断活门下游的引气起限温作用。当预冷器出口的温度达到调定值时,恒温器内充填的滑油受热膨胀,操纵恒温器内的一个钢珠活门打开,使活门作动器的 A 腔放气,减小活门开度,减小引气流量,限制预冷器下游引气温度不超过调定值(450℉)。

(2) 超温关断。当风扇预冷器出口的气流温度达到最高设定值(490℉)时,超温电门闭合,使锁定电磁活门的关闭线圈通电,钢珠由下向上移动,关断控制气路,使作动器的 A 腔通大气,关断活门在返回弹簧的作用下自动关闭,此过程称为引气超温自动关闭。

2. 引气系统清洁度控制

某些飞机为了控制气源的清洁度,将空气清洁器作为气源系统的选装件,用于清除引气中的灰尘杂质,防止下游的热交换器堵塞。空气清洁器的构造如图 4.2-5 所示,在进气道周边布满百叶窗式的叶片。空气清洁器由脏空气管路上的控制活门控制。

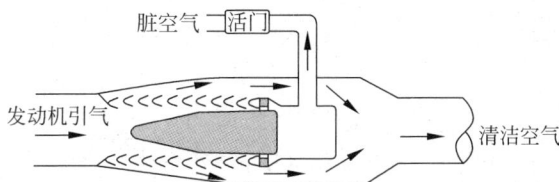

图 4.2-5 空气清洁器简图

空气清洁器的工作原理:空气流过清洁器时,气流中的空气分子可在百叶窗处改变流动方向,而气流中较重的粒子(灰尘杂质)由于惯性作用不能随之改变运动方向而流向灰尘收集腔,并通过控制活门排出;而清洁空气则可沿收集腔的外围穿过百叶窗进入下游管道,送往空调系统。

控制活门可由飞机的襟翼位置电门控制,当襟翼放下一定角度(即飞机在低空)时,控制活门打开,空气清洁器清除引气中的灰尘;当襟翼收上(飞机在高空)时,控制活门关闭,空气清洁器随之关闭。当飞机在地面工作时,如果采用主发供气,控制活门打开;而采用APU 或地面气源供气时,控制活门关闭。

3. 引气系统流量调节

现代客机空调系统利用流量调节和关断活门(FRSOV)控制流入空调系统的引气流量,由于流量调节和关断活门位于空调组件的上游,因此又被称为空调组件活门。组件活门利用文氏管作为一种气体流量的测量(或敏感)元件。

1) 流量控制原理

下面简要地分析空气流过文氏管的流动状态,从而揭示文氏管作为流量测量元件的基本原理。当空气流过如图 4.2-6 所示的文氏管时,由于气流的收缩,喉部流速增大,压力会下降,因此文氏管进口静压(P_1)会高于喉部静压(P_2),若在出口处设置总压管,可得流过文氏管气流的总压(P^*)。

(1) 喉部静压与进口静压比值法。根据研究和计算,流经文氏管的空气流量与进口静压和喉部静压之间存在如下关系:当喉部静压与进口静压相等(即 $P_2/P_1 = 1$)时,流过文氏管的空气流量为零;当喉部静压小于进口静压(即 $P_2/P_1 < 1$)时,流过文氏管的流量大于零,并且流量随着 P_2/P_1 的减小而增大;当 $P_2/P_1 = 0.528$ 时,空气喉部气体流速达到当地

音速,气体流量达到最大,此后气体流量不随 P_2/P_1 的减小而变化。流过文氏管的气体流量与 P_2/P_1 之间的关系如图 4.2-7 中的曲线所示。

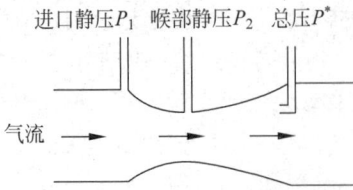

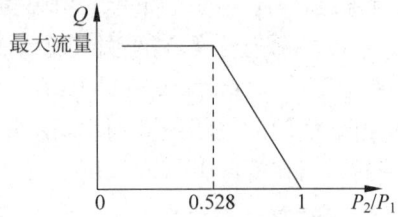

图 4.2-6　文氏管原理　　　　图 4.2-7　文氏管流量特性曲线

从曲线可得出如下结论:当 $P_2/P_1 \geqslant 0.528$,通过测量文氏管的流量主要取决于文氏管入口气流参数及喉部静压与进口静压的比值。而当入口气流参数不变时,经过文氏管的空气流量主要取决于喉部静压与进口静压的比值,并且流量随压比的减小而增大,这就是利用文氏管作为测量(敏感)元件的基本工作原理。

采用文氏管作为引气流量控制元件的原理如图 4.2-8 所示:文氏管安装在节流活门的下游,流量调节器以其进口和喉部静压为输入信号,经变换放大后,驱动活门作动器,控制节流活门的开度,从而调节流经节流活门的空气流量。

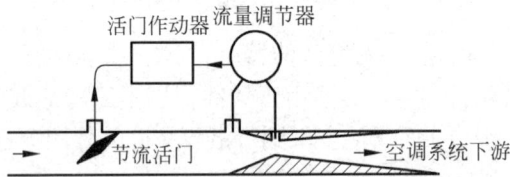

图 4.2-8　引气流量调节原理-节流法

(2) 喉部静压与总压比较法。另外,也可以利用文氏管喉部静压(P_2)和文氏管总压(P^*)作为控制信号源。根据伯努利方程:

$$P^* = P_2 + \frac{1}{2}\rho V^2 \tag{4.2-1}$$

式中,P^* 为总压;P_2 为喉部静压;ρ 为空气密度;V 为喉部气流速度。

因而得出

$$P^* - P_2 = \frac{1}{2}\rho V^2 \tag{4.2-2}$$

因为流量与流速成正比,所以测出总压与喉部静压差($P^* - P_2$),就可以作为控制信号控制通过文氏管的气体的流量,现在民航飞机空调系统的组件活门多采用此原理。

2) 空调组件活门的工作原理

空调组件活门控制流量的工作原理基于文氏管喉部静压与总压比较法。组件活门的构造如图 4.2-9 所示。

当电磁活门打开时,活门上游压力可以经过基准压力调节器、电磁活门腔传到活门作动器的控制腔,气动力可克服弹簧力打开流量活门。流量活门下游的文氏管喉部设有静压管,出口设有总压管,流量控制器感受文氏管喉部静压和总压,将这两个压力信号送到锥形阀作

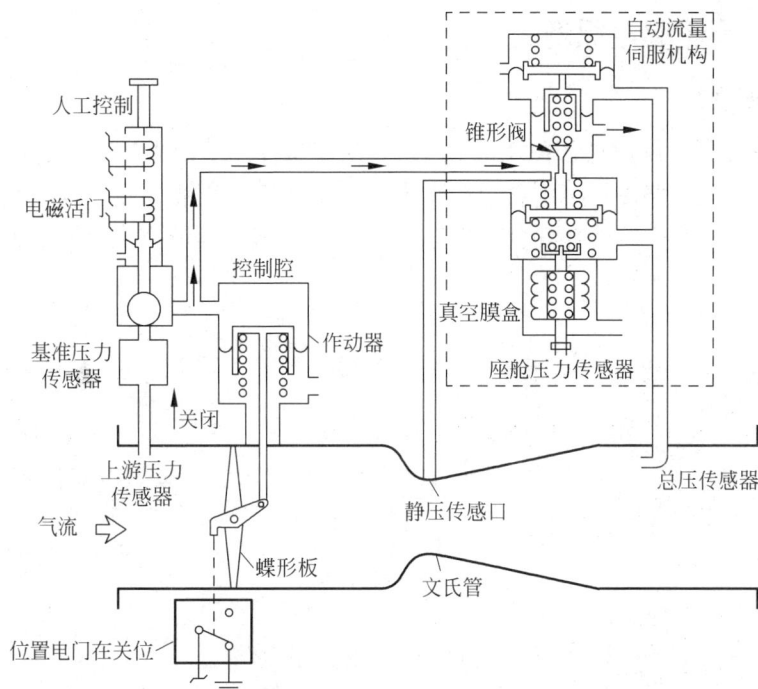

图 4.2-9　流量控制和关断活门(组件活门)原理

动薄膜的上下两腔,锥形阀控制了流量活门作动器控制腔与外界的沟通。

当流量活门关闭时,活门下游没有空气流动,因而文氏管的总压和静压相同,即压差为零,锥形阀在弹簧力作用下关闭,控制腔和外界隔离。当电磁活门打开时,上游压力直接作用在空气腔内,较大的压力使流量活门迅速打开,空气流过流量活门。此时文氏管喉部压力迅速下降,总压上升,而且两者压差随着空气流量的增大而增加,增大的压差作用于锥形阀作动薄膜的上下两腔。

当空气流量达到预调值时,作动薄膜上下腔的压差克服弹簧力,打开锥形阀,使作动器控制腔的压力降低,流量活门开度不再增大,保持流量不变;如果空气流量超过预调值,锥形阀开度加大,作动器控制腔压力降低,流量活门开度减小,使流量减小,直到流量重新达到预定值。通过流量活门开度的调节,使活门出口流量保持在预定值。

当电磁活门关闭时,流量活门作动器控制腔经电磁活门腔通外界大气,活门在作动器弹簧力作用下关闭。流量活门关闭后,切断了通往空调组件的空气,起到组件关断的作用。

4.3　温度控制系统

座舱温度控制就是使座舱内的空气温度保持在要求的预定温度范围内。现代飞机的座舱温度控制系统采用微型计算机控制,为机上人员在各种飞行条件下提供适宜的座舱环境温度。

4.3.1　座舱温控原理

1. 温控原理

座舱温度控制系统原理如图 4.3-1 所示。从流量控制活门来的一定流量的空气,通过温度控制活门分成两路。一路到制冷系统使其降温,称为"冷路",另一路称为"热路"。冷、热路空气在进入气密座舱前在混合室内进行混合,然后经过座舱空气分配系统进入座舱。

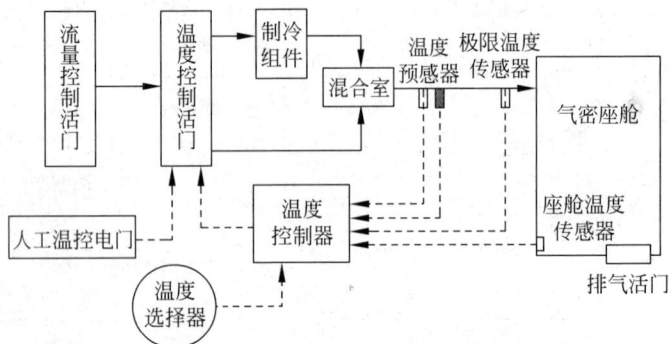

图 4.3-1　座舱温度控制原理图

温度控制器接收预定的温度和座舱反馈的实际温度,进行比较,输出与温度偏差成正比的电流,控制温度控制活门调节冷热路对比进行温度控制。为减小温度调节过程的超调量,在控制系统中加入温度变化速率反馈,由管路上的温度预感器提供输入信号。温度控制系统是个闭环的电子式温度伺服系统。当供气管道温度过高时,供气极限温度传感器向温控器发出信号,驱动温控活门向冷路全开方向转动。

当温度控制器出现故障时,可进行人工温度控制,即驾驶员直接通过人工温控电门向温度控制活门发送控制信号,控制座舱温度的变化。在进行人工控制时,驾驶员应不断监控座舱温度、供气管道温度(座舱温度和供气管道温度可采用一个温度表,由选择开关切换)以及温度控制活门的位置,减小座舱温度的波动。

2. 温控主要组件

1) 温度传感器

温度传感器的作用是感受所控制对象(座舱或管道内的空气)的温度,并将温度信号转换为电气(电阻、电势)、位移、变形等信号,输入控制器。它是信号感受和转换元件。现代飞机座舱温度控制系统中常用的温度传感器为电传感器,一般使用热敏电阻温度传感器。热敏电阻是一种负温度系数的电阻,即随着温度的升高,电阻值减小。在室温情况下,其灵敏度为 $(3.6\% \sim 14.4\%)/℃$,工作温度范围在 $-73 \sim +482℃$ 之间。

温度控制系统的温度传感器主要有座舱温度传感器、座舱供气管道极限温度传感器和供气管道预感温度传感器。

(1) 座舱温度传感器。座舱温度传感器主要用于感受座舱(包括驾驶舱和客舱)的温度,并将温度信号传送给座舱温度控制器。座舱温度传感器应安装在控制精度要求较高的地方,理想情况下客机的座舱温度传感器应装于客舱有人空间的中央。在客舱中,由于空气流速一般较低,通常用小风扇或引射装置来增大通过传感器的空气速度。

（2）座舱供气管道极限温度传感器。座舱供气管道极限温度传感器,用于感受座舱供气管道的极限温度,防止由于温差过大而引起的供气管道温度过高或过低的现象。

（3）座舱供气管道预感温度传感器。座舱供气管道预感温度传感器,用于感受座舱供气管道温度变化速率,它可以预感到即将发生的供气温度和环境温度的变化所引起的温度波动。

2）温度控制器

座舱温度控制器是座舱温度控制的指挥中心。它接收来自座舱温度传感器、供气管道温度传感器、供气管道极限温度传感器及温度选择器信号,经过合成放大后向温度控制活门发出指令,控制活门的开度。

电子式座舱温度控制器的基本工作原理是电桥原理,一般在控制器内有三个电桥,即温度电桥（如图 4.3-2 所示）、预感电桥（如图 4.3-3 所示）和极限温度控制电桥。

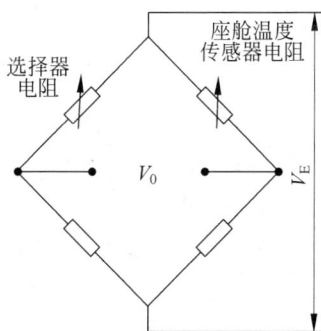

图 4.3-2 温度电桥

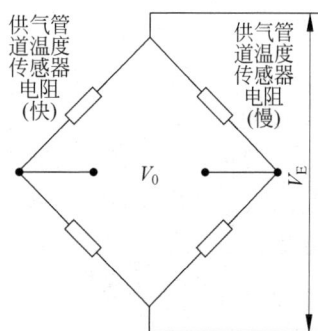

图 4.3-3 预感电桥

（1）温度电桥。温度电桥利用座舱温度传感器电阻作为电桥的一个桥臂,温度选择器电阻作为另一个桥臂。座舱温度选择器用于选择座舱的温度。电桥的另外两个电阻为固定电阻。电源电压为 V_0,输出电压为 V_E。当座舱实际温度与选定温度相等时,电桥平衡,电桥输出信号 $V_E = 0$;当座舱温度变化时,座舱温度传感器电阻值变化,电桥失去平衡,有输出信号,所输出的信号与温度的偏差成正比,将此温差信号经过放大和处理后,用于控制温度控制活门的开度,改变冷、热路空气的混合比例,使座舱温度保持在选定值。

（2）预感电桥。预感电桥的作用是进行超前校正,改善温度过渡过程的快速性能并减少温度波动。预感电桥的两个桥臂分别是供气管道温度传感器的快、慢件。快件传感器只是电阻本身,而慢件则是把与快件完全相同的电阻绕在铜质的金属芯上（或将电阻放于热阻套内）。金属芯的热惯性使其电阻值的变化落后于快件。电桥的另外两个桥臂为固定电阻。

当座舱温度稳定,供气管道的温度也稳定时,管道温度传感器快、慢件电阻相等,电桥平衡,没有信号输出;当座舱温度变化及管道温度变化时,快、慢件电阻值不相等,电桥便有信号输出。将这些信号用于温度控制,可感受座舱供气管道空气温度变化率,并将信号传送到温度控制器,对座舱温度的变化提前做出反应,减小超调量。

（3）极限温度控制电桥。极限温度控制电桥的作用是感受座舱供气管道空气温度并将其与预定最高极限温度比较,当达到预定极限温度时,输出信号使温度控制活门向全冷方向转动,以确保座舱安全。

3）温度控制活门

温度控制活门用于控制空调系统冷、热路空气的混合比例。常用的温度控制活门有双活门和单活门两种类型。

（1）双活门式温度控制活门。双活门式温度控制活门又称为混合活门，其控制原理如图 4.3-4 所示。伺服电机通过驱动连杆机构驱动两个蝶形活门，改变冷路和热路的空气流量分配。

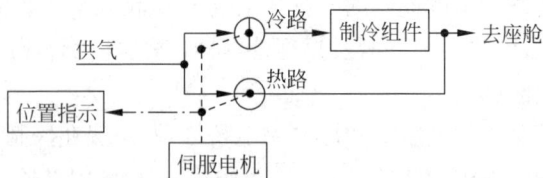

图 4.3-4　双活门式温度控制活门工作原理

两个活门的运动关系是：当冷路活门开大时，热路活门关小，反之亦然。这种控制方式有利于提高温度调节的速度。活门位于极限位置时，一个活门全开，另一个活门全关。活门上设置了活门位置传感器，将活门的位置显示在驾驶舱内的温度控制面板上。

（2）单活门式温度控制活门。单活门式温度控制活门只是用来控制某一个管路上的空气流量。安装在冷路上的温控活门称为流量控制与关断活门，安装在热路上的活门称为配平空气活门，活门之间的运动是独立的，如图 4.3-5 所示。

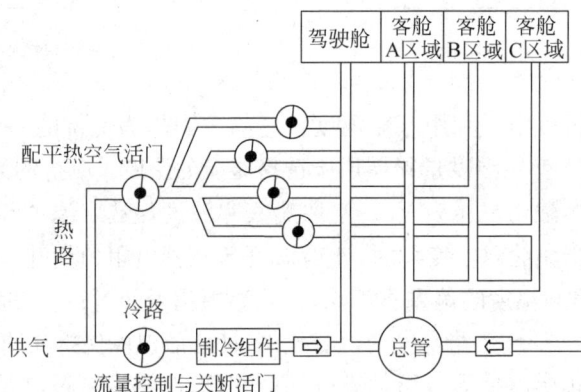

图 4.3-5　单活门式温度控制活门工作原理

安装在冷路上的温度控制活门通过改变活门开度控制供往空调制冷组件的空气流量，制冷空气送到下游的分配总管，经分支管路与配平热空气混合后，送到驾驶舱和客舱的不同区域。从图 4.3-5 可以看出，在每条热路分支上均装有配平热空气分活门，可以调节供往每个区域的配平空气量，从而实现温度区域控制。

4）制冷组件

制冷组件的作用是降低冷路中空气的温度，为温度控制系统提供冷空气。现代飞机空调系统的制冷组件按工作原理分为蒸发循环制冷组件和空气循环制冷组件两种。

4.3.2 蒸发循环制冷

航空蒸发循环制冷系统与地面制冷设备中的蒸发压缩式制冷循环空调系统原理一致：是利用制冷剂的相态变化来带走空气中的热量，它可使系统中的空气温度在进入座舱或设备舱之前就显著地降低。早期蒸发循环制冷系统采用氟利昂(R12，即二氟二氯甲烷)作为制冷剂。氟利昂对大气层中的臭氧层具有很强的破坏作用，现在采用对臭氧没有破坏作用的四氟乙烷(R134a)作为氟利昂的替代品。R134a 的毒性非常低，在空气中不可燃，化学稳定性很好，是很安全的制冷剂。

1. 蒸发循环制冷原理

蒸发循环制冷系统主要由压缩机、冷凝器、制冷剂容器、热膨胀阀和蒸发器等主要部件构成，如图 4.3-6 所示。

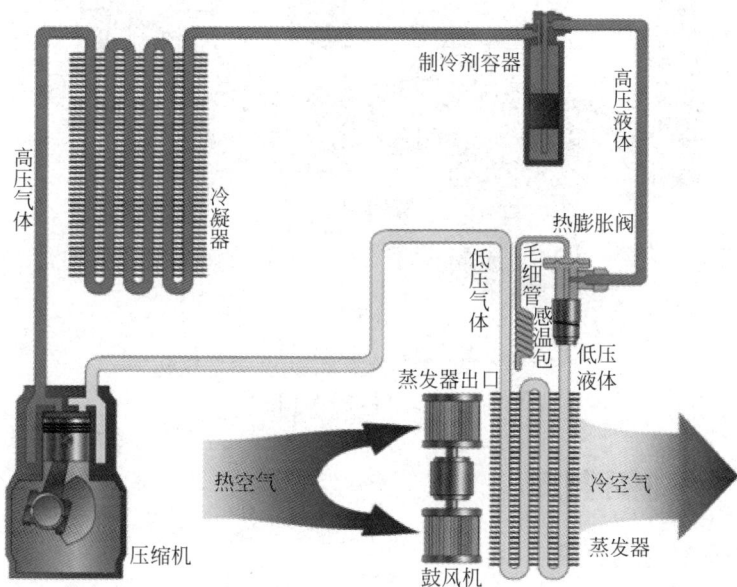

图 4.3-6 蒸发循环制冷系统原理

压缩机是蒸发循环制冷系统的核心元件，其作用是将来自蒸发器的低压气体制冷剂增压，变为高压气态；高压制冷剂经管道流入冷凝器，通过冷凝器向外散热液化成高压液体，制冷剂的液化潜热由冷凝器散发给周围介质；高压液体制冷剂流向容器进口，然后通过内部管路流出容器，确保流向下游的制冷剂中不含气泡；高压液态制冷剂流向热膨胀活门，经活门膨胀后，变为低压液态制冷剂，流入蒸发器；在蒸发器内，低压液态制冷剂蒸发吸热，变为低压气体，将流经散热器的热空气降温为冷空气，供向座舱。制冷剂从散热器流出后，应完全变为低压蒸汽，再经过管道进入压缩机。

这样，制冷剂在蒸发循环系统内往复循环，利用其相态的变化，不断从蒸发器吸收热量，然后将热量输送到冷凝器散发出去，因此，蒸发循环制冷原理又被称为"热泵"原理。

2. 制冷效果控制

蒸发循环制冷系统的制冷效果取决于蒸发器的工作状态。蒸发器的最佳工作状态是：

制冷剂在到达蒸发器出口时刚好实现完全蒸发,这需要精确控制喷入蒸发器内制冷剂的流量。若制冷剂流量过小,制冷剂还未到达蒸发器出口即完全气化,导致后半段蒸发器管路内没有液态制冷剂蒸发吸热,制冷效果低。若喷入制冷剂流量过大,制冷剂在到达蒸发器出口时,有一部分将仍为液态。液态制冷剂进入压缩机后,压缩机将出现溢流故障。

　　蒸发器的工作状态由热膨胀阀控制。热膨胀阀通过探测蒸发器出口制冷剂的状态,控制喷入蒸发器内制冷剂的流量,从而控制蒸发器的制冷效果。热膨胀阀分为外平衡式和内平衡式两种,如图 4.3-7 所示。

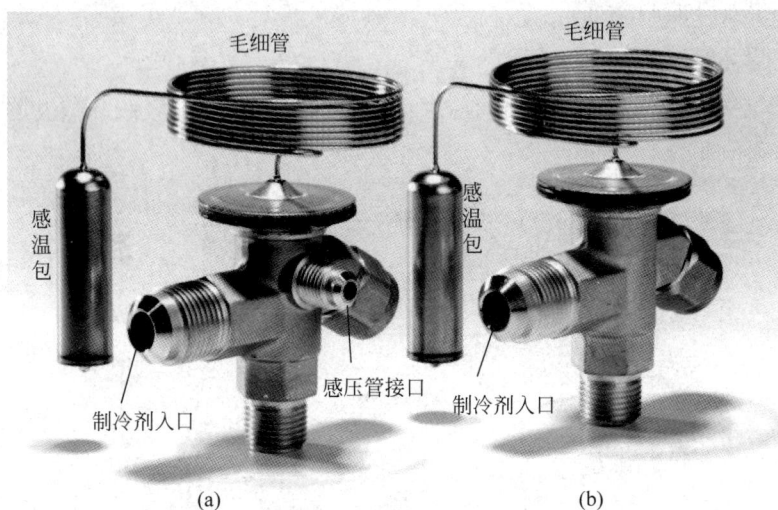

图 4.3-7　蒸发循环制冷系统中的热膨胀阀
(a) 外平衡式;(b) 内平衡式

4.3.3　空气循环制冷

1. 空气循环制冷的原理

　　空气循环制冷系统主要是采用由发动机带动的座舱增压器或者直接由发动机引出的高温高压空气经过热交换器初步冷却后再经过涡轮进行膨胀,对外做功,空气本身的温度和压力大大降低,由此获得所要求的温度和压力的冷空气;涡轮带动同轴的压气机、风扇或其他装置,这样,高压空气中的热能就转变为机械功,从而达到降温制冷的目的。

2. 空气循环制冷系统的类型

　　由于飞机空气循环制冷系统的综合优势,目前涡轮发动机飞机均采用了空气循环制冷系统。根据系统中采用的涡轮冷却器的类型,空气循环制冷系统可分单涡轮和双涡轮两大类型。单涡轮冷却器又包括涡轮风扇式(简单式)、涡轮压气机式(两轮升压式)和涡轮压气机风扇式(三轮升压式)三种类型;双涡轮冷却器包括涡轮-压气机-涡轮-风扇式(四轮升压式)和涡轮-压气机-涡轮(三轮升压式)制冷系统。

　　1) 单涡轮制冷系统

　　(1) 涡轮风扇制冷系统。涡轮风扇式空气循环制冷系统又称为简单式制冷系统,其原理如图 4.3-8 所示。由发动机压气机或座舱增压器引出的高温高压空气,先经过热交换器冷却,然后在涡轮中膨胀降温,供向混合室。系统中,涡轮和热交换器串联在一条主供气管道上,而热交换器又与风扇串联在一条冲压空气管道上,涡轮所驱动的风扇抽吸冷却空气经过热交换器。

这种利用发动机压气机引出的空气作为气源的涡轮风扇式冷却系统是目前最简单又是最轻便的一种冷却系统。该系统具有以下优点:涡轮输出功主要用来驱动风扇,使其抽吸热交换器冷边的冲压空气,因此显著地改善了热交换器的性能;在地面停机及低速飞行时,系统同样可以获得相应的制冷量。

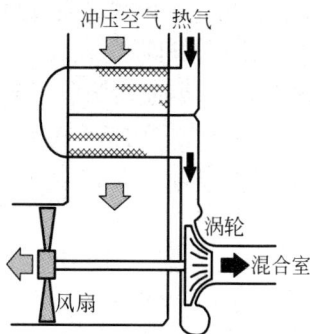

图 4.3-8　涡轮风扇式空气循环制冷系统

当飞行高度增加时,风扇端负荷减小,使冷却涡轮转数增加,到达一定高度时会发生超转,影响制冷效果并降低涡轮的寿命,所以这种系统的使用高度受到一定限制。

(2) 涡轮压气机式制冷系统。涡轮压气机式空气循环制冷系统又称为升压式制冷系统。系统由两级热交换器、涡轮压气机式涡轮冷却器构成,如图 4.3-9 所示。高温高压引气,经过调节后,通向一级热交换器冷却,流出一级热交换器的空气又进入压气机,经过压气机,空气的压力和温度都提高。然后空气又流向二级热交换器进一步冷却。流出二级热交换器的空气又通向冷却涡轮,在涡轮内膨胀,空气的温度和压力都进一步降低。升压式冷却系统早期在英美飞机上,尤其在旅客机上获得较广的采用。

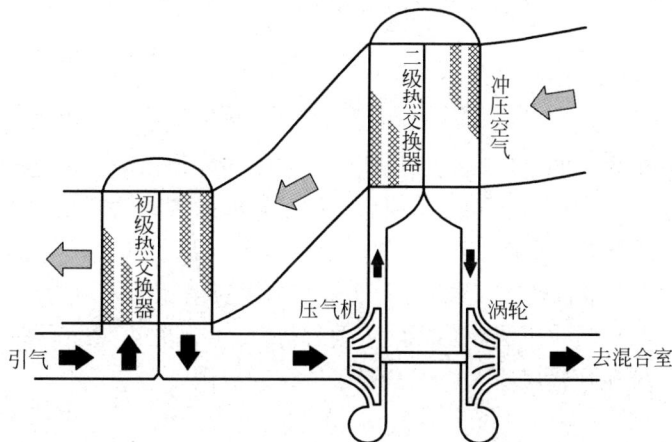

图 4.3-9　升压式空气循环制冷系统

在高速飞行条件下,由于其涡轮膨胀比可比涡轮风扇式冷却系统大,故其制冷能力亦大;在相同制冷能力下,升压式冷却系统的供气压力或引气量可以较小,使发动机耗油少,经济性好;升压式冷却系统的涡轮运转平稳,不像涡轮通风式冷却系统的涡轮转速变化大,故涡轮寿命长。

升压式制冷系统的缺点是:飞机在地面停机状态下或起飞滑跑时,由于两个热交换器缺乏冲压空气,系统制冷能力很小。

解决方法:采用专用的通风风扇,电机驱动或空气涡轮驱动,当飞机在地面停机状态或起飞滑跑时,抽吸冷却空气通过热交换器。

(3) 涡轮压气机风扇式(三轮式)冷却系统。三轮式冷却系统是升压式系统和涡轮风扇式系统的自然发展,它既吸收了升压式系统供气小、节省功率的优点,又吸收了涡轮风扇式系统地面有冷却能力的优点。三轮式空气循环制冷系统由两级热交换器、涡轮压气机式涡轮冷却器构成,如图 4.3-10 所示。

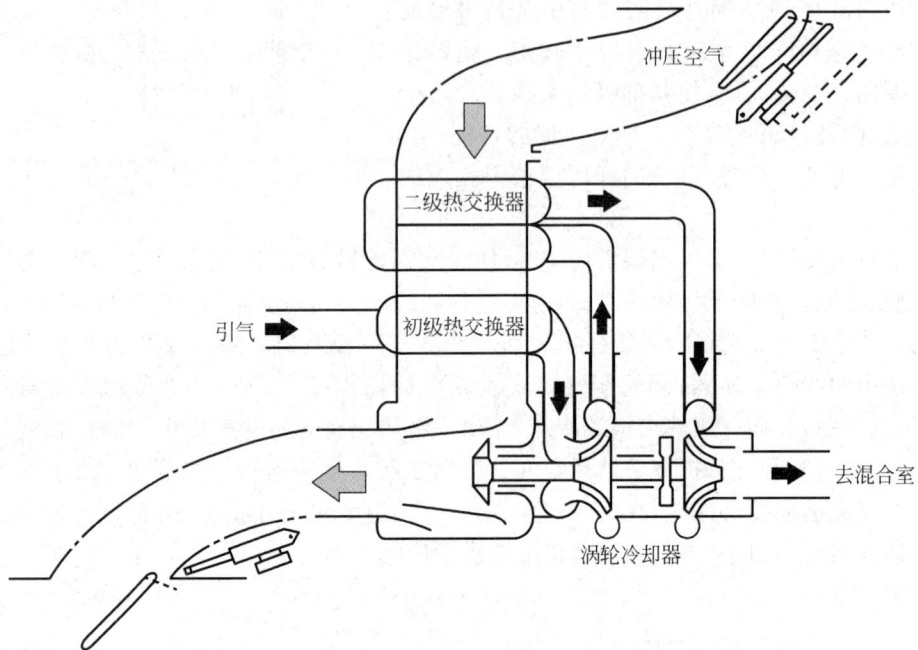

图 4.3-10　三轮式空气循环制冷系统原理

从发动机压气机供来的空气经过供气调节装置供向冷却系统。热空气先经过组合式热交换器的初级热交换器,获得初步冷却,而后经过三轮冷却装置的升压式压气机,温度、压力均提高了,再经过组合式热交换器的次级热交换器冷却,最后通过涡轮膨胀降温而供向座舱;风扇抽吸冷却空气经过热交换器,从而使整个系统获得优良的性能。

由于升压式压气机吸收了涡轮功率的主要部分(85%左右),故也可防止冷却装置的超速。三轮式冷却系统在现代民航客机上获得了广泛的应用。

2) 双涡轮制冷系统

(1) 四轮升压式制冷系统。双涡轮四轮升压式制冷系统是在三轮式制冷系统的基础上发展起来的,A-380、B-777 飞机均采用了这种类型的制冷系统,其工作原理如图 4.3-11 所示。

引气经过初级换热器冷却后,进入压气机增压,然后进入次级换热器进一步冷却,之后高压空气进入回热器热通道,由高压水分离器出口空气冷却,再进入冷凝器热通道,由高压涡轮出口的空气冷却,空气经冷凝后温度降到露点温度以下,析出冷凝水;然后进入高压水分离器,将析出的水分从空气中分离,经喷管喷到散热器冷边,可以充分利用水的蒸发潜热;空气从水分离器出来之后,经过回热器冷通道,将剩余的水滴汽化,进入高压涡轮进行膨胀做功、温度下降;在作为冷凝器的冷通道散热之后,经过低压涡轮膨胀降温,最终将冷空气

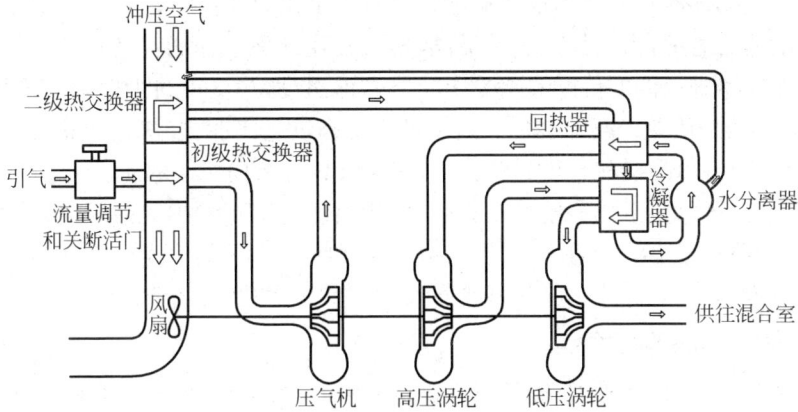

图 4.3-11 四轮式空气循环制冷系统原理

送往座舱(空气混合室)。初级换热器和次级换热器冷边空气由涡轮驱动的风扇以及飞机飞行时的冲压空气提供,涡轮输出的功 85% 驱动压气机,15% 驱动风扇。

与三轮升压式制冷系统相比,制冷系统中的涡轮增加为两个,将一级膨胀变为两级膨胀,这样可以降低气流通过涡轮时的能量损失。冷凝器放在第一级涡轮出口,此处温度较高,降低了冷凝器发生冻堵的可能性。

(2)双涡轮三轮制冷系统。双涡轮三轮式制冷系统是双涡轮四轮制冷系统的简化。波音 B-787 飞机空调组件采用了双涡轮三轮制冷系统(如图 4.3-12 所示)。相较四轮式制冷系统,双涡轮三轮制冷系统取消了空气循环机中的同轴散热风扇,涡轮冷却器的体积可以更加紧凑。

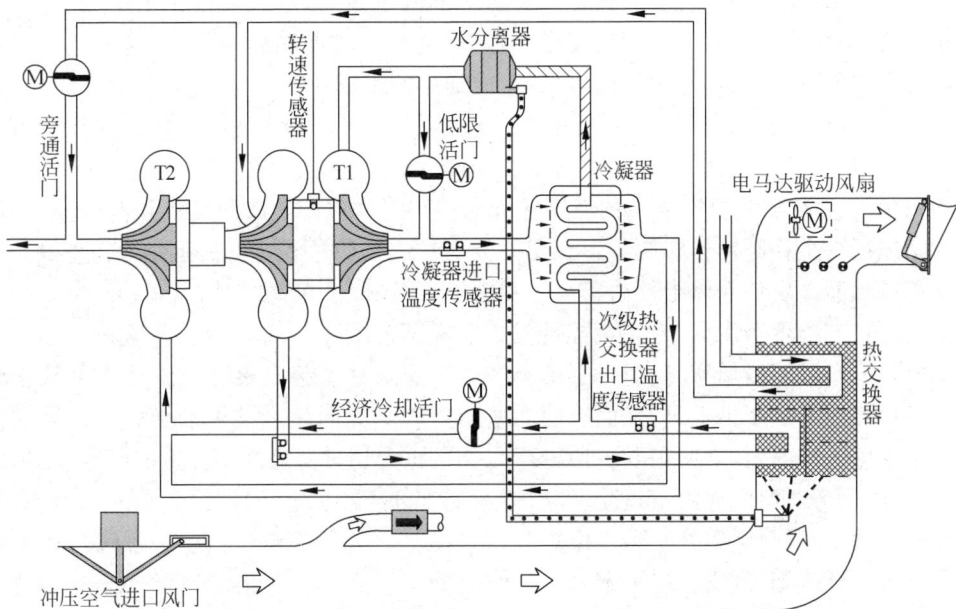

图 4.3-12 双涡轮三轮式空气循环制冷系统原理

三轮式空气循环冷却系统的空气流动路线与四轮式大致相同。散热空气由电动马达风扇驱动经过散热器通道,为确保散热效果,散热风扇在地面工作为高速模式,在空中工作为低速模式。冷凝器进口温度传感器感受冷凝器进口温度,当温度过低时,打开低限活门,将热空气引入冷凝器,放置冷凝器结冰;当飞机飞行高度较高时,空气已经很干燥,此时可打开经济冷却活门,将冷凝器和一级涡轮旁通,使空气直接流向二级涡轮。

另外,由于散热风扇不是利用涡轮驱动,因此当涡轮冷却器出现故障时,该系统可工作在散热器模式,即系统中的旁通活门、低限活门和经济冷却活门完全打开,热空气流经初级散热器和二级散热器,确保驾驶舱和座舱通气,提高了空调系统安全性。

3. 空气循环制冷系统除水

飞机在高空飞行时,外界大气湿度较低,空气中的水分对空调系统的影响不大。但在地面或低空飞行时,外界大气湿度过高,空调引气中会含有一定的水分。随着空气温度降低,空气中多余的水蒸气会凝结出来。由于组件内的温度可能降得很低,这样管路内的水分就会结冰,影响系统的工作;另一方面,座舱的供气中如果含有水分,则可能导致座舱内形成雾气或露水,这不但会引起乘客的不适,给电子设备舱带来不利的影响,同时也会引起座舱和分配管路内的腐蚀。

为保证机上人员的舒适和避免座舱内出现过大的水汽,在空调组件内应设置水分离器。水可以在涡轮前的高压区被除去,也可在涡轮后的低压区除去,将水分离器安装在涡轮上游的高压段称为高压除水,装在涡轮下游低压段称为低压除水。从水分离器出来的水分,通过导管引出,然后喷射到冲压空气系统的冷流中去,这样可以提高热交换器的效率。

1) 低压除水系统

低压除水系统的水分离器位于冷却涡轮下游,如图 4.3-13 所示。在涡轮前空气虽然经历了较大的压力和温度的变化,但只要空气温度不低于露点,空气始终在干工况下工作,经过涡轮后,若空气的温度降至低于其露点,则空气进入了过饱和的雾化区,这时空气中多余的水蒸气会立即凝结,从空气中分离出来,形成细小的水滴。

低压水分离器利用凝聚套将涡轮出口空气中悬浮的细小水滴凝结成大水滴,并通过凝聚套支架开口对气流的旋转作用将水与空气分离。

图 4.3-14 为某型飞机所采用的低压水分离器构造。包括进口和出口壳体组件,进口壳体组件又包括一个在圆锥体金属凝聚套支架上的纤维织物凝聚套、旁通活门组件和一个凝聚套状态指示器。出口壳体组件由集水腔和排水口组成。

凝聚套状态指示器由一个指示器活塞、一个置于密闭壳体内的指示器盘和一个观察窗组成。当凝聚套脏了或堵塞时,通过凝聚套的气流受阻并引起凝聚套上游压力上升和凝聚套状态指示器活塞的压力上升,从而迫使活塞轴上的圆盘向指示器盖的红色窗口运动。当圆盘处于红色区域内时,表明需要更换凝聚套。当压力超过旁通活门弹簧的预紧力时,活门打开,空气流过旁通活门而不流过凝聚套,旁通了水分离器。

在维护中,当混合活门处于全冷位置时,观察凝聚套状态指示器,如果凝聚套状态指示器圆盘进入红色范围,则需更换凝聚套。

水分离器工作时,若涡轮出口温度低于零度,凝聚套会因结冰而堵塞。凝聚套堵塞后,旁通活门打开,未经除水的空气会直接进入下游管道,因此低压水分离器必须设置防冰措施。目前,常用的防冰措施有两种:压差型除冰法和温度控制型防冰法。

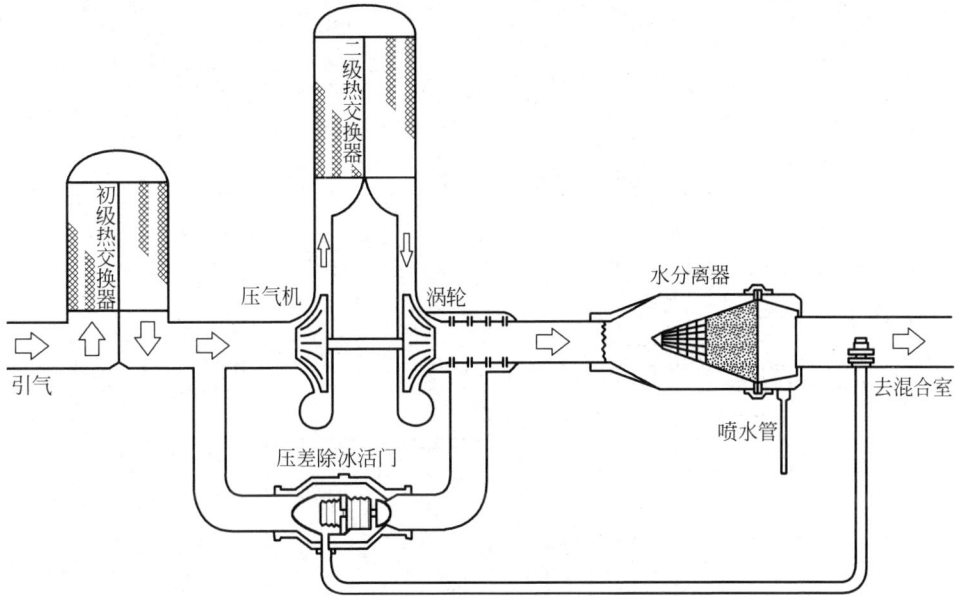

图 4.3-13　低压水分离系统

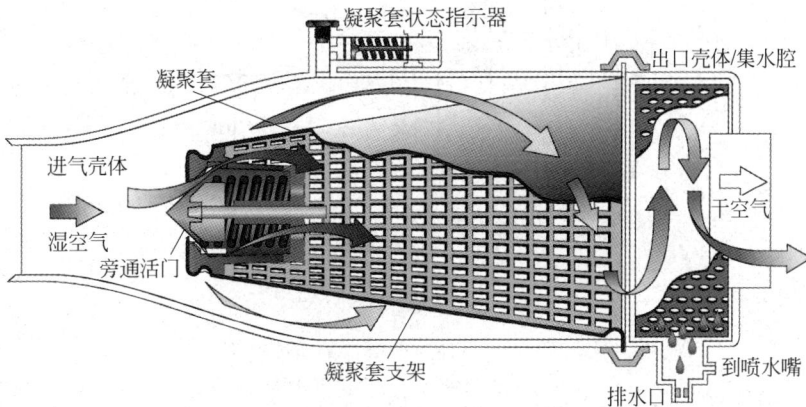

图 4.3-14　低压水分离器构造

（1）压差型除冰法。图 4.3-13 所示的低压除水系统为防止水分器结冰，采用了压差型除冰法，其原理如图 4.3-15(a)所示。水分离器除冰活门跨接在压气机进口和涡轮出口间的管路上，活门内的控制弹簧感受水分离器的进口和出口的压力差。

当水分离器的凝聚套结冰时，其上下游压差达到预定值，克服弹簧预紧力打开除冰活门，旁通涡轮冷却器，将压气机进口的高温空气引到水分离器，将冰融化。冰融化后，水分离器压差减小，除冰活门在弹簧作用下关闭。

（2）温度控制型防冰法。温度控制型防冰法的原理如图 4.3-15(b)所示，系统包括：温度传感器、防冰控制器和防冰活门。

温度传感器安装在水分离器内，防冰控制器接收传感器的温度信号，控制器的非工作温度一般为 34～36℉。防冰活门安装在连接压气机进口和涡轮出口的防冰管路上，接收防冰

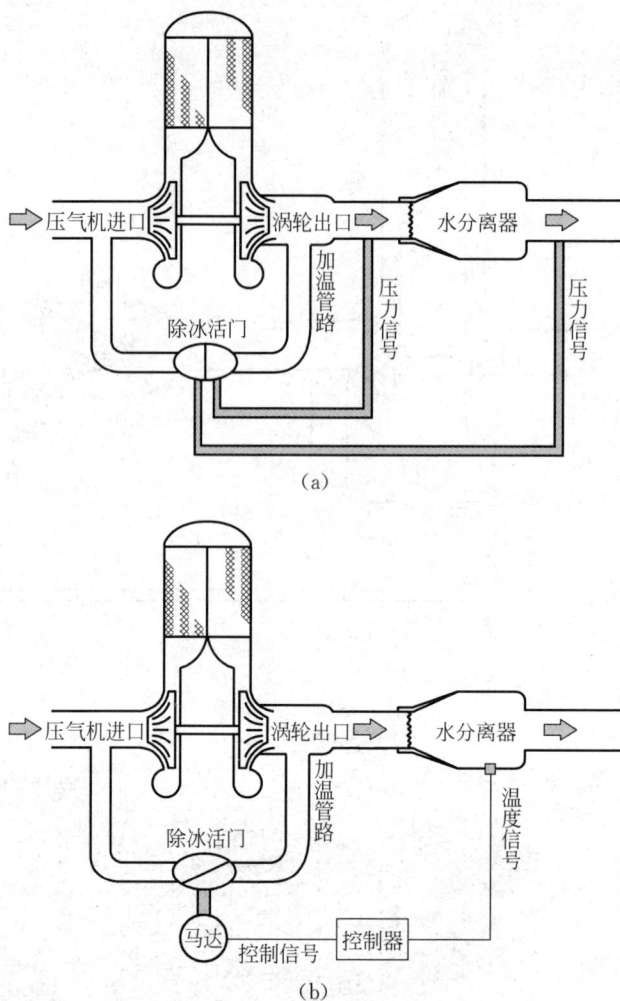

图 4.3-15　低压水分离器的防冰措施
(a) 压差型除冰；(b) 温控型防冰

控制器的控制信号。当水分离器的温度处于控制器的非工作温度范围内时,控制器不向防冰活门发送控制信号;当水分离器温度低于此温度范围时,控制器向防冰活门发出打开信号,将压气机进口的热空气引到涡轮出口,使水分离器温度上升;当水分离器的温度高于此温度范围时,防冰控制器向防冰活门发送关闭信号,将热空气切断。温度控制型防冰法可始终保持水分离器的温度高于冰点,防止其结冰。

2) 高压除水系统

图 4.3-16 所示的除水系统的水分离器安装在涡轮的进口管路上,由于此处空气压力高,因此被称为高压除水系统。系统中除了高压除水器以外,还装有回热器和冷凝器。

从发动机压气机供出的热空气,首先经过供气调节装置,而后经过初级热交换器散热(温度下降,压力略有降低),进入升压式压气机压缩后(温度和压力均大幅提高),进入次级热交换器降温(温度大幅下降,压力略有降低),再经过回热器热通路(温度降低,此时可有少量的水分凝结出来)进入冷凝器。冷凝器的冷却空气来自膨胀涡轮出口,使其壁面温度低于

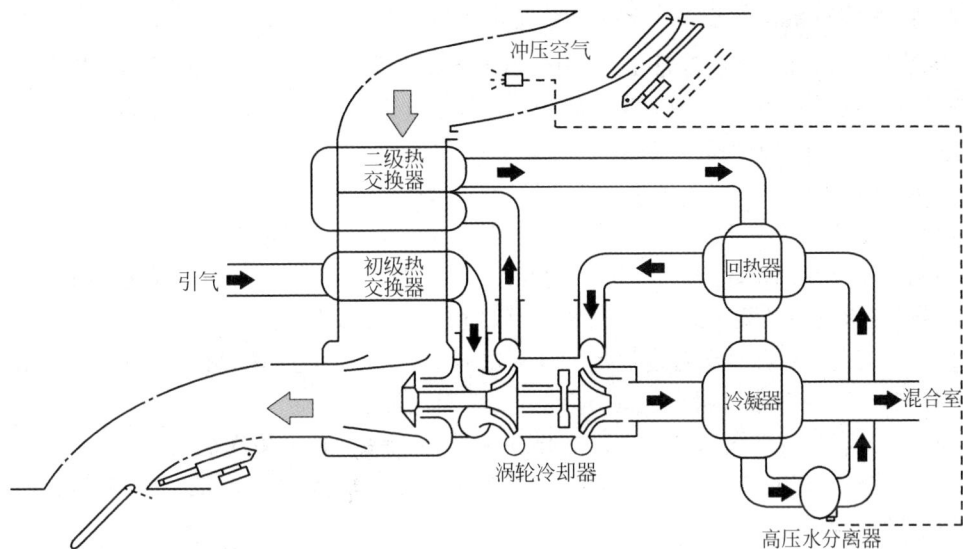

图 4.3-16 高压除水系统

空气的露点温度,空气流过冷凝器,在壁面上凝结成水膜或大水滴(空气温度下降,压力降低)。然后进入高压水分离器把绝大部分的水分分离掉。空气从水分离器出来后,进入回热器冷通路,部分没有分离的水分在回热器内受热蒸发(空气温度上升,压力略有降低),较干燥的空气进入涡轮膨胀冷却(压力大幅降低)而获得很低的温度。空气从涡轮出口流向冷凝器冷通路,它一方面作为冷源,另一方面也可把涡轮出口凝结出的少量水分或冰加温融化并蒸发,使冷凝器出口可提供干燥而且温度较低的空气。

图 4.3-17 为高压水分离器,由静止的旋流器、带有许多小孔的内壳体和外壳体所组成。所谓旋流器是一个径向有一定安装角的许多倾斜叶片组成的固定导套,分水作用主要在这里产生。这种高压水分离器最常使用而分水效率又高。

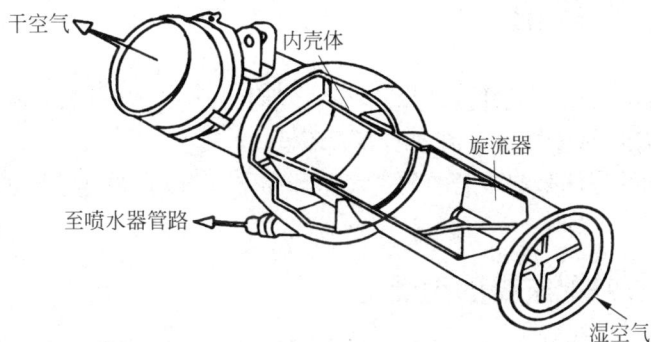

图 4.3-17 高压水分离器构造

含有水珠的气流通过高压水分离器的旋流器后,气流将在内壳体内旋转,由于水珠的动能大,因此被甩向带有小孔的内壳体壁面,并在其结构内部(内壳体与外壳体之间的槽内)把水分收集起来,而后通过排水器排向空气热交换器冷边的空气流中去。

4. 空气调节系统的自动关断措施(安全措施)

为保持空调系统安全、正常工作,空气调节系统在某些情况下会自动关断。空调系统关断是指通往空调组件的空气被切断,即流量控制活门关断。

引起系统自动关断的故障有以下几种。

1) 超温关断

(1) 压气机出口超温。压气机出口空气温度超温关断由涡轮冷却器的压气机出口温度电门控制。压气机出口超温可能由于初级热交换器的冷却空气流量不足,或初级热交换器堵塞导致,应检查冷却空气进气道,并按需清洗初级热交换器。

(2) 涡轮进口超温。涡轮进口超温关断由涡轮进口温度电门控制。超温可能是由于二级热交换器冲压空气通道堵塞引起,应清洗二级热交换器。

(3) 供向座舱的空气总管超温。当供向座舱的空气总管发生超温时,空调系统引气会关断,由供气管路过热电门控制。发生该故障的可能原因是温度控制器失效、温度控制活门卡在"全热"位或涡轮故障。

2) 飞机在地面无冷却空气

当飞机在地面用空调,而没有冷却空气时,空调系统自动关断,由冲压进气道内的压力电门控制。出现该故障的可能原因是地面散热风扇故障或冲压空气进气道堵塞。

3) 双发飞机爬升过程中未达到安全高度前单发停车

对于B737飞机,在起飞和爬升过程中,若未达到安全高度前发生单发停车时,此时应将飞机的左右空调系统全部关断,停止发动机引气,减轻工作发动机的负担,确保飞机能够爬升到安全高度。当飞机爬升到安全高度后,自动恢复空调供气。

有些飞机(如A320)在起飞时采用APU为空调系统供气,使得发动机功率全部用于地面加速和爬升,改善了起飞性能;飞机降落后,仍由APU供应电力照明和空调,可使发动机提早关闭,从而节省燃油,降低机场噪声。

4.4　空气分配系统

座舱空气分配的目的,就是使调温的通风空气均匀地输入和分布于座舱内,使座舱内保持一个具有合适温度、湿度和空气流动的舒适环境。

座舱空气分配的好坏影响座舱内的空气循环和空气流动,并直接影响到飞行人员和乘客的热力舒适状态。

4.4.1　空气分配系统的组成

客机的空调空气由座舱空气分配系统供入,以保持客舱内的均匀温度场和速度场,对客舱空气分配系统的要求主要是噪声小、客舱内没有穿堂风的感觉。客舱内气流组织(空气分配)的任务是要解决客舱内温度的均匀性、通风空气的合适气流分布和客舱内空气的合适循环运动,并使客舱内各部位都保持有新鲜空气的感觉。客舱供气口和排气口的位置不同,座舱内的空气流动形式也就不同。座舱空气分配系统有舱顶高位供气和侧壁低位供气两种形式。

1) 舱顶高位供气系统

图 4.4-1 为典型的舱顶高位供气分配系统。空气分配系统由主分配总管、侧壁立管和舱顶分配管道、舱顶出气口、侧壁扩压出气口以及排气口构成。

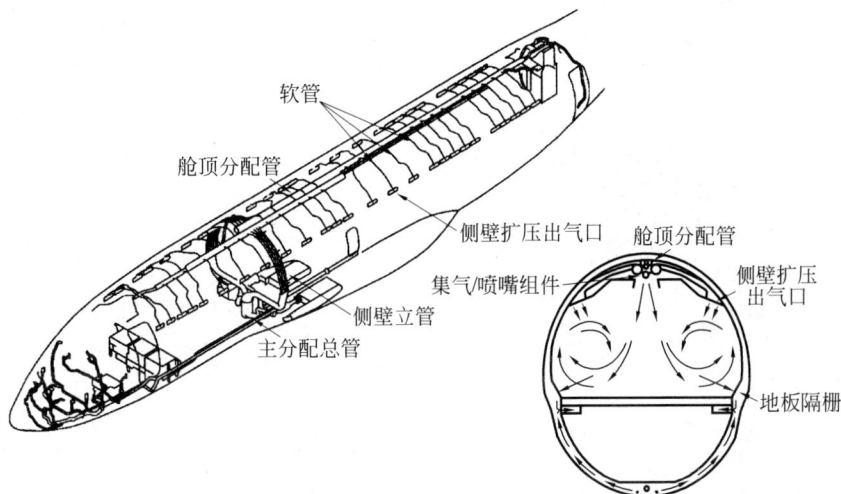

图 4.4-1　舱顶高位供气系统

高位供气分配系统的空气来自空调系统冷热空气混合的总管,而后通过客舱空气分配管由供气口供入客舱内。为了使整个客舱沿长度方向温度均匀,空气分配系统沿客舱长度方向均匀地设置供气喷口或采用合适的空气分配管,以使供入空气均匀地分布于客舱内。

供气分配系统的供气口常用的有两个部位:天花板上和侧壁上。当天花板上有供气导管时,可采用天花板供气口,此处供气口由于离乘客较远,因此乘客会有缺乏新鲜空气的感觉,这对于坐在内侧(靠近壁面)的乘客更严重。侧壁供气口位于行李架下面的侧壁上,其供入的空气到坐着的乘客距离较短,可使客舱有良好的通风条件和适宜的空气运动。

客舱的排气口一般在地板附近。厨房和厕所的排气口设置在天花板上(如图 4.4-2 所示),其目的是及时将这些地方多余的热量和异味排走,并防止水分经排气口进入空调分配管路造成管路腐蚀。

2) 侧壁低位供气系统

图 4.4-3 为典型的侧壁低位供气分配系统。低位供气系统由位于地板下的供气总管、沿客舱地板两侧走向布置的水平供气管路、供气立管以及安装在供气立管上的空气出气口构成。高位供气系统的侧壁立管与主分配总管相连,只有两根主管道,将空气输送到舱顶的供气管路,而低位供气系统的供气立管与水平供气管路相连,需要设置多个供气立管。每个供气立管设置两个空气出气口,一个为侧壁的低位出气口,一个为位于旅客头顶附近的高位出气口(相当于舱顶高位供气系统的侧壁扩压出气口)。

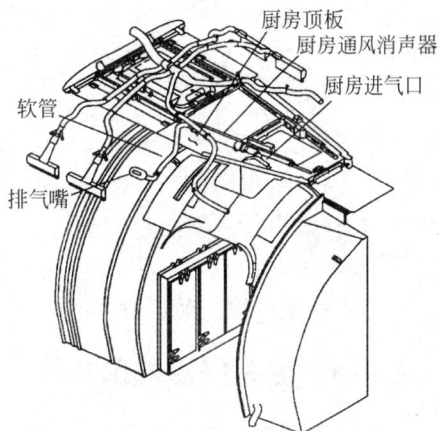

图 4.4-2　厨房空调进气口和排气口

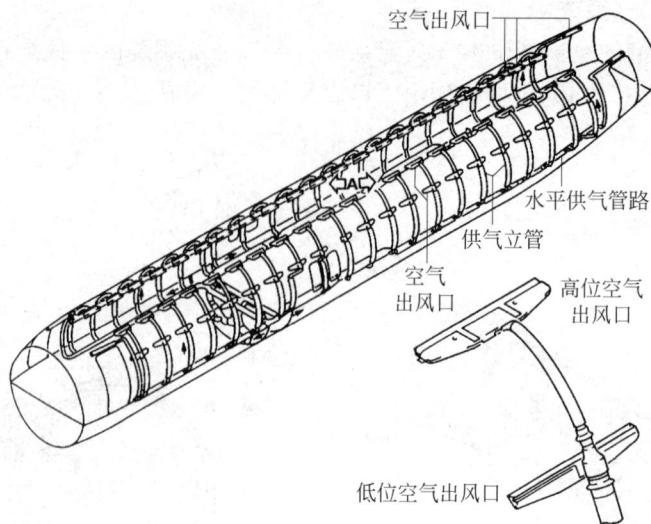

图 4.4-3　侧壁低位供气系统

对于大型客机,由于座舱容积大,为使座舱内空气分布均匀,通常还要将座舱分成若干区域(或称舱位),如驾驶舱、前客舱、后客舱等,这样可以分区域进行温度调节。各区域之间温度调节的基本原理,是根据各区域所选定的温度,以这几个区域最低选择温度为基准去控制冷却组件出口温度,使之符合最低温度区域调定值的要求,然后再分别调节其他相应区域的热空气混合活门,使各个区域的温度符合各自的调定值。

4.4.2　再循环系统

再循环系统的主要作用是将座舱空气再循环利用。因为空调系统对座舱通风量要求较大,而经过座舱的空气还相当新鲜,具有重新利用的价值。采用再循环系统可以减少供气和客舱空气的温度差,同时也可以减少由发动机的引气量,减少对发动机功率的影响。现代客机的再循环空气量已达总供气量的 50%,其余是来自外界的新鲜空气。

再循环系统主要由气滤、再循环风扇、单向活门等元件构成。座舱空气通过格栅通气孔流到集气管内,收集管将使用过的空气,经过气滤、再循环风扇、单向活门收集到主分配总管,然后再通过分配系统供往座舱,如图 4.4-4 所示。

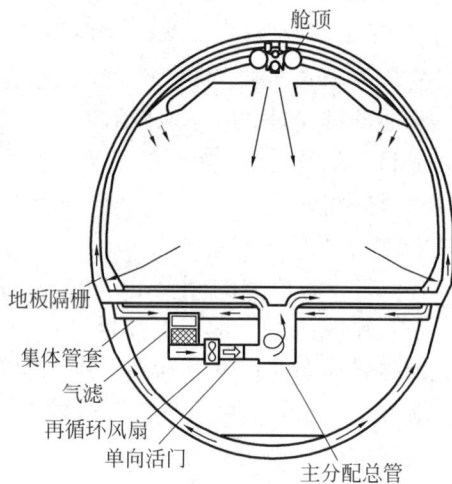

图 4.4-4　座舱空气再循环系统

4.4.3　座舱局部加温

热空气在座舱内的分布是不均匀的,座舱内某些部位的温度会低于要求的温度,因此需要对温度较低且热空气无法到达的部位(如舱门区域、应急舱口和部分客舱地板等)进行加温。目前常采用电加温器作为辅助加温设备,电加温器有空气管道式加温器和电热毯式加温器两种。

空气管道式加温器是在管道内安装一系列的电阻元件,通电时,该元件发热对通过管道的空气加温,空气经加温后经管道送到加温区域(如图 4.4-5 所示)。

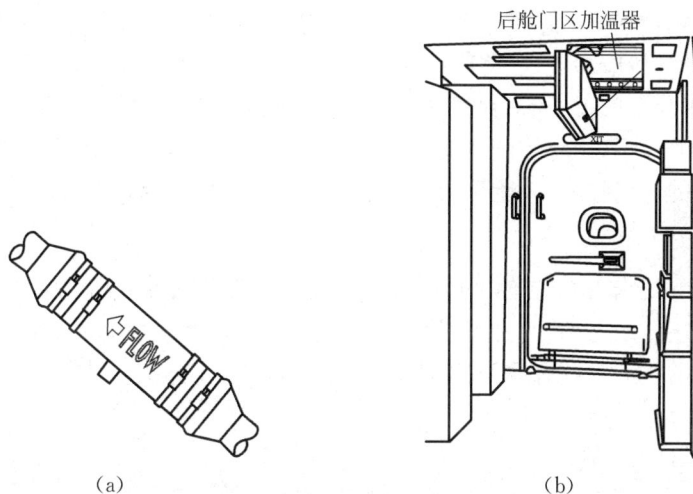

后舱门区加温器

（a）　　　　　　　　　　　　　　（b）

图 4.4-5　空气管道式加温器
(a) 空气管道加温器；(b) 舱门加温区

电热毯(或称电热壁板)式加温器由两层铝合金板中间夹蜂窝材料构成,电阻丝呈螺旋状绕在靠近内壁的绝缘芯轴上,使其在壁板变形时不会折断,蜂窝夹层板的两面覆有绝热层。当电阻丝通电时,电阻丝及板表面发热,对舱门进行加热(如图 4.4-6 所示)。

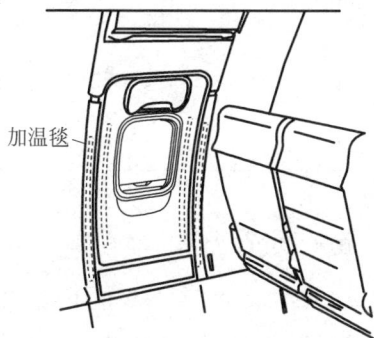

加温毯

图 4.4-6　应急出口的电热加温

4.5　座舱压力控制系统

4.5.1　座舱的增压原理及座舱压力制度

座舱压力控制系统的基本任务就是保证在给定的飞行高度范围内,座舱的压力及压力变化速率满足人体生理要求,并保证飞机结构的安全。

1. 座舱增压原理

在典型的增压系统里,客舱和驾驶舱等是一个气密的整体舱,它能使舱内压力高于外界的大气压力。增压空气由座舱空气分配系统供入座舱,为座舱加温后,由排气活门排出机外。由于在最大设计高度以下的所有高度上,空调引气系统经座舱空气分配系统将恒定流量的气体送入气密座舱,因此座舱的增压规律可通过控制座舱的排气规律实现:希望座舱内压力下降时,排气量应增大,需要座舱内压力升高时,排气量应减小。而根据气体节流原理,排气活门的排气量取决于活门的开度和座舱内外的压差。因此,为控制座舱压力,应根据座舱内外压差的大小,相应控制排气活门的开度。整个飞行过程中,座舱内绝对压力大小取决于排气活门的开启程度,座舱压力变化率取决于活门的开启(或关闭)速率。

2. 座舱压力制度

座舱压力制度是指飞机座舱内压力(即座舱高度)随飞机飞行高度变化的关系,又称为座舱调压规律。座舱压力制度是指座舱压力控制系统处于平衡状态时的静态调节特性。目前民航飞机常用的压力制度有两种:适用于低速飞机的三段式压力制度和现代客机采用的直线式(或近似直线式)压力制度。

1) 三段式座舱压力制度

三段式座舱压力制度曲线由三段组成:自由通风段、等压控制段和等余压控制段,如图 4.5-1 所示。

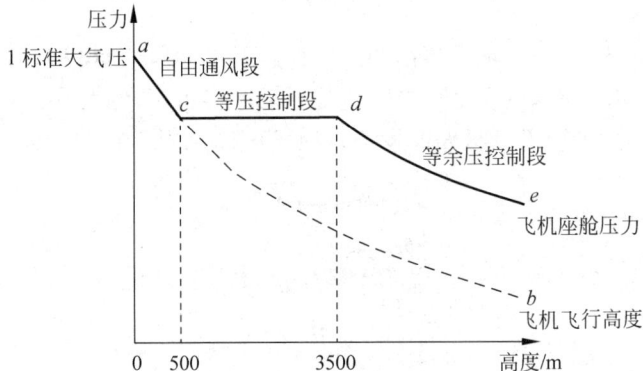

图 4.5-1　三段式座舱压力制度

飞机从 a 点(地面)爬升到巡航高度 b 点的过程中,座舱压力随飞机飞行高度呈三段变化:a—c 段为不增压段,称为自由通风段,座舱内外压力相同,c 点对应飞行高度一般为500m;c—d 段座舱压力不随飞行高度变化,保持恒定,称为等压调节段(恒压段),d 点对应飞行高度一般为 3500m;d—e 段为等余压控制段,它保持座舱内外压差为使用的限制值,直到飞机进入巡航高度(一般为 6000m),e 点对应的座舱高度为 2400m(8000ft)。

三段式座舱压力制度实现简单,但在等余压控制爬升段(即 d—e 段),飞机座舱压力仅受座舱余压控制,因此飞机座舱高度变化率与飞机爬升率(飞行高度变化率)相等,为了保证座舱高度变化率不超过人体承受的限制值,飞机本身的爬升率不能过高。

2) 直线式座舱压力制度

直线式座舱压力制度如图 4.5-2 所示,飞机从 a 点(地面)爬升到 b 点(巡航高度)时,座舱压力随飞机飞行高度的增加呈直线(a—c线)关系均匀变化：飞机在未达到巡航高度前，座舱余压缓慢增加，当飞机进入巡航高度时，座舱余压达到座舱余压限制值。

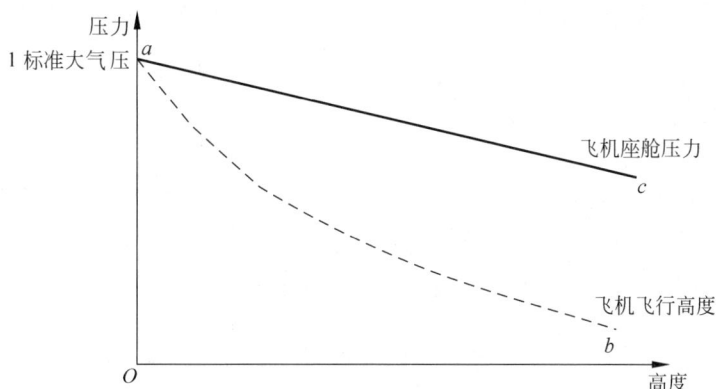

图 4.5-2　直线式座舱压力制度

直线式座舱压力制度可以使座舱增压系统在飞机整个爬升过程中控制座舱压力变化率，爬升率较大的现代民航飞机多采用直线式座舱压力制度。为实现直线式座舱压力制度，应采用电子式压力控制器。

4.5.2　座舱压力控制系统

座舱压力控制系统一般包括压力控制器和排气活门，其中座舱压力控制器是座舱压力控制系统的关键元件，是实现座舱压力制度的核心控制机构：实现三段式座舱压力制度需采用气动式压力控制器，而直线式座舱压力制度需要电子式压力控制器。排气活门是座舱压力控制系统的执行机构，气动式压力控制系统采用气动排气活门，电子式压力控制系统采用电动马达驱动的排气活门。由于现代民航飞机多采用电子式压力控制系统，本节不再介绍气动式压力控制系统。

现代民航客机座舱增压系统具有正常压力控制和应急压力控制两大功能，其中正常压力控制系统为电子式压力控制系统。

1. 正常压力控制

正常压力控制系统采用电子式压力控制器作为控制部件，它由增压程序发生器、压力变化率限制器和最大余压限制器组成，如图 4.5-3 所示。

压力控制器能根据起飞前输入的本次飞行巡航高度、着陆机场的高度以及座舱内压力及外界环境压力等参数，在飞行电门、起落架空地电门的控制下，为系统提供自动和非自动增压程序；系统的执行部分是由电动马达驱动的排气活门，它接收压力控制器的控制指令，以实现座舱压力制度。

现代飞机一般有 1~2 个排气活门，双排气活门飞机包括前、后两个排气活门。前后排气活门构造相同，均由两个马达驱动：一个是交流马达，另一个是直流马达。系统工作在自动模式与人工交流模式时，交流马达驱动排气活门，而在备用模式及人工直流模式时，直流马达驱动排气活门。当任一马达工作时，另一马达的离合器与排气活门脱开。

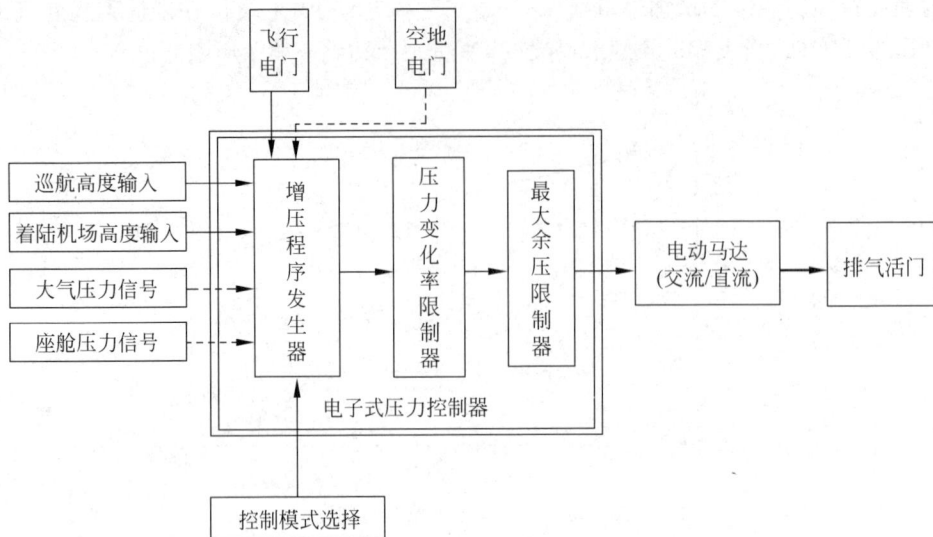

图 4.5-3　电子式座舱压力控制系统

在工作过程中,后排气活门接收来自压力控制器的控制信号,经常处于调节状态,用以调节座舱内的空气压力。当飞机巡航时,活门开度很小,以满足发动机经济性的要求。

1) 增压工作模式

正常压力控制具有两种工作模式:自动模式和人工模式。为了提高控制可靠性,自动模式包括多个通道或多个控制模式,比如:左通道模式、右统稿模式;自动模式、备用模式;自动模式 1、自动模式 2 等。

当系统出现故障时,系统可在不同的通道或控制模式间进行转换。当全部自动通道或控制模式均出现问题时,驾驶员可以切换到人工模式,直接对排气活门的开度进行控制。

2) 自动模式座舱高度剖面

图 4.5-2 给出了直线式座舱压力制度的静态曲线,在增压系统工作时,座舱压力控制包括地面增压环节、起飞增压环节、巡航控制环节、下降控制环节和着陆增压环节。

飞机座舱高度在整个飞行过程中随飞行高度变化而变化的关系如图 4.5-4 所示,图中的实线 A-B-C-D-E-F 为飞机飞行高度曲线,称为飞行剖面;虚线 a-b-c-d-e-f 为飞机座舱高度曲线,称为座舱高度剖面。

仔细研究座舱高度剖面曲线,可得到现代飞机座舱增压系统的如下特点:

(1) 飞机座舱在地面需要预增压。在飞机起飞滑跑段,座舱高度低于跑道高度(一般为189ft,压差为 0.1psi),这种在起飞前(还包括着陆后)使座舱压力比机场场压还高的增压方式叫作座舱预增压。主要目的是为了防止飞机姿态突然改变时引起座舱压力波动。

(2) 在进入巡航高度时,存在提前转换。飞机爬升到巡航高度前,当外界大气压力比预定的巡航高度对应的大气压力高 0.25psi(即座舱余压值比正常余压值低 0.25psi)时,座舱增压系统提前进入等压控制段,之后飞机继续爬升到预定巡航高度。设置 0.25psi 转换压力的目的是防止当飞机在巡航中出现颠簸而掉高度时引起座舱增压控制系统的频繁切换,引起座舱内压力的波动。当座舱的余压值再次出现比预定值低 0.25psi 时,飞机增压控制才转入下降程序。

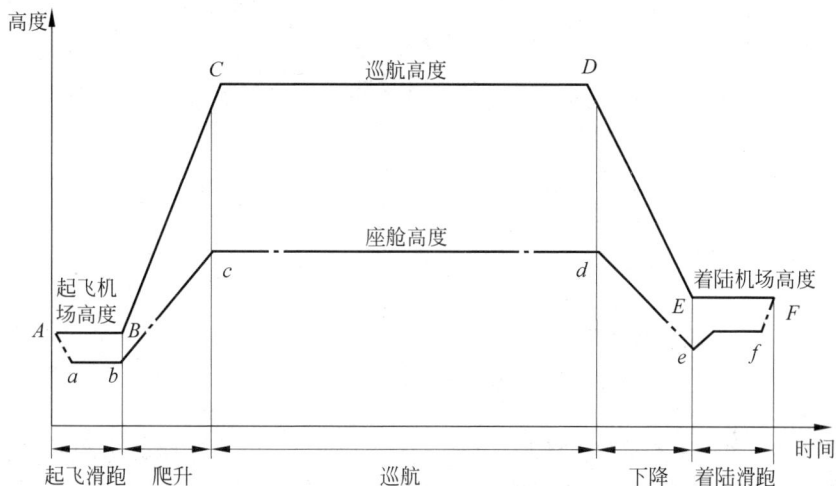

图 4.5-4　现代民航客机飞行高度剖面和座舱高度剖面

（3）巡航中，需限制座舱的最大余压。在飞机巡航飞行中，座舱余压保持为正常余压；飞机跃升高度时，座舱余压会相应增大，当余压达到最大余压时，座舱高度随着飞行高度的增加而上升。

（4）爬升和下降时，座舱高度变化率需严格控制。飞机爬升时，座舱高度变化率受座舱高度变化率限制器控制，不超过 500ft/min。飞机下降时，座舱高度变化率受座舱高度变化率限制器控制，不超过 350ft/min。同时将着陆接地点的座舱高度目标值设置为比着陆机场高度低 300ft，防止着陆瞬间的冲击以及起落架减震支柱压缩、伸张行程引起的压力波动。

2. 座舱应急增压控制

在正常增压控制失效的情况下，有可能导致座舱高度过高或座舱内外的压差过大。在飞机急速下降时，有可能会使座舱内的压力跟不上外界空气压力的变化，导致座舱外的压力高于座舱内的压力，产生负压。

座舱压力出现异常时，会对飞行安全造成严重影响：座舱高度过高时，会导致飞机上的乘员出现高空反应，甚至危及生命；座舱内外压差过大，会影响飞机结构的安全；当出现较大的负压时，可导致飞机结构受损，因为飞机座舱结构属于薄壁结构，它只能承受拉应力而几乎不能承受压应力。为避免飞机结构和机上人员受到以上危害，飞机座舱增压系统中应设置座舱应急增压控制装置，包括：正释压活门、负释压活门、压力均衡活门等（如图 4.5-5所示），另外还应加装座舱高度警告系统，当飞机座舱高度过高时，向飞行机组发出音响警告。

（1）正释压活门。正压释压活门又称为安全活门，在飞机座舱内外压力差超过一定值时打开，以释放多余的座舱压力，防止座舱内外压力差过大而影响飞机结构安全。

波音 B737 飞机座舱的正常余压为 7.8psi，当余压达到 8.65psi 时，正压释压活门打开释压；波音 B777 飞机在余压达到 8.95psi 时，释压活门打开。

（2）负释压活门。负释压活门的主要作用是防止座舱外的压力高于座舱内的压力，即防止飞机座舱高度高于飞机飞行高度。当座舱内外压力均衡或舱内压力高于舱外压力时，

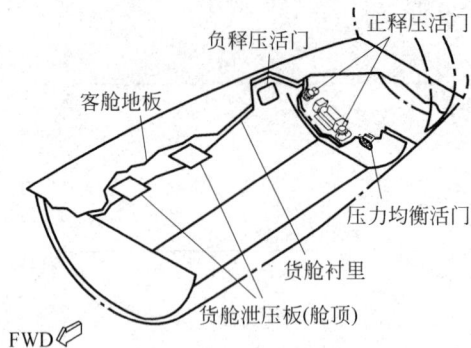

图 4.5-5　某型飞机座舱增压控制装置

活门弹簧将负释压活门保持在关闭位(如图 4.5-6 所示)。当飞机座舱负压超过设定值后，负释压活门克服弹簧力打开，外界气体经活门流入舱内，防止负压增大。

由于飞机机身是薄壁结构，负压承受能力比正压承受能力低，因此负释压活门开启压力远低于正释压活门开启压力。例如，波音 B737 飞机当负压达到 -1.0 psi 时，负压活门打开；波音 B777 飞机当负压达到 -0.2 psi 时，负压活门开始打开，负压达到 -0.5 psi 时完全打开。

(3) 压力均衡活门。压力均衡活门安装在货舱隔板上，允许空气快速流进或流出货舱，以保持货舱压力与客舱压力一致。压力均衡活门为两个并列安装的单向活门，一个在飞机座舱增压过程中允许空气流进货舱，另一个活门在飞机座舱减压过程中允许空气流出货舱(如图 4.5-7 所示)。

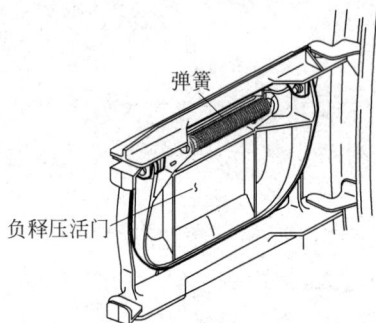

图 4.5-6　某型飞机座舱负释压活门

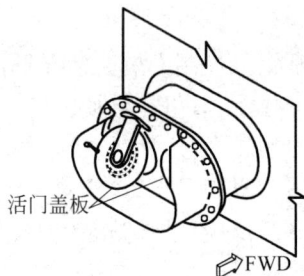

图 4.5-7　货舱压力均衡活门

受压力均衡活门的空气流量所限，当座舱出现快速释压时，客舱和货舱之间仍会出现过大压差。当客舱区域出现释压破坏时(客舱结构破损或客舱门在飞行中打开)，货舱内压力要高于客舱；当货舱区域出现释压破坏时(客舱结构破损或货舱门在飞行中打开)，客舱内压力要高于货舱。客舱和货舱间巨大的压差，会导致客舱地板受损。

在货舱壁板上设置面积较大的货舱泄压板(如图 4.5-5 所示)，当客舱或货舱快速释压时，泄压板被两舱间的压差吹掉，两舱间的空气可以迅速流通，从而避免客舱地板变形损坏。

(4) 座舱高度警告。座舱高度警告是指当飞机座舱高度高于一定值(一般为 10000ft)时，发出音响警告，提醒驾驶员进行相应处理(切换为备用模式或转为人工控制)。

4.5.3 气密座舱检查

通过测定座舱的泄漏速率进行飞机座舱气密性检查。飞机座舱的气密性必须定期检查,另外,在更换、调整了系统中影响增压的元件后,也应测试座舱的泄漏情况。在某些飞机上,座舱泄漏速率测试应与系统功能测试结合起来,另外有些飞机则应分别测试。

1. 动压试验

座舱泄漏试验又称为动压试验,目的是判断座舱气密性是否达到维护手册中规定的要求,试验方法如下:起动辅助动力装置(APU),给座舱增压到试验压力后,停止增压;记录压力下降到特定压力所需的时间,并与手册中规定的时间比较,如果实际时间间隔小于手册规定时间,说明座舱泄漏速率过大。如果泄漏速度太大,应采用静压试验检查座舱的完整性,查找渗漏源。

2. 静压试验

静压试验方法如下:用地面试验台给座舱增压到规定值(约 5psig),并使压力保持在规定值,观察飞机蒙皮外部有无裂纹、变形、凸起,铆钉是否有变形松动等情况。若发现增压舱外表面蒙皮上铆钉周围有明显的沾污,则表明此处有少量漏气。大的泄漏可听到泄漏声音,小的泄漏可采用涂试漏溶液的方法,观察气泡并确定漏气位置。

试验结束后,关断增压空气,以安全的压力变化率使座舱安全减压,然后根据维护手册给定的程序对严重漏气的部位进行相应的修理。

4.6 电子设备冷却

随着现代飞机的不断发展,其电子设备逐渐增多,电子设备的散热量也越来越大。因此,为保证电子设备的正常工作,电子设备的冷却问题也显得更加重要。

飞机的设备冷却系统是指对电子设备舱设备架上的电子设备的冷却,另外还包括对驾驶舱的 CB 面板及主仪表板的冷却,设备冷却的介质为客舱排气。电子设备冷却系统包括冷却供气管路和冷却排气管路,供气管路上的主要功能元件为供气风扇、空气低流量传感器,排气管路上的功能元件为排气风扇、空气低流量传感器和气动排气活门,如图 4.6-1 所示。

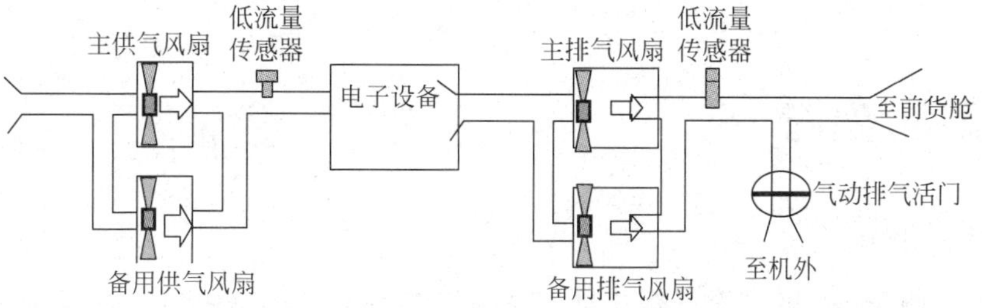

图 4.6-1　电子设备冷却原理图

1. 风扇

供气管路风扇和排气管路风扇结构完全相同,均为单级轴流式风扇,并装有一体的单向活门,防止风扇停止工作时空气反流。在工作中,一台风扇作为主风扇,另一台为备用风扇。两个风扇的工作由驾驶舱内的控制面板控制。

2. 空气低流量传感器

空气低流量传感器为一个有自加热的热敏电阻,当流过探头的空气流量达到要求时,热敏电阻的电阻值保持在一定范围内。当流过的气流流量不足时,热敏电阻温度升高,电阻值减小,加热电流增大,通过检测电路检测此电流变化,点亮驾驶舱内的设备冷却排气关断警告灯。此时驾驶员人工打开备用风扇,恢复流过低流量传感器的空气流量,警告灯熄灭。

3. 气动排气活门

气动排气活门又称为自动流量控制活门,位于电子设备舱后部地板下的排气管路上,如图 4.6-2 所示。该活门由流经活门的空气作动,控制排出机外的空气流量。当经过排气活门的空气流量增大时,空气动压增大,活门在膜盒与弹簧的共同作用下,开始向关的方向运动,限制经过活门的空气流量;当座舱与环境的压差达一定值(该值与流量控制活门的型号有关)时,控制活门完全关死,空气排向前货舱内。

图 4.6-2　气动排气活门

在飞机接通电源后,电子设备冷却系统即自动开始工作。若主风扇故障,则可通过选择开关使备用风扇开始工作。当飞机内外压差在一定范围内时(根据流量控制活门型号的不同,其值可为 $2.0\sim2.8$psi 或 $0.7\sim1.1$psi),选定的风扇连续工作,并且气动排气活门处于全开位。

当飞机在地面或在低空飞行时,座舱内外压差低,风扇工作,产生压差使空气流动,对设备进行冷却,冷却空气经由气动排气活门及排气口排出机外。在飞行过程中,座舱压差增大,流经风扇管路的空气流量增大,气动排气活门开始关闭,当座舱内外压差达一定值时(随流量控制活门型号的不同而不同),活门关闭。设备冷却空气主要排向前货舱地板下,对货舱进行加温,然后通过前排气活门排出机外。

当通过探头的空气流量正常时,探头的加热电流值稳定,该电流值由传感器的电路感应到。当冷却空气流量不足时,探头的加热电流改变,触发警告。

4.7　设备/设施

4.7.1　厨房

飞机上的厨房用于准备食品和饮料,其数量和安装位置因飞机的选型而不同,内有饮食柜、冰箱、烤箱、饮料箱、电炉、热杯和电插座等。

厨房都栓接到飞机结构上:一个具有快卸接头的连杆将厨房顶部连接到飞机结构上,地板接头将厨房底部连接到飞机结构上,如图 4.7-1 所示。

在厨房安装区域内的地板覆盖物含有乙烯树脂地垫。在乙烯树脂地垫下有一层液体隔层以防止地板结构损坏。

4.7.2 洗手间

厕所是机上卫生设备,多位于客舱前、后端,大型飞机中间也设有。厕所组件连接在地板支架上并通过可调连接杆连接到机顶结构上。当安装厕所时,调整连接杆的长度来达到无预载荷连接。

厕所内有洗手盆、抽水马桶、镜子和所有必要的梳妆用品和污物处置设备以及通风设备(如图 4.7-2 所示)。抽水马桶可采用重复环流冲水法,也可采用真空抽水法,目前大多数飞机采用真空抽水马桶,洗手盆和真空抽水马桶的水来自飞机水系统。服务组件提供厕所通风,空气经厕所内的头顶排气孔排出,以消除厕所内的异味。

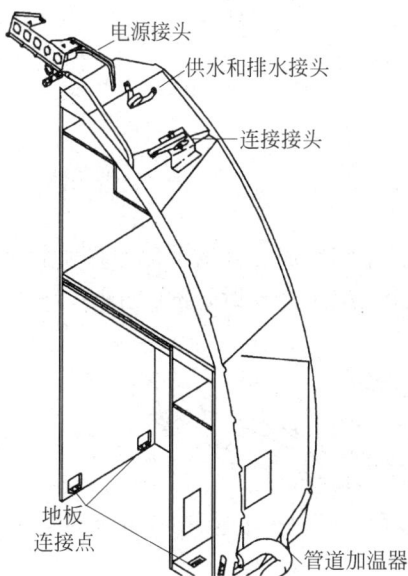

图 4.7-1 厨房的安装   图 4.7-2 厕所的安装

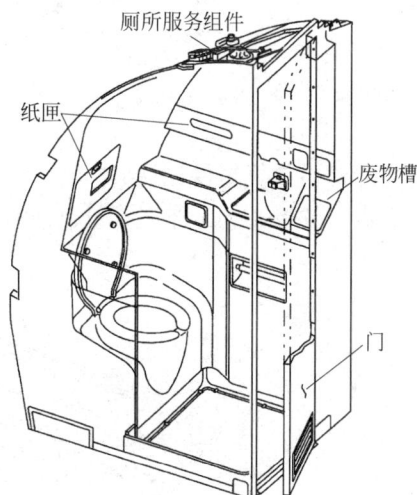

厕所地板是防水玻璃纤维结构,防止腐蚀。防滑聚乙烯树脂地垫与地板融合为一体。

4.7.3 应急设备/设施

应急设备和设施用于飞机发生紧急情况时,供乘务员救助乘客以及乘客自救,包括陆上应急救生设备和水上应急救生设备。

1. 陆上应急救生设备

飞机陆上应急救生设备包括逃离滑梯、救生绳、急救药箱、手提氧气瓶和扩音喇叭等。

1) 逃离滑梯

民用旅客运输机都要设置逃离滑梯。逃离滑梯装在一个滑梯包内并存储在飞机登机门和勤务门内侧的存储箱内,有些飞机的翼上紧急出口也配有应急滑梯。在应急着陆情况下,逃离滑梯充气并放下,使乘客迅速脱离飞机。根据适航规章的紧急撤离要求,所有乘客应在

90s内从飞机上撤离,在应急撤离演示中,只能使用一侧的滑梯(如图4.7-3所示),以模拟飞机实际运行中可能出现的另一侧滑梯不能使用的紧急情况。

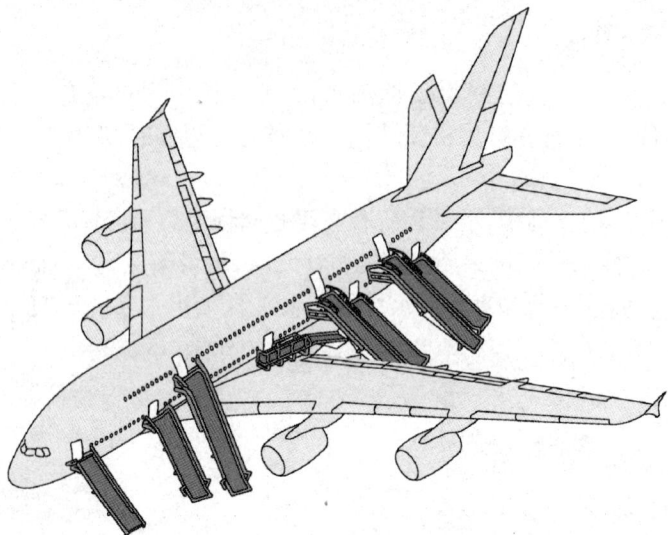

图4.7-3　陆上使用逃离滑梯

逃离滑梯由充气组件(滑梯体)、滑梯气瓶和充气系统组成。逃离滑梯为双气室构造,本体由涂有氯丁烯橡胶的卡布龙纤维制成,由一层铝涂层提供热辐射防护(见图4.7-4)。

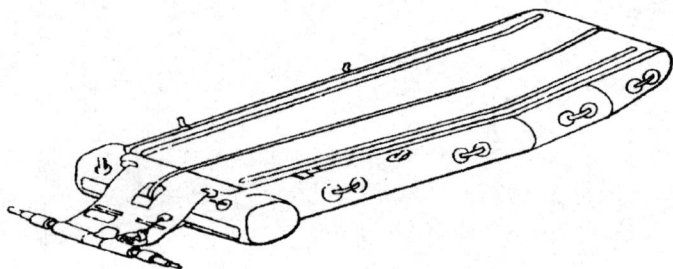

图4.7-4　展开的逃离滑梯

滑梯的表层材料为高强度尼龙纤维,在外表面涂有氨基甲酸乙酯涂层。滑梯气瓶充气压力为3000psig,所充气体为二氧化碳和氮气的混合物。充气阀门和压力调节器安装在气瓶上,引射器装在滑梯上,通过气瓶高速气流的引射作用将外界空气大量吸入滑梯,迅速为滑梯充气。在逃离滑梯末端有一串白炽灯泡,为夜间撤离提供照明。照明系统由电瓶供电,在滑梯充气过程中自动激活点亮。

飞机起飞前,乘务员将系留杆(又称为束缚杆)从舱门上的存储挂钩中取出,并安装到地板挂钩上(如图4.7-5所示)。

当飞机紧急着陆时,可像平常一样打开舱门并在完全打开前,不要停顿。当打开舱门时,系留索组件使滑梯包从滑梯护盖中跌落。随着滑梯包的落下,它将起动滑梯充气。逃离滑梯会在大约6s内完全充气(不同飞机所用滑梯型号不同,因此充气时间会存在差异)。如果逃离滑梯不能自动充气,快速拉动充气手柄进行人工充气。逃离滑梯有可快速松开拆下

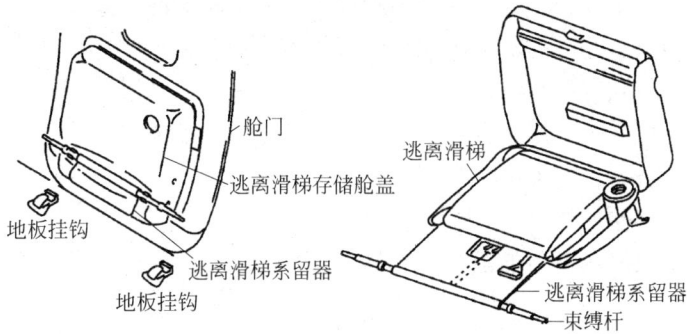

图 4.7-5 逃离滑梯的使用

的束缚杆和具有易断连接处的系留索,要从飞机上拆下逃离滑梯,抬起护盖挡板并拉动系留索松开手柄。逃离滑梯将通过系留索与飞机保持连接直到系留索被松开、剪断或易断连接处在外力下断开。在海上水上迫降时,逃离滑梯可作为漂浮设备。

逃离滑梯应定期检查充气压力,并且充气试验还应检查活门工作情况及有无切口撕裂、刺破等现象。

2) 救生绳

驾驶舱 2 号窗户一般是能沿侧壁向后滑动的(其他窗户是固定的)。它是空勤组的应急窗口。空勤人员可利用固定在窗口顶部机身结构上的救生绳从窗口滑下,应急撤离飞机。

3) 急救箱、急救药箱和便携氧气瓶

急救药箱和便携氧气瓶在正常飞行时供急诊病人抢救及在紧急情况下抢救乘客。民航运营的每一架飞机上都配备了数量不等的急救药箱和急救箱,一般储藏在飞机的前排或后排的行李架里和驾驶舱里。

(1) 急救箱:绷带、纱布、三角巾、胶布、止血带、外用烧烫伤药膏、手臂和腿部夹板、剪刀、医用橡胶手套、皮肤消毒剂和消毒棉、单向活瓣嘴对嘴复苏面罩、物品清单及使用说明书、飞行中医疗事故处理单。

(2) 急救药箱:血压计、听诊器、口咽气道、止血带、脐带夹、医用口罩、医用橡胶手套、皮肤消毒剂、消毒棉签(球)、体温计、注射器、0.9%氯化钠、1∶1000 肾上腺素、盐酸苯海拉明注射液、硝酸甘油片、阿司匹林口服片、物品清单及使用说明书、飞行中医疗事故处理单。

4) 扩音喇叭

扩音喇叭用于在紧急情况时指挥旅客撤离危险区。

2. 海上应急救生设备

海上救生设备包括海上救生船组件、救生衣组件和应急救生电台(又称为紧急定位发射机)等,还有可作个人飘浮用的机内各座椅的椅垫等。

1) 救生船

根据适航法规要求,民用运输机在水上飞行时要携带救生船。救生船是人员在海上生存待救的主要漂浮设备。救生船储存于舱顶救生船箱内,可人工展开并自动充气。

救生船包括四个分系统:可充气的船体、充气组件、救生包、涂有聚氨酯涂层的尼龙储存包,充气展开的救生船如图 4.7-6 所示。

救生船船体由两个互相独立的充气囊构成,夹在上下两个气囊间是非充气的织物船甲板。为了使目标明显、便于寻找,船体采用两层橙黄色涂胶绢绸制成。救生船的充气系统由气瓶、充气活门、充气软管和引射泵构成。在船体上有充气/排气阀,可用于补气或将救生船放气收起。船上备有补气筒用于气囊内气体不足时补气;水袋装于船底,把手用于上船和遇风浪时把扶;海锚用于减小风浪对船的影响;水勺用于舀出船内积水;划桨用于划水;螺旋胶塞用于应急堵塞船体破洞。

为了防止淋雨或阻隔飞溅的浪花,还可以在船体上装上篷顶(见图4.7-7)。

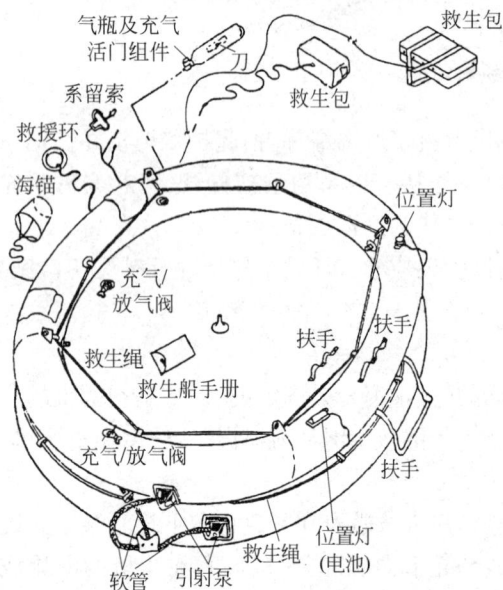

图4.7-6 救生船

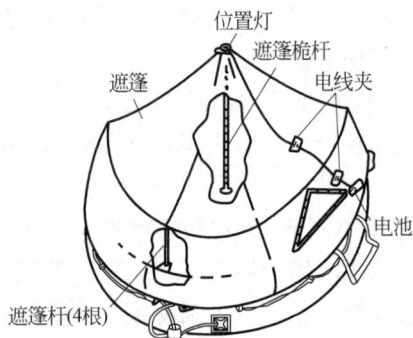

图4.7-7 带遮篷的救生船

(1) 对救生船的要求。为便于在紧急情况下使用救生船,对其在飞机上的布置有如下要求:安放位置应在最靠近应急出口的地方,并且一旦打开应急出口,就能使其下水;打开的口盖等在救生船下水或旅客撤离过程中不应引起阻塞;系留索机构布置在救生船下水最邻近的飞机结构上,每个连接点应考虑可连接两个放置在该出口的救生船,连接机构的强度不小于1334N;应考虑能把包装好的救生船移到另一个下水位置。

(2) 救生船检查。救生船应作定期检查。检查项目如下:检查气瓶/活门组件,检查气瓶压力,检查管子有无切口、撕裂等损坏,检查接头一般情况,检查辅助设备,检查救生包,对船进行打压试验,检查有无泄漏。

2) 救生衣

救生衣一般放置在座椅垫下面的专门存放袋内,可自动充气,在气瓶充气失灵的情况下,还有供口吹的单向活门吹气管。在救生衣上固定有灯光装置,以确保当使用救生衣时,该灯组件将处于醒目的位置。用有塑料套管的导线把灯泡和电池连接起来,该电池位于水线以下,并且通常由水使其有电。当水进入电池中电池才能工作。

3) 紧急定位发射机

紧急定位发射机帮助营救人员查找降落在机场以外的飞机的位置。发射机向卫星、其他飞机和交通管制设施发送无线电信号。救援人员使用来自这些来源的信息来寻找飞机。

紧急定位发射机是一个小型、可飘浮的自动组件。紧急定位发射机有下列部件：发射机、电池、天线和绳索，如图 4.7-8 所示。

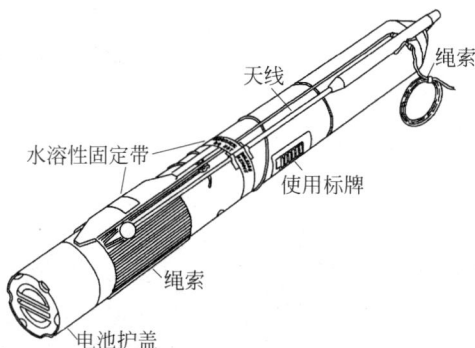

图 4.7-8　紧急定位发射机

发射机电池是一个氯化银/镁原电池：在未激活状态下，电解质干燥，且电池是惰性的；当电解质被水浸湿时，电池被激活。为便于存储，发射机天线转动并沿发射机长度方向折叠，一条水溶性固定带将天线保持在收起位。紧急定位发射机有一个绳索组件和一个束缚钢索。绳索组件是 60ft 长的编织尼龙绳并连接到一条弹性不锈钢束缚钢索上。

当入水后，紧急定位发射机由绳索拖在救生船后（如图 4.7-9 所示）。海水进入电池后将电池激活，发射机自动开始工作，在民用和军用国际 VHF 航空遇难频率（121.5MHz 和 243.0MHz）同时发射求救信号，为民用和军用搜索飞机提供导引信号。

图 4.7-9　紧急定位发射机在水中工作

第5章

燃气涡轮发动机

涡轮喷气发动机作为飞机的动力装置,在工作时连续不断地吸入空气,空气在发动机中经过压缩、燃烧和膨胀过程产生高温燃气从尾喷口喷出,流过发动机的气体动量增加,使发动机产生反作用推力。发动机作为一个热机,它将燃料的热能转变为机械能。涡轮喷气发动机同时又作为一个推进器,它利用产生的机械能使发动机获得推力。

5.1 民航燃气涡轮发动机分类

民航燃气涡轮发动机有四种基本类型:涡轮喷气发动机、涡轮螺旋桨发动机、涡轮风扇发动机和涡轮轴发动机。

1. 涡轮喷气(简称涡喷)发动机

涡轮喷气发动机由进气道、压气机、燃烧室、涡轮和喷管组成,如图5.1-1所示。发动机工作时,空气经压气机压缩后,压力提高,随即进入燃烧室与燃料混合并燃烧,燃烧后形成的燃气流入涡轮,涡轮便在高温、高压燃气驱动下旋转起来,从而带动压气机工作,燃气最后在喷管中膨胀加速,高速向外喷出而产生推力。

涡喷发动机迎风面积小,具有较好的速度性能,但亚音速经济性差,适宜做超音速飞机的动力装置。典型的民用涡喷发动机是安装在协和超音速客机上的奥林匹斯593MK610型轴流式双转子涡喷发动机。

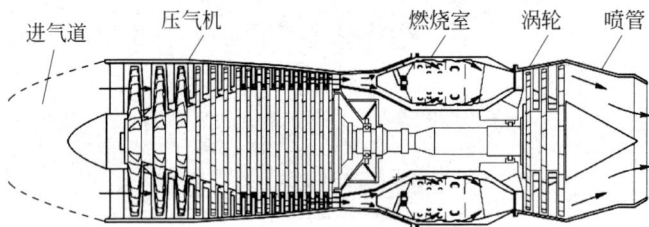

图 5.1-1 涡轮喷气发动机

2. 涡轮螺旋桨(简称涡桨)发动机

涡桨发动机与涡喷发动机差异之处在于涡轮轴除带动压气机外,还需通过减速器带动螺旋桨,如图5.1-2所示。发动机工作时,主要由螺旋桨产生拉力;此外,还由喷气的反作用而产生很小的推力。螺旋桨可由单转子发动机的转轴驱动或由双转子或三转子发动机的自由涡轮(转轴与发动机内驱动压气机的轴不相连的动力涡轮)驱动。

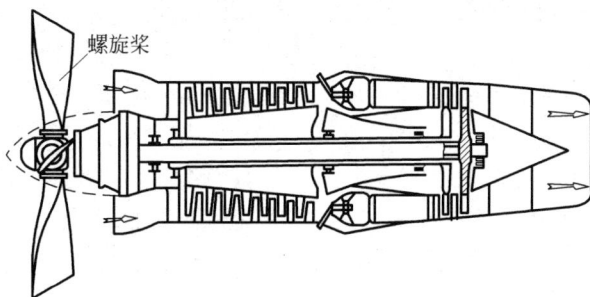

图 5.1-2 涡轮螺旋桨发动机

涡桨发动机起飞拉力大,在中、低速飞行时具有较好的经济性,适宜做中、低速支线民航飞机的动力装置。国产新舟 60 型飞机安装了两台 PW127J 型涡桨发动机。

3. 涡轮风扇(简称涡扇)发动机

涡轮风扇发动机的风扇可由单独的涡轮驱动(如三转子发动机),也可是低压涡轮驱动的低压压气机的第 1 级(如双转子发动机),如图 5.1-3 所示。空气流经风扇后分成两路,一路是内涵气流,空气继续经压气机压缩,在燃烧室和燃油混合燃烧,燃气经涡轮和喷管膨胀,燃气高速从尾喷口排出,产生推力;另一路是外涵气流,流经风扇后的空气直接通过管道排到机外(短外涵)(图 5.1-4)或者一直流到尾喷口同内涵气流分别或混合排出(长外涵)(见图 5.1-3 和图 5.1-5),而产生部分推力。外涵与内涵空气质量流量比为涵道比,用 B 表示。

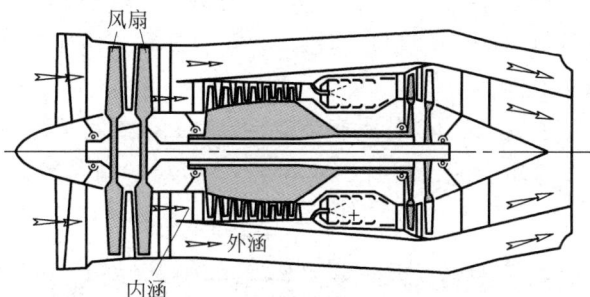

图 5.1-3 涡轮风扇发动机

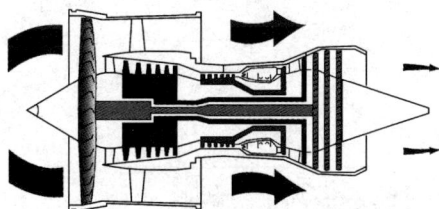

图 5.1-4 高涵道比短外涵发动机

涡扇发动机的性能随涵道比的不同差异很大,总的说来,在亚音速段较之涡喷发动机具有更好的经济性,综合性能好。其中,高涵道比涡扇发动机(B 为 5~10)适宜做高亚音速大、中型民航机、运输机的动力装置;低涵道比涡扇发动机(B 为 0.2~0.6)适宜做超音速战

斗机的动力装置。目前,高涵道比涡轮风扇发动机是民航运输飞机的主要动力装置,波音
737 系列和空客 320 系列型号飞机安装的都是涡扇发动机。

为了进一步降低高亚音速民航机运行成本,需进一步提高涡扇发动机涵道比,提高发动
机经济性。世界上各大发动机制造商竞相研制、开发超高涵道比的涡扇发动机即螺旋桨风
扇发动机(简称桨扇),如图 5.1-6 所示,这种发动机采用后置超临界后掠桨扇,其涵道比可
高达 20～60,燃油消耗率可进一步降低 30%～40%,起飞和爬升性能进一步改善。但桨扇
发动机目前存在单发推进功率不高、噪声较大,安全保护方面存在缺陷等问题,还没有投入
实际使用,但将会是高亚音速民航机动力装置的发展方向之一。

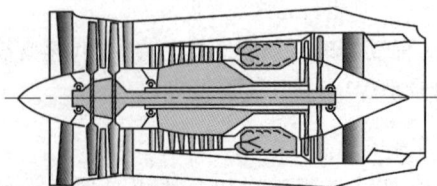

图 5.1-5　低涵道比长外涵道混合排气发动机　　　图 5.1-6　桨扇发动机

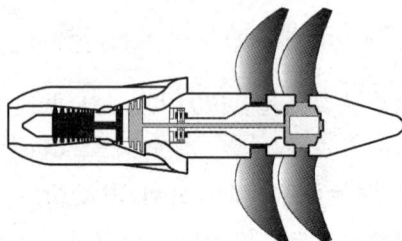

4. 涡轮轴(简称涡轴)发动机

涡轴发动机与涡桨发动机几乎没有多大区别,涡轮分为燃气发生器涡轮和自由涡轮,燃
气发生器涡轮带动压气机,自由涡轮通过减速器带动外界负载(如直升机旋翼和尾桨、发电
机转子等),如图 5.1-7、图 5.1-8 所示。自由涡轮和燃气发生器涡轮只有气动联系,即流过
燃气发生器涡轮的燃气再驱动自由涡轮,自由涡轮输出功率。此外,排气装置产生的喷气的
反作用力几乎可以忽略不计。

涡轴发动机已经演变成一个热机,具有重量轻、功率大、经济性好的特点,适宜做直升机
动力装置。例如安装在贝尔 407 直升机上的艾利逊 250-C47 型涡轴发动机。

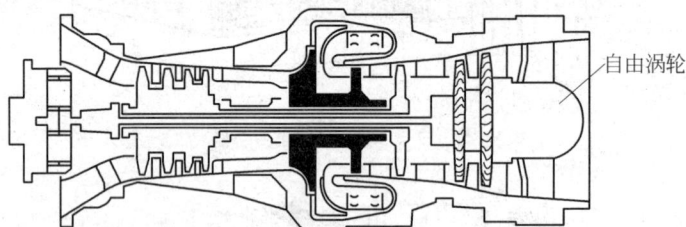

图 5.1-7　涡轮轴发动机

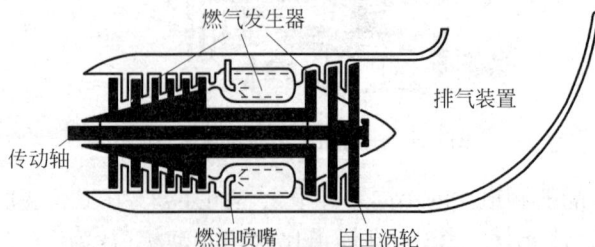

图 5.1-8　典型的涡轴发动机

5.2　燃气涡轮喷气发动机的简介

5.2.1　燃气涡轮喷气发动机的基本组成及功用

燃气涡轮发动机是一种产生推力的动力装置。组成燃气涡轮发动机的各部件，以及保证它工作的各系统，都是直接或间接地为了产生推力而设置的。下面以单轴涡喷发动机为例，介绍其主要部件、工作系统及一般工作情形，使我们对发动机有一个整体概念，为以后学习其部件的工作及性能打下必要的基础。

发动机的主要部件有：进气道、压气机、燃烧室、涡轮和喷管，如图5.2-1所示。

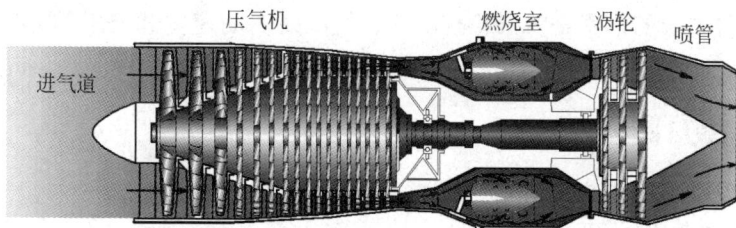

图 5.2-1　单轴涡轮喷气发动机

各个部件功用如下。

进气道：将足够的空气量，以最小的流动损失顺利地引入发动机；除此之外，当飞行速度大于压气机进口处的气流速度时，可以通过冲压压缩空气，提高空气的压力。

压气机：通过高速旋转的叶片对空气做功，压缩空气，提高空气的压力。

燃烧室：高压空气和燃油混合，燃烧，将化学能转变为热能，形成高温高压的燃气。

涡轮：高温高压的燃气在涡轮内膨胀，向外输出功，驱动压气机和其他附件。

喷管：燃气通过喷管继续膨胀，并以一定的速度和要求的方向排入大气，提供推力。

中间的三个部分：压气机、燃烧室和涡轮称为燃气发生器。燃气发生器是燃气涡轮发动机的核心，因此又称为核心机。这是因为：燃气发生器可以完成发动机将热能转变为机械能的工作，即燃油在燃烧室内燃烧，将化学能转变为热能，涡轮将部分热能转变为机械能，而热能转变为机械能需要在高压下进行，压气机就是用来提高压力的。根据燃气发生器所获得机械能的分配方式的不同，燃气涡轮发动机可分为不同的类型，即涡喷发动机、涡扇发动机、涡桨发动机和涡轴发动机等；涡扇发动机的风扇、涡桨发动机的螺旋桨和直升机的旋翼与尾桨所需的功率均来自燃气发生器。

发动机工作时，空气首先由进气道进入压气机，经压气机压缩后，气体压力得到极大提高，随即进入燃烧室，和从喷嘴喷出的燃油混合，并进行连续不断的燃烧，使燃油释放出热能，气体温度大大提高。燃烧后形成的燃气流入涡轮并进行膨胀，涡轮便在高温、高压气体推动下旋转，从而带动压气机旋转。燃气经涡轮最后进入喷管，继续膨胀并将部分热能转换成动能，从喷口高速喷出。通过气体对发动机的反作用而产生推力。

发动机的工作系统是确保发动机正常工作的有机组成部分，主要有：燃油系统、滑油系统、防冰系统、防火系统和起动系统等。

发动机燃油系统的作用是根据发动机油门和飞行条件的变化,计量适当的燃油量,确保发动机安全、稳定、可靠地工作。

发动机滑油系统的作用是不断将适当温度的压力滑油送到发动机各摩擦面,起到润滑和散热作用。

发动机防冰系统的作用是当预计存在发动机积冰的条件时,接通发动机防冰装置,防止发动机结冰,确保发动机正常工作。

发动机防火系统的作用是当发动机出现严重过热或火警时,接通发动机灭火装置,防止发动机严重损坏,危及飞行安全。

发动机起动系统的作用是将发动机从静止状态顺利加速到慢车状态,确保起动过程迅速、可靠。

发动机排气系统的作用是将涡轮排出的燃气以一定的速度和要求的方向排入大气,产生推力。

5.2.2　热力循环

燃气涡轮发动机的理想循环称为布莱顿循环或等压加热循环,如图5.2-2所示。

布莱顿循环由四个热力过程组成,它们是:
绝热压缩过程,在进气道和压气机中进行(01—1—2);
等压加热过程,在燃烧室中进行(2—3);
绝热膨胀过程,在涡轮和喷管中进行(3—4—5);
等压放热过程,在大气中进行(5—01)。
实际上,在燃烧室中不是完全等压的,有压力损失。

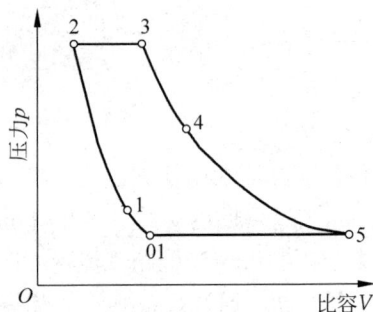

图5.2-2　布莱顿循环

5.3　喷气发动机的推力

5.3.1　推力的产生

下面我们以冲压喷气发动机为例(见图5.3-1)说明推力的产生:发动机在空中工作时,外界空气以飞行速度V_{fly}进入发动机,在流过进气道时速度降低,压力升高;随即进入燃烧室,与喷嘴喷出的燃油混合、燃烧,燃油释放出热能,气体温度升高;进而在喷管中膨胀加速;最后以比流进发动机大得多的速度c_5,从喷口喷出。

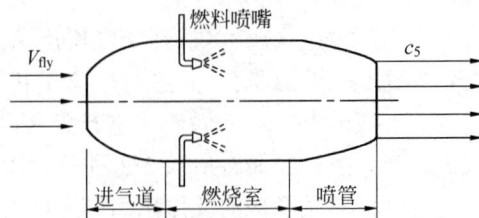

图5.3-1　冲压喷气发动机推力产生原理

从发动机的工作情形可以看出,气体流过发动机,由流进时的飞行速度 V_{fly} 增加为喷气速度 c_5,说明气体流过发动机时产生了向后的加速度。根据牛顿第二定律,任何物体产生了加速度,必然有力作用在这个物体上。所以,既然气体在发动机内产生了向后的加速度,可以断言,发动机一定对气体施加了向后的作用力。根据牛顿第三定律,某物体对另一物体施加作用力,另一物体则同时对某物体给予大小相等、方向相反的反作用力。所以,气体对发动机必然施加向前的反作用力即推力。

事实上,气体流过发动机时,气体受压、受热后,总是力图向四周自由膨胀,而发动机的内壁及部件作用迫使气流沿给定通道流动,最终从喷管喷出。所以,发动机对气体的作用力是通过与气体接触的所有发动机表面对气体的作用实现的,如图 5.3-2 所示;反过来,气体对发动机的反作用力是通过作用在发动机所有工作面上的压力而实现的。这些气体压力的轴向合力就是发动机推力。

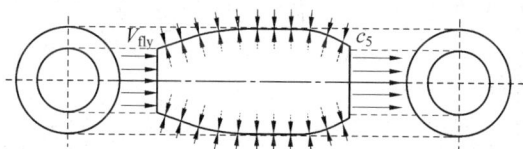

图 5.3-2 冲压喷气发动机内、外壁所受的力

5.3.2 影响推力的因素

影响发动机推力的参数有:空气流量和速度增量。

在气体流过发动机时速度增量不变的情况下,空气流量越大,推力就越大;空气流量越小,推力也越小。这是目前民航机最常用的高涵道涡扇发动机提高推力的主要途径之一,同时空气流量增加会使发动机外廓尺寸相应增加,发动机迎风阻力也增加。飞行条件的变化影响空气流量。当空气密度减小时,空气流量减少,发动机产生的推力减小;温度增加,空气密度减小,推力减少;压力增加,空气密度增大,推力增大;飞行高度增加,空气压力减小,空气温度降低。但是,外界空气压力的减小比温度下降得快,发动机实际推力随高度增加而减小。

在气体流过发动机的空气流量不变的情况下,气体速度增量越大,推力越大,气体速度增量越小,推力也越小。这是目前超音速战斗机最常用的加力涡喷、涡扇发动机提高推力的主要途径之一,同时气体速度增量增加会使发动机油耗增加,发动机经济性变差。

5.4 发动机的重要参数

发动机压力比:用 EPR 表示,它通常是指低压涡轮的出口总压与低压压气机进口总压之比。对于轴流式压气机的涡扇发动机,它表征推力。

发动机涵道比:它是指涡扇发动机通过外涵的空气质量流量与通过内涵的空气质量流量之比。涵道比为 1 左右是低涵道比,2~3 是中涵道比,5 以上是高涵道比。

排气温度:用 EGT 表示。涡轮进口总温是发动机最重要、最关键的一个参数,但是由于这里温度高,温度场不均匀,目前实际上是测量涡轮排气温度间接反映涡轮进口温度的高低,限制 EGT 以保证涡轮进口温度不超限。

　　风扇转速:用 n_1 表示。对于高涵道比涡扇发动机,由于风扇产生的推力占绝大部分,风扇转速也是推力表征参数。

　　发动机的效率:用 η_t 表示,它说明在循环中加入的热量有多少转变为机械功。

　　推进效率:推进效率是推力与飞行速度的乘积。推进效率表示发动机产生的可用功有多少转变成推进功,用 η_p 表示。

　　发动机总效率:用 η_o 表示,它说明加入发动机的燃料完全燃烧所放出的热量有多少转变为发动机的推进功。发动机总效率等于发动机热效率和发动机推进效率的乘积,即

$$\eta_o = \eta_t \times \eta_p$$

涡轮喷气发动机作为热机和推进器的组合体,用总效率来衡量它的经济性。

　　燃油消耗量:单位时间进入燃烧室的燃油质量,或称燃油流量。英制单位是 lb/h。

　　燃油消耗率:产生单位推力每小时所消耗的燃油质量,即产生每磅推力每小时所消耗的燃油量,又称耗油率。英制单位是(lb/h)/lb。耗油率是决定飞机的航程和续航时间的重要参数,它是重要的经济性指标。

5.5　发动机的主要部件

　　燃气涡轮发动机的部件包括进气道、风扇、低压压气机、高压压气机、燃烧室、高压涡轮、低压涡轮、喷管以及附件传动部分。压气机、燃烧室和涡轮组成核心发动机。从工作环境来看,常分为冷端部件和热端部件。冷端部件指进气道、风扇、低压压气机和高压压气机;热端部件有燃烧室、高压涡轮、低压涡轮和喷管(见图 5.5-1)。

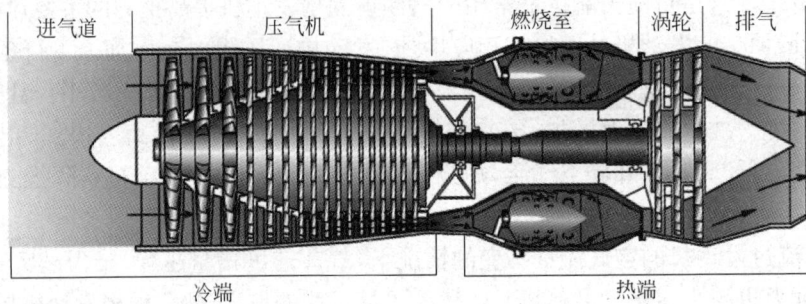

图 5.5-1　燃气涡轮发动机基本部件

5.5.1　进气道

　　进气道的功用是:在各种状态下,将足够的空气,以最小的流动损失,顺利地引入压气机;当压气机进口处的气流马赫数小于飞行马赫数时,通过冲压压缩空气,提高空气的压力。

　　进气道可分为亚音速和超音速进气道。超音速进气道又可分为内压式、外压式和混合式三种。目前,我国民航主要使用亚音速飞机,其发动机进气道都采用扩张形的亚音速进气道。

　　亚音速进气道是为在亚音速或低超音速范围内飞行的飞机所设计的进气道,它由壳体

和整流锥组成,整流锥有的分为前整流锥和后整流锥。它的进口部分为圆形唇口,进气道内部通道为扩张通道,使气流在进气道内减速增压,如图 5.5-2 所示。

进来的气流速度与飞行速度大小相等、方向相反。由于进气道前一段呈扩张形,气流的速度下降,压力和温度升高,即冲压压缩。流经整流锥后气流速度稍有上升,压力和温度稍有下降,使气流比较均匀地流入压气机,保证压气机的正常工作。亚音速进气道进口处的唇口必须做得较为圆滑以适应不同方向流入的气流。

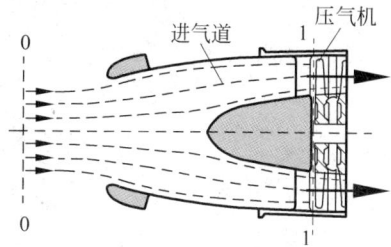

图 5.5-2　亚音速进气道

5.5.2　压气机

1. 压气机概述

压气机的主要功用是对流过它的空气进行压缩,提高空气的压力,为燃气膨胀做功创造条件,以改善发动机的经济性,增大发动机的推力。除了支持燃烧和提供必要的空气产生推力外,压气机还可为飞机空调、增压、飞机及发动机防冰和其他系统提供充足的气源。

增压比是压气机的主要性能参数之一,指的是压气机出口压力与进口压力的比值。

根据压气机的结构型式和气流的流动特点,航空燃气涡轮发动机用的压气机分为离心式和轴流式两大类。气流沿离开叶轮中心方向流动的叫作离心式压气机;气流沿与叶轮轴平行方向流动的叫作轴流式压气机。此外,还有轴流式与离心式压气机混合而成的混合式压气机。目前,使用最广泛的是轴流式压气机。

2. 离心式压气机

1) 组成

离心式压气机又称径向外流压气机,由进气系统、叶轮、扩压器和集气管等部分组成(见图 5.5-3)。压气机通过中间联轴节与涡轮轴相接。叶轮叶片的进口部分为迎合气流相对运动的速度方向,做成向旋转方向前弯。叶轮上叶片间的通道是扩张形的,叶轮高速旋转,空气流过它时,对空气做功,加速空气的流速,同时提高空气压力。

2) 原理和应用

叶轮或称转子由涡轮驱动高速旋转,空气连续地吸入叶轮的中心。离心力的作用使空气径向流向叶轮尖部,使空气加速并造成压力升高。空气离开叶轮后进入扩压器段,那里的通道呈扩张形,将大部分动能转化成压力能。因此,离心压气机靠离心增压和扩散增压提高气体压力,但根本原因仍是叶轮对气体做了功。

离心式压气机的主要优点是:单级增压比高,一级的增压比可达 12 以上;稳定工作的范围宽;结构简单可靠;重量轻,长度短;所需要的起动功率小。但是它的流动损失大,尤其级间损失更大,不适于用多级,最多两级。正因为这样,离心式压气机的效率较低,一般只有 83%～85%,甚至不到 80%。单位面积的流通能力低,迎风面积大,阻力大。

离心式压气机主要用于小型涡轴、涡桨发动机以及 APU 上。它也与轴流式压气机配合作为压气机的最后一级。这种结构充分吸收了两种压气机的优点,得到广泛的应用。

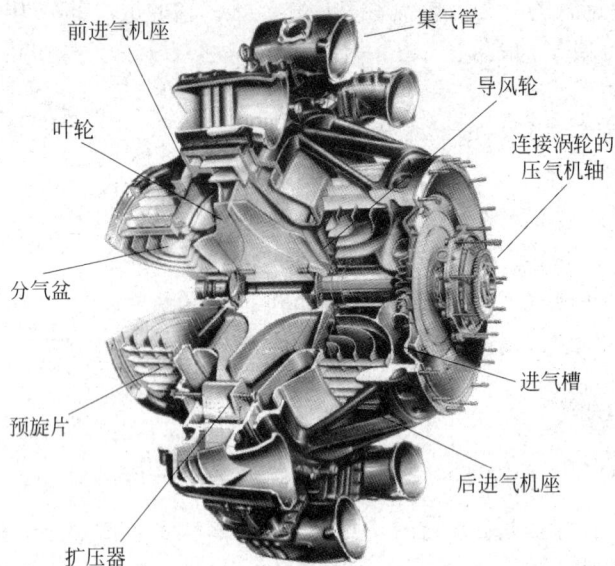

图 5.5-3 离心式压气机

3. 轴流式压气机

1) 组成

轴流式压气机由许多带有翼形截面叶片的一个或多个转子和与机匣固定在一起不动的静子组成,静子也有许多翼形截面叶片。转子对空气做功,压缩空气提高空气的压力。静子使空气扩压,继续提高空气的压力。这种压气机是一个多级装置,因为每一级的压力升高量很小。每一级包含一排旋转叶片和随后的一排静子叶片,如图 5.5-4 所示。

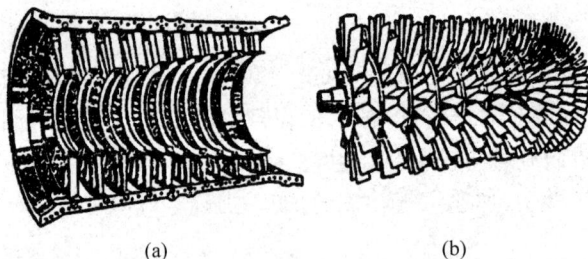

(a)   (b)

图 5.5-4 轴流式压气机基本组成
(a) 轴流式压气机的静子;(b) 轴流式压气机的转子

2) 工作原理

工作期间转子由涡轮带动高速旋转,于是空气被连续不断地吸入压气机。旋转的叶片使空气加速,将其推向后排相邻的一排静子叶片。转子传给空气的能量使压力升高,并提高了空气的速度。然后,空气在随后的静子通道中减速(扩压)并将动能转换成压力。静子叶片还对转子叶片加于空气的偏斜起矫正的作用,并将空气送到下一级转子叶片上去。最后一排静子叶片通常起矫直空气的作用,去除空气的涡流,使之以比较均匀的轴向速度进入燃烧系统。

轴流式压气机和离心式压气机各有优点和缺点。在最佳的压气机转速,轴流式压气机比离心式压气机更有效。用轴流式压气机比用离心式压气机有较小的阻力,这是因为有较小的迎风面积。用轴流式压气机通过增加级数能够达到高的总增压比。离心式压气机单级增压比高,但是它的流动损失大,不适于多级,仅2级串联是有效的;离心式压气机制造简单,成本低;离心式压气机比轴流式压气机有较低的重量;离心式压气机比轴流式压气机发动机起动时需要较小的功率。

3)轴流式压气机的构型

轴流式压气机可分为单转子、双转子和三转子三种。将高增压比的压气机设计成双转子或三转子,可以使压气机各级的工作更协调,压气机稳定工作范围更宽,喘振裕度增大。(喘振是气流沿压气机轴线方向发生的低频率、高振幅的振荡现象。这种低频率高振幅的气流振荡是一种很大的激振力来源,它会导致发动机机件的强烈机械振动和热端超温,并在很短的时间内造成机件的严重损坏,所以在任何状态下都不允许压气机进入喘振区工作。)

在双转子压气机中,两个压气机分别称为低压压气机和高压压气机;在三转子压气机中,则分别称为低、中、高压压气机;在涡轮风扇发动机中,低压压气机往往就是风扇,或低压压气机的前几级做成风扇;在高涵道比的涡轮风扇发动机中,风扇后常常在内涵道中有2~4级的低压增压级。

5.5.3　燃烧室

燃烧室位于压气机和涡轮之间,其功用是将通过喷嘴供应的燃油和压气机供应的空气混合燃烧释放热量,供给涡轮所需的均匀加热的平稳燃气流。

1. 对燃烧室的基本要求

对燃烧室的基本要求是点火可靠、燃烧稳定、燃烧效率高、压力损失小、尺寸小、出口温度场分布满足要求、燃烧完全、排气污染小、寿命长。

1)点火可靠

在一定的外界条件下,应能保证燃烧室可靠点火,即能在地面和空中可靠地点燃空气和燃油的混合物。影响点火可靠性的主要因素是燃油和空气的比例,而说明燃油和空气比例的参数有油气比、余气系数等。

2)燃烧稳定

燃烧稳定性是指在宽广的工作范围内平稳燃烧和火焰保持的能力。就任一具体燃烧室而言,都有空气燃油比的富油极限和贫油极限,超出这些极限火焰就会熄灭。发动机在急剧减速、慢车状态下滑或俯冲期间极有可能出现熄火,这时的空气流量大而又只有很小的燃油流量,即处于贫油状况。空气燃油比在富油和贫油极限之间的范围随空气速度的增加而减小,如果空气的质量流量增加超过一定的值,就会熄火。点火过程有贫油和富油极限,点火包线在稳定包线以内(见图5.5-5)。

2. 燃烧室的类型

用于燃气涡轮发动机的燃烧室有三种主要类型,即多个单管燃烧室、环管形燃烧室、环形燃烧室。

多个单管燃烧室用于离心式压气机发动机和早期型号的轴流式压气机发动机中。单管

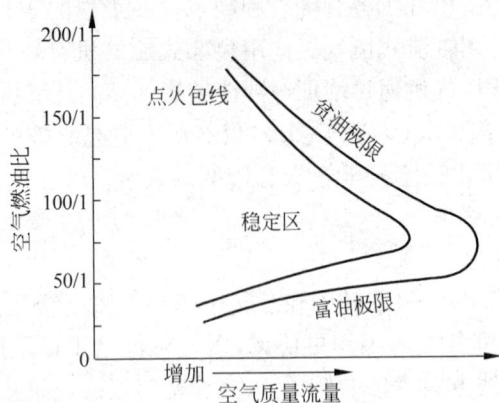

图 5.5-5　燃烧稳定性极限

燃烧室也用在 APU 中。每一燃烧室内部均有一个火焰筒,围绕它的是空气机匣。

　　环管形燃烧室是由若干个单独的管形火焰筒沿周向均匀装在一个共同的空气机匣里,管形火焰筒之间用联焰管连接,在每个火焰筒前安装有旋流器、喷油嘴,通常只在两个火焰筒上装有点火装置。环管形燃烧室的优点是比类似的多管燃烧室尺寸小,重量轻;它的缺点是气动损失相当高,从一个火焰筒到另一个火焰筒点火困难。环管形燃烧室多用于轴流式压气机的发动机上。

　　环形燃烧室有一个火焰筒,其形状完全是环形的,装在内外机匣之间。环形燃烧室的主要优点是就同一功率输出而言,燃烧室的长度只有同样直径的环管形系统长度的 75%,节省了重量和成本。另一优点是消除了各个燃烧室之间的燃烧传播问题。

5.5.4　涡轮

　　涡轮的作用是使高温、高压燃气膨胀,将部分热能转变成涡轮的机械功,带动压气机和一些附件工作。在涡桨和涡轴发动机中,还用来带动螺旋桨或旋翼及尾桨。涡轮和压气机同是和气流进行能量交换的叶轮机械,但是涡轮和压气机与气流间的能量交换在顺序上恰恰相反。当压气机运转时,必须从外界输入机械能,而在涡轮运转时,可以从涡轮轴上取得功。

　　涡轮可分为轴流式和径流式两种类型。现代燃气涡轮发动机主要使用轴流式涡轮。两种类型有同样的主要部件:静子叶片组和转子叶片组。静子叶片也称涡轮喷嘴导向叶片、涡轮喷嘴环或涡轮导向器,如图 5.5-6 所示。

　　涡轮叶片有三种形式:冲击式(恒压式)、反力式和这两种的组合——冲击反力式。

　　工作叶片安装在涡轮盘上的方法极为重要,因为在固定部位或叶片根部周围涡轮盘的应力对于限制轮缘速度具有很重要的意义。枞树形榫头是目前大多数燃气涡轮发动机所使用的(见图 5.5-7)。

　　为了减少燃气漏过叶片顶部时的效率损失,有的工作叶片带有叶冠(见图 5.5-7)。叶冠增加了重量,但可由叶型做得更薄而抵消,带冠叶片可以减少振动。带冠叶片主要用在有低转速的低压涡轮。工作叶片不带冠的,主要用在高转速的涡轮,可通过涡轮间隙主动控制系统保持间隙最佳,这是现代燃气涡轮发动机通常采用的。一些发动机用风扇后空气冷却涡轮机匣,一些发动机使用压气机不同级的引气通到涡轮机匣。

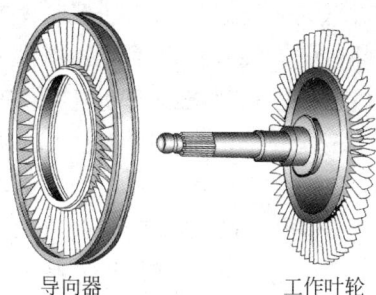

图 5.5-6　涡轮

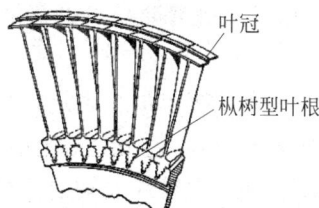

图 5.5-7　枞树形叶根和叶冠

5.5.5　喷管

喷管安装在涡轮的后面,其主要功用是使从涡轮流出的燃气膨胀、加速,以一定的速度和要求的方向排入大气,得到需要的推力;其次是通过反推力装置改变喷气方向,即变向后的喷气为向斜前方的喷气,产生反推力,以迅速降低飞机落地后的滑跑速度,缩短飞机的滑跑距离;第三是降低发动机的排气噪声;第四是矢量喷管能使排气流在一定范围内变化,使推力方向改变用以操纵飞机;最后是通过调节喷管的临界面积来改变发动机的工作状态。

喷管分为亚音速喷管和超音速喷管两种类型。

亚音速喷管是收敛形的管道,而超音速喷管是先收敛后扩张形的管道。目前,大型民航机的飞行速度都为高亚音速,所以其动力装置都采用固定收敛形亚音速喷管。

亚音速喷管由排气管(中介管)和喷口组成。排气管包括壳体、后整流锥和支板三个部分(如图 5.5-8 所示)。燃气在中介管内减速增压,在喷口内加速降压。

超音速喷管是一个先收敛后扩张形的管道(如图 5.5-9 所示),收敛段的出口现在已成为喉部,而出口则在喇叭形扩张段的末端。

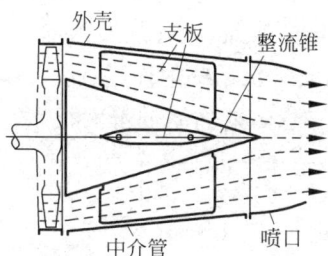

图 5.5-8　亚音速喷管

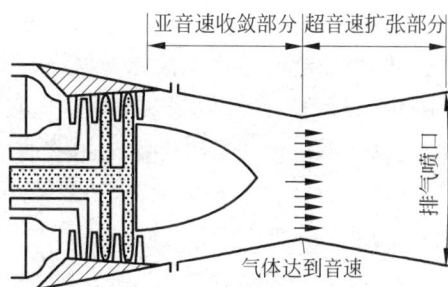

图 5.5-9　流过收敛-扩散喷管的燃气流

5.6　发动机燃油及控制系统

燃油及控制系统的功能是以适合于燃烧的形式向发动机供应燃油,保证发动机在起动、加减速等过渡工作状态和发动机所有稳定工作状态下能够获得所需要的燃油流量,使发动机的起动和加减速过程达到既快速又安全稳定地工作,同时通过稳态燃油控制使发动机为飞机及其附件提供必要的动力。除此之外,某些发动机的燃油及控制系统还提供一些特殊功能,如冷却发动机滑油和飞机整体驱动交流发电机滑油,提供操纵发动机附件所需的动力等。

燃油及控制系统包括燃油分配系统和燃油控制系统,燃油分配系统从飞机供油系统获得燃油并对其再增压后供给燃烧室,随后燃油与空气混合进行燃烧;同时向发动机附件系统提供伺服燃油压力操纵发动机附件。燃油控制系统控制发动机稳态及过渡态的燃油流量,从而保证发动机在所有工作状态下都能够安全、稳定、经济地运行。

5.6.1　燃油分配系统

燃油分配系统的作用因发动机制造厂商和型号不同存在一定差异,大致包含以下作用:向燃烧室提供燃油用于燃烧;对发动机滑油进行冷却;向发动机附件提供伺服作动所需的动力;冷却整体驱动发电机(integrated drive generator, IDG)的滑油。

燃油分配系统通常包括燃油泵、燃油滤、燃油加热器、燃油调节与计量装置、燃油流量计、燃油总管、燃油喷嘴等部件。

图 5.6-1 是 CFM56-7B 发动机燃油分配系统,该燃油分配系统中,燃油从飞机供油系统供给发动机燃油泵组件,燃油泵组件包含一级低压离心叶轮泵、一个燃油滤和一级高压齿轮泵。燃油首先经低压离心叶轮泵增压后流出燃油泵,然后流经整体驱动发电机的燃油/滑油冷却器,从而对整体驱动发电机的滑油进行冷却;再流经发动机燃油/滑油热交换器,实现对收油池返回滑油的冷却;而后燃油重新流回燃油泵组件,进入燃油滤,过滤后的燃油经齿轮泵进行高增压比的增压,使燃油压力达到所需的工作压力;齿轮泵流出的燃油根据其不同用途被分为两路,其中大部分燃油直接流至液压机械装置(hydromechanical unit, HMU)的燃油计量系统,燃油经计量后流经燃油流量传感器,燃油流量传感器将燃油流量信号提供给驾驶舱仪表进行显示;随后燃油通过燃油总管分配给燃油喷嘴,经雾化后喷入燃烧室并与空气混合后进行燃烧。从齿轮泵流出的另一路燃油被称为伺服燃油,为防止结冰,流过备用油滤的伺服燃油流向另一个被称为伺服燃油加热器的热交换器,经加热后流向液压机械装置的伺服控制系统,伺服控制系统再将伺服燃油提供给发动机某些附件,从而实现对发动机附件的操纵。由于燃油泵组件提供的燃油量比发动机实际需要的燃油量大很多,因此液

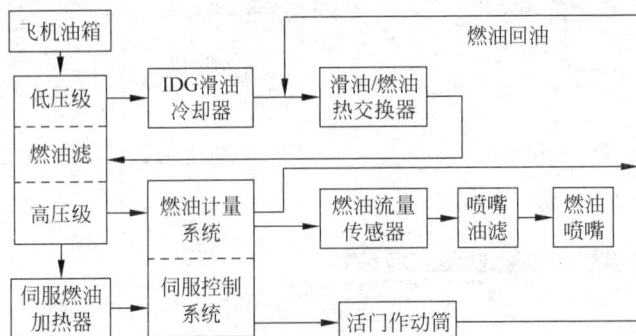

图 5.6-1　典型发动机燃油分配系统

压机械装置将多出的燃油以及附件系统返回的燃油送回到发动机燃油/滑油热交换器进口重新进行利用。

1. 燃油泵

燃油泵实现对燃油进行增压,壳体内常常包括初级增压级和主增压级,采用多级的主要目的是减小每一级的增压比,防止出现较为严重的气隙现象,延长燃油泵寿命。图5.6-2为某型发动机燃油泵组件。

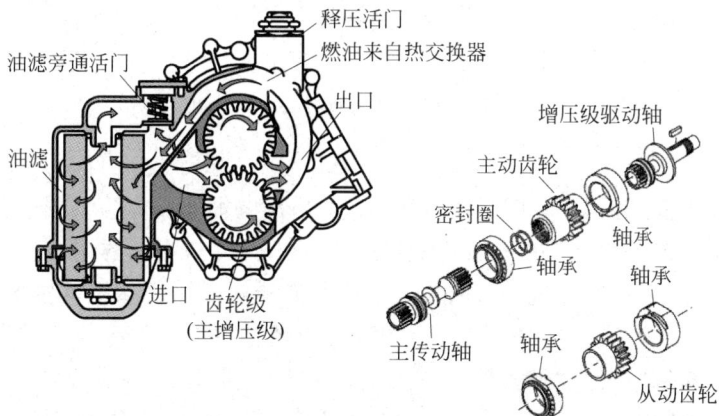

图5.6-2 燃油泵组件

根据供油增压原理,油泵可分为两大类:容积式泵和叶轮式泵。容积式泵是依靠泵的抽吸元件作相对运动,交替改变元件间的自由容积进行吸油、排油的。供油量取决于元件一次循环运动中自由容积变化的大小。在一定的供油量下,油泵根据出口处液体流动阻力来建立压力。这类泵在航空发动机上应用最广,如柱塞泵、齿轮泵、旋板泵(叶片泵)。容积式泵出口有释压活门,当泵后压力达到设定值后,释压活门打开,将泵后的部分燃油送回到油泵进口,防止油压力过高损坏下游部件或造成漏油。

叶轮式泵是依靠叶轮作旋转运动,使经过叶轮液体的动能和压力增加,在叶轮后的扩压器中再将液体的部分动能转化为压力能。这类泵有离心泵、汽心泵、螺旋泵。

目前民航发动机上用得最多的是渐开线直齿外啮合齿轮泵和轴向倾斜式变量柱塞泵以及旋板泵和离心泵。

齿轮泵是定量泵,工作容积不可调,流量随转速的变化而发生改变。当转速不变时,供油量的多少通过改变旁通回油量进行调节,即齿轮泵的供油量始终高于需油量,多余的油量将返回油泵进口。

柱塞泵是变量泵,柱塞泵的供油量不仅取决于转速还取决于斜盘角度,转速不变时,供油量通过改变斜盘角度进行调节。柱塞泵的调节性好是它的主要优点,缺点是结构复杂、工艺要求高、寿命短。图5.6-3为轴向斜盘柱塞泵。

2. 燃油滤

燃油滤对燃油进行过滤,保证向喷嘴和发动机附件提供清洁的燃油;油路中通常包含多个油滤,如CFM56-7B发动机有主油滤、伺服油滤(又称冲洗油滤,即自洁式油滤)和喷嘴前油滤,有的燃油喷嘴内部还有油滤,越靠前的油滤过滤能力越强。通常情况下,油路中第

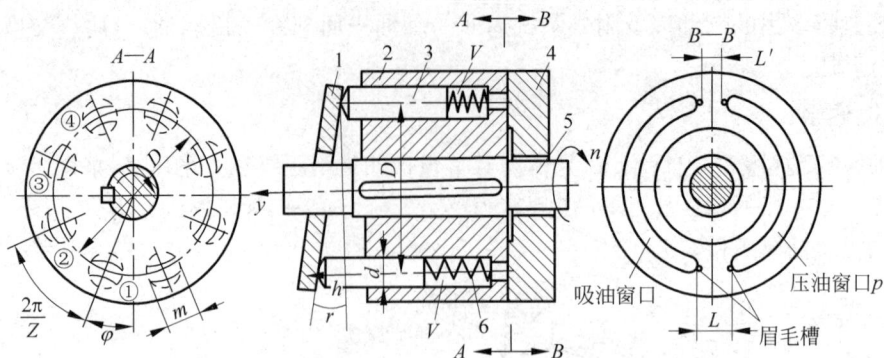

图 5.6-3　轴向斜盘柱塞泵工作原理

1—斜盘；2—缸体；3—柱塞；4—配流盘；5—轴；6—弹簧

一个油滤为主要油滤,起到主要的杂质过滤作用;后面的油滤则作为备用油滤,其过滤能力稍差。除喷嘴内部油滤之外,每一个油滤均有一个旁通活门,当油滤堵塞到一定程度后,旁通活门打开,保证继续向发动机供给燃油。燃油调节器或液压机械组件内的伺服油路通常较为狭窄,内部的伺服控制机构配合较为精密,当出现主油滤堵塞旁通、油泵轴承失效及部件磨损后产生碎屑等情况时燃油中的杂质可能进入伺服油路,从而导致伺服油路堵塞、机件磨损或卡阻,此时用备用油滤对燃油进行大致过滤,从而避免较大的杂物或碎屑造成部件损坏或发动机不能正常工作。

燃油滤组件(图 5.6-4)一般由滤芯和旁通活门组成,某些油滤还包括堵塞指示器或压差电门。燃油在滤芯中由外向里流动,以方便油滤的检查;旁通活门用于燃油滤堵塞后继续向发动机供给燃油;通常在主油滤上安装有油滤堵塞指示器或监视压差电门,向维修人员或驾驶舱提供油滤是否堵塞的警告指示信息。

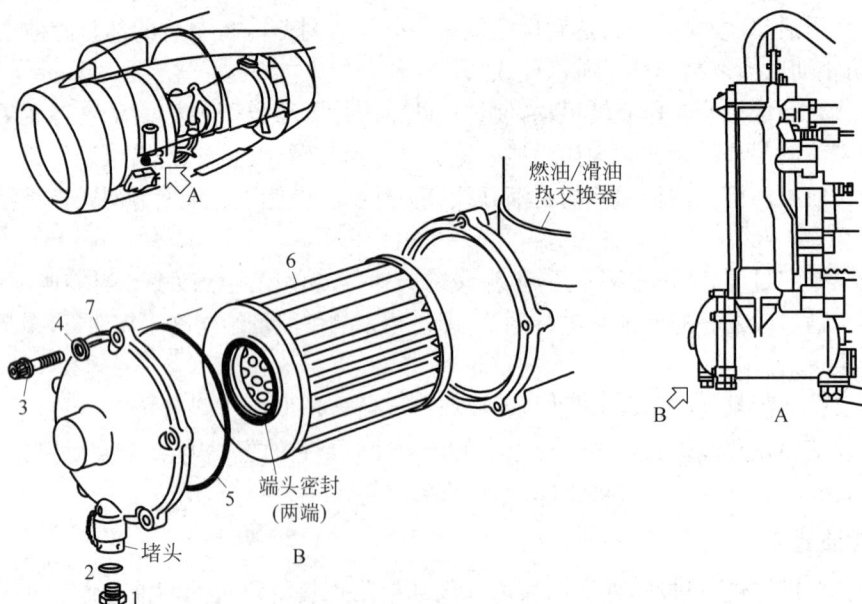

图 5.6-4　某型发动机燃油滤

1—放油口堵头；2,5—O形密封圈；3—螺栓；4—垫片；6—滤芯；7—油滤盖

3. 燃油加热器

燃油加热器用于对燃油加温防止其结冰进而堵塞油路(见图5.6-5,图5.6-6)。加温可用发动机热滑油或从压气机引出的热空气来实现。为了防止发动机出现熄火、超温,燃油加热是有限制的,在起飞、进近、复飞等关键飞行阶段不能使用引气加温燃油。

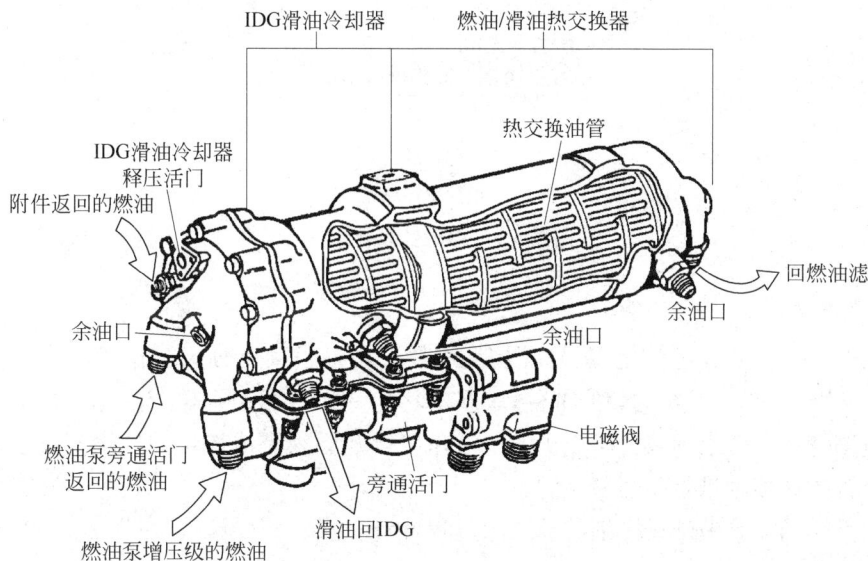

图5.6-5 滑油/燃油热交换器

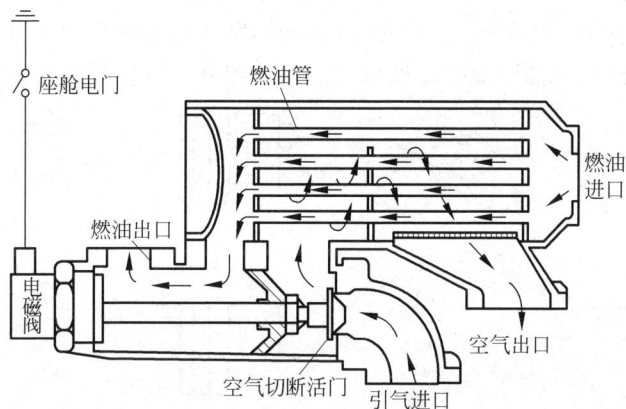

图5.6-6 空气/燃油加热器

4. 涡轮流量传感器

目前测量燃油流量最常采用的装置是涡轮流量传感器(如图5.6-7),这种流量传感器是通过测量传感器中涡轮转速来间接测量流体流量。当燃油流过传感器时,驱动传感器中的涡轮,涡轮通过传动轴直接驱动一个鼓筒,传感器中的叶轮通过弹簧与传动轴相连。在鼓筒与叶轮上均安装有磁铁,在传感器壳体上则安装有感应线圈。当磁铁转至感应线圈处时则会在线圈中产生电脉冲信号,由于弹簧的延迟效应,叶轮上的磁铁晚于鼓筒上的磁铁转到线圈处,因此两个感应线圈产生的电脉冲存在相位差,该相位差的大小与涡轮转速成正比,而涡轮转速又与燃油的质量流量成正比,所以通过测量脉冲电信号的相位差则可测量燃油流量。

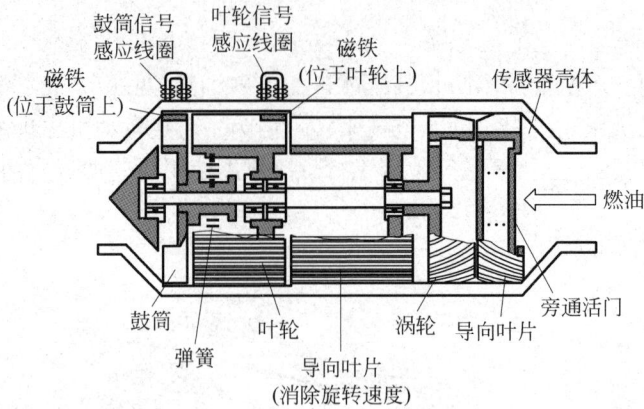

图 5.6-7　涡轮流量传感器

5. 燃油喷嘴

燃油燃烧过程要经过雾化、蒸发、混合、燃烧。燃油喷嘴可分为雾化型和汽化型(蒸发管)。燃油喷嘴是燃油系统的最终部件,其基本功能是执行燃油雾化或汽化的任务,以保证燃油快速燃烧。当考虑到来自压气机的气流速度以及必须完成燃烧的燃烧室长度较短,这一过程包含的许多困难是显而易见的。

雾化是燃油流被破碎成极细的油珠的过程,液滴越细,蒸发越快(见图 5.6-8)。燃油雾化的早期方法是将其通过一个漩涡室,这里切向分布的孔或槽通过将压力能转变为动能使燃油产生旋涡。在这种情况下,燃油经过出油孔,漩涡消除,使燃油雾化形成了锥形喷雾。喷雾的形状是雾化程度的重要指示,因此,漩涡的程度和喷嘴燃油的压力是良好雾化的重要因素。雾化型喷嘴已从单油路喷嘴发展到双油路喷嘴和空气雾化式喷嘴。

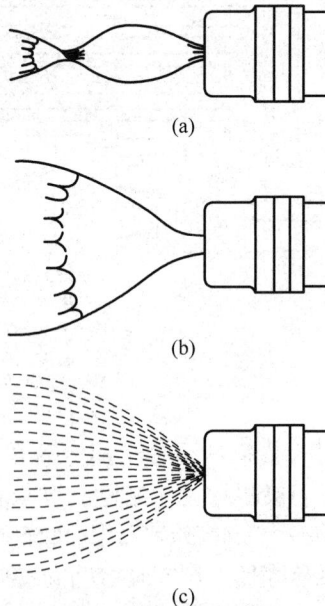

图 5.6-8　燃油雾化的各个阶段

(a) 在低压燃油压力下形成了成为"油泡"的连续油膜; (b) 在中等燃油压力下薄膜在边缘处形成"喇叭口"的形状;
(c) 在高燃油压力下"喇叭口"的形状向孔口缩短,形成雾化极好的喷射

5.6.2　燃油控制系统

1. 液压机械式燃油控制系统

液压机械式燃油控制器曾是航空发动机上使用最多的控制器,是从早期飞机上单一的功能发展起来的。它具有良好的使用经验和较高的可靠性。除控制供往燃烧室的燃油外,它还操纵控制发动机可变几何形状,例如可调静子叶片、放气活门、放气带等,保证发动机工作稳定和提高发动机性能。液压机械式控制器,其计算是由凸轮、杠杆、滚轮、弹簧、活门等机械元件组合实现的,通常由燃油作为伺服油(控制油)。

控制器一般分为计量部分和计算部分。计量部分按照驾驶员要求的推力(或功率),在发动机工作限制之内,依据计算系统计划的燃油流量供往燃油喷嘴;计算部分感受各种参数,在发动机的所有工作阶段控制计量部分的输出。有些控制器的计算部分又分为调节部分和限制部分,限制部分监视调节部分并确保总是工作在安全限制之内。

改变燃油流量一般通过改变计量活门的流通面积和(或)计量活门前、后压差实现。相当多的燃油控制器,利用压力调节活门(压差活门)保持计量活门前、后压差不变,通过改变计量活门的通油面积改变供油量。

随着需要控制和监视的参数增多,控制回路不断增加,控制精度要求提高,以及发动机控制和飞机系统之间联系增加,监控、诊断、显示等功能不断扩充,液压机械和气动机械式控制器已不能满足要求,它们的发展受到限制。

2. 全权限数字式发动机控制系统

1) 特征和优点

早期的发动机燃油调节器均为机械式(如斯贝 MK-511)或机械-液压式(如 JT3D)。这种调节器工作稳定、便于实现,但调节的参数较少,控制精度也不高。后来在机械-液压式调节器基础上,增加了模拟电子控制器,即发动机调节以机械-液压调节器为主,模拟电子调节器为辅(如 RB211-535E4,CFM56-3)。这种调节器的发动机调节参数增加,控制精度得到一定提高,但调节参数有限,无法实现发动机的最优控制。

随着电子计算机技术的迅猛发展,计算机的数据处理速度、工作稳定性和可靠性大大提高,使之运用于发动机控制成为可能和现实。FADEC 即全权数字电子控制(full authority digital electronic control),是基于计算机的发动机控制系统,系统通过传感器系统感受飞行员的操纵指令、发动机参数(如转速、温度、压力等)及外界参数等,并将所有信息转换成数字电信号传递给 FADEC 中央处理计算机进行综合和数据处理,然后计算机给出控制指令,经数模转换操纵各执行机构,进而控制发动机。

FADEC 系统包括发动机电子控制器(electronic engine controls,EEC)或电子控制组件(electronic control unit,ECU)、燃油计量装置(FMU)或液压机械装置(HMU)、传感器、作动器、活门、发电机和互连电缆等。图 5.6-9 为 CFM56-5B 发动机的 FADEC 系统。

FADEC 是当今动力装置控制的发展方向,它使航空发动机控制技术、控制精度、控制综合范围、科学维护使用方面达到新的水平。FADEC 系统是管理发动机控制的所有控制装置的总称,发动机电子控制器(EEC)或电子控制装置(ECU)是它的核心,所有控制计算由计算机进行,然后通过电液伺服机构输出控制液压机械装置及各个活门、作动器等,因此

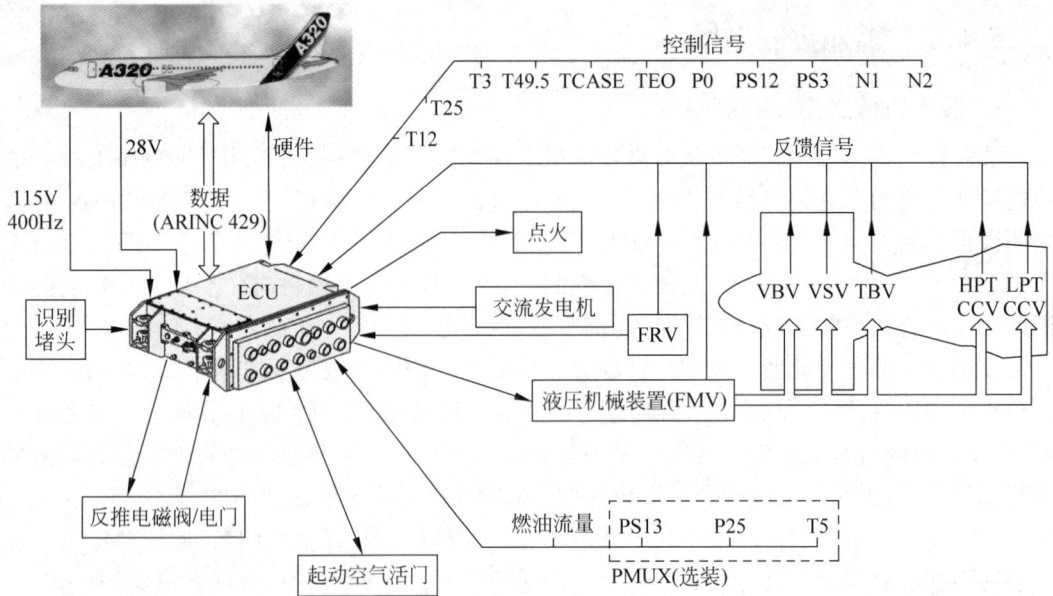

图 5.6-9　CFM56-5B 发动机的 FADEC 系统

液压机械装置是它的执行机构。

　　监控型 EEC 的许多特点应用在 FADEC 之中。此外,在发动机控制方面,FADEC 的功能包括输出参数(推力或功率)控制,燃油(包括起动、加速、减速、稳态)流量控制,压气机可调静子叶片(variable stator vane,VSV)和可调放气活门(variable bleed valve,VBV)控制,涡轮间隙主动控制(active clearance control,ACC),高压压气机、涡轮冷却空气流量控制,发动机滑油和燃油的温度管理,发动机安全保护以及起动和点火控制,反推控制。所以 FADEC 又称全功能控制。

　　FADEC 输入信号中有些是控制计算中需要的,有些用于监视发动机工作状态。FADEC 核心计算机 EEC 或 ECU 自动检测系统故障,找出故障源并采取相应纠正措施,记忆存储故障数据,并为机组提供发动机工作状态的监控信息。

　　在数据通信方面,EEC 一方面从飞机接收信息,如大气数据计算机(air data computer,ADC)、推力管理计算机(thrust management computer,TMC)等有关飞行高度、大气总温、马赫数、推力、自动油门信息以及引气、防冰等接通、断开的离散信号;另一方面也向飞机发送用于计算、操纵、维护、驾驶舱显示等信息。

　　在 FADEC 系统中,液压机械装置(HMU)已不再具有计算功能,控制计算全部由控制计算机(EEC 或 ECU)完成,但燃油计量功能以及操纵可变几何形状作动器和活门的伺服油、动力油仍由它提供,即成为 EEC 的执行机构。

　　FADEC 系统是一个多余度控制系统,具有较强的容错能力。发动机控制器 EEC 采用双系统模式,两套系统之间可以相互通信,但任何情况下均只有一套系统处于控制状态,另一套系统处于备用状态。EEC 获得传感器及飞机送来的重要信号也是采用多路输入,进行比较后依据数据的状态进行选取。当处于控制状态的计算机系统出现故障时,控制器自动切换到备用系统;当控制器两套系统都不能控制发动机某一系统时,该系统的控制自动转换为失效-安全模式,从而保证飞机或发动机处于最安全状态;对于以发动机压力比(engine pressure ratio,EPR)控制推力的高涵道比涡扇发动机,当 EPR 无法计算时,系统可以自动转换到以控制发动机风扇转速来控制推力。

FADEC 系统的使用不仅在提高发动机性能、降低燃油消耗、减轻驾驶员负担、提高可靠性、改善维护性(例如不再需要转速调准)等方面带来好处,也为控制的进一步发展提供很大的潜力。由于感受的参数不受限制,可以进行复杂的计算,它能够实现各个部件的最佳控制。

2) FADEC 系统的组成

发动机 FADEC 系统由 EEC/ECU、HMU 和外部输入信号三部分组成。EEC 或 ECU 都是双系统设计,这两套系统分别被称为 A 通道和 B 通道,任何一个通道都能控制发动机的工作。每个通道有它自己的处理机和计时电路、输入/输出转换电路、存储器、力矩马达驱动器、电磁线圈和继电器驱动器,以及检测电路。两个通道同时完成控制计算,但每个时刻仅有一个通道输出控制信号。输出控制信号的通道被称为活动通道,另一通道被称为备用通道。如果活动通道出现故障,备用通道自动转换为活动通道。在两个通道都处于正常状态或具有相同的故障状态时,每次发动机起动时轮流选择两个通道作为活动通道。

从图 5.6-10 可以看到,EEC 同飞机、发动机有大量接口,它接收飞机控制指令、计算机数据、发动机传感器数据,计算并发出对各个部件、系统的控制指令,接收各个部件、系统的位置反馈数据同指令值比较。外部信号大致分为两类,一类是飞机提供给 FADEC 的输入信号,主要包括油门杆位置、大气数据、驾驶舱电门位置、飞机飞行状态等;另一类是发动机给 FADEC 的输入信号,主要包括:燃油流量反馈信号、发动机各受控部件(放气活门、可调静子、涡轮间隙控制等)的位置反馈、发动机转速、滑油温度及压力发动机各气动站位上的气流参数等。EEC 将输入的模拟量、频率量、离散量及序列数据转变成处理机识别的数字形式,EEC 将输出信号从数字形式转变成相应的模拟量、离散量、序列数据,操纵电液伺服机构、电磁活门以及供驾驶舱显示。

FADEC 系统大多采用 ARINC429 数据总线或由 ARINC629 数据总线经 EDIU(发动机数据接口组件)将飞机数据传输给 EEC(例如 GE-90 发动机)。发动机控制数据、状态、故障信息亦由数据总线传输给飞机。EEC 同 FMC(飞行管理计算机)之间的接口允许机组选择由自动油门计算机控制发动机推力大小。发动机构型盒(GEnx-1B)和识别塞(或额定推力塞)可使 EEC 获取发动机序列号、额定推力对 EPR(或 n_1)实际校准值等,构型盒与识别塞均安装在 EEC 上。在更换发动机或拆装 ECU 时,识别塞不允许拆下,必须保留在发动机上。

为了正确控制各个发动机子系统,EEC 或 ECU 采用闭环控制原理。ECU 处理机计算受控对象的需求位置,通过反馈系统获取受控对象的实际位置,然后将二者进行比较,如果实际位置与需求位置不一致,则发出控制信号继续调解,直至二者趋于一致。

对于发动机超转保护,常常设置多重保护,如果 EEC 或 ECU 中检测到转速超过安全限制,将通过减少燃油供油量降低发动机转速,有的发动机控制系统还有硬件和软件超转检测电路(如 PW4000 发动机);除此之外,大多数发动机还有液压机械式的超转调节器(如 CF6-80C2、GE-90、CFM56-7 发动机),当发动机超转时,如果 FADEC 不能有效降低发动机转速,则它们会将燃油计量活门前的更多燃油旁通到燃油系统进口,从而减少燃油供油量,使发动机转速回到限制以内。

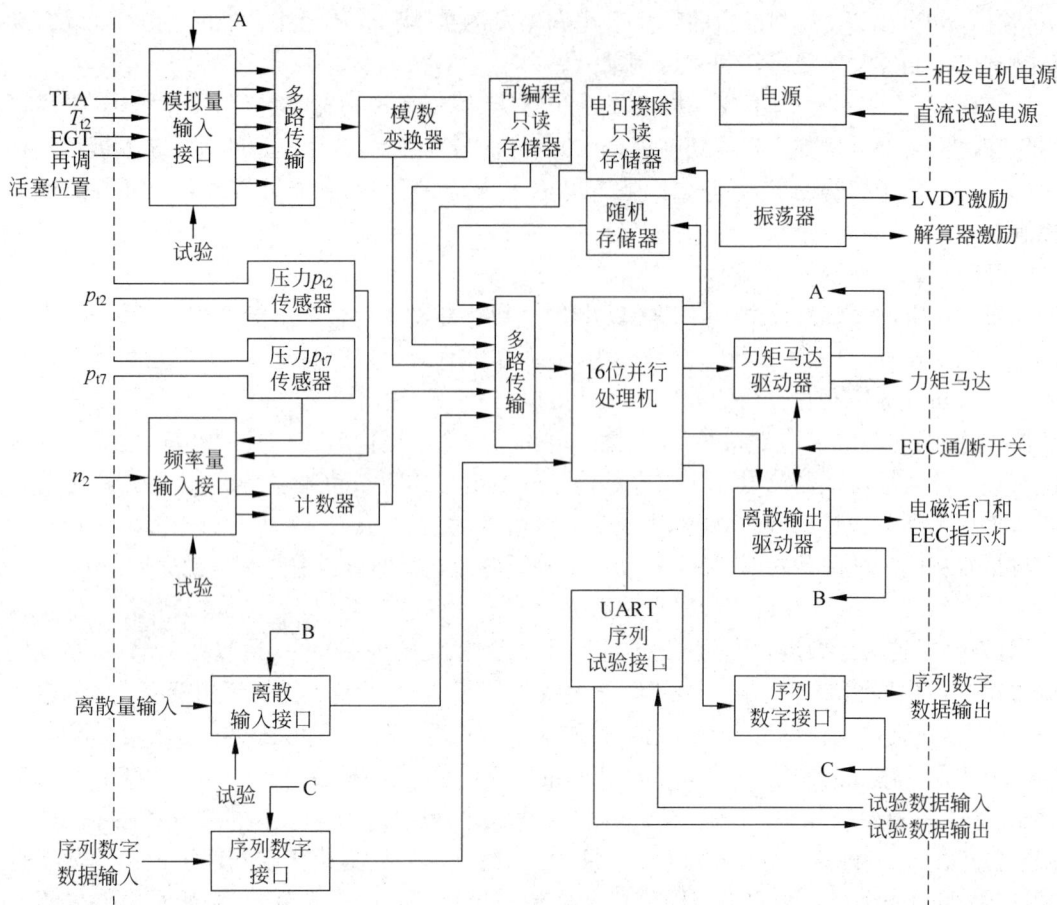

图 5.6-10　JT9D-7R4 发动机 EEC 框图

3）分系统和 FMU

图 5.6-11 是 CF6-80C2 发动机控制分系统。该发动机的 FADEC 系统分成 7 个分系统，实施两方面基本功能：信息处理和发动机控制。信息处理指 FADEC 输入、处理和输出大量电子数据，也使 FADEC 计算机直接地同飞机其他计算系统通信：发动机指示和机组警告系统（engine indication and crew alerting system，EICAS），中央维护计算机（central maintenance computer，CMC），大气数据计算机（air data computer，ADC），自动油门系统（autothrottle system，ATS）等。

信息处理有两个子系统：传感子系统和处理子系统。传感子系统由发动机传感器和探头组成，向处理子系统提供发动机环境和工作信息。处理子系统包括：永磁式发电机（permanent magnet alternator，PMA）、发动机额定推力塞、发动机序列号塞和电子控制装置。发动机控制功能包括：燃油计量子系统、主空气流量控制子系统、主动间隙控制子系统、冷却空气流量控制子系统和发动机起动与点火子系统。

液压机械组件（HMU）是 FADEC 系统中另一个非常重要的部件，它用于把 EEC 输出的电信号转换成液压信号并对其进行液压放大。HMU 由于型号不同，配置的发动机不同，安装位置也略有不同。HMU 执行 EEC 命令计量供给发动机的燃油流量，执行驾驶员指令供应燃油和切断供油，并向发动机相关部件提供伺服油。它有以下功能：计量发动机燃油

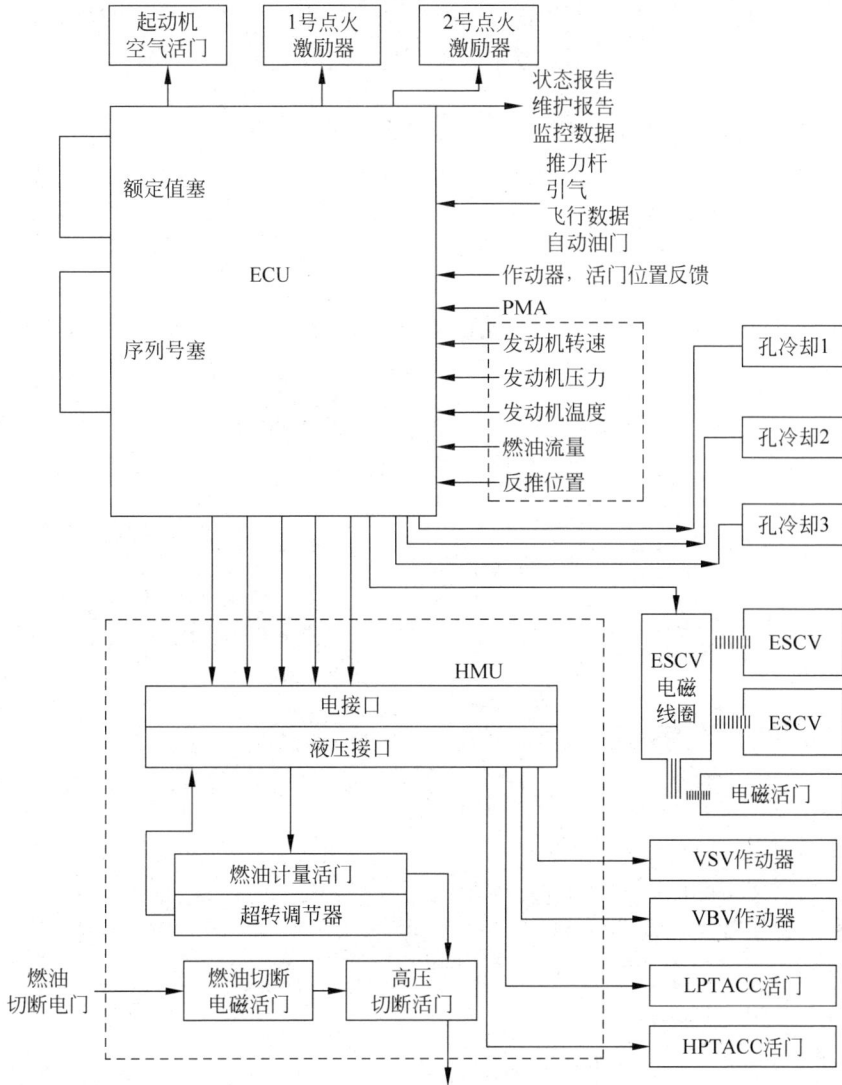

图 5.6-11 CF6-80C2 发动机控制分系统

流量;限制最大、最小燃油流量;保证最低燃油供给压力;停车时切断供油;发动机风转状态下对油泵释压;发动机超转保护;提供高压油、伺服油到发动机控制附件等。

以 GE90 发动机 HMU(如图 5.6-12)为例,HMU 有下述主要活门用于控制和分配燃油。它们是:燃油计量活门(fuel metering valve,FMV)、旁通活门(bypass valve,BPV)、关断活门(shut-off valve,SOV)、燃烧室分级活门(BSV)和主级活门(MSV)。

EEC 控制 HMU 中力矩马达以决定 FMV 位置,FMV 控制到发动机的燃油流量,多余的燃油通过 BPV 返回到主燃油泵(齿轮泵)进口。HMU 内有一个机械式的超转调节装置(overspeed safety governor,OSG),它由齿轮箱驱动,当发动机超转时,打开旁通活门以减少供油。燃油切断活门(SOV)电磁线圈接收运转或停车指令信号,供给或切断向发动机燃烧室的供油。燃烧室分级活门将燃油分别送到先导燃油总管和主级 1 号总管,主级活门分配燃油到主级 1 号和主级 2 号燃油总管。

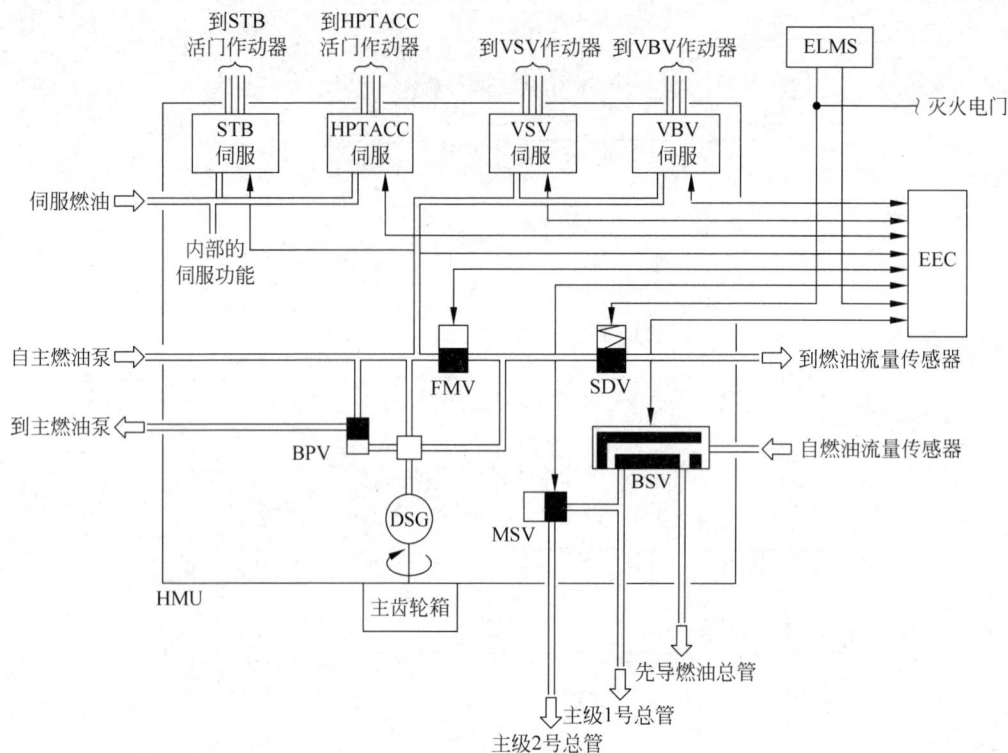

图 5.6-12　GE90 发动机 HMU

伺服燃油用于下述发动机空气系统作动器:

(1) 起动瞬时放气活门(STB);

(2) 高压涡轮主动间隙控制活门(ACC);

(3) 可调静子叶片作动器(VSV);

(4) 可调放气活门作动器(VBV)。

4) FADEC 系统的维护

FADEC 系统的维护需要注意以下几点:

(1) 安装前需检查 FADEC 软件版本与发动机和飞机硬件是否兼容,有些版本的 FADEC 软件需在同一飞机的多台发动机上同时安装,因为某些特殊原因不能同时安装的,需严格遵守发动机和飞机制造商的软件混装要求,某些版本的软件则不能混装。在完成 FADEC 安装之前禁止对其通电。

(2) 为了保证发动机更加安全、稳定、可靠、高效地工作,发动机制造商通常会定期发布新版本的 FADEC 软件,用户获得新版本软件之后,需对该软件进行全面评估,以确定是否需要进行升级。升级时需注意软件的适用对象以及升级的具体要求,有些版本的 FADEC 软件升级时要求一架飞机的不同发动机具有相同版本,此时应对飞机所有发动机的 FADEC 软件进行升级,否则可能对飞行操作及发动机安全造成影响。另外,由于计算机和控制技术的发展,FADEC 系统硬件也在不断地升级,软件升级时需要注意软件与硬件是否兼容,如 CFM56-7B 发动机的二代 FADEC 与三代 FADEC 软件互不兼容。

(3) 严格按照发动机制造商制定的软件升级步骤执行,软件升级前需检查 FADEC 控制计算机是否记录有发动机故障,如有则需人工记下故障后再升级软件。

（4）安装后要保证控制器良好接地，完成必要的测试，检查FADEC是否正常工作，确认发动机型号、推力、发动机序号、软件版本等信息正确。

（5）保证FADEC控制器散热良好，由于控制器工作时会产生大量热量，如散热不好可能会造成控制器因为超温被损坏，因此在地面尽量不要长时间地对EEC通电测试。

FADEC发动机的排故

FADEC系统的核心部件是控制计算机，它除了能够完成对发动机的控制之外，还要监测控制系统的输入、输出及计算机自身的工作状态，当检测到控制系统任何异常后，它会根据具体情况选择最为合适的控制方式，使发动机在最为安全的模式下工作（即失效安全模式），同时将所监测到的异常信息存储到自身的存储器或将信息发送至飞机系统进行告警或存储，机组根据告警信息采取必要的措施。飞机回到地面后，维护人员通过查阅FADEC系统可获得相关故障的详细信息，然后根据检查结果进行排故。

故障信息包括警告灯和显示屏信息（文字或显示变色）两种形式，FADEC系统监测到有警告的故障信息后，不同发动机FADEC系统对于所监测到的故障告警方式可能会不同。在有些机型上，FADEC对所有故障都进行告警；而另一些机型则只对一部分故障提供告警和存储，对其他故障只进行存储（如CFM56-7发动机）。对于有的机型，如果在空中FADEC检测到需立即排除的故障，为避免对飞行员造成干扰，飞机落地一定时间后才告警，通知维护人员对发动机进行排故；由于某些FADEC系统对一些故障不会告警，因此需定期查询FADEC系统是否检测到故障，查询方法取决于飞机。图5.6-13为波音737-600/700/800/900故障查询方法。

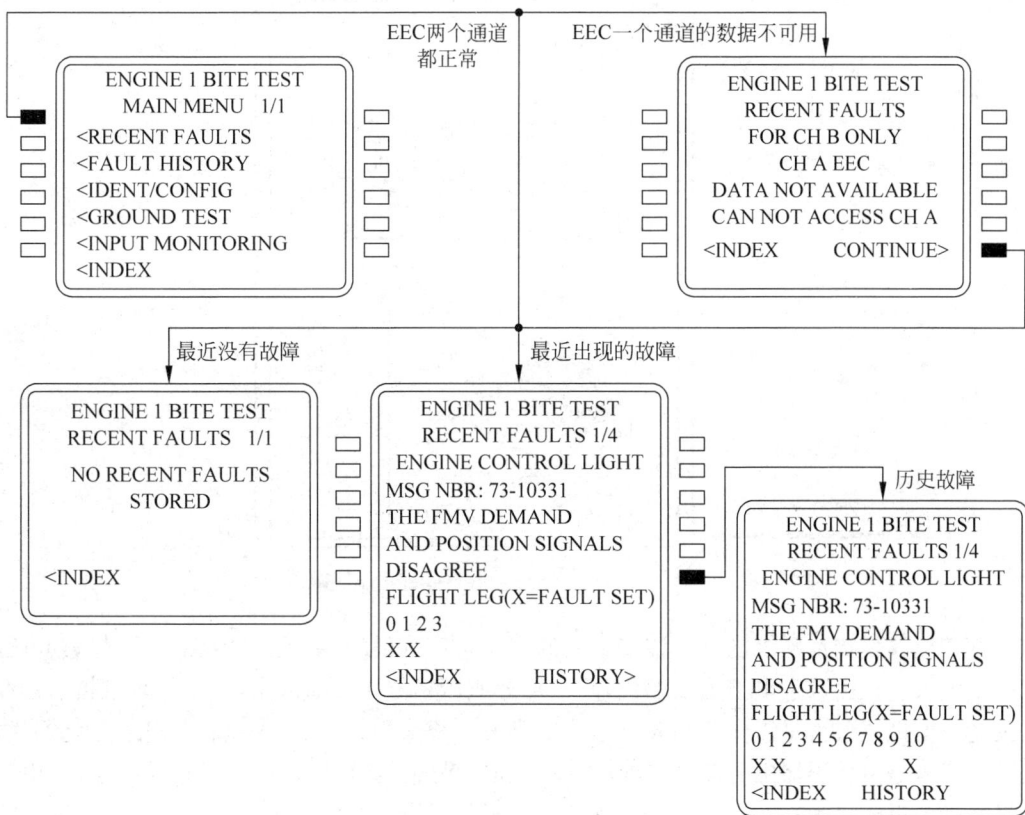

图5.6-13　波音737-600/700/800/900故障查询方法

5.7 发动机指示系统

5.7.1 指示系统的功用和分类

发动机的参数需要测量,用于控制计算和状态监视。发动机指示系统显示发动机工作状态的所有参数,告知驾驶员发动机各系统的工作是否正常,并可以发出报警,指出任何可能发生的故障。驾驶员仪表板上的许多盘式和指针式仪表可以由一个或几个阴极射线管来取代,用来显示发动机的各种参数。这些小型视屏能够显示使发动机安全工作所必需的所有信息。

发动机参数指示有性能指示,也称主要指示;有系统指示,称为次要指示;还有第3组指示是用于发动机状态的趋势监控,通常不在驾驶舱示出。性能指示用于监视发动机性能和限制。系统指示用于监视发动机各系统的工作,便于迅速检测故障。发动机趋势监控在地面进行,分析探测发动机的问题,它使用由飞机状态监视系统(aircraft condition monitoring system,ACMS)自动记录的发动机参数。

例如,性能指示参数有 EPR、EGT、N1、N2、燃油流量等。滑油系统指示参数有滑油量、滑油压力和温度。振动指示出发动机旋转部件发生的任何不平衡。当有热空气泄漏在发动机舱时,机舱温度指示就会有增加(图 5.7-1)。

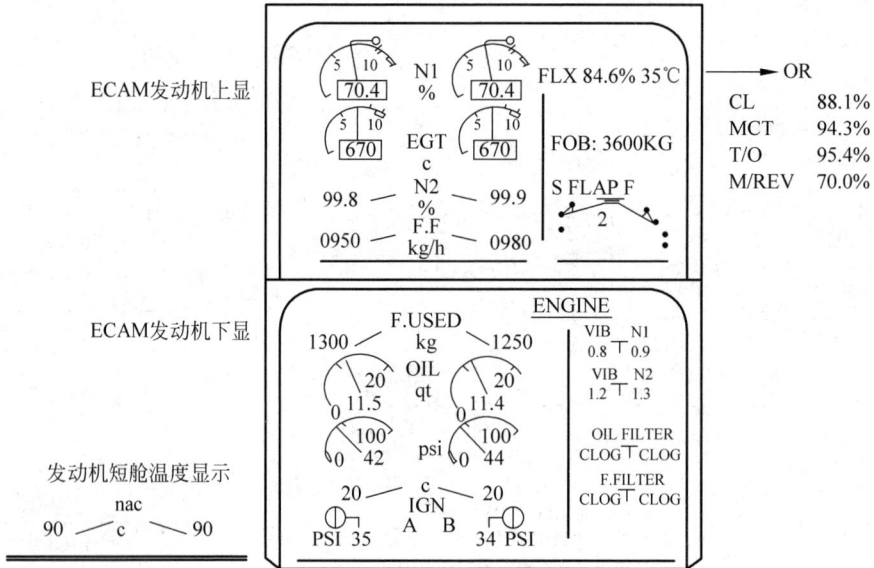

图 5.7-1   发动机主要和次要指示

发动机仪表指示系统已发生许多重大的变化,直读仪表已由远距指示的电的仪表取代,机械系统仪表正由数字电子系统取代,测量部分或传感器在发动机舱,显示仪表或指示器在驾驶舱。模拟式仪表是以指针和表盘形式给出发动机参数的模拟值来表示连续变化的量;数字式仪表是由传感器感受信息转换成一系列电信号输给计算机,处理后送给指示器,由液晶或发光二极管显示数字,即以离散的数字,而不是以指针的位置来表示。

驾驶舱指示仪表的最新发展是：电子指示系统将发动机的参数指示、系统工作的监视，以及向驾驶员告警的功能组合在仪表板安装的阴极射线管上，以刻度盘、指针、数字、文字显示，各种颜色的标志使机组清楚当前状况。如波音公司的 EICAS 系统、空中客车公司的 ECAM 系统，设置多种页面，方便进行查看。

装有 FADEC 系统的发动机，传感器首先将数据传送到 FADEC 系统计算机，然后计算机将数据送到指示器或显示系统，同时控制发动机。

5.7.2 发动机的参数指示

1. 推力/功率

发动机的推力总是在指示系统最上端显示。发动机的推力在试车台上由推力计精确测量。发动机装在飞机上，推力需要由其他参数表征。对于轴流式压气机，发动机压力比（EPR）即低压涡轮出口总压与压气机进口总压之比代表发动机推力。对于高涵道比涡扇发动机，风扇转速（n_1）亦能很好表征发动机的推力。用排气压力也可以推算发动机的推力或功率。

发动机压力比表既可以用电机械式，也可由电子式传感器来指示。传感器输入压气机进口、风扇出口或低压涡轮出口的压力。电机械式系统采用传感器膜盒、线性可变差动变压器等，将压力信号转换为电信号，放大后作用在伺服马达的控制绕组上。电子式通过两个压力传感器，依据振动的频率，计算出发动机压力比的电信号，输入发动机压力比表和电子式发动机控制系统。新型发动机 EPR 计算在 FADEC 计算机进行，使用电子式压力传感器，它比电机械式传感器更可靠和精确。

在涡轮螺旋桨和涡轮轴发动机中，发动机扭矩用以指示涡轮螺桨和涡轮轴发动机发出的功率，该指示器称为扭矩计。发动机扭矩和输出马力成正比，经由减速器传递出来。扭矩测量可由测扭泵压力或测轴扭转变形指示。如一种系统由斜齿轮产生的轴向推力与作用在许多活塞上的滑油压力相抵消，抵消轴间推力所需的压力被传给指示器（图 5.7-2，代表扭矩）。

直升机上更多采用霍尔效应仪或者光电效应仪测量减速器的输出扭矩。

2. 转速

所有的发动机都有转速指示，双转子、三转子发动机不仅有高压、低压转子转速指示，或许还有中压转子转速指示。每个转子转速指示有 3 个主要部分：传感器、数据传输和指示器。转速测量可由发动机驱动的一个小型发电机经电路传给指示器。转速发电机供应三相交流电，其频率取决于发动机被测转子转速。发电机的输出频率控制指示器中同步马达的转速，进而转动指示器的指针。转速指示器一般示出最大转速的百分数。新型飞机转速表发电机送三相交流电信号到 FADEC 计算得到转速信号，同时它也是 EEC 的电源，又称专用交流发电机。

转速测量也可采用可变磁阻式转速探头，它与一个音轮相对，产生感应电流，经放大后送入指示器或测量脉冲频率，显示转子转速。转速探头位于机匣的固定器中，与被测轴上的音轮对齐，转子每转一圈音轮外缘上的齿通过探头一次，改变探头中线圈磁通量而诱导出一股电流或发出脉冲，与发动机转速直接相关。脉冲频率与转速成正比（图 5.7-3）。风扇叶片可用来代替音轮改变传感器磁场，也可用附件齿轮箱的齿轮起音轮的作用，无论何种情况

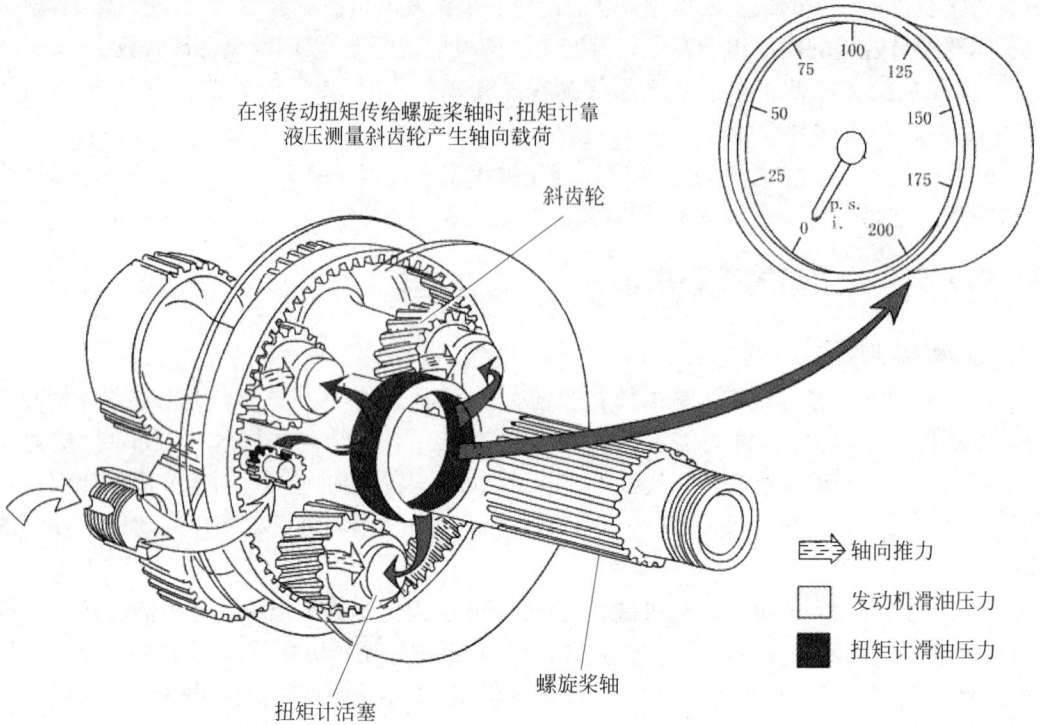

在将传动扭矩传给螺旋桨轴时,扭矩计靠
液压测量斜齿轮产生轴向载荷

斜齿轮

螺旋桨轴

扭矩计活塞

⇒ 轴向推力

□ 发动机滑油压力

■ 扭矩计滑油压力

图 5.7-2　油压式扭矩测量

都是从传感器脉冲计算转速。

　　在有些发动机中,转速信号也是发动机机载
振动系统(airborne vibration monitor,AVM)的
输入信号,用于发动机振动信号的解耦和确定振
动相位信息。

3. 温度

　　发动机中常见的测量温度的传感器按原理
不同,可分为热电偶式、热电阻式和充填式温度
传感器等。

　　涡轮燃气温度有时用排气温度(exhaust gas

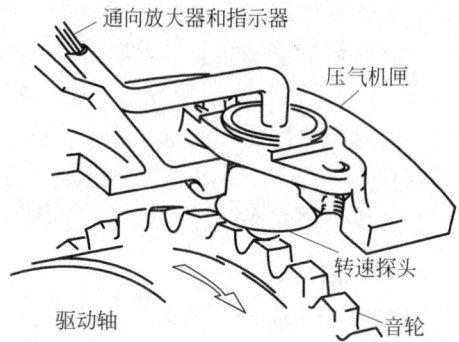

通向放大器和指示器

压气机匣

转速探头

驱动轴

音轮

图 5.7-3　可变磁阻式转速探头和音轮

temperature,EGT)指示,它是发动机工作中的关键参数。理想情况是测量涡轮进口温度,
但是因为这里温度高,温度场不均匀,测量困难。由于涡轮中温度降是按已知的方式变化
的,所以测量并限制排气温度不超限,目的是保证涡轮前温度不超出允许值。当然,也可以
测量并限制涡轮中间级温度。不少机型 EGT 是从低压涡轮中间级测量的,也叫排气温度。
排气温度与允许极限值之差值称为 EGT 裕度,它是代表发动机性能衰退的参数。

　　热电偶用于测量较高的温度,排气温度测量普遍使用热电偶(见图 5.7-4)。为测量平
均温度,常常多个热电偶并联连接,探头深入气流的长度不同。热电偶原理:两种不同金属
端点相连,位于排气流中的是热端或测量端,而在指示器的是冷端或基准端;电路中产生的
热电势和两端温度差成正比。为使冷端补偿到摄氏零度,在电路内装有自动温度补偿器。

热电势大小还取决于回路中的电阻,该电阻在热电偶出厂时已经调好。在热电偶安装中不能随意剪短导线,以免影响测量精度。涡轮发动机的热电偶的常用材料是镍铬-镍铝丝。在一些发动机上各个热电偶的信号汇总在主中继盒后(见图5.7-5),传递给飞机或 FADEC 系统,FADEC 计算机是冷端节点。

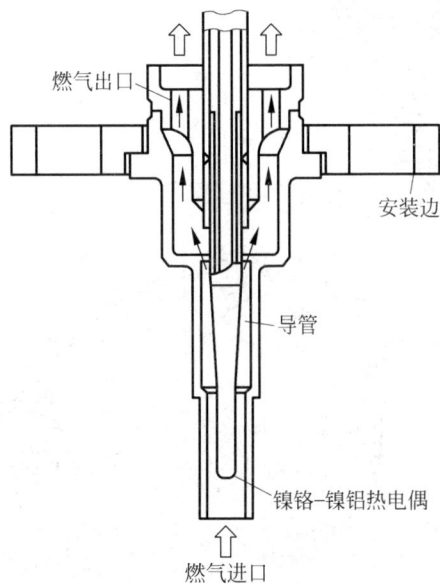

图 5.7-4　热电偶

　　滑油和燃油温度测量。发动机能否正常和安全地运行,获得压力和温度的精确指示极为重要。滑油和燃油温度由装在介质中的温度测量元件测量。温度的变化导致金属电阻值的变化,进而相应地改变指示器的电流。测温球的电阻接在比值表型温度计电路中或者惠斯登电桥的一个桥臂上(图5.7-6),指示器的指针按相当于温度变化的幅度偏转。这就是热电阻式温度传感器,利用纯金属的电阻值随温度增加而增加的特性测量温度。

$$R = R_0(1 + \alpha T)$$

其中,α 为温度系数。

　　充填式测量温度的方法是测量元件中装有易挥发的液体或蒸汽或气体,放在被测介质中,测量由于温度变化引起的位移或压力变化,反映温度的高低,这就是充填式温度传感器(图5.7-7)。例如,CFM56-3 发动机的风扇进口和高压压气机进口空气温度测量使用充填氦气的传感器,气流温度变化引起压力改变,用压力差反映温度的高低。

　　双金属式温度测量元件常用做温度补偿元件,利用两种金属线膨胀系数的不同,受热后变形,补偿温度变化带来的影响。例如,装在液压机械式燃油控制器里压力调节活门弹簧下面的双金属片,用于补偿油温变化对弹簧力带来的影响。

4. 压力

　　从真空或零压力计起的压力是绝对压力;从现存的大气压力开始计量,即实际加到流体的压力值是表压力。传感器可以是直接压力式,也可以是压差式。例如燃油滤和滑油滤装有压差电门,感受和测量油滤前、后压差,指示油滤堵塞情况。油滤前、后压力分别作用在

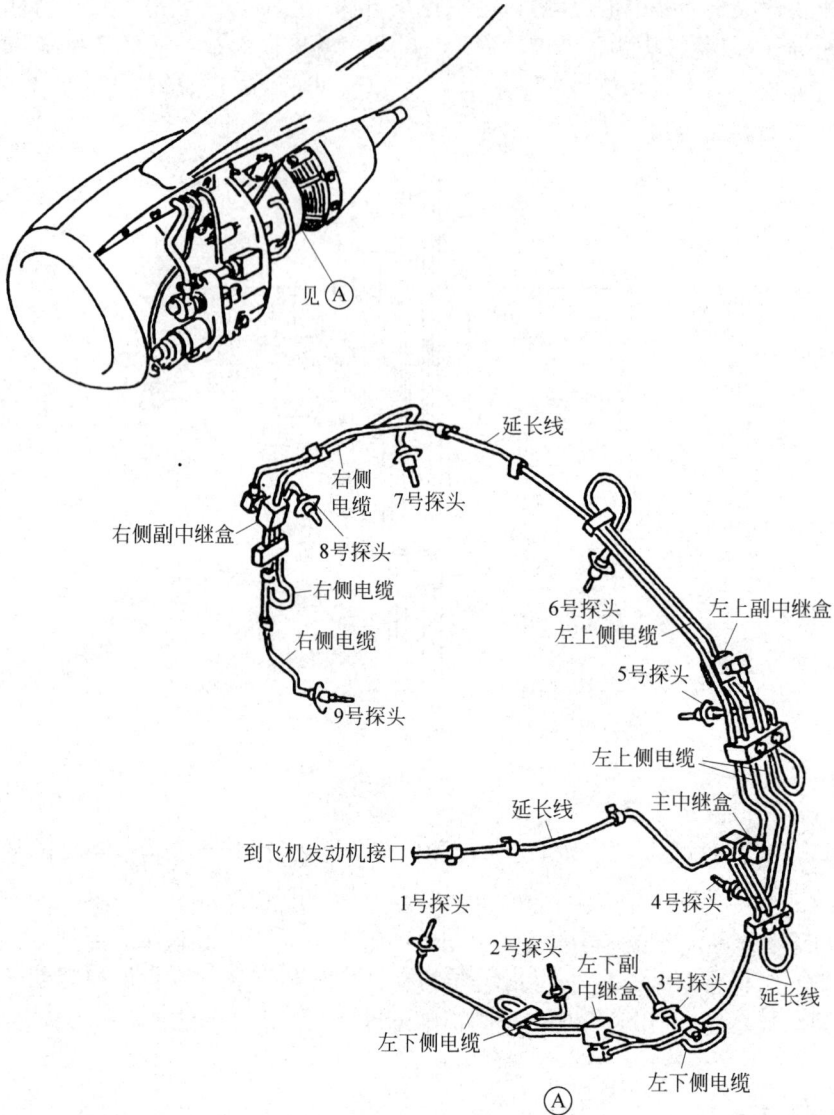

图 5.7-5　热电偶信号传递

薄膜的每一边,当压差达到预定值时,作动微动电门,该电门与驾驶舱的警告灯相连,灯亮告诉驾驶员油滤部分堵塞,油滤旁通活门即将打开。

压力测量可以采用机械式测量法或者电测方法。

广泛采用的压力机械测量设备是波登管式压力表。波登管是薄壁、扁平、椭圆的青铜管,弯成半圆形。被测流体从一端进入波登管,当管内流体压力增加时,试图改变横截面的形状,椭圆变圆,半圆试图伸直,使连到管另一端的指针移动,指示波登管内压力。波登管压力表需要定期校准(图 5.7-8)。

压力电测方法使用晶体振荡器,它应用某些晶体(石英晶体、压电陶瓷),受力后表面产生电荷的压电效应,测量频率反映压力高低。

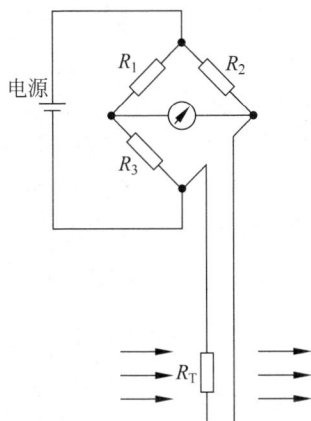

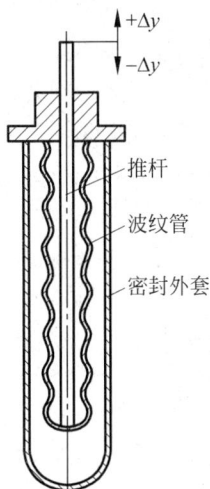

图 5.7-6　惠斯登电桥　　　　　图 5.7-7　充填式温度传感器　　　　图 5.7-8　波登管压力表

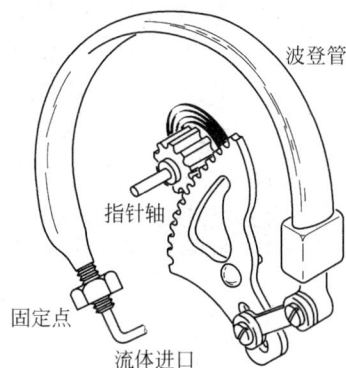

5. 流量

燃气涡轮发动机的关键指标是燃油质量流量。一种流量传感器中,叶轮由三相交流马达恒速转动,燃油通过叶轮,叶轮对燃油施加一个旋转运动。从叶轮出来的旋转燃油再通过传感器涡轮,并试图转动涡轮。但涡轮有校准弹簧的限制,它只能偏转一个角度。涡轮能够偏转的量由流过的燃油容积和燃油密度决定,因此测出的是质量流量。永久磁铁装在传感器的一端,涡轮的偏转带动永久磁铁的偏转,改变线圈中磁场。在指示器中有与传感器对应的线圈,两个线圈之间是电连接。指示器中线圈磁场的改变,使其中的永久磁铁也偏转,同传感器中永久磁铁的偏转是同步的,继而通过指示器的指针显示流量大小(图 5.7-9)。

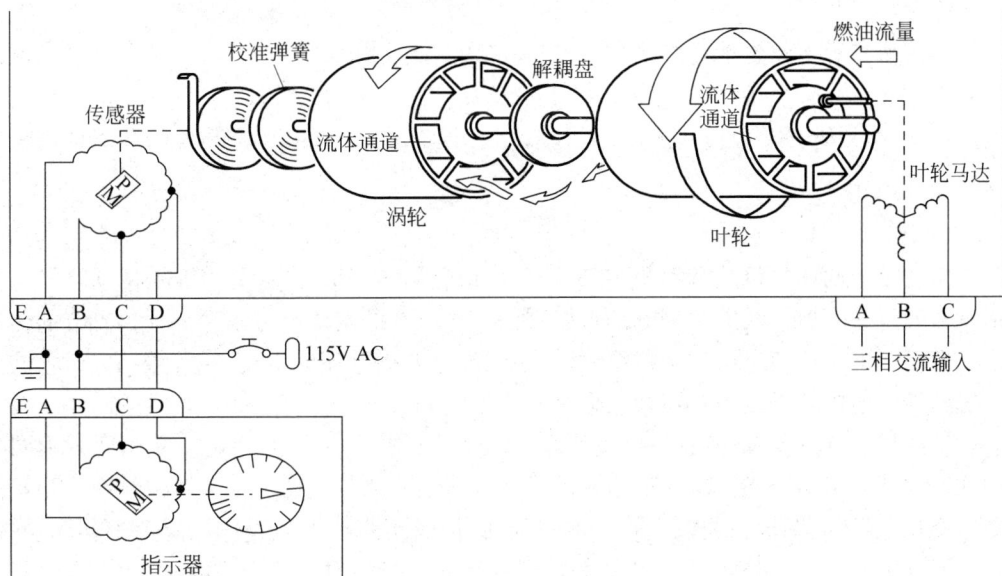

图 5.7-9　燃油质量流量测量

　　目前发动机流量测量广泛采用一种新型传感器,它包括涡旋发生器、转子、涡轮、壳体等。燃油经整流器进入涡旋发生器,涡旋发生器旋转;从涡旋发生器出来的旋转燃油使转子旋转;从转子出来的燃油再到涡轮,试图使涡轮旋转。涡轮转动受到弹簧力约束,只能偏转一个角度,偏转角度的大小取决于作用于涡轮叶片的动量。在自由转动的转子上方前部和后部各有一个磁铁。前部磁铁的外面壳体有一个小线圈,称为起始线圈,当前部磁铁对上起始线圈时,产生起始脉冲。在涡轮外部壳体上有一个大线圈,称为停止线圈,连在涡轮上的信号叶片和涡轮一起转动,当对上转子后部磁铁时产生停止脉冲。如果没有燃油流动转子旋转,起始脉冲和停止脉冲同时发生。当有燃油流过时,涡轮上的信号叶片沿旋转通道偏转,停止脉冲晚于起始脉冲,起始脉冲和停止脉冲的时间间隔大小和燃油质量流量成正比(图 5.7-10)。

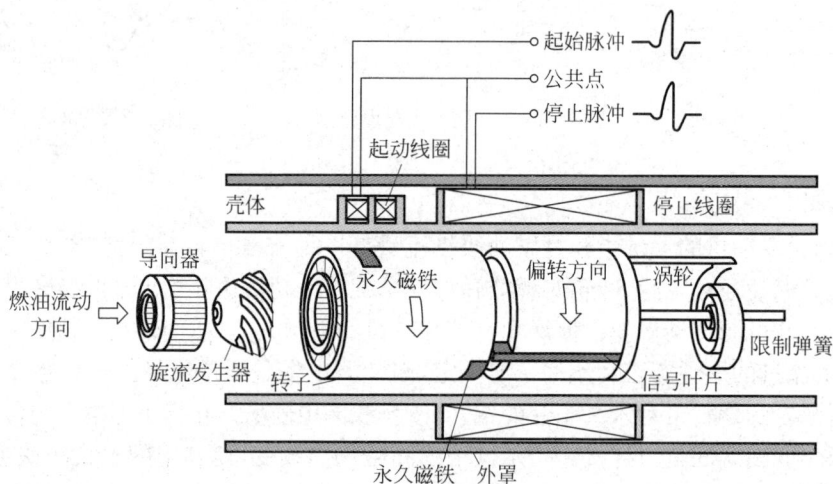

图 5.7-10　燃油流量传感器

　　燃油流量指示不仅告诉驾驶员到发动机喷嘴的实际燃油流量,还可以知道用过的燃油总量。正常显示每台发动机的燃油流量,驾驶舱上燃油流量指示控制电门可以选择显示用过的燃油量,也可选择复位使用过的燃油量记数回零,再开始累计。FADEC 系统计算机可以完成计算工作。

6. 振动

　　在发动机上的压气机端和涡轮端装有振动传感器,连续地监视发动机的振动水平。振动指示器通过放大器接收发动机振动传感器的信号。有的发动机将各个振动传感器的信号以及各个转子的转速信号送到机载振动监视器,经过调制处理后,将各转子振动或最大的振动传送到驾驶舱内的振动指示器加以显示。

　　发动机振动传感器是加速度计,测量发动机的径向加速度。发动机上采用两种不同类型的加速度计,一种是电磁式,一种是压电晶体式。电磁式传感器上永久磁铁被两个弹簧保持在中心,圈定线圈围绕在磁铁上。当存在振动时,线圈同传感器壳体一起上下移动,磁铁由于惯性力几乎总是静止的,线圈和磁场之间的运动在线圈中导致交流电压,如同发电机一样。对于压电晶体式加速度计,传感器感受加速时,作用于压电晶体到底板的惯性质量在传感器上产生力,使压电晶体极轴两端产生电压,振动传感器给出信号到监视组件,其电压与加速值成比例,频率等于振动频率。监视组件滤波和分析加速度计这些信号用于指示和趋势监控。

振动信号的调制分析计算,有的机型称作机载振动监视器(AVM),有的机型称作发动机振动监视组件(EVMU),依据转速传感器和振动传感器的信号计算低压压气机、高压压气机、低压涡轮、高压涡轮的振动值,最高的振动值在驾驶舱显示并送到飞行数据采集组件(FDAU),提供配平平衡建议,监视振动趋势,信息从 EICAS 维护页或 ACMS 上发现。波音 737NG 发动机振动信号的采集、传输和显示如图 5.7-11 所示。

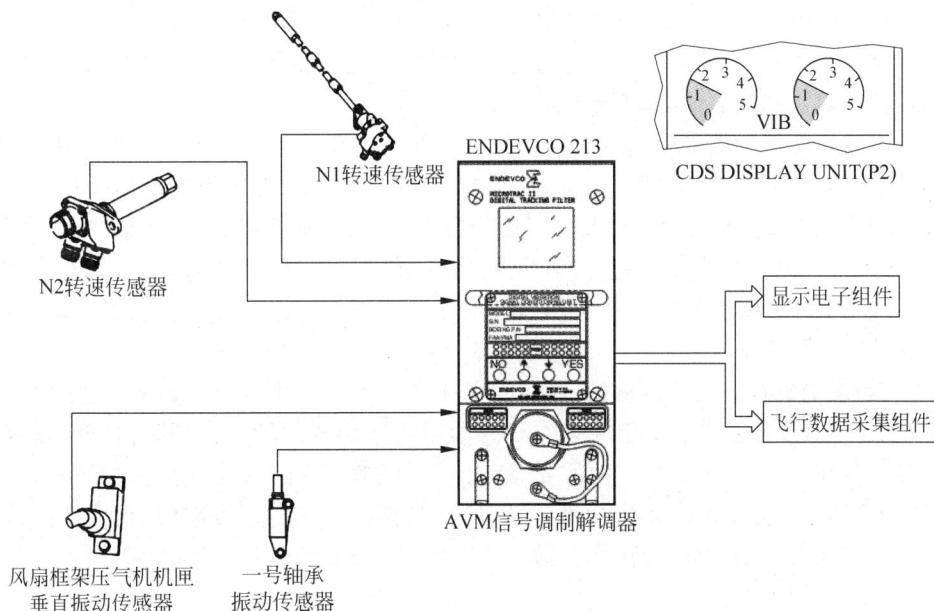

图 5.7-11　B737NG 振动指示

5.7.3　指示和警告系统

1. 警告系统

警告系统用来提供可能出现故障或存在危险情况的指示,以便采取措施保护发动机和飞机。虽然一台发动机的各种系统在设计上只要可能就设计成是故障安全的,但有时仍然装设附加的安全装置。例如,万一发生功率损失时螺旋桨自动顺桨,万一涡轮轴损坏时自动关闭高压燃油停车开关。

在燃气涡轮发动机上,除了要装火警探测系统外,还可能安装许多其他的声响和目视警告系统。当出现低滑油压力、低燃油压力、振动过高或过热的情况时,这些系统可以发出警告。这些系统发出的指示可以是告警灯、警铃或喇叭声。闪光灯能吸引驾驶员对中央警示板的注意。在 ECAM/EICAS 页面上有警告和告诫显示。

仪表的颜色标记可以使驾驶员知道仪表指示值是安全的还是危险的。一般绿色弧段表示正常范围;黄色弧段表示警戒范围;红色径向线表示不能超越的最大或最小允许值。例如某机型,EGT(exhaust gas temperature,排气温度)表上红线是 EGT 允许的最大值;琥珀色示出对于最大连续推力的 EGT 值,它仅允许在发动机起飞或复飞时短时间超过琥珀色线。新型驾驶舱公共显示系统的显示组件上,白色指针表示参数的变化;灰色阴影区域表示进程；琥珀色表示警戒区域；红色是超限警告；绿色代表目标值。如果 EGT 高于最大连续限制值，但低于 EGT 红线值，指针、读数、阴影区域变成琥珀色；如果 ECT 超出红线值，指针、读数、阴影区域变成红色。

2. 指示组件

电子指示系统将发动机的指示、系统的监视以及向驾驶员告警的功能组合在仪表板上安装的一个或几个阴极射线管上。有关的参数以刻度盘形式显示在屏幕上，而数字式读数、警告、注意事项和建议信息则以文本方式显示。

参数显示一般有 3 种不同类型：表盘指针型、移动的垂直条型和经典的电机械指示器。各型指示器有参数的限制值，有颜色标记。

新一代波音飞机的驾驶舱内装有发动机指示及机组警告系统（EICAS）。它通过两个阴极射线管显示参数和状态，并辅助以灯光、音响，有的还与发动机备用指示器（SEI）相配合。EICAS 及其与飞机、发动机接口的装置一起将推力管理、发动机控制、状态监视、故障诊断、信息显示、事件存储等综合在一起。EICAS 允许选择不同的页面，检查飞机及其系统的工作状态。这不仅减轻驾驶员的工作负担，从而改善飞行操作条件，也给地面维护人员在发动机及系统监控方面带来好处。

因此，与发动机状态有关的参数：EPR、EGT、N_1、N_2、N_3、FF（燃油流量）、振动值、滑油参数等在 EICAS 上显示；发动机的工作状态如燃油滤堵塞、旁通活门即将打开、燃油加热器工作等信息在 EICAS 上显示；EEC 故障、监控器故障、BVCU（放气活门控制装置）故障等也将在 EICAS 上显示。由推力管理计算机选定的推力基准值、极限值、推力实际值及其进展状态均可在 EICAS 上清晰读出。波音 777 飞机上 EICAS 主显示发动机指示和机组警告系统，如图 5.7-12 所示。

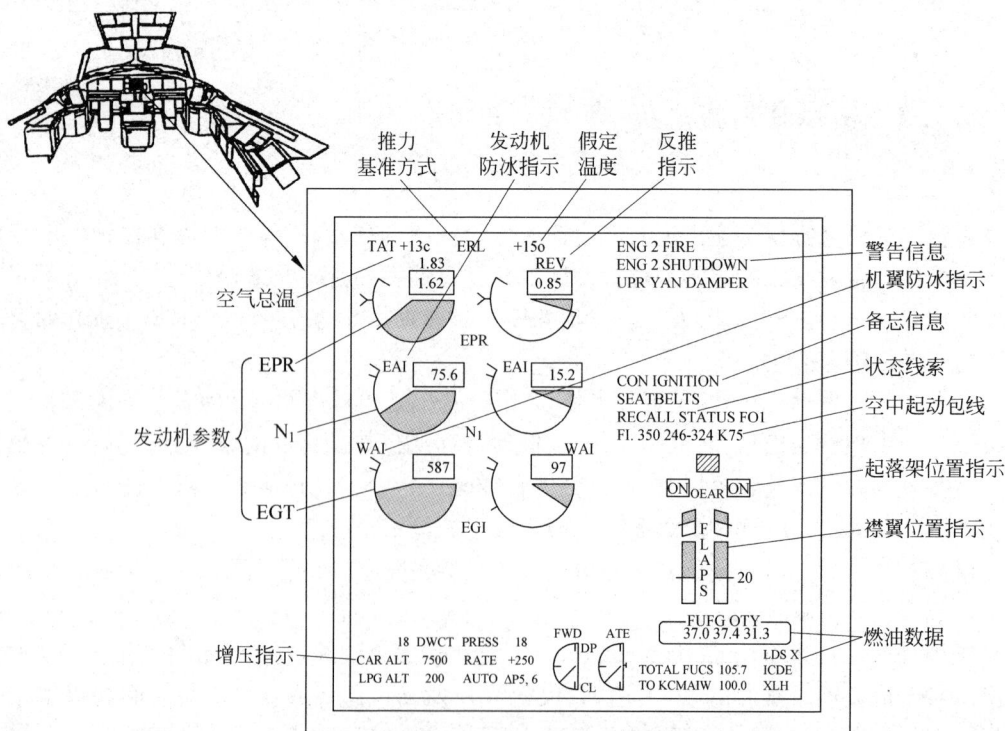

图 5.7-12   波音 777 飞机 EICAS 主显示发动机指示和机组警告系统

文字警告部分包括不同级别,如警告、告诫、提示、信息、状态;显示的格式、位置、颜色、音响不同(图 5.7-13)。

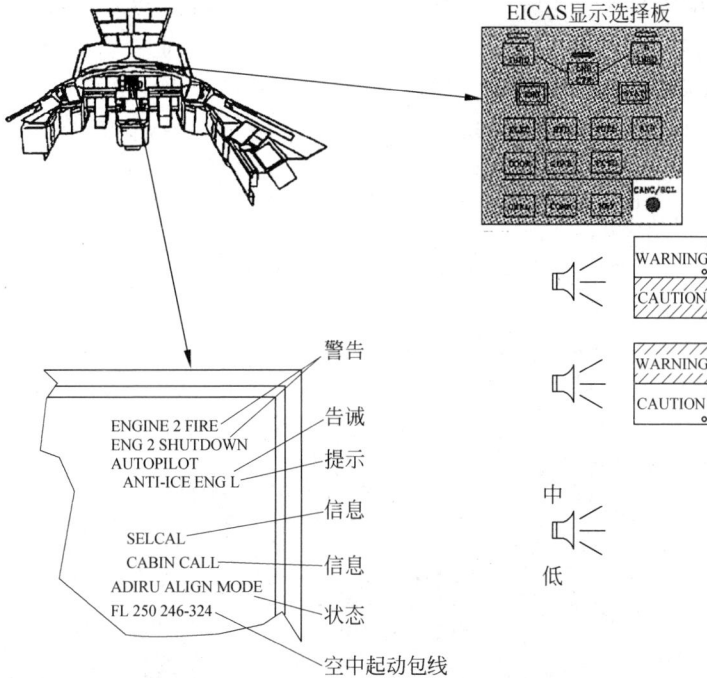

图 5.7-13 EICAS(波音 777)

空中客车飞机上安装飞机电子中央监控系统(ECAM),用来监视飞机和发动机上各主要系统的工作,自动处理各系统输入的有关信息,通过两个阴极射线管显示信息、图形和有关数据。ECAM 系统显示包括发动机参数/警告信息显示(E/W 显示)和系统/状态信息显示(S 显示)部分。正常工作时,它提供临时使用的系统(如 APU)和经常工作的系统(如液压系统)的工作情况。从起飞到着陆共分 12 个阶段,各阶段都有相应的页面。若工作出现不正常或应急情况,一个显示器显示警告页面,上面有故障分析和应采取的操作措施,另一个显示器出现故障系统的页面(若有的话)(图 5.7-14)。

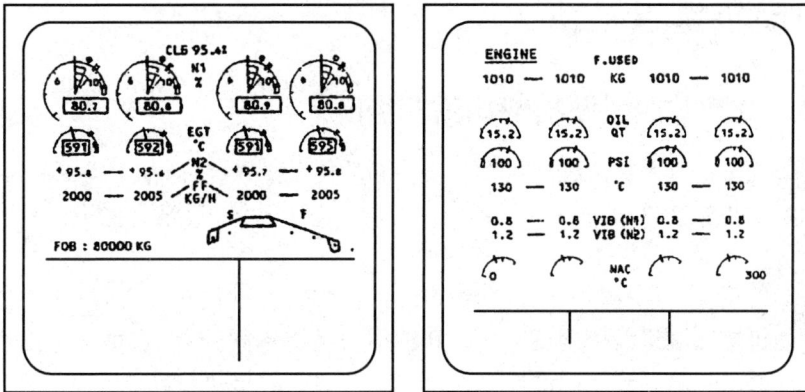

发动机参数/警告信息显示　　系统/状态信息显示

图 5.7-14 发动机参数/警告信息显示和系统/状态信息显示(空客飞机)

新型发动机利用驾驶舱的控制显示组件(control display unit,CDU)可以进行 EEC BITE,进行地面测试,查找最近故障和历史故障、超限数据和各个系统、控制网路、各个部件的控制指令值、反馈值、偏差值,以及其他相关数据,给发动机的使用和维护带来极大的方便(图 5.7-15)。例如,CFM56 -7 发动机自检功能可从主菜单页面进行,它包括:当前故障、故障历史、识别/构形、地面测试和输入监视。它给出发动机故障的签派级别。地面测试包括 EEC 测试、反推杆互锁测试、作动器测试和电嘴测试。输入监视页面用于监视发动机参数,它又分为:控制回路、控制压力、控制温度、燃油系统、滑油系统和转速,每一子项又有很多内容。

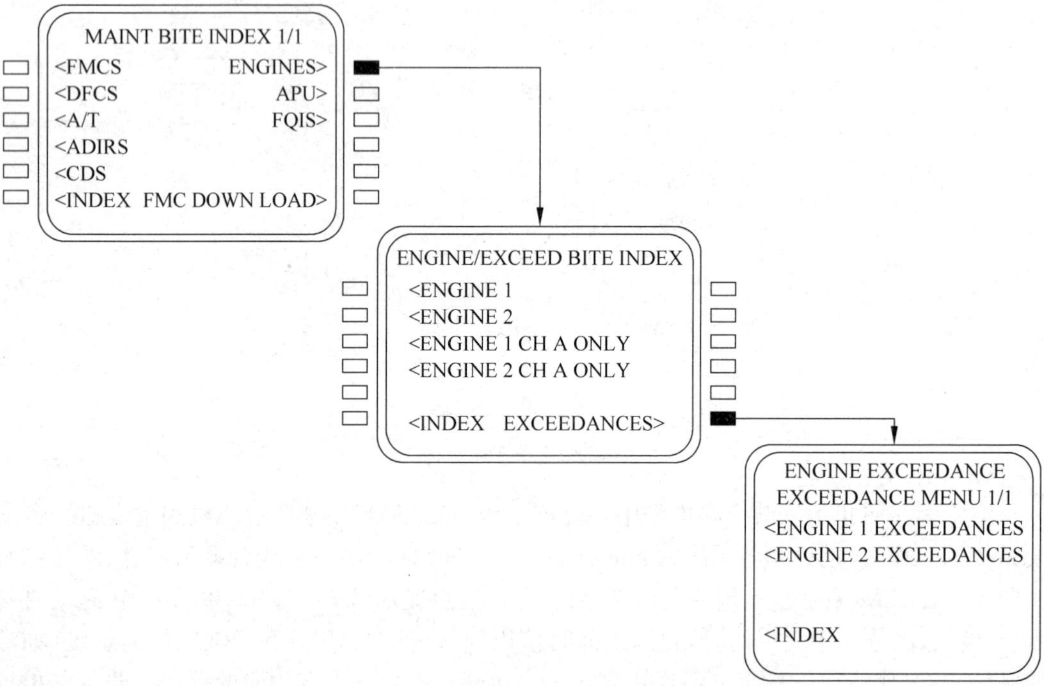

图 5.7-15　CDU 查询(B737-700/800)

5.8　发动机操纵系统

5.8.1　驾驶舱操纵系统的功用和组成

飞行员依靠发动机操纵系统完成发动机的起动关车操纵、前向推力操纵和反推力操纵。每一台发动机的操纵系统分成三个子系统:正推力操纵系统、反推力操纵系统和起动操纵系统。

正推力操纵系统通过调节发动机燃油流量从而控制发动机正推力,反推力操纵系统也通过调节发动机燃油流量以控制反推力。和正推力系统不同的是,在增加反推力之前系统首先操纵反推移动套筒展开。起动操纵系统用于发动机的起动和停车。

飞行驾驶员并不能直接操纵发动机,而是通过一个中介——燃油控制器实行。涡轮喷气、涡轮风扇和涡轮螺桨发动机在燃油控制器上有控制杆(功率杆)连到飞机驾驶舱的油门杆或推力杆。此外,发动机的起动、停车命令由驾驶舱的起动杆(停车杆)或控制电门传送到燃油控制器的燃油切断杆或电磁线圈。飞行员操纵驾驶舱的推力杆给出不同位置,告诉燃油控制器需要发动机产生多少推力。燃油控制器监视一些变量和提供足够的燃油流量到发动机产生飞机所需要的推力(或功率,如果是涡轮螺桨或涡轮轴发动机的话)。当然,供给的燃油流量不允许超出发动机的安全工作限制。

有的机型上(如 PW4000),供油命令是通过驾驶舱操纵台上燃油控制电门给出的。当置于运转位时,燃油计量装置的起动/运转电磁活门通电;当置于停车位时,燃油计量装置的切断燃油电磁活门通电,完成起动、停车。推力的改变还是由推力杆控制。

波音系列飞机和空客系列飞机在操纵台结构上有一定差异。波音飞机设置有油门随动装置,在采用液压机械式控制系统的经典型飞机上,自动飞行中可能会出现油门杆错位的问题,但波音 737NG 这个故障基本消除。

典型的电子式操纵台如图 5.8-1 和图 5.8-2 所示。

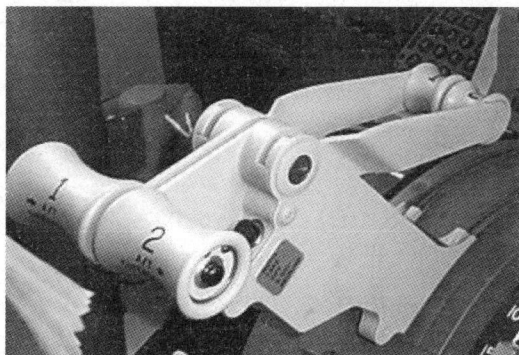

图 5.8-1 B737 飞机驾驶舱操纵台

图 5.8-2 A320 飞机驾驶舱操纵台

5.8.2 驾驶舱操纵系统类型

发动机操纵系统可分为机械式操纵系统和电子式操纵系统。

1. 机械式操纵系统

机械式操纵系统包括各控制杆、操纵台下的鼓轮、传动钢索、钢索保险。信号传到(如果发动机安装在机翼下的话)位于机翼前缘的推力控制鼓轮、起动控制鼓轮,再将钢索绕鼓轮的转动变成推拉钢索的线性移动,最后连到燃油控制器上相应的杆(图 5.8-3、图 5.8-4)。

所有机械操纵系统必须调节至保证正常工作。推力操纵系统通常分成两段,一是从驾驶舱到发动机吊架,一是从发动机吊架到燃油控制器,分界点就是推力控制鼓轮。推力操纵系统调节后必须检查行程大小,确保杆能够在整个行程范围内移动。

2. 电子式操纵系统

电子式操纵系统一般由推力杆组件、推力杆角度解算器、发动机起动手柄或起动电门以及推力杆连锁电磁线圈组成(图 5.8-5、图 5.8-6)。

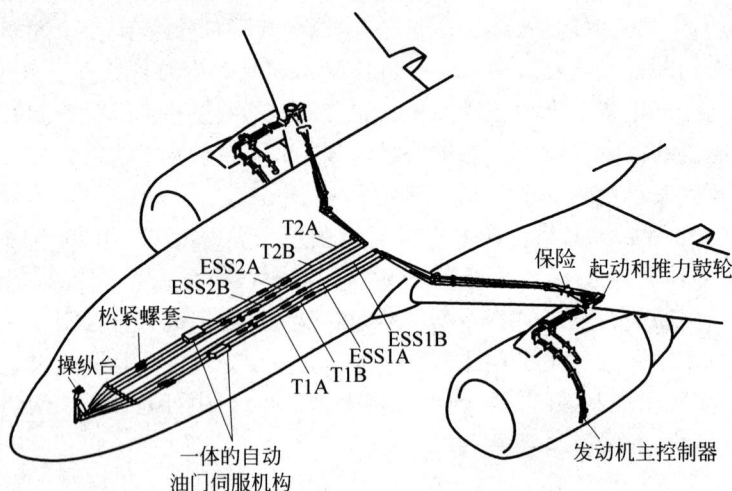

图 5.8-3　CFM56-3 发动机机械式操纵系统

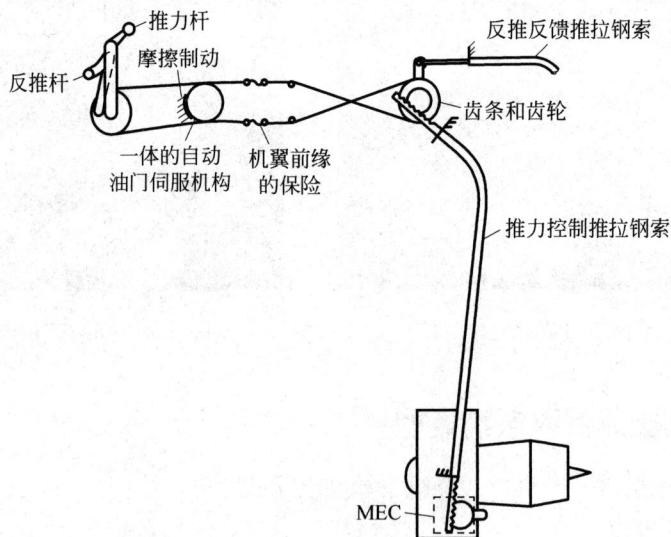

图 5.8-4　推力操纵系统

　　在使用电子控制系统的发动机上,驾驶员移动推力杆的位置,首先通到位于驾驶舱地板下面的推力杆角度解算器,解算器将推杆角度转换成电信号,送给 EEC 或 ECU。EEC(ECU)再依据驾驶员的推力要求及其他参数计算并发出控制指令,送到燃油计量装置,通过燃油计量活门控制供给发动机的燃油流量,保证飞机需要的推力。

　　反推连锁电磁线圈有两个,每台发动机一个。每个反推连锁电磁线圈限制反推力杆的运动范围。在反推力装置套筒靠近全开位置之前,不能移动反推手柄增加反推力。EEC 或者 ECU 操作这些电磁线圈。推力杆连锁电磁线圈在自动油门组件内。

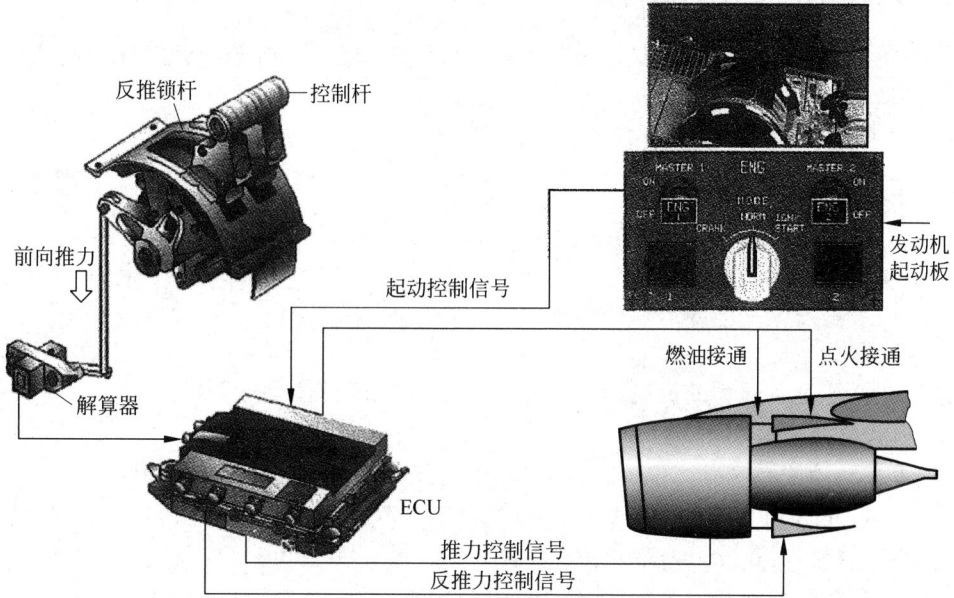

图 5.8-5　一种发动机电子式操纵系统

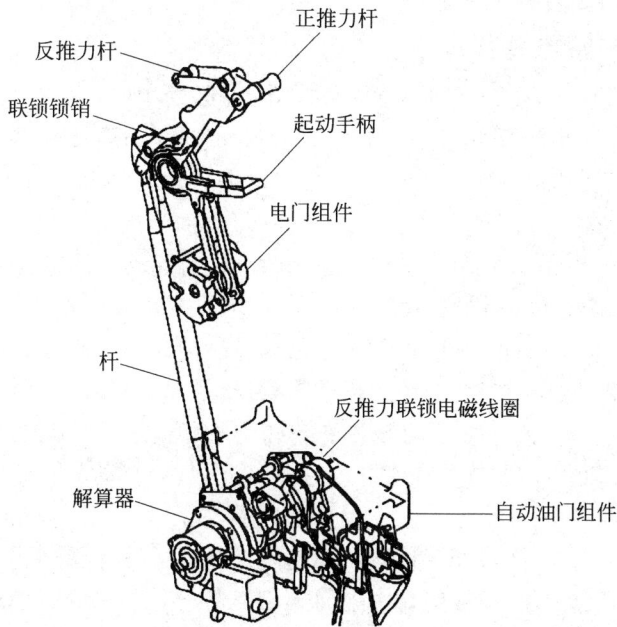

图 5.8-6　波音 737NG 操纵系统

5.8.3　发动机起动和关车操纵

　　驾驶员的起动、停车指令由驾驶舱起动杆通过发动机起动和关车操纵系统传到燃油控制器上的起动杆或停车杆。

1. 空客飞机起动和停车操纵

以 A320 起动为例说明发动机起动和停车操纵。一般发动机起动可以分为自动起动和人工起动两种模式。在自动起动时：

- 模式选择为 IGN START 位；
- 起动电门置于 ON 位，ECS 引气关断，起动活门和燃油低压活门打开，N_2 值开始上升；
- 当 N_2 上升到 16% 时，ECU 控制点火激励器 A 开始点火；
- 当 N_2 上升到 22% 时，FMV 和燃油高压关断活门打开，此时燃油喷嘴给燃烧室供油；
- 当 N_2 上升到 50% 后，起动活门关闭，点火激励器停止工作，起动完成 30s 后 ECS 引气接通。

发动机人工起动过程的控制和自动起动过程不大相同（图 5.8-7）：

- 模式选择为 IGN START 位；
- 人工起动按钮接通，MAN START ON，起动活门打开，N_2 开始上升；
- 当 N_2 上升到 20% 以上后，起动电门置于 ON 位，燃油低压活门和燃油高压关断活门同时打开，点火激励器开始点火；
- N_2 上升到 50% 后，起动活门关闭，点火激励器停止工作，起动完成 30s 后 ECS 引气接通。

停车操纵将发动机起动电门置于 OFF 即可。

2. 波音飞机起动和停车操纵

B737NG 起动过程和 A320 有所不同。737NG 在起动中，设置点火选择电门为 IGN L 或者 IGN R，起动电门置于 GRD 位，引气打开后，N_2 转速上升到 25% 左右时移动起动手柄置到 IDLE 位置，N_2 转速上升到 55% 时起动机自动断开，点火回到 OFF 位置，发动机自动加速到慢车，起动完成（图 5.8-8）。

波音 787 采用了自动起动方式，发动机起动时直接将起动手柄置到 IDLE 位置，而无须等 N_2 上升到 25%，减轻了飞行员的负担。

停车操纵时，正推力手柄必须要置于慢车位然后移动起动手柄到 CUT OFF 位。

在发动机自动起动过程中，如遭遇不正常因素，比如 EGT 超温，ECU 会自动中断起动。发动机的人工起动不具备应急自动中断的功能。不管是自动起动还是人工起动，当 MASTER 或者 MANSTART 选择在 ON 位时，ECS 引气会自动关断 30s，期间如果起动不成功，ECS 引气在 30s 后重新接通。两个点火激励器在正常情况下只有一个工作。起动过程中 EGT 最大为 725℃，超过 725℃ 将被视为超温。起动活门有超控手柄，它的作用是当起动活门失效的时候，发动机起动活门能由地面人工来打开，当发动机起动完成后，还需要将其置于关位。

发动机具有连续点火的功能，因为飞机在飞行中，当空气流不稳定或飞机自身发生某些状况时，需要连续点火来确保发动机的正常工作。以下几种情况需要连续点火：发动机防冰接通、EIU 失效、发动机空中停车、起动过程中点火延迟以及空中再起动。

发动机冷转是一个人工起动并抑制点火的过程。它有干冷转和湿冷转两种形式，干冷转是在冷转过程中不供油，湿冷转是 N_2 在上升到 15% 和 20% 间短暂供油的冷转。在控制上，冷转需要把模式选择开关调到 CRANK 位，这时 ECU 会抑制点火。

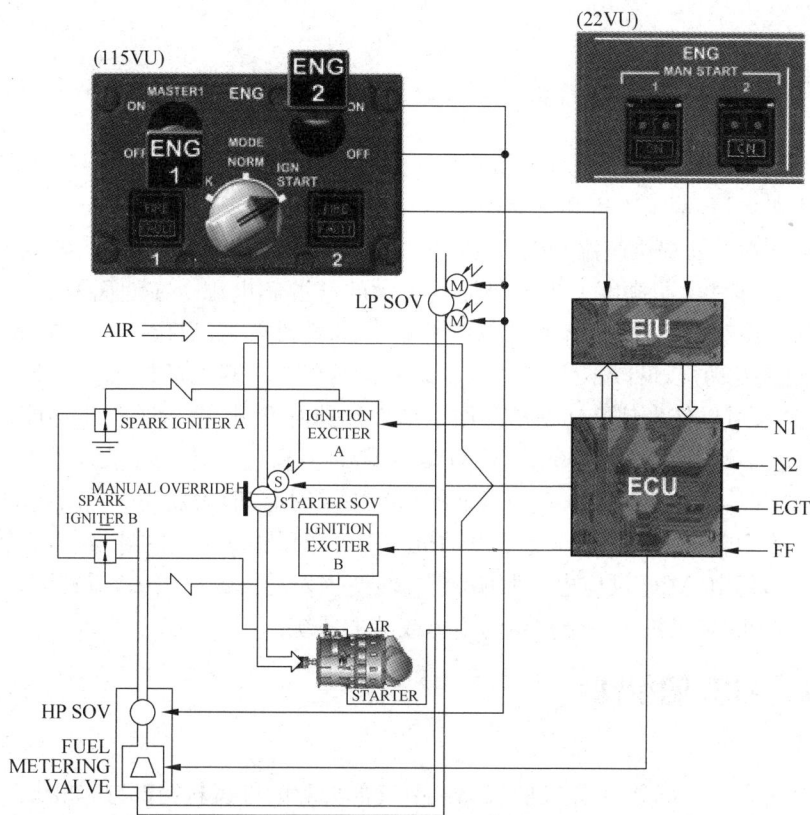

图 5.8-7 A320 发动机人工起动

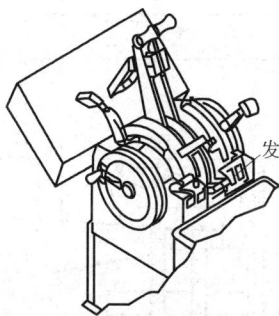

发动机起动电门　点火选择电门

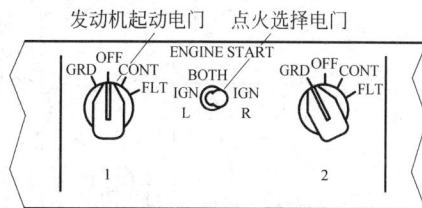

发动机起动板(P5)

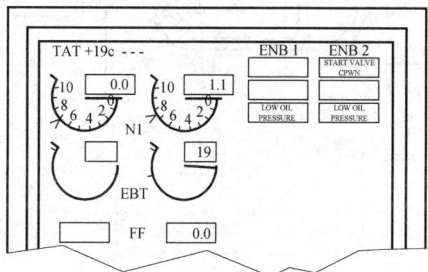

发动机起动手柄

操纵台

主发动机显示器

辅助发动机显示器

发动机起动—操作

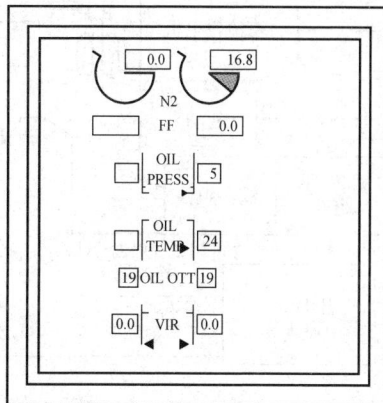

图 5.8-8 波音 737NG 发动机起动

5.9 辅助动力装置

辅助动力装置(auxiliary power units,APU)的核心部分是一台小型的燃气涡轮发动机,安装在飞机的尾部,为飞机和发动机提供气源和电源。

APU 主要在地面提供气源和电源,在空中提供备用气源和电源,现在的双发动机飞机要求 APU 在一定的飞行高度下也可以提供正常的气源和电源。在地面发动机未起动时,APU 提供的气源和电源,保证客舱和驾驶舱内的照明和空调,提供一个舒适的客舱环境。用 APU 起动主发动机,可以不依靠地面气源车和电源车。双发动机飞机在起飞和爬升过程中使用 APU,可以使发动机功率全部用于地面加速和爬升,改善了起飞性能。通常在飞机爬升到一定高度(一般为 5000m)后 APU 关闭。但在飞行中当主发动机空中停车时,APU 可在一定高度(一般为 10000m)以下的高空中及时起动,为发动机重新起动提供动力。现代化的大、中型客机上,APU 是保证发动机空中停车后再起动的主要设备,直接影响飞行安全。降落后,仍由 APU 供应电力照明和空调,使主发动机提早关闭,节省了燃油,降低了噪声。因此,APU 是飞机上一个重要的不可或缺的系统。

5.9.1 APU 的组成

APU 由三个主要部分组成:动力部分、引气部分和附件齿轮箱部分,如图 5.9-1 所示。

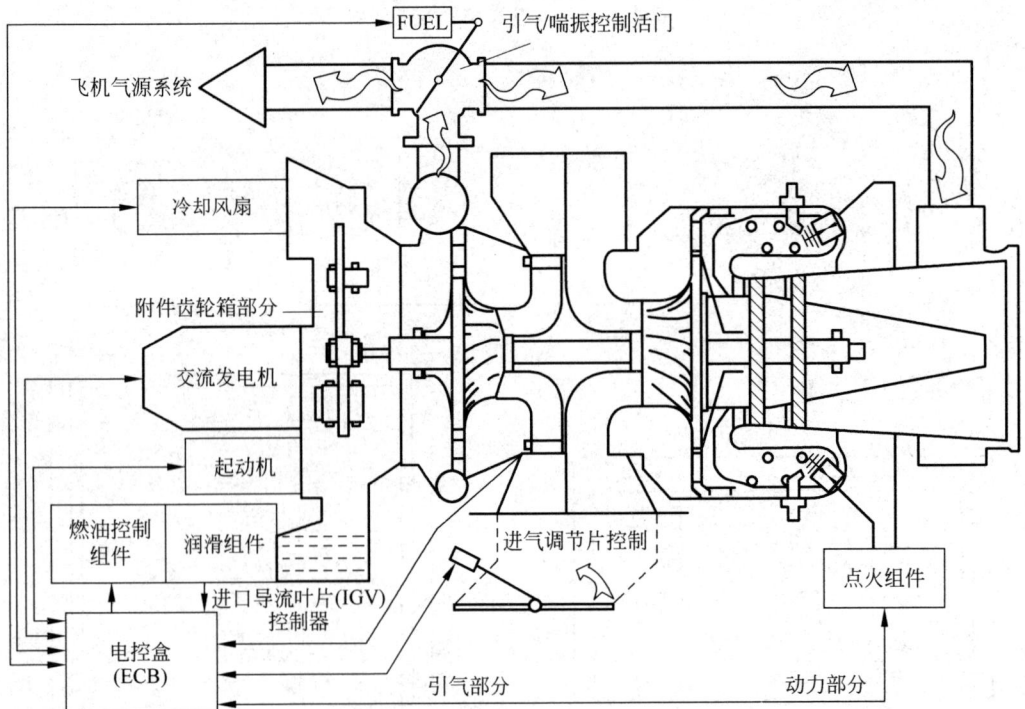

图 5.9-1 APU 的主要组成和附件

和所有的燃气涡轮发动机一样,APU 的动力部分包括压气机、燃烧室和涡轮,其作用是产生动力,驱动负载压气机和附件齿轮箱工作。APU 动力部分结构型式的选择主要考虑 APU 的特点和尺寸限制,压气机的主要功用是提供增压空气用于燃烧,主要使用 1 级或 2 级离心式压气机,这种压气机性能好、寿命长、尺寸短、不易被外来物损伤。现代 APU 的燃烧室通常使用环形回流式燃烧室,但在早期 APU 上使用单管燃烧室。在小型 APU 上使用径向内流式涡轮,现代大型 APU 上使用 2 级或多级轴流式涡轮。为保证 APU 的正常工作,动力部分和主发动机一样也包括燃油、滑油、空气、起动和点火等系统。

APU 的引气部分需要为飞机和发动机提供 30～45psi 的引气。APU 的引气供应有两种不同的方法,一种是从动力部分的压气机引气,另一种是从单独的负载压气机引气。具有单独负载压气机的 APU 效率高、寿命长,这是因为当飞机不需要引气时,可以断开负载压气机,动力部分的工作负载小,相应的 EGT 低。进入负载压气机的空气由可调进口导向叶片控制,可以根据飞机气动系统的需求改变引气空气量。

APU 的附件齿轮箱上装有起动机、交流发电机、燃油泵、滑油泵、转速表发电机、冷却风扇等。附件齿轮箱驱动的一个或两个与发动机发电机相同型号的交流发电机为飞机提供备用电源,因为 APU 工作在恒速状态,所以 APU 发电机不需要恒速驱动装置。

5.9.2 APU 的主要部件

1. APU 部件

APU 安装在飞机尾部,作为 APU 的支撑和整流罩的尾锥与机身结构相连。APU 及其部件包容在设备舱、APU 舱和消声舱内,如图 5.9-2 所示。APU 部件如进气门作动筒、灭火瓶、燃油供油管和引气导管位于设备舱。APU 本体位于 APU 舱,APU 舱内的防火墙用于防止高温火焰对机身的影响。APU 的排气管、排气消声器、热屏蔽、消声器夹和密封环位于消声舱,排气消声器用于降低排气噪声、热屏蔽保护周围区域和设备抵御排气引起的热辐射。

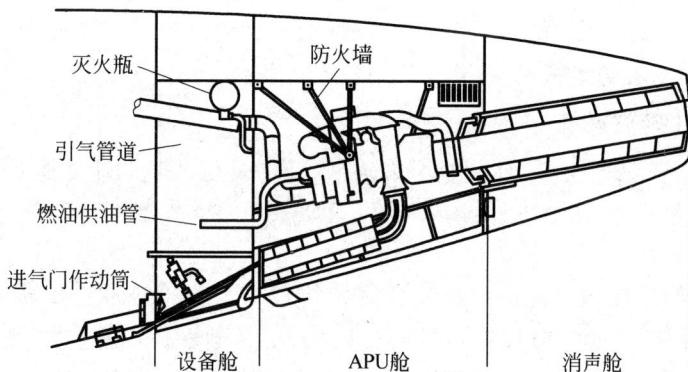

图 5.9-2 APU 的设备舱、APU 舱和消声舱

APU 的排气有两种不同类型,一种是使用排气消声器密封环阻止任何排气漏进 APU 舱,密封环也防止空气进入 APU 舱引起着火。另一种是空气冷却系统,排气由排气管排出的同时起到引射作用,周围的空气被引射进入排气消声器和热屏蔽之间的环型通道,起到冷

却消声舱的作用。

后机身底部的 APU 检查门用于对 APU 进行勤务和维护工作,通常大飞机是一个双开的大检查门,小飞机是一个单开的小检查门,如图 5.9-3 所示。打开检查门上的所有锁扣后,APU 检查门由于自重打开并且很容易推到全开位,安装在检查门内侧的撑杆可以将检查门固定在最大打开位,连接到机身铰链上的快卸销用于迅速拆装检查门。

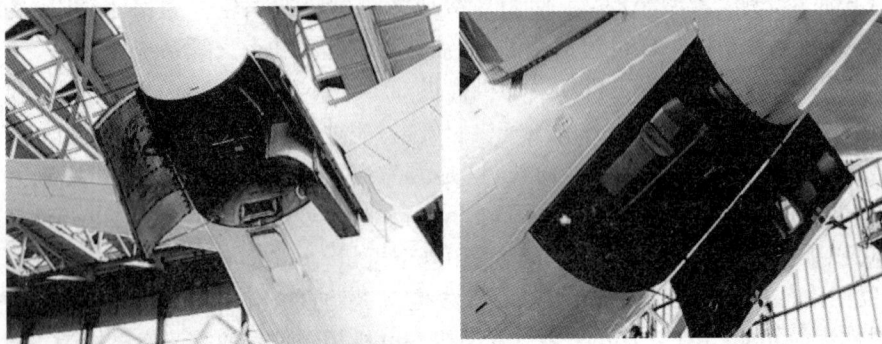

图 5.9-3　双开和单开的 APU 检查门

2. APU 进气

APU 进气系统的主要部件是空气进气门、进气门作动筒和进气道。APU 工作时进气门打开为 APU 供应空气,当 APU 停止工作时进气门关闭,进气门的设计应能防止外来物进入 APU 并减少飞行时的空气阻力。28V 直流电动作动筒用来打开或关闭 APU 进气门,APU 进气门也可以手动超控打开。APU 进气门的位置由位置电门监视,确保 APU 只能在进气门打开时运行。随着进气门的打开或关闭,位于进气门前部的调节片通过一个推拉钢索偏转,其作用是增加进入进气道的冲压空气,防止进气道的气流扰动,阻断沿着机身蒙皮流动的液体进入进气道,减少火灾的危险。APU 进气道由进口端部、管道和空气进口弯管组成,APU 进气道是一个扩散通道,引导空气进入 APU 并增加空气的静压,空气进口弯管内的进口导向叶片有助于改善空气的流动,进气道和飞机结构间的弹性密封确保气流平滑地进入进气道,也用做防火密封。

3. APU 余油排放系统

APU 余油排放系统的主要作用是汇集来自 APU 关键区域的液体泄漏和 APU 停车后排气管内的冷凝水并排放到机外,防止发生火灾和腐蚀,典型的 APU 余油排放系统如图 5.9-4 所示。

有两种类型的排放口:直接排放口和间接排放口。直接排放口汇集 APU 舱泄漏的 APU 动力部分外部的漏油和通过引射器进口进来的其他液体,通过排放管直接排放到机外。来自燃油控制组件密封、防喘控制活门密封、IGV 燃油作动筒密封、负载压气机封严和 APU 湿起动后燃烧室最低点的燃油等处的漏油,首先排放到专门的放泄油箱,放泄油箱内的排放竖管在飞行期间把液体排放到机外,排放竖管内的通风管用于补充放泄油箱内的空气。

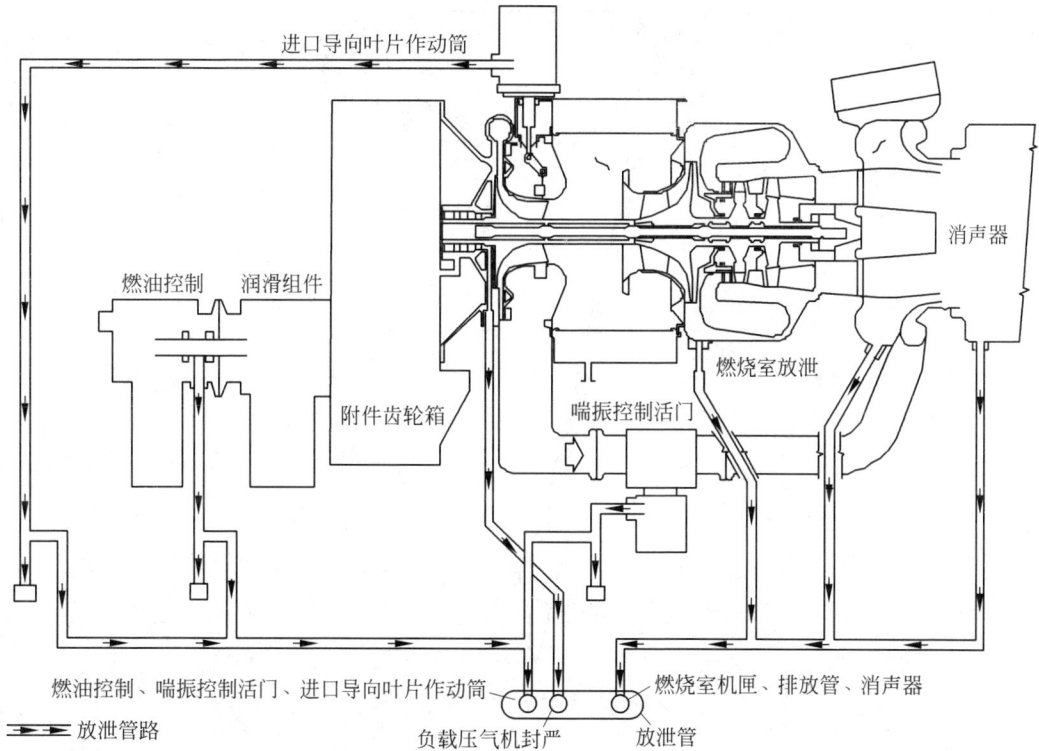

图 5.9-4　典型的 APU 余油排放系统

进口导向叶片作动筒

消声器

燃油控制　润滑组件

燃烧室放泄

附件齿轮箱

喘振控制活门

燃油控制、喘振控制活门、进口导向叶片作动筒　燃烧室机匣、排放管、消声器

放泄管路

负载压气机封严　放泄管

5.9.3　APU 系统

1. APU 燃油系统

APU 燃油系统包括从飞机燃油箱到 APU 燃油控制器的低压燃油系统和从燃油控制器到燃油喷嘴的高压燃油系统。APU 高压燃油系统与主发动机的高压燃油系统是一样的，这里我们只介绍 APU 低压燃油系统。APU 低压燃油系统的功能是将燃油从飞机油箱输送到 APU 燃油控制器，通常左主油箱为 APU 供应燃油，其他油箱通过燃油交输导管也可以为 APU 供应燃油。典型的 APU 低压燃油系统的主要部件包括 APU 燃油增压泵、燃油关断活门、供油管路和压力电门，如图 5.9-5 所示。

2. APU 空气系统

APU 空气系统包括引气和冷却两个子系统。空气引气子系统的任务是供应引气、防止喘振和控制负载压气机(如果 APU 有负载压气机)的工作。空气冷却子系统的任务是使用 APU 进口空气冷却 APU、APU 舱和一些 APU 部件(滑油冷却器、交流发电机等)。

APU 冷却系统供应冷却空气到 APU 机匣、APU 舱和 APU 滑油冷却器，在有些 APU 中也为 APU 交流发电机提供冷却空气。冷却原理是基于持久的空气流动。

3. APU 滑油系统

典型的 APU 滑油系统的功能和主要部件与燃气涡轮发动机的滑油系统基本相同，但为改善 APU 的起动过程，APU 滑油系统中有一个除油活门，在许多 APU 中滑油系统也用

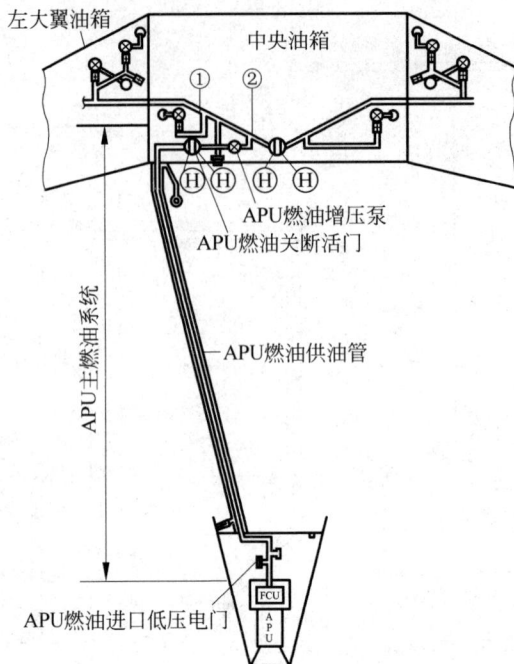

图 5.9-5　典型的 APU 低压燃油系统及部件

于冷却 APU 发电机。

　　APU 滑油系统有全流量系统和恒压系统两种,大多数 APU 滑油系统是恒压系统,系统中的压力调节活门在 APU 正常运行期间保持滑油压力恒定。

　　APU 滑油系统主要部件包括滑油箱、供油泵、滑油冷却器、滑油滤、供油管道、滑油喷嘴、回油泵和回油管道。

5.9.4　APU 的控制

1. APU 起动前的检查

　　在起动 APU 之前,必须按照起动检查表来进行安全检查。断开飞机上的所有通电设备,防止当 APU 供电时这些设备意外工作。将飞机电瓶(或单独的 APU 电瓶)开关置于 ON 位,检查电瓶电压(一般应不低于23V)。测试火警警告系统。将 APU 发电机开关和引气开关均置于 OFF 位,防止不加控制地为飞机系统供电和供气。将 APU 引气开关置于 ON 位时,APU 可以为整个气动系统供应引气。将 APU 两个燃油增压泵开关中的一个置于 ON 位,为 APU 供给燃油。

2. APU 起动

　　APU 的起动开关位于驾驶舱的上仪表板上,空客飞机是按键式 APU 主开关(MASTER SW)和起动开关(START),波音飞机是扳钮式(或旋钮式)APU 的 OFF、ON 和 START 开关,如图 5.9-6 所示。

　　当需要起动 APU 时,首先按下空客飞机上的 APU 主开关或将波音飞机上的 APU 开关置于 START 位并保持。APU 控制组件开始工作,空气进气门打开,燃油关断活门打开,

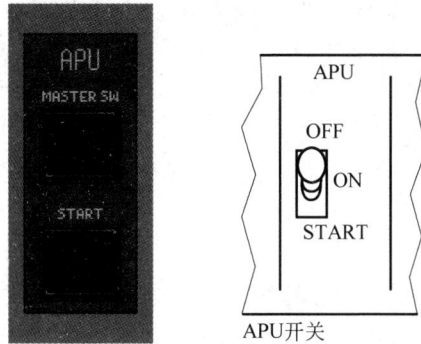

图 5.9-6　空客飞机和波音飞机的 APU 起动开关

燃油增压泵开始工作,ECAM 或 EICAS 上出现 APU 的指示页面(此时转速和排气温度都是 0℃)。

接下来按下空客飞机上的 APU 起动开关或将波音飞机上的 APU 开关松开(开关自动回到 ON 位)。APU 控制组件开始起动前检查,测试电气线路和传感器(APU 转速传感器、排气温度传感器、低滑油压力电门和滑油温度传感器)的状态,如果测试正常,APU 控制组件控制继电器闭合,APU 起动机工作;如果起动前测试不正常,则 APU 不起动。

起动机工作后,APU 控制组件控制和监视 APU 的加速过程,直到达到 100% 的转速。确保燃油空气混合气在点火最佳状态时点火和供应燃油,并随着 APU 转速的增加供应需要的燃油,最后当 APU 能够安全自运行时,点火装置停止工作,起动机自动断开。

典型的 APU 起动机的主要部件是直流马达和起动机离合器。

典型的 APU 点火系统的主要部件是:APU 控制组件、点火激励器、点火导线和电嘴。

3. APU 控制

APU 的工作主要是为飞机提供气源和电源,因此 APU 的控制(和发动机相比)是相对比较简单的恒速控制。APU 控制组件用三种运行方式来控制 APU:起动方式,从开始起动直到 100% 的转速;恒速工作方式,在工作负载变化时,保持转速恒定;停车方式,监视和控制 APU 停车,典型的 APU 控制如图 5.9-7 所示。

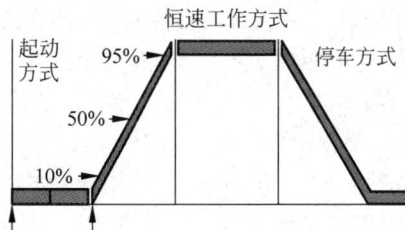

图 5.9-7　典型的 APU 起动、恒速和停车控制

1)起动加速控制

APU 控制组件根据 APU 的转速和 EGT 信号,高效、安全地控制 APU 的起动和加速过程。大约在 10% 转速时,点火并供应燃油;大约在 50% 转速时,点火装置和 APU 起动机断开;大约在 95% 转速时,为 APU 正常运行的所有控制和保护电路都已经准备就绪,APU

可以提供气源和电源。以上转速值是典型的切换点,在不同型号的 APU 上可能稍有不同。

在起动加速过程中,APU 控制组件控制燃油计量以确保 APU 在加速过程中 EGT 不超限。在 APU 起动加速过程中,EGT 逐渐增加,在 $40\%\sim50\%$ 转速时达到最大值,然后随转速的增加逐渐减小。如果在 APU 加速过程中 EGT 超限,则 APU 控制组件控制 APU 立即停止起动程序。大多数 APU 控制组件也监视 APU 的加速速率,因为长时间的低速会导致热应力过大,因此加速速率太慢 APU 也立即停止起动程序。

2) 恒速控制

在 APU 达到 100% 转速后,APU 控制组件控制 APU 在 EGT 不超限的前提下保持转速恒定。为达到恒速控制的目的,APU 控制组件比较设定转速和来自转速传感器的实际转速信号,然后改变力矩马达的信号以改变燃油计量。

在 APU 正常运行期间,APU 引气负载、电负载、空气进气温度和空气进气压力的变化都会使 APU 转速发生变化。引气负载(如空调系统的工作)和电负载(如电动液压泵的工作)的增加,都有使 APU 转速减小的趋势,APU 控制组件会增加燃油计量保持转速恒定,但相应的 EGT 将增加。空气进气温度过高将使 EGT 超限,空气进气压力的变化将改变空气的密度,因此 APU 控制组件需要空气进气温度和空气进气压力的信号来控制和优化燃油计量。

3) APU 停车控制

APU 有三种不同的停车方式:正常停车、自动停车和紧急停车。

正常停车是当 APU 工作结束后,维修人员将 APU 引气开关置于 OFF 位(关断所有引气负载),在驾驶舱按下空客飞机上的 APU 主开关或将波音飞机上的 APU 开关置于 OFF 位。将油箱燃油增压泵开关置于 OFF 位,有的飞机还要求将电瓶开关置于 OFF 位。如果维修人员直接关断 APU,则 APU 控制组件控制关断引气和电气负载,继续运转一段时间后关断燃油供应,APU 在正常冷却后停车。正常冷却所需要的时间可以由维修人员设定,在 $0\sim120\text{s}$ 之间。

自动停车是当 APU 工作时,主要工作参数超限或重要部件故障,APU 控制组件控制 APU 不经冷却而立即停车。触发自动停车的工作参数限制储存在 APU 控制组件的存储器内,维修人员使用 APU 控制组件内置的测试设备或者在现代飞机上通过在驾驶舱内的机载维护计算机可以读出这些信息。触发自动停车的主要运行极限包括排气温度过高、超速($>105\%N$)、滑油压力过低、滑油温度过高、压气机喘振、两个转速传感器全部失效、两个热电偶全部失效等故障信息。当 APU 自动停车后,维修人员应按下空客飞机上的 APU 主开关或将波音飞机上的 APU 开关置于 OFF 位,查找 APU 自动停车的原因。

当 APU 着火时,维修人员或 APU 控制组件控制 APU 紧急停车。维修人员在驾驶舱或飞机外部易于接近的位置操作紧急停车开关,如图 5.9-8 所示,APU 不经冷却立即停车。

驾驶舱的紧急停车开关多为 APU 灭火手柄或灭火按钮,飞机外部的紧急停车开关多位于前起落架、主轮舱或加油勤务面板(依据飞机的类型而不同),如图 5.9-9 所示。在有些现代飞机上,当飞机在地面上 APU 着火时,APU 控制组件自动控制 APU 紧急停车,大约 3s 后 APU 灭火系统自动实施灭火。

在进行所有与 APU 有关的工作时,为防止人身伤害和(或)损坏飞机,必须遵守飞机维

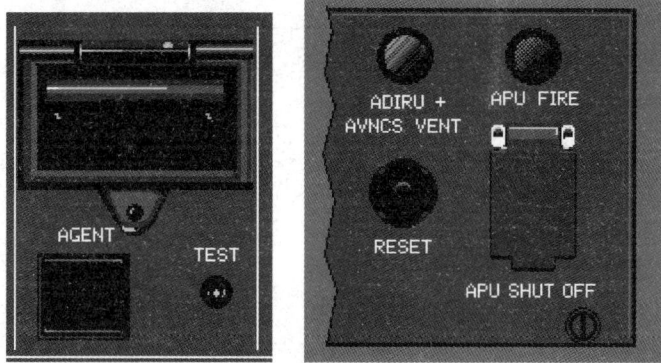

图 5.9-8 APU 的驾驶舱灭火按钮和飞机外部的紧急停车开关

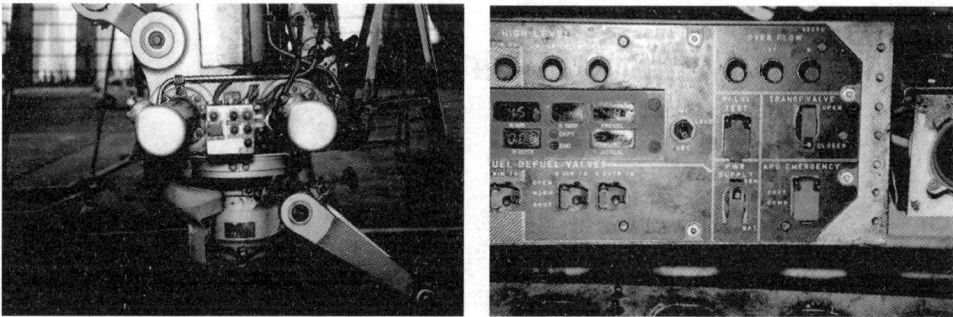

图 5.9-9 位于前起落架或加油勤务面板的 APU 紧急停车开关

护手册(AMM)的安全程序。燃油和滑油是有毒的,应确保使用正确的个人防护。必须等到 APU 彻底冷却后,才可以接近 APU。打开 APU 检修门工作时,必须系安全带,准备正确的消防设备。

第6章

飞机电源系统

6.1 概述

6.1.1 飞机电源系统的功用和组成

1. 飞机电源系统的功用

所有飞机都要使用电能,其主要用途是:

(1) 电能转换成热能,如厨房用电、电热防冰类负载等;

(2) 给电子设备供电,如计算机、显示器、传感器、控制器等;

(3) 电能转换成机械能,如电动油泵、电动风扇、电磁活门等;

(4) 照明,如驾驶舱、客舱照明,航行灯、着陆灯等。

2. 飞机电源系统的组成

飞机电源系统主要由电源、控制及保护装置和供配电网络等几个部分组成。

1) 电源

为了保证飞机在各种情况下的正常供电,按照电源的来源和用途,飞机电源系统由主电源、辅助电源、应急电源、二次电源和地面电源组成,如图 6.1-1 所示。

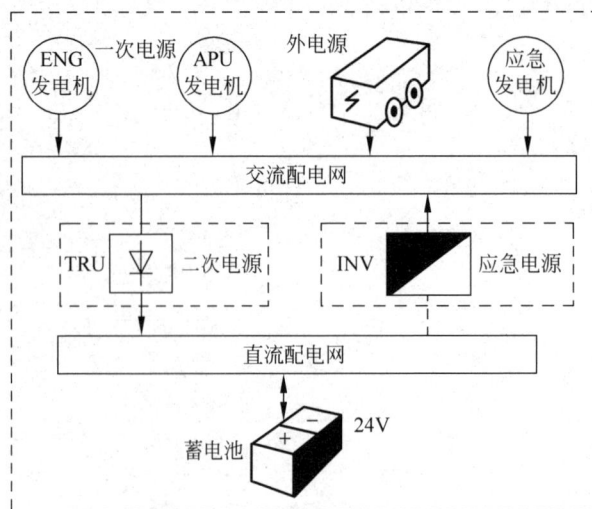

图 6.1-1 飞机电源系统组成示意图

主电源：是指由航空器发动机驱动的发电机所提供的电源。

辅助电源：是指由辅助动力装置(APU)驱动的发电机或机载电瓶提供的电源,飞机在地面或空中主发电机失效时,可以由 APU 发电机提供电源。

应急电源：飞机在飞行中主电源失效时,飞机上的关键设备由应急电源供电。应急电源有机载电瓶、变流机(器)、冲压空气涡轮发电机(RAT. G)、液压马达驱动的发电机(HMG)等。

二次电源：是将主电源一种形式或规格的电能转变为另一种形式或规格的电能,以满足不同用电设备的需要。如变压整流器(TRU)和变流机(器)(INV),前者将 115/200V 的交流电变成 28V 直流电,后者将 28V 直流电变成 115V 交流电。

地面电源：飞机在地面时,由地面电源车或逆变电源向飞机供电。

2) 控制及保护装置

飞机电源系统的控制包括对发电机进行调压、发电机的励磁控制、发电机输出控制、发电机并联控制和汇流条控制等。电源系统保护装置的作用是当电源系统发生故障时,切断发电机的励磁和输出。如交流电源系统设置的保护项目有过压(OV)、欠压(UV)、过频(OF)、欠频(UF)、过流(OC)、差动(DP)等保护；直流电源有过压(OV)、反流、过载等保护。

3) 供配电网络

发电机到负载的供配电网络的作用是将电能输送到负载,主要包括汇流条、电源分配系统(配电)、过流(短路)保护器(跳开关)等。

6.1.2 飞机主电源系统的种类

飞机的主电源主要有两种形式,一种是直流电源,一种是交流电源。早期的航空器大多采用直流电源,现代航空器大多采用交流电源。根据适航要求,为了保证飞行安全,所有运输用航空器必须安装有直流备用电源系统。

传统的低压直流发电机容量较小,一般为几千瓦到十几千瓦,电压采用 14V DC 或 28V DC。小型飞机一般以直流电源为主电源,直流电源由有刷直流发电机(DC generator)、交流—直流发电机(DC alternator)或航空蓄电池提供,机载设备所需的交流电由旋转变流机或静止变流器(INV)提供。低压直流电的优点是采用单线配电,安全性高,导线重量相对较轻,控制保护设备简单,适用于用电量比较小的飞机。

270V 高压直流电源系统采用无刷直流发电机,电网重量也大大减轻,但由于 270V 高压直流电绝缘防护要求高,控制相对复杂,变压比较困难,目前在民航运输机上没有得到广泛应用。但某些大型飞机上的部分用电设备采用 270V 高压直流供电,是由 115/200V 经全波整流得到的直流电。

现代大中型飞机都采用交流电作为主电源。交流电源与直流电源相比,主要有以下优点：

(1) 交流发电机采用无刷发电机,没有换向问题,减少了噪声、电磁干扰和维护工作量；

(2) 交流电源电压等级高,发电机输出功率大,发电机和配电导线重量轻；

(3) 交流—交流、交流—直流的电压变换容易,功率损耗小。

由于交流电源优点突出,现代大型运输机大都采用交流电源作为主电源。无刷交流发电机的容量大,目前的单机容量已经超过了 250kV·A,电压等级有 115/200V 和 230/400V

两种,目前除了 B787 飞机的主发电机采用 230/400V 外,其余机型的主发电机都是 115/200V。

交流电源分为恒频交流电和变频交流电两大类,前者的额定频率为 400Hz,后者的频率范围一般在 360～800Hz。在以交流电为主电源的飞机上,所需直流电源由变压整流器(TRU)或航空蓄电池提供。

随着航空新技术的发展,飞机自动化程度越来越高,对电源容量的要求也越来越大。表 6.1-1 列出了典型主流机型的电源容量。

表 6.1-1　各种飞机的电源容量

飞 机 型 号	投入使用年份	发电机总功率			总功率/kV·A 或 kW
		直流/kW	交流/kV·A		
			变频	恒频	
DC2	1932	1.5			1.5
DC3	1935	3			3
DC4	1939	12			12
SIEBEL	1945	4			4
MYSERE IV A	1952	6			6
CARAVELLE	1955	27			27
BREGUET ALIZE	1956	12	20		32
BOEING 707	1958			160*	160*
CARAVELLE SAS	1961	27	36		63
BREGUET ATLANTIC	1961	18	140	24	182
TRANSALL	1962		180	18	198
SUPER FRELON	1964	27		28	55
DC8	1966			160	160
BOEING B737	1966			80	80
LOCKHEED C5A	1968			240	240
CONCORDE	1969			160	160
BOEING B747	1969			360*	360*
AIRBUS A300	1972			270*	270*
MIRAGE 2000	1980			40	40
BOEING B767	1981			270*	270*
ATR 42	1983	24	40		64
AIRBUS A320	1987			270*	270*
RALALE	1990		80	1.2	81.2
AIRBUS A340	1991			415*	415*
AIRBUS A330	1993			345*	345*
AWACS				675	675
BOEING B777	1995			360*	360*
AIRBUS A380	2006		840*		840*
B787	2007		1470*		1470*

注: * 表示包括 APU 发电机。

6.1.3 飞机电网的线制及参数

1. 电网的线制

目前的民航运输机其机体结构一般是金属及其合金,因此电网和负载可以利用机体构成回路。当飞机机体结构采用金属材料时,可以起到地线或中性线的作用,一般是电源的"负端"或中性线接于飞机机体上,负载可以接在正线或火线与机体之间。这种电网结构减少了电缆数量,减轻了电网的重量,简化了安装和维护工作。直流电源都采用这种接法。但新型飞机如 B787 的机体结构大量采用非金属复合材料,需要专门设置零线。

目前大多数采用金属材料作机体结构的飞机,三相交流电源普遍采用负线或中性线接机体的电网构型。中性线接于机体的三相交流电源系统如图 6.1-2 所示。同时,这种供电方式还可以提供两种规格的电压,即相电压 115V 和线电压 200V。

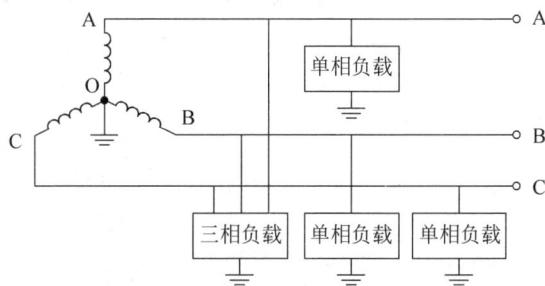

图 6.1-2 以机体为中线的三相四线制

2. 飞机电网的参数

飞机供电系统的基本参数包括电压、频率、相数等,这些参数与供电系统、配电系统和用电设备的性能、体积、重量和制造成本等有着密切的关系。现代飞机供电系统的基本参数如下:

(1) 低压直流电源:电压为 14V DC 或 28V DC,一般采用单线制。

(2) 恒频交流电源:电压为 115/200V AC,频率为 400Hz,三相四线制。

(3) 变频交流电源:电压为 115/200V AC 或 230/400V AC,频率为 360~800Hz(其中窄变频为 360~650Hz,宽变频为 360~800Hz),三相四线制。

(4) 高压直流电源:电压为 270V DC,单线制或双线制。

6.2 航空蓄电池

6.2.1 航空蓄电池的基本知识

1. 航空蓄电池的功用

根据适航要求,任何飞机必须安装应急直流电源。航空蓄电池(或称电瓶)是最基本的应急直流电源。当飞机在飞行过程中主电源和其他辅助电源都失效后,必须由蓄电池向飞机上的重要设备供电,以维持飞机紧急着陆。适航条例规定,在应急情况下,电瓶应至少能维持 30min(双发延程飞行(ETOPS)为 1h 以上)向重要设备供电。

概括起来说,电瓶的主要功用有:①在飞机直流电源系统中,切换大负载时起到维持供电系统电压稳定的作用;②用于起动发动机或 APU;③在应急情况下,向重要的飞行仪表和导航设备等供电,以保证飞机安全着陆。

目前飞机上常用的电瓶有酸性和碱性两种,大型飞机大多采用碱性电瓶,锂电池也在飞机上得到了应用,如 B787 飞机,而小型飞机主要采用酸性电瓶。飞机电瓶为时控件,装机一定时间后必须离位,在内场(电瓶维修车间)进行检查、充电、容量检测和维护,以消除电瓶固有的记忆特性(镍镉蓄电池),恢复其额定容量,确保飞机飞行安全。当电瓶的实际容量达不到额定容量的 85% 时,就不能装机使用。电瓶离位检查的时间间隔与其型号及所安装飞机的机型有关,如我国某航空公司机队维修方案中要求的机载电瓶送进内场检查和测试的时间间隔如表 6.2-1 所示。

表 6.2-1　不同飞机电瓶离位检查的时间间隔

机　　型	时间间隔(FH:飞行小时;或 DAYS:天)
EMB145	600FH
B737CL	750FH
B737NG	1000FH
B747	1800FH
B757	2000FH
B777	400DAYS
A319/320/321	1000FH
A330	365DAYS

2. 航空蓄电池的常用术语

1) 放电速率

放电速率(discharging rate)简称放电率,常用时率和"C"速率(倍率)表示。时率是以放电时间表示的放电速率,即以某电流放电至规定终止电压所经历的时间。例如某电池额定容量为 40A·h,以 5 小时率(表示为 C_5)放电,则该电池应以 8A 电流放电。

"C"速率常用来描述电瓶的充放电速率,单位为 A。将充足电的电瓶用 1h 放电至终止电压的放电速率称为 1C,如容量为 40A·h 的电瓶,以 1C 的放电速率放电,则放电电流为 40A;以 $C/2$ 放电则为 20A;以 0.1C 放电(或充电),则其放电(或充电)电流为 4A。

2) 额定电压

额定电压(nominal voltage)是指蓄电池以 2 小时率放电(即电瓶充满电后用 2h 放电到终止电压),并放出 80% 的电量时,电瓶所能维持的电压。如航空蓄电池的额定电压为 24V,指的是充满电后的电瓶以 2 小时率放电,当放出 80% 的电量时,蓄电池应能维持在 24V。而实际的电瓶充满电后的电压一般达 28V 以上。

3) 放电终止电压

放电终止电压(the endpoint voltage)是指电瓶以一定电流在 25℃ 环境温度下放电至能反复充电使用的最低电压。

一般单体铅酸电池终止电压为 1.8V。铅酸航空蓄电池由 12 个单体电池串联组成,因此铅酸电瓶的放电终止电压为 21.6V。单体碱性电池的放电终止电压为 1V,碱性电瓶由

19 个或 20 个单体电池组成,因此其放电终止电压为 19V 或 20V。

4)容量

充满电的蓄电池在一定放电条件下所能放出的电量称为容量(capacity),容量的单位为安培小时,简称安时(A·h)或毫安时(mA·h)。1 个安培小时是指电瓶用 1A 电流向负载放电,可以持续放电 1h。此外,蓄电池的容量可以分为理论容量、实际容量和额定容量。

理论容量是指蓄电池极板上的活性物质的质量按法拉第电解定律计算而得到的最高理论值。为了比较不同系列电池理论容量上的差异,常用"比容量"的概念,即单位体积或单位质量电池所能放出的理论电量,单位为 A·h/kg 或 W·h/kg。例如,常用的酸性电瓶的比容量为 0.79A·h/kg,而碱性电瓶可达到 1.11A·h/kg。可见,碱性电瓶的比容量高于酸性电瓶,这表明在相同容量下,碱性电瓶的体积重量更小。这也是现代飞机上大都采用碱性电瓶的原因之一。

实际容量是指电瓶在一定条件下所能输出的实际电量。它等于放电电流与放电时间的乘积,单位为 A·h。一般情况下,实际容量小于理论容量。因为组成一个实际电瓶时,除了活性物质外,还包括非反应成分,如外壳、导电零件等,同时还与活性物质被有效利用的程度有关。电池的实际容量主要与电池正、负极活性物质的数量及利用率有关。活性物质的利用率主要与放电速率、放电形式、放电温度及电极的结构和制造工艺等因素有关。

额定容量(rated capacity)也叫保证容量,是按照国家或有关部门颁布的标准,保证电池在一定放电电流和温度下放电到终止电压时应达到的容量。我们常说的电瓶容量一般指额定容量。

从理论上讲,1 个 100A·h 的电瓶用 100A 放电时应能放电 1h,50A 可以放电 2h,20A 可以放电 5h。但实际情况并非如此。对碱性电瓶来说,上述结论基本正确(碱性电瓶内阻很小)。而对于酸性电瓶,大电流放电时由于极板迅速被硫酸铅覆盖,使电瓶内阻增加,电瓶容量迅速下降,这也是酸性电瓶的主要缺点之一。例如,一个 25A·h 的酸性电瓶用 5A 放电能放 5h,用 48A 放电则只能维持 20min,其实际容量仅为 16A·h,如用 140A 放电仅用 5min 就放完了,电瓶的实际容量下降到了 11.7A·h。

从电瓶结构和使用条件考察,影响电瓶容量的因素主要有 5 个方面:①极板面积的大小;②极板活性物质的多少;③电解液的密度;④放电时的温度;⑤放电速率和放电方式。

增大极板面积,增加活性物质的数量,电瓶的容量将增加。但在电瓶结构之外,电瓶的新旧程度、电解液密度、放电温度、放电电流的大小等就成为影响容量的主要因素。其中放电电流大小和放电温度的影响最大。例如,在 50°F(10℃)时,一个充满电的酸性电瓶以一定电流可以放电 5h,但在 0°F(−18℃)时以同样电流放电只能放电 1h。因为当温度下降时,化学反应的速度变慢。镍镉电瓶对放电温度及放电率敏感度较低,但随着温度的降低,放电容量也会减小。电瓶容量与温度之间的关系如图 6.2-1 所示(放电速率为 1C)。

充放电速率对电瓶的输出容量也有影响,实践表明,用较小电流对电瓶充电比大电流(不包括快速充电)充电,在同等条件下,电瓶能放出的电量更多,因此,一般采用 C/2 及以下的小电流充电。在同等条件下,放电速率越大,容量越小。例如,一个由 20 个单体电池串联组成的、额定容量为 40A·h 的镍镉电瓶,其放电终止电压为 20V,当用 1C 放电时,其容量约为 42A·h,10C 放电时容量大约只有 25A·h,而用 20C 放电,则电压马上低于 20V,如图 6.2-2 所示。

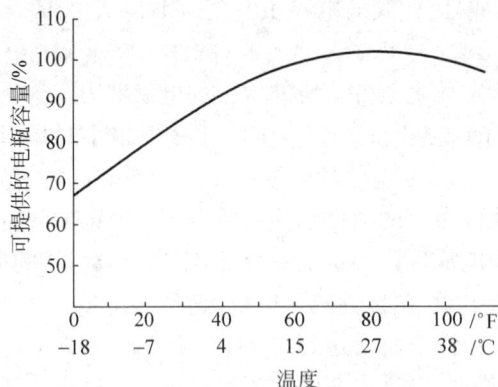

图 6.2-1　电瓶容量与温度的关系

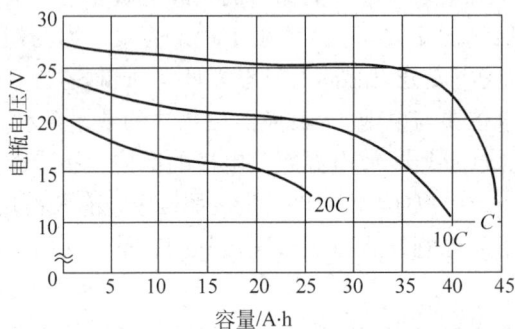

图 6.2-2　容量与放电率的关系

随着充放电次数的增加,电瓶容量会逐步下降,一般当实际容量低于额定容量的 85% 时,就不能装上飞机使用。

此外,电解液的密度与电瓶容量的关系也不是单调的,密度太大或太小都会导致电瓶容量下降,只有在规定密度值下,电瓶的容量才能达到最大值。

5) 内阻

蓄电池的内阻(internal resistance)使电流通过电池内部时受到阻力,使蓄电池的输出电压降低。蓄电池的内阻不是常数,在放电过程中会随时间不断变化,这是因为活性物质的组成、电解液密度和温度都在不断变化。

蓄电池的内阻包括欧姆电阻和极化电阻。欧姆电阻主要由电极材料、电解液、隔膜的电阻以及各部分的接触电阻等组成,它与电池的结构、制造工艺及装配的松紧度等有关,并遵循欧姆定律。其中电解液的密度太高或太低都会导致内阻增大,因此在维护过程中,电解液的密度必须依据制造厂家给出的参数确定。

电瓶在充放电过程中,正、负极板进行电化学反应时极化引起的内阻称为极化电阻。极化电阻主要与电池的工作条件有关,放电电流和温度对其影响很大。在大电流放电时,电化学极化和浓差极化(极板附近的电解液浓度与相对远离极板的电解液浓度不同)均增加,使极化电阻增大。温度降低对离子的扩散有不利的影响,使化学反应速度变慢,故在低温条件下,蓄电池的极化电阻将增加。

一般飞机上常用的酸性电瓶的内阻为 30mΩ 左右,而碱性电瓶内阻只有 10mΩ 左右。

6) 自放电

电池的自放电(self discharging)是指电池在存储期间容量降低的现象。当极板或电解液中含有杂质时,就容易组成腐蚀微电池,消耗电极材料,导致容量降低。此外,当电池表面有导电物质或放置在潮湿及高温的环境中时,也会加剧电池的自放电。

7) 深度放电

深度放电(deep discharging)主要用于碱性电瓶。当电瓶进行离位检查时,需要在内场进行深度放电,主要用于消除碱性电瓶固有的记忆效应和电瓶在反复充电后产生的单体电池电压不平衡现象(尤其是在飞机上采用恒压充电时比较严重),以恢复电瓶的容量。

深度放电就是在电瓶放电到终止电压后,继续放电,把所有电量都放完,再用短路夹短接单体电池的两端。

8) 充电效率

当蓄电池充电时,有一部分电量消耗在水的分解上,同时由于蓄电池存在内阻,其消耗的能量都以热量的形式释放掉。此外,充入电瓶的电能也不能全部输出,因为自放电、电极活性物质的脱落、活性物质结块等问题也降低了实际的输出容量。一般情况下,充电输入的安时数是额定安时数的140%的情况下,就可以认为电瓶已经充满电。

9) 使用寿命

在规定条件下,电瓶的有效寿命期限称为使用寿命(life)。电瓶的使用寿命包括使用期限和使用周期。使用期限是指电瓶可供使用的时间,包括电瓶的存放时间。使用周期是指电瓶可供重复使用的次数。电瓶每经历一次全充电和全放电称为一个周期或一个循环。若以循环方式考核,铅酸电瓶的使用寿命为300~500次或更多;碱性镍镉电瓶的使用寿命较长,为500~1000次。

采用正确的充电和维护方法,可以延长电瓶的使用寿命,因此电瓶的维护和保养十分重要。几种常用蓄电池的主要性能对比如表6.2-2所示。

表 6.2-2 几种常用蓄电池主要性能对比

性能项目	铅酸电池	镍镉电池	镍氢电池	锂离子电池	聚合物锂电池
标称电压/V	2.0	1.2	1.2	3.6	3.6
比容量/(W·h/kg)	30~50	50~80	65~120	120~190	130~200
每月自放电率/%	5	20	30	<10	<10
循环寿命/次	300~500	500~1000	300~500	500~1000	500~1000
记忆效应	无	有	有	无	无
工作温度/℃	−20~+60	−40~+60	−20~+60	−40~+60	−40~+60
维护周期/月	4	1.5	2.5	3~6	3~6
污染状况	Pb污染	Cd、Ni污染	Ni污染	无	无

3. 蓄电池的充电方法

充电是蓄电池日常维护管理的重要工作,充电设备和充电技术是做好充电工作的重要技术基础。目前所用的电瓶充电设备种类繁多。从充电方式看,有恒压充电、恒流充电和恒压恒流充电等几种方式。由于电瓶充满电后存在自放电现象,因此为了维持电瓶的容量,在飞机上还采用浮充电方式。

1) 恒压充电方式

恒压充电(constant potential charging)是指在充电过程中,充电电压恒定不变,同时,充电设备的输出电压应高于电瓶电压。由于充电初期蓄电池的电动势较低,因此恒压充电时初始充电电流很大,随着充电的进行,电流逐步减小。恒压充电曲线如图6.2-3所示。

恒压充电方式的优点是:①在充电设备能提供足够充电电流的情况下(大于10C),充电速度快。在开始充电的30min内,就可以将完全放电的电瓶充到90%的容量;②充电设备简单;③电解液的水分损失比较小。

恒压充电的缺点是:①冲击电流大。当电瓶完全放电以后,电压很低,而充电电压保持不变,这时冲击电流很大。如一个40A·h的电瓶,冲击电流可能达到400A。②由于各单体电池的内阻、极板、电解液不能完全一样,恒压充电时,每个单体电池分配的电压不相等,容易造成单体电池充电不平衡,有些单体过充,有些单体充不足。③当充电设备的电压设定过高或过低时,容易造成电瓶过充或充电不足。对碱性电瓶容易造成"热击穿"(thermal runaway)和"容量下降"(capacity fading)。

为了防止冲击电流过大,损伤电瓶和充电设备,有些充电设备采用恒压限流的充电方式,即在电瓶开始充电时限制充电电流的大小,但充电时间会相应延长。

2) 恒流充电方式

恒流充电(constant current charging)是指在充电过程中,电流维持恒定,充电设备的输出电压随电瓶电压的变化而改变。恒流充电曲线如图6.2-4所示。

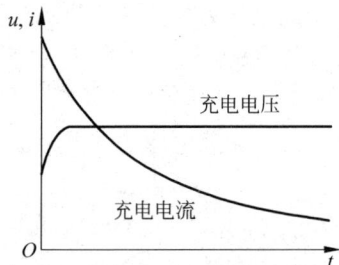

图 6.2-3　恒压充电曲线　　　　　图 6.2-4　恒流充电曲线

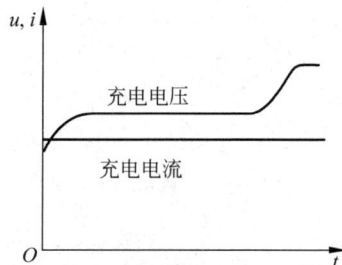

恒流充电方式的优点是:①没有过大的冲击电流;②不会引起单体电池充电不平衡;③容易测量和计算出充入电瓶的电能(A·h)。目前电瓶离位充电大多采用这种充电方式。

但恒流充电也有一些缺点,主要有:①开始充电阶段的电流较小,在充电后期电流又过大,而且充电时间较长;②过充时析出气体多,对极板冲击大,能耗高,电解液水分损失相对要多;③充电设备比较复杂。

采用二阶段恒流充电法(stepped constant current charging)可以克服恒流充电时间长的缺点,一般采用大电流(也称为主充)(1C)充1h,再用小电流(也称为过充)(C/10)充4h。这种充电方式可以有效地克服恒流充电法充电时间长的缺点,并且减小了充电过程中的水分损失,但充电设备比较复杂。没有大、小电流自动转换功能的充电设备需要人工调节。

实现恒流充电有两种基本方式,一种是采用模拟控制的方法实现电流恒定,另一种方法是采用脉宽控制方法。

恒流充电方式能有效防止碱性电瓶的容量下降(capacity fading),因此得到了广泛应用。

3) 恒流恒压充电方式

恒流恒压充电方式(constant current constant potential charging)是在电瓶开始充电时采用恒流充电方式,充电一定时间后自动转换到恒压充电方式。这种充电方式集中了恒压、恒流充电的优点,克服了恒压、恒流充电的不足,但充电设备比较复杂。现代飞机上安装的充电器大多采用这种方式,如图 6.2-5 所示。当恒电流充电(38A·h 电瓶)至预定的电压值后,改为恒电压充电,同时充电器还可以作为 TRU 向飞机提供直流电源。

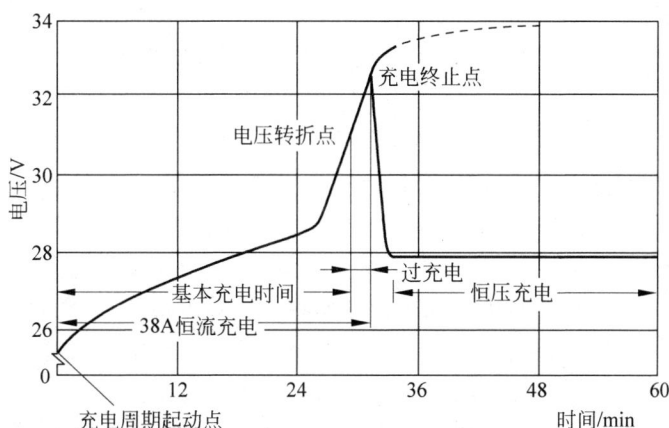

图 6.2-5　恒流恒压充电曲线

4) 快速充电方式

为了能够最大限度地加快电瓶的电化学反应速度,缩短电瓶达到满充状态的时间,同时尽量减轻电瓶正、负极板的极化现象,提高电瓶的使用效率,可以采用快速充电方式(fast charging)。快速充电主要有脉冲式充电法和 Reflex™ 快速充电法等。

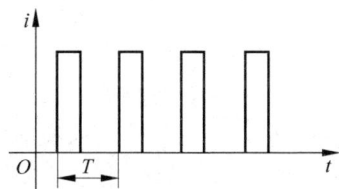

图 6.2-6　脉冲式充电曲线

脉冲充电方式首先是用脉冲电流对电瓶充电,然后让电瓶停充一段时间,如此循环,如图 6.2-6 所示。充电脉冲使电瓶充满电量,而间歇期使电瓶经化学反应产生的氧气有时间重新化合而被吸收掉,使浓差极化和欧姆极化自然而然地得到消除,从而使下一轮的恒流充电能够更加顺利地进行,使电瓶可以吸收更多的电量。脉冲间歇充电使电瓶有较充分的化学反应时间,从而有效减少析气量,提高电瓶的充电电流接受率。

Reflex™ 快速充电法是美国的一项专利技术,它主要面对的充电对象是镍镉电池。Reflex™ 快速充电法的充电曲线如图 6.2-7 所示,在一个工作周期内,包括正向充电脉冲、反向瞬间放电脉冲以及停充维持 3 个阶段。由于它采用了新型的充电方法,有效减小了浓差极化和欧姆极化,大大降低了电瓶的充电时间,但充电设备比较复杂。虽然有些航空公司已经购买了这种设备(如 RF-80K 电瓶充电/分

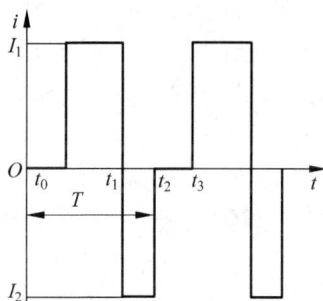

图 6.2-7　Reflex™ 快速充电法的充电曲线

析仪),但大多数部件维修手册(CMM)中还没有推荐这种充电方法。

Reflex™快速充电时,为了缩短充电时间(充电时间为1h),一般采用大电流($\geqslant 2C$)充电。但是,大电流充电会使电池产生极化现象。所谓极化现象是指电瓶在充(放)电过程中,尤其是大电流充(放)电时,电池的极板电阻增加(欧姆极化);另一方面,造成正、负极板附近电解液浓度与其他地方不一样(浓差极化),从而使电化学反应速度减慢,导致温度上升,析气增加。为了克服电池极化,在充电过程中加入放电和停止脉冲,即采用充电($t_0 \sim t_1$)→放电($t_1 \sim t_2$)→停止($t_2 \sim t_3$)→充电模式,当然是充入的电量多,放出的少。这种充电方式能有效克服电池的极化现象,消除碱性电瓶的记忆效应,充电效率高,速度快,因此在航空和地面电瓶充电中得到了广泛应用。但这种方法容易出现过充或单体电池损坏的后果。充电时要严格按照程序进行。

注意:有些电瓶(尤其是密封式电瓶)不能用 Reflex™快速充电法充电,如 EAGLE PICHER 密封式电瓶,在厂家的电瓶维护手册上有明确规定,在电瓶维护和充电时一定要注意。

5) 浮充电

由于电瓶存在自放电现象,因此为维持电瓶容量不减少,必须对充满的电瓶进行浮充电(float charging)。在飞机上进行浮充电时,将电瓶连接到比电瓶电压略高的直流电源上,一般直流电压应为 28V。浮充电电流的大小与电瓶的环境温度、清洁程度和容量有关。在 $15 \sim 33℃$ 范围内,对于碱性电瓶来说,$1A \cdot h$ 需要的浮充电电流约为 3mA(酸性电瓶略高),一个 $40A \cdot h$ 的电瓶需要的浮充电电流为 120mA 左右。当温度升高时,浮充电流应有所增加。

6.2.2　铅酸蓄电池

1. 结构

飞机上常用的酸性蓄电池为铅蓄电池。构成铅蓄电池的主要部件是正负极板、电解液、隔板和电池槽,此外还有一些附件,如端子、连接条、排气栓等。

航空铅酸电池由 12 个单体电池串联组成,每个单体电池的输出额定电压为 2.1V。单体电池的极板由铅-锑合金栅架组成,其中锑含量为 7%～10%。正极板上涂有糊状的二氧化铅(PbO_2),负极板上涂有金属铅(Pb)。二氧化铅和金属铅都是参与化学反应的有效材料,称为活性物质。为充分利用活性物质,极板多为疏松多孔状,以便电解液渗入。正负极板间的隔板由多孔的高绝缘性能材料制成。电解液为稀硫酸(H_2SO_4)。为了减轻重量,航空蓄电池的电解液相对较少,而密度相应增加,密度为 $1.280 \sim 1.300g/cm^3$ (25℃)。因为单体电池的内阻随正、负极板的距离变大而迅速变大,为了减小内阻,极板之间的隔隙应尽可能小。单体电池装在防酸容器中。由于电池工作时有气体逸出,所以每个单体电池上方都装有泄气阀(排气栓),用于排出气体,但电解液不会因为飞机机动飞行而溅出。图 6.2-8 所示为单体电池的结构。

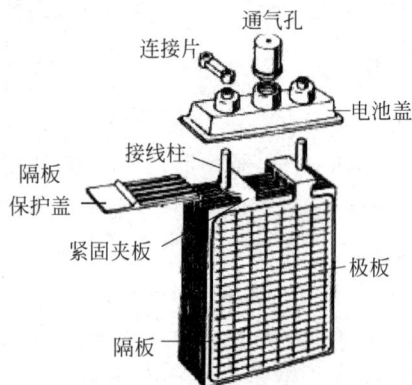

图 6.2-8　单体电池的结构

2. 充放电原理

铅酸蓄电池正极板上的活性物质是二氧化铅(PbO_2),负极板上是金属铅(Pb),电解液为稀硫酸(H_2SO_4)。

当蓄电池和负载接通以后,电池就开始放电,电子从负极板流向正极板,如图6.2-9所示。

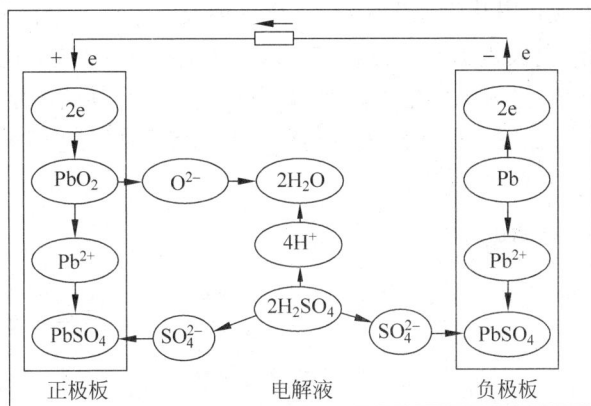

图6.2-9 铅酸蓄电池放电时的化学反应示意图

接通电路后,电解液中的 H_2SO_4 电离成氢离子(H^+)和硫酸根离子(SO_4^{2-})。在负极板上,活性物质 Pb 电离为 Pb^{2+} 和电子,Pb^{2+} 和硫酸根离子相结合,生成硫酸铅 $PbSO_4$ 沉积于负极板表面,电子转移至外电路,可用下式表示:

$$Pb + SO_4^{2-} \longrightarrow PbSO_4 + 2e$$

正极板得到电子,使 PbO_2 电离为 Pb^{2+} 和 O^{2-}。与此同时,电解液中的 H^+ 向正极板移动,和 PbO_2 中的 O^{2-} 反应生成水(H_2O),同时 PbO_2 中的 Pb^{2+} 与部分 SO_4^{2-} 相结合生成 $PbSO_4$ 沉积于正极板表面,可表示为

$$4H^+ + PbO_2 + SO_4^{2-} \longrightarrow PbSO_4 + 2H_2O$$

当正、负极板的活性物质全部参与反应生成 $PbSO_4$ 后,电池放电完毕。由于在放电过程中消耗了硫酸,并生成了水,因此电解液密度不断下降,放电完毕时的电解液密度约为 $1.150g/cm^3$,因此可以用测量电解液密度的方法来判断电池的放电状态。

充电是放电的逆过程,充电完毕后,正、负极板的 $PbSO_4$ 又分别转换成 PbO_2 和 Pb,电解液密度又恢复到初始值。充、放电总的化学方程式如下:

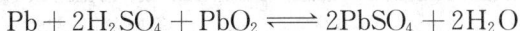

$$Pb + 2H_2SO_4 + PbO_2 \Longleftrightarrow 2PbSO_4 + 2H_2O$$

上述方程式中,从左向右为放电反应,从右向左为充电反应。

3. 放电特性

铅酸蓄电池的放电曲线如图6.2-10所示。放电开始时,活性物质表面处的硫酸被消耗,硫酸浓度立即下降,因此电池端电压明显下降,如曲线的 ab 段。放电中期,由于扩散的作用,硫酸被补充到活性物质附近,电压下降变慢,如曲线的 bc 段。

随着放电的继续进行,正、负极板的活性物质逐渐转变成硫酸铅。硫酸铅的导电性不良,使电池内阻增加,同时电解液密度也进一步下降,这些原因导致放电曲线在 c 点以后电池端电压急剧下降。当达到所规定的终止电压后必须停止放电,否则将损坏电池。

4. 充电特性

铅酸蓄电池充电时的电压变化曲线如图 6.2-11 所示。在充电开始时,极板上的 $PbSO_4$ 迅速转化为 PbO_2 和 Pb,并生成 H_2SO_4,极板附近的电解液密度迅速上升,因此电池端电压也沿着 ab 曲线急剧上升。在充电中期,因电解液的扩散作用,端电压缓慢上升,如 bc 段。随着充电的进行,逐渐接近电化学反应的终点,电池就充满电了。当极板上所剩的硫酸铅不多时,充入的电量在正、负极板上产生副反应,即析气过程发生,这时电池的端电压达到 d 点,两极上大量析出气体,进入水的电解过程,端电压达到一个新的稳定值,正常情况下该电压约为 2.6V(开路电压)。图中的虚线表示蓄电池电动势 E 的变化情况。

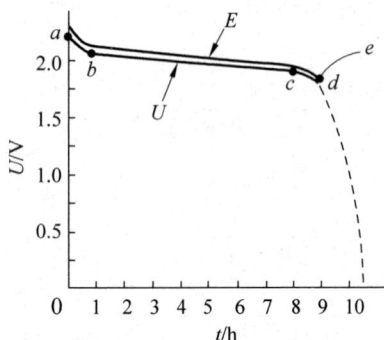

图 6.2-10　铅酸蓄电池放电曲线

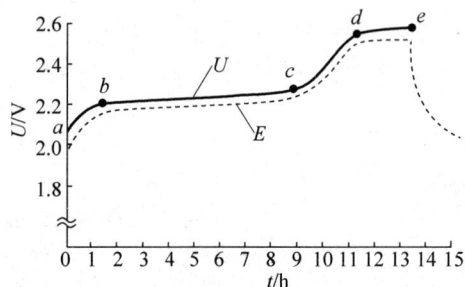

图 6.2-11　铅酸蓄电池的充电特性曲线

铅酸蓄电池是否充足电可以通过以下三个现象来判断:

(1) 单体电池电压达到最大值(2.6V,开路电压),且连续 2h 保持恒定;

(2) 电解液密度达到规定值并维持不变;

(3) 电解液大量而连续地冒气泡。

用电解液密度来衡量铅酸电瓶充放电状态是比较可靠的方法,因为在一定的温度范围内,铅酸蓄电池电动势的大小是电解液密度的函数。用比重计测量电解液密度时,应考虑温度的影响。在 27℃(80℉)时,比重计读出的数不需要补偿,但当温度高于或低于 27℃时,读数需要加上一个修正值。如 15℃(60℉)时测量的读数为 $1.240g/cm^3$,则实际值应为 $1.240-0.008=1.232(g/cm^3)$。不同温度下的电解液密度修正值如表 6.2-3 所示。

表 6.2-3　不同温度下的电解液密度修正值

电解液温度		修正值	电解液温度		修正值
℉	℃		℉	℃	
120	49	+0.016	40	5	-0.016
110	43	+0.012	30	-2	-0.020
100	38	+0.008	20	-7	-0.024
90	33	+0.004	10	-13	-0.028
80	27	0	0	-18	-0.032
70	23	-0.004	-10	-23	-0.036
60	15	-0.008	-20	-28	-0.040
50	10	-0.012	-30	-35	-0.044

5. 铅酸电瓶的常见故障和维护

铅酸电瓶产生故障的原因很多,除了正常的自然损坏及制造质量和运输保存等影响外,大多数是由于使用维护不当造成的。实践证明,使用维护是否适当,直接影响着电瓶的使用寿命。铅酸电瓶的主要故障、原因和预防措施简述如下:

1）极板硫酸盐化

铅酸电瓶在正常放电情况下,正、负极板上的活性物质（PbO_2 及 Pb）变为松软的硫酸铅小晶体,在充电时很容易和电解液接触,产生化学反应而恢复为原来的二氧化铅和绒状铅。但如果维护管理不当,极板上的硫酸铅结晶就会逐渐形成为体积大而又导电不良的粗结晶硫酸铅,附着在极板表面,从而造成极板硬化。这一故障将导致电池的内阻增加,容量下降,严重时将使极板失去可逆性而损坏。

避免极板硬化的措施主要有:使用中不过量放电、放电后及时充电、定期进行均衡充电、确保电解液的液面高于极板等。此外,暂时不用的蓄电池应充足电,盖好注液盖,清洁蓄电池的上表面,并放置在通风干燥处。

2）电池内部短路

单格电池的内部短路是因正、负极板的搭接造成的,这时电池会出现以下现象:电解液温度升高、充电时电解液密度不上升及无气泡产生、放电时电压下降快等。造成内部短路的原因是隔板损坏、电池内部落入导电物质、电池槽底沉积物过多（活性物质脱落造成）、极板弯曲等。这时一般需要对蓄电池彻底维修。

3）极板活性物质过量脱落

当铅酸蓄电池极板上的活性物质过量脱落时,就会在电池槽底部积聚大量沉淀物,这将造成电池温升高、电解液混浊、析气量增大等现象,最终导致电池容量下降。

造成极板活性物质过量脱落的主要原因有:大电流充电或过量充电,使活性物质过度氧化、疏松,板栅受到腐蚀,失去承受活性物质的能力;经常过放电,生成大量硫酸铅,使极板体积过分膨胀,结合力下降;电解液密度过大,腐蚀性大,活性物质机械强度下降等。

蓄电池的故障原因也是避免出现故障的使用维护注意事项。除了上述提到的故障及维护方法外,具体使用中应按照维护手册进行。

此外,酸性电瓶的维护还应该注意以下几个方面。

（1）放电终了的电瓶必须在 24h 内充电;充满电的电瓶每月至少复充一次,以防止极板硬化。

（2）经常检查电解液是否充足。如电解液不足,会降低电瓶容量,极板暴露在空气中也会引起极板硬化。如果电解液不足,应加蒸馏水,不能加自来水或矿泉水。

（3）在制作电解液时,先准备好一定量的蒸馏水,将硫酸慢慢倒进水里,并搅拌均匀。需要注意的是,千万不能将蒸馏水倒在硫酸里,因为水的密度小,浮在酸的表面,剧烈的化学反应产生的热量会使水沸腾,迸溅出来使操作人员受伤。

（4）不能将航空电瓶的电解液与其他酸性电瓶的电解液混用,因为航空电瓶电解液的密度比其他地面用酸性电瓶电解液的密度大。

6.2.3 碱性蓄电池

飞机上常用的碱性蓄电池为镍镉蓄电池（镍镉电瓶）。镍镉电瓶与铅酸电瓶相比,具有比能大、内阻小、低温性能好、耐过充电和耐过放电能力强、寿命长、维护性好、能以充电态或放电态长期储存等优点,尤其是大电流放电时,电压平稳,非常适合用于起动发动机等瞬时大电流放电的场合。但镍镉电瓶也有缺点,例如成本高、有"记忆"效应等。目前大多数运输机上都采用碱性电瓶。

镍镉电瓶主要有两种结构形式,一种是阀控式镍镉电瓶(vented nickel-cadmium battery),当电瓶过充时产生的氧气和氢气可以从泄气阀(排气阀)中排出去;另一种是密封式镍镉电瓶(sealed nickel-cadmium battery)。目前飞机上大多采用阀控式镍镉电瓶,如无特殊说明,本书讨论的电瓶即为阀控式镍镉电瓶。密封式镍镉电瓶大约在20世纪80年代后期出现,在有些飞机上也有采用,本书仅作简单介绍。

1. 镍镉蓄电池的结构

典型的镍镉蓄电池的外形如图6.2-12所示。

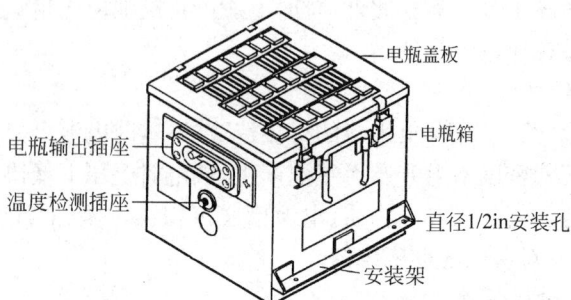

图 6.2-12　典型的镍镉蓄电池外形图

镍镉蓄电池一般由20个单体电池串联组成,每个单体电池输出电压为1.22V。单体电池的基本结构与铅蓄电池相同,主要由正极板、负极板、隔膜、泄气阀、电池盖等组成。单体电池的结构如图6.2-13所示。

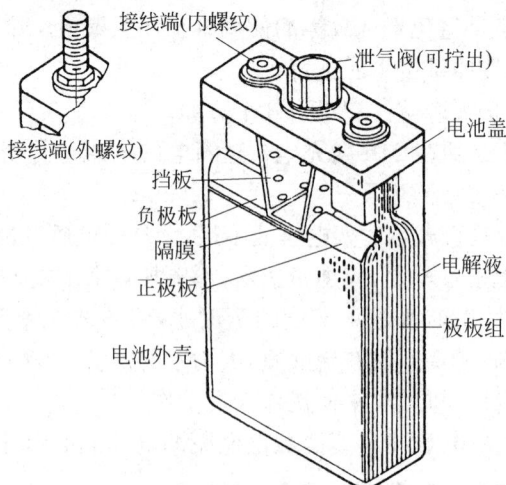

图 6.2-13　单体电池的结构

1) 极板

镍镉蓄电池正极板的活性物质为三价镍的氢氧化物(nickel oxy hydroxide)(NiOOH)，负极板为镉(Cd)。航空电瓶的极板一般为烧结式极板。一个单体电池的正、负极板由多片极板组成的极板组构成。

2) 隔膜

在正极板和负极板之间有一层隔膜(separator)，隔膜由多孔多层的尼龙和中间一层玻璃纸构成，见图 6.2-14。隔膜的作用主要有两个，一是防止正极板和负极板接触，使电瓶失效；二是气体隔离作用(玻璃纸的作用)，防止在过充时正极板产生的氧气流到负极板，与负极的镉起化学反应而产生热量，从而导致电池热击穿(thermal runaway)。

3) 电解液

电解液(electrolyte)为氢氧化钾(KOH)水溶液(30%氢氧化钾和70%的水)，KOH 的密度为 $1.24\sim1.30\mathrm{g/cm^3}$。在

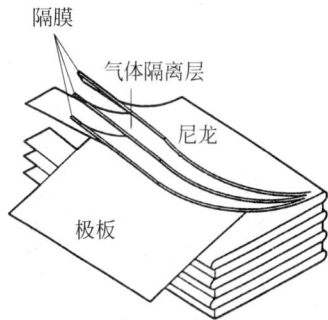

图 6.2-14 隔膜的构成

镍镉电瓶中，电解液不参与化学反应，而是作为离子的导体来完成电荷的传递。因此，在充放电过程中，电解液的密度不变，也不能像酸性电瓶一样用测量密度的办法来判断电瓶的充放电状态。

4) 泄气阀

每个单体电池上安装有泄气阀(relief valve)，也称为释压阀或排气阀(vent cap)。泄气阀有三个作用：①拧开时用于加蒸馏水或电解液；②防止飞机飞行时电解液泄漏；③防止电瓶内气体压力太大而引起爆炸。电瓶的泄气阀可以使单体电池内的气体排出，又可以防止外界物质进入电池内部。泄气阀开启压力范围为 $2\sim10\mathrm{psi}$[①]($13.8\sim69\mathrm{kPa}$)。当蓄电池充放电时，尤其是过充时，会产生气体，当气体压力大于 10psi 时，泄气阀必须打开，否则会引起电瓶爆裂。当气压小于 2psi 时，泄气阀关闭，以防止空气中的酸性气体与电瓶的电解液起反应而降低电瓶容量，同时还可以防止飞机机动飞行或颠簸时电解液泄漏溅出。维护手册中规定，如果泄气阀在压力大于 10psi 时不能打开，必须对泄气阀进行清洁和修理；如果泄气阀在压力小于 2psi 时打开，则说明泄气阀密封圈已经损坏，必须予以更换。

另外，有些蓄电池还装有温度保护开关，当蓄电池温度超过 150℉(65.55℃)时断开蓄电池的充电电源。由于碱性电瓶在低温充放电时会出现充电不足或放电容量下降的现象，因此在某些碱性电池上安装有低温敏感开关和加热装置，当温度低于 30℉(-2℃)时，接通加热电路；当温度达到 40℉(5℃)时断开。但随着电瓶型号的不同，超温保护和低温加热的温度值也会有所不同，具体参数可参考 CMM 手册。

2. 镍镉蓄电池的基本工作原理

当蓄电池和负载接通以后，电池开始放电，电子从负极板流向正极板，如图 6.2-15 所示。

---

① 1psi＝1lb/in²＝6.895kPa。

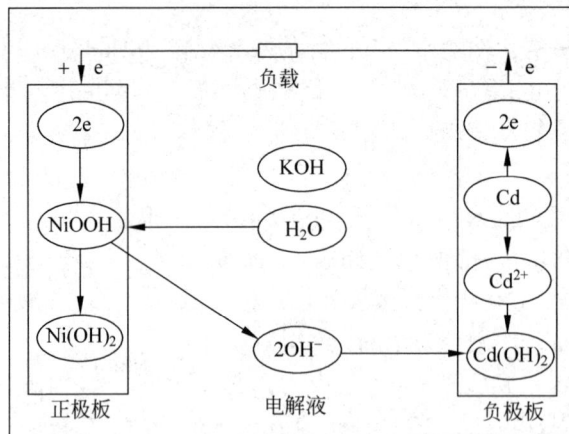

图 6.2-15　镍镉蓄电池放电时的化学反应原理图

接通电路后,正极板得到从负极板输入的电子,正极板的活性物质 NiOOH 在水的参与下,生成氢氧化亚镍(Ni(OH)$_2$)和氢氧根离子(OH$^-$),其过程可以表示为:

正极板:$2NiOOH+2H_2O+2e \longrightarrow 2Ni(OH)_2+2OH^-$

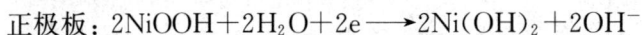

在电解液中,OH$^-$ 从正极板携带负电荷迁移到负极板,完成电荷的传递。

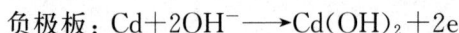

负极板:$Cd+2OH^- \longrightarrow Cd(OH)_2+2e$

充电过程是放电过程的逆过程。借助于外电源作用,使电子从电源正极输出,经电池后回到负极,正极板的 Ni(OH)$_2$ 又还原为 NiOOH,负极板的 Cd(OH)$_2$ 也恢复为 Cd 和 OH$^-$。OH$^-$ 从负极迁移至正极,即把负电荷运回正极,完成导电作用。充电时有:

负极:$Cd(OH)_2+2e \longrightarrow Cd+2OH^-$

正极:$2Ni(OH)_2+2OH^- \longrightarrow 2NiOOH+2H_2O+2e$

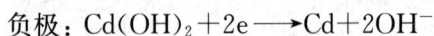

从以上分析可以看出,电解液 KOH 没有参与化学反应,仅起到了导电作用。充电时生成水,因而电解液面有所升高,但电解液浓度变化不大,因此电解液密度不能作为电池充放电状态的判断标准。

充、放电总的化学方程式为

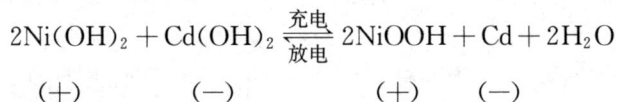

$$2Ni(OH)_2 + Cd(OH)_2 \underset{放电}{\overset{充电}{\rightleftharpoons}} 2NiOOH + Cd + 2H_2O$$

$$(+) \qquad (-) \qquad (+) \qquad (-)$$

在电瓶的充电、使用和维修(深度放电)过程中,过充电与过放电是不可避免的,下面讨论在过充电与过放电时电池的工作情况。

3. 镍镉蓄电池的过充电和过放电

1) 过充电

过充电是指正极板的 Ni(OH)$_2$ 已经完全转换成 NiOOH,负极板的 Cd(OH)$_2$ 已经完全转换成 Cd,这时充入的全部电流用于将水电解成氢气和氧气并产生热量,正极板产生氧气,负极板产生氢气。

对于负极板有:$2H_2O+2e^- \longrightarrow H_2+2OH^-$

对于正极板有:$2OH^- \longrightarrow 1/2O_2+H_2O+2e^-$

过充电时总的反应方程式为：$2H_2O \longrightarrow 2H_2 + O_2$

氧气与氢气产生后，由于隔膜中气体阻挡层的存在，因此不能在负极板和正极板被化合，只能随着气体压力的增大（大于2psi），从泄气阀排出。

这种过充电反应消耗了电解液中的水，降低了电池中的电解液面，大电流过充电时易使电池过热，损坏尼龙隔膜，使电池提前失效，并有可能产生"热击穿"。热击穿现象常发生在电瓶的过充阶段，特别是采用恒压充电方式时，过充使电瓶发热，内阻下降，充电电流增大，发热增加，内阻再下降……，如此循环，直到使电瓶损坏。为了保持电瓶的最大容量，适当过充电量是必需的（一般需过充至140%），但只允许小电流过充电，一般用$C/10$的小电流进行过充电。水的损耗可以通过控制过充电量来加以限制或补充。

2) 过放电

过放电是指正极板的NiOOH已经完全转换成$Ni(OH)_2$，负极板的Cd已经完全转换成$Cd(OH)_2$，且在放电时，因为电池组中各个电池存在差异，容量小的电池首先会放电到终止电压。以后若继续放电，电池电压将迅速降低，最后会发生电池反极性。换言之，反极性后的电池原来的正极变为负极，原来的负极变为正极。过放电时，全部电流用于将水电解成氢气和氧气，正极产生氢气，负极产生氧气。过放电过程的反极电池存在着下列化学反应：

反极前正极：$4H_2O + 4e \longrightarrow 2H_2 + 4OH^-$

反极前负极：$4OH^- \longrightarrow 4H_2O + O_2 + 4e$

上述反应说明，原正极的NiOOH物质全部转变成$Ni(OH)_2$后，电池放电反应终止，开始析出氢气；原负极的多孔性Cd超量变为$Cd(OH)_2$，正常放电反应也结束，开始析出氧气。

由于反极电池产生气体，升高了电瓶中的气压，不仅使安全泄气阀开闭次数增加，而且也使电池内的极化作用变得更加严重。实验表明：当反极电池电压反极到$-0.06 \sim -0.26V$时，在较长的时间内气压不再增加了。原因是负极上盈余的金属镉以Cd^{2+}离子形式大量迁移至隔膜，并到达正极板的周围，形成了镉桥，这样将使两个电极发生微短路，最终使电池失效。

在将单体电池串联组合时，各个电池的容量必须挑选为一致，防止因某个电池的反极而使电池组端电压迅速跌落，从而导致电瓶容量降低。维修时要特别注意这一点。

4. 密封式镍镉蓄电池简介

密封式镍镉蓄电池一般为纤维式镍镉蓄电池（fiber nickel cadmium，FNC），当电瓶过充时，正极板产生的氧气由负极板吸收，或加装水分重组系统。水分重组系统内含有催化剂，当充电时产生的氧气和氢气与催化剂接触后，将形成蒸馏水回流到电极单元。

目前，密封式镍镉蓄电池也已应用于航空领域，如某航空公司的B777就采用了密封式FNC镍镉蓄电池（ACME 263BA101），这种电瓶具有较高的体积比能量，重量相对较轻，放电电流较大。由于是密封式的，没有气体排出，因此不需要泄气阀，电解液也不会溢出，也不用加蒸馏水。此外，这种蓄电池没有记忆效应，不需要进行深度放电，允许在飞机上做容量测试，是一种免维护电瓶，理论上不需要进行离位到电瓶车间维护和检测。但在实际使用中，根据航空公司的维修方案，一般还是每隔400天就送到电瓶车间进行检修。

FNC的基本原理与普通的镍镉电瓶基本一样，在过充时（为了保证电瓶容量，适当过充是必要的）会产生氧气和氢气，但主要气体是正极产生的氧气。FNC采用两个负极并联，一个正极,如图 6.2-16 所示。在每个负极上有两个负极板,在两个负极板中间加了第三个极板,第三个极板为非浸渍纤维镍极板,用来吸收在过充时正极板产生的氧气,最多可以吸收用 2C(C 为 1h 放电速率,C=电瓶额定容量/1h)电流过充所产生的氧气。另外,单体电池采用真空密封,即使在过充时,单体电池内也能达到部分真空状态。

FNC 电瓶的充电方法与普通的镍镉电瓶略有不同,如二阶段恒流充电从主充(大电流)转到过充(小电流)时,一般不采用时间控制,而是用电瓶的温升控制,因此,必须使用专用的充电器,否则容易损坏 FNC 电瓶。密封式镍镉电瓶一般不适合采用 Reflex™ 快速充电法充电。

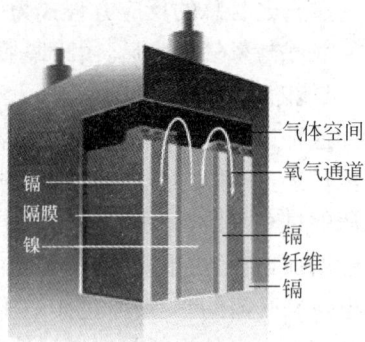

图 6.2-16 FNC 电瓶结构示意图

5. 镍镉电瓶的充电和电解液调整

1) 蓄电池的充电

根据适航要求,飞机电瓶必须定期离位检查,即送内场电瓶修理车间进行检查维护,以确保电瓶的实际容量>85%的要求。本节重点讨论电瓶在内场的充电方法和要求。

电瓶充电可以采用恒压、恒压限流、恒流、二阶段恒流或快速充电等方法,一般情况下应根据电瓶生产厂家 CMM 手册要求的充电方式进行充电。由于恒压充电具有冲击电流大,容易造成单体电池不平衡、热击穿等缺点,目前,绝大多数航空电瓶生产厂家都要求采用恒流充电方法或二阶段恒流充电方法进行充电。

二阶段恒流充电方式具有充电速度快、充电质量高、充入的电能容易计算等优点,航空电瓶普遍采用这种充电方法。由于充入的电能不能百分之百被电瓶储存,因此将放完电的电瓶用恒流充电法充电,充的安时数大约为电瓶额定容量的 140%。但也不能太多,以防止电瓶过充。在大多数情况下,都是先用 $C/2$ 的电流充电 2h,再用 $C/10$ 的电流充电 4h,则充入电瓶的总电能(容量)为

$$\frac{1}{2}C\times 2+\frac{1}{10}C\times 4 = 1.4C\,(\text{A}\cdot\text{h})$$

即充入的电量(容量)为额定容量的 140%。

在实际使用中,可以利用充电电流和时间来确定电瓶是否充足。大多数碱性电瓶要求采用二阶段恒流充电法。例如,型号为 SAFT40176 电瓶的充电必须按表 6.2-4 进行。SAFT40176 型电瓶共有单体电池 20 个,额定容量为 36A·h。开始充电时用大电流(主充),一般用 C 或 $C/2$ 电流充电,然后用小电流 $C/10$ 充 4h 即可(过充)。如果时间允许,也可以直接用 $C/10$ 电流充 14h。

表 6.2-4 36A·h 碱性电瓶的充电时间

充电电流/A	达到电压/V	充电时间/h		充电电流/A (C/10)	充电时间/h
		最小	最大		
36(C)	31.4	1	1.25	3.6	4
18(C/2)	31	2	2.5	3.6	4
3.6(C/10)	30	10	12	3.6	4

表 6.2-4 说明,如果用 36A 电流充电,则充电 1h 后,电瓶电压应达到 31.4V,如达不到,再加充 15min,如还达不到规定的电压值,则说明电瓶的某些单体有问题,应该检修。如能达到,再用小电流 3.6A($C/10$)充电 4h,这时所有单体电池电压都应大于或等于 1.5V 而小于 1.7V,对于电压小于 1.5V 或大于 1.7V 的单体电池必须修理或更换。用 $C/2$(18A)或 $C/10$(3.6A)的电流充电时其原理相同。为了防止过充,必须要限制大电流加充时间,如大电流 18A 充电 2h,如达不到 31V,则最多加充 30min。有的电瓶生产厂家不容许大电流加充,如果在规定充电电流和规定时间内达不到规定的电压,则某些单体电池必须进行修理或更换。

如果是新电瓶或在库房存放的电瓶重新启用,则必须用 $C/10$ 充电,并至少充 14h,但不要超过 16h。

2)电解液的调节和补充

当电瓶的电解液不足时会引起容量降低,但电解液过多则容易溢出,堵塞泄气阀,损坏电瓶,甚至引起爆炸。因此,调节电解液高度是电瓶维修中的一项十分重要的工作。

电解液的调整和补充必须在充电结束前进行(电解液泄漏除外),即在小电流充电结束前 15~30min 或充电结束后(具体根据 CMM 手册要求),马上对电解液进行测量和调整,而不能在放电后或充电结束后很长时间再进行。因为镍镉电瓶在放电时电解液被极板和隔膜吸收,测量时电解液高度有所降低,但此时不能作为补充电解液的依据,否则充电时容易溢出。

6. 镍镉电瓶的容量测试

镍镉电瓶放电时,只能放到终止电压 1V(单体),否则将影响电池的容量和寿命。由于碱性电瓶的电解液不参加化学反应,电解液密度基本不变,因此不能像铅酸电瓶一样用测量电解液密度的方法来判断充电或放电状态。

当电瓶实际容量低于额定容量的 85% 时,电瓶就不能重新装上飞机。碱性电瓶的实际容量只能用放电的方法来确定,测量方法简述如下:①将飞机上拆下的电瓶先进行放电(初次放电、深度放电),再按要求充电;②将充满电的电瓶放置 12h 后,再用电流 C 或 $C/2$ 或 $C/4$ 放电(二次放电、容量检测),放电到第一个单体电池电压等于 1V 时停止放电(早期的 CMM 手册也有规定放电到电瓶总电压 20V(20 个单体电池,19 个单体电池为 19V)),则放电电流乘以放电时间就是该电瓶的容量。例如,36A·h 电瓶的放电容量检测应满足表 6.2-5 的要求。

当电瓶放电到表 6.2-5 中规定的放电最小时间时,放电电流和放电时间的乘积就是额定容量的 85%。如果达不到最小放电时间,就需要对电瓶进行维修。一般先对电瓶进行深度放电,以消除单体电池之间的不平衡和镍镉电池固有的记忆效应,恢复电瓶的容量,如果还不能解决问题,就需要对电瓶进行深度维修。

表 6.2-5　36A·h 碱性电瓶放电时间的要求

放电电流/A	第一个单体电池达到 1V 的最小时间
9($C/4$)	3h24min
18($C/2$)	1h42min
36(C)	51min

7. 镍镉电瓶的深度放电和一般维护

1) 镍镉电瓶的深度放电

镍镉电池有一个特有的故障叫"记忆效应",所谓"记忆效应",就是电池长时间经受特定的工作循环后,自动保持这一特定循环的现象。例如电池的电量还没有被完全放完就开始充电,这样反复循环,就会使电池的实际容量下降。因此,飞机上的镍镉电瓶在使用一段时间后,必须拆卸下来进行深度放电,以消除记忆效应和电池电压不平衡,使其恢复额定容量。

所谓深度放电就是在电瓶放电到终止电压后,继续放电,把所有电量都放完,再用短路夹短接单体电池的两端。深度放电可以采用下面3种方法进行。

(1) 当完成容量测试后,即第一个单体电池电压已经达到1V后继续放电。当放到所有单体电池电压均为1V或以下时,再用 $1.0\Omega/2W$ 的电阻将所有单格短路(见图6.2-17(b)),并保持这种状态16～24h,以保证每个单体电池把电全部放完并冷却。

(2) 当完成容量测试后,即第一个单体电池电压达到1V后继续放电。当所有单体电池电压接近或低于0.5V时,用金属短路夹短路每个单体电池的两极(见图6.2-17(a)),并保持这种状态16h,以保证每个单体电池把电全部放完并冷却。

深度放电完成后,再按充电要求把电瓶充满。

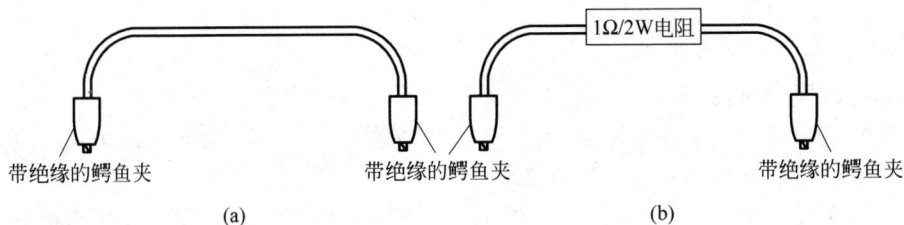

图6.2-17　金属短路夹

2) 镍镉电瓶的一般维护

镍镉电瓶的维护应该严格按照生产厂家的使用说明书和维护手册进行。

由于酸性电瓶和碱性电瓶的电解液在化学性能上是相反的,因此,酸碱电瓶的维护车间应该间隔开,并保持良好的通风。

由于电瓶的电解液具有腐蚀性,因此不要用手或皮肤直接接触。如不慎溅出了电解液,应立即中和。碱性电瓶电解液应用醋或硼酸进行中和,酸性电瓶电解液用苏打中和,然后用清水冲洗干净。

使用中应保持电瓶清洁,防止自放电。

在充电过程中,随着化学反应的进行,电瓶温度随之升高。一般要求电瓶温度不超过 $125℉(52℃)$,如果电瓶温度太高,应降低充电速度。

充电时排气孔一定要畅通。由于在充电过程中或过充时会释放出氢气和氧气,形成易爆的混合气体,因此不能有明火存在,应采用防爆电气设备并保持良好的通风。

碱性电瓶的维护还应注意以下几点。

(1) 电解液加注。当电解液低于规定值时,应加蒸馏水,但同样不能超过规定值。要注意的是,充电结束后应马上检查和调整电解液高度,因为镍镉电瓶在放电或放置很长一段时间后,极板会吸收电解液。如果在放电后调整电解液高度,在充电时电解液可能会冒出来。

(2)漏电检测。电瓶内部短路是碱性电瓶的常见故障,检查各个单体电池的漏电情况,可以利用毫安表检查,将表的一端与外壳相连,另一端接到单体电池的正极。如果漏电流超过 100mA,则该电瓶必须进行分解清洁和维修。

(3)深度放电。采用恒压充电方式一段时间后,会造成单体电池不平衡,充电时测量电压正常,但放电时放出的电量不足,这时就需要深度放电。

6.2.4 锂电池

1. 概述

锂电池的开发始于 20 世纪 60 年代。早期的锂电池的负极材料是单质锂,由于锂相当活泼,遇水会剧烈反应生成 $LiOH$,甚至燃烧或爆炸,所以一般采用非水电解液,如无机的亚硫酰氯($SOCl_2$)及有机的四氢呋喃等。虽然如此,由于锂的强活性,安全问题仍然很难解决。反复的充放电使得高活性的粉状锂单质积累得越来越多;在充电过程中形成的锂晶体可能结成枝状,引起短路等严重问题。

目前使用的锂电池实际上是锂离子(Li-ion)电池(简称锂电池,下同),正负电极材料由两种不同的锂离子嵌入化合物组成,没有金属锂存在,只有锂离子。锂离子电池较好地解决了安全问题。由于锂电池具有优越的性能,目前已经在民用领域得到应用。最近几年,锂电池开始安装在飞机上,如 B787 飞机上就安装了锂电池。

为了保证航空锂电池的安全运行,锂电池本身自带有监控保护电路。在地面维护时,锂电池与传统的碱性或酸性电瓶有所不同。本书在介绍锂电池原理的基础上,重点介绍航空锂电池在地面的充放电和容量检测的要求和方法。

锂电池与目前的机载碱性电池相比,主要有以下优点:

(1)比能量较高,具有高储存能量密度,目前已经达到 $460\sim600\text{W}\cdot\text{h/kg}$,是镍镉电瓶的 2 倍,约为铅酸电池的 4 倍;

(2)采用密封电池,不需要像镍镉电瓶一样加蒸馏水,维护工作量小;

(3)单格电池额定电压高(单体电池工作电压为 3.6V),约等于 3 只镍镉或镍氢充电池的串联电压,便于组成电池电源组;

(4)自放电率很低,不到碱性电池的一半,这是该电池最突出的优越性之一;

(5)重量轻,体积小,约为同容量镍镉电瓶的一半;

(6)没有记忆效应,可随时补充充电,不需要深度放电;

(7)锂离子电池不含汞、镉、铅等有毒元素,是绿色环保电池。

当然,锂电池也有着较明显的劣势:

(1)安全性相对较差,但目前已经达到航空电瓶的安全要求。

(2)在大电流放电的情况下,锂电池的性能尚不及镍镉电池及锌银电池。

(3)锂离子电池均需设置过充放电路和过温保护电路,以防止电池被过充和过放电。过度充电和过度放电或超温,将对锂离子电池的正、负极造成永久性损坏。

(4) 由于锂电池的金属稀有及结构复杂,导致其生产成本较高。

2. 锂电池的结构和基本工作原理

1) 锂电池的结构

锂电池的基本结构与镍镉电池相同,也是由正极、负极、能传导锂离子的电解质以及把正负极隔开的隔膜组成。但锂电池本身还需要设置过充、过放电限制电路和过温保护电路。

锂电池的正极板材料由锂离子嵌入化合物组成,正极材料主要有锂钴氧化物($LiCoO_2$)、锂镍氧化物($LiNiO_2$)、锂锰氧化物($LiMnO_2$)等。

锂电池的负极板采用碳素材料,主要分石墨与非石墨两大类。目前主要用石墨材料,石墨具有良好的层状结构,锂离子可填充于其中。

电解液是锂离子电池的重要组成部分,对电池的性能有很大的影响。目前使用的液体电解液主要由有机溶剂如碳酸酯和锂盐如六氟磷酸盐($LiPF_6$)组成。航空锂电池电解液采用碳酸盐。

为了提高锂电池的安全性,锂电池本身(作为电池的一部分)必须设置过充和过放限制电路和过温保护线路,以防止电池被过充和过放。过度充电、放电和超温,将对锂离子电池的正负极造成永久的损坏。从分子层面看,可以直观地理解为过度放电将导致负极碳过度释出锂离子而使得其片层结构出现塌陷,过度充电将把太多的锂离子硬塞进负极碳结构中去,而使得其中一些锂离子再也无法释放出来,这也是锂离子电池为什么通常配有充放电控制电路的原因。

某型号的锂电池其保护电路由 4 个电瓶监控组件(battery monitoring unit,BMU)、2 个温度传感器、1 个霍尔电流传感器和 1 个内置接触器组成。当电瓶出现异常,如电瓶过充、过压、充电电流过大、低压、过热、单格电压不平衡时,上述控制保护电路使内置接触器跳开,或禁止充电或放电,以保护电瓶不被损坏。

2) 锂电池的基本工作原理

锂离子电池的正极材料通常由锂的活性化合物组成,负极则是特殊分子结构的碳。充电时,加在电池两极的电势迫使正极的化合物释放出锂离子,使其嵌入负极分子排列且呈片层结构的碳中。放电时,锂离子从片层结构的碳中析出,这一过程称为脱嵌,析出的锂离子重新和正极的化合物结合。在这一过程中,锂离子的移动产生了电流。锂离子电池的充放电过程就是锂离子的嵌入和脱嵌过程,锂离子在正、负极之间往返嵌入/脱嵌,这一过程如图 6.2-18 所示。在充电时,正极部分的锂离子脱嵌,离开含锂化合物,透过隔膜向负极移动,并嵌入到负极的层状结构中;反之,在放电时,锂离子在负极脱嵌,移向正极并结合于正极的化合物之中。与传统锂电池不同的是,被氧化还原的物质不再是金属锂和锂离子(Li^+),锂离子只是伴随着两极材料本身发生的放电过程而产生氧化态的变化而反复脱嵌与嵌入,往返于两极之间,所以锂电池又被称作摇椅电池(rocking chair battery)。

以正极材料锂钴氧化物($LiCoO_2$)为例,其放电的化学方程式为

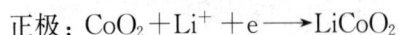

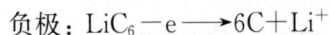

正极:$CoO_2 + Li^+ + e \longrightarrow LiCoO_2$

负极:$LiC_6 - e \longrightarrow 6C + Li^+$

总反应:$CoO_2 + LiC_6 \Longleftrightarrow LiCoO_2 + 6C$

上式中,从左到右为放电反应,从右到左为充电反应。

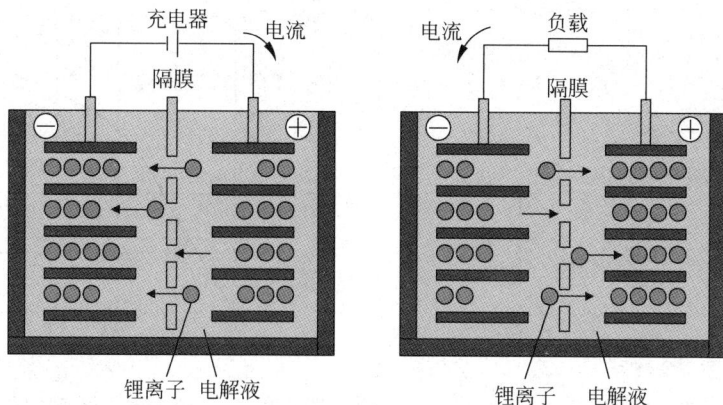

图 6.2-18　锂离子电池的充放电过程

3. 典型航空锂电池的充放电和容量检测方法

下面以某航空公司 B787 飞机上安装的 THALES 锂离子电池(部件号：B3856-901)为例，说明航空锂电池的充放电和容量检测方法。锂电池的充放电必须用专用充电设备，电池本身的监控组件输出也必须与充电设备连接起来，以保证电池的安全。

1) THALES 锂离子电池的主要技术数据

(1) 额定电压：28.8V DC

(2) 开路电压(充满时)：(32.2±0.35)V DC

(3) 额定容量：65A·h(1h 放电率)

(4) 到寿容量：50A·h(1h 放电率)

(5) 单格数：8 个

(6) 电解液：碳酸盐

2) 锂电池的充放电方法

锂电池的充电采用恒流恒压充电方式，先恒流 50A 充电，然后再恒压 32.2V DC 充电；或恒压限流充电方式，即用 32.2V DC、限流 50A 充电，直到充电电流下降至 5A 为止。

锂电池的放电采用恒电阻放式(电流约为 50A)，放电至电瓶电压为 22V 时为止。根据这个要求可计算出放电电阻为 0.576Ω。

3) 锂电池的容量测试方法

由于锂电池采用恒电阻放电，所以电流不是恒定的，计算电瓶容量时，可以采用积分或秒脉冲对 $(I/3600)$ (I 为放电电流)进行累加。简单的计算可采用如下方法，如图 6.2-19 所示。

充足电的锂电池开始放电的电流为 $(28.8/R)$A，当电池电压达到 22V 时停止放电，则放电结束时的电流为 $(22/R)$A，设放电时间为 T，则容量 C 为图 6.2-19 中线段所围成的面积，计算可得容量为 $C=(25.4/R)T$(A·h)，当放电电阻为 0.576Ω 时，容量 $C=44.1T$(A·h)。

4) 锂电池的容量测试时间间隔要求

对锂电池进行容量测试的时间要求与传统的航空碱性电瓶的要求有所不同，碱性电瓶一般是固定的时间间隔，而锂电池作容量测试的时间间隔要按照图 6.2-20 所示的要求进行。

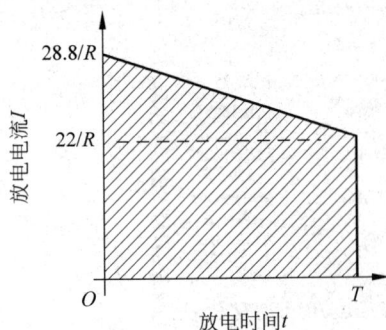

图 6.2-19 简单的容量计算方法

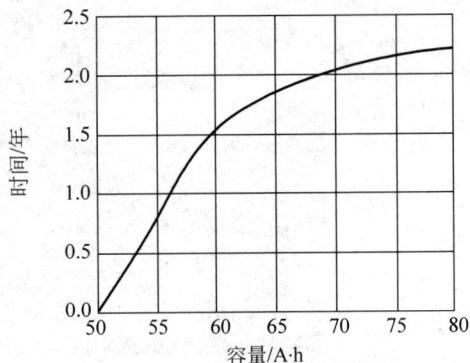

图 6.2-20 容量测试的时间间隔与容量的关系

对于额定容量为 65A·h 的锂电池,可以按如下方法较为简单地判定容量测试的间隔时间:当测试的电瓶容量在 69～80A·h 时,2 年做一次容量检测;当电瓶容量在 60～68A·h 时,1.5 年做一次容量检测;当电瓶容量在 57～59A·h 时,1 年做一次容量检测;当电瓶容量在 54～56A·h 时,半年做一次容量检测;当电瓶容量在 50A·h 以下时,该电瓶应报废。

当锂电池需要存储时,必须在带电情况下存储,电压不能太高也不能太低,应在 29.6～30V 范围内。如电瓶电压小于 29.6V,则需要用 50A 的电流恒流充电到 30V 存储;如电瓶电压高于 30V,则需要通过恒电阻(50A)放电放到 29.6V 再存储。

6.2.5 机载电瓶充电器

航空电瓶除了在地面进行定期容量检测和维护外,为保证电瓶一直处于充满状态,在飞机上都要由飞机电源系统向电瓶充电或浮充电。在早期的轻型飞机上,主电源一般采用 28V DC 低压直流电,机载电瓶(常采用铅酸电瓶)可以直接连接到飞机直流汇流条上进行充电,这种充电方式属于恒压充电。在现代大型运输机上,一般都采用镍镉电瓶,主电源也都采用交流电,因此必须配置专用的电瓶充电器(battery charger)。电瓶充电器有两种基本工作模式,一种是采用恒压限流充电模式,另一种是采用恒流和恒压相结合的充电模式。此外,机载电瓶充电器还可以起到变压整流器的作用,为飞机提供直流电源。

恒压式电瓶充电器在整个充电过程中电压恒定,由于碱性电瓶长期进行恒压充电时,容易造成电瓶热击穿和容量下降,这是碱性电瓶(主要指镍镉电瓶)的固有特性。当碱性电瓶长期进行恒压充电时,有时会出现电瓶电压不上升反而下降的情况,使充电电流不断上升,电瓶产生过热而烧坏,甚至发生火灾。因此,这种充电器必须具有良好的电瓶超温保护功能和限流功能。目前,现代飞机上一般安装具有恒流和恒压充电模式的电瓶充电器,下面简要介绍这种充电器。

充电器工作原理示意图如图 6.2-21 所示。

电瓶充电器在开始给电瓶充电时,采用恒流充电方式,当电瓶电压达到转折电压(inflection point)时,充电器就自动转换到恒压模式,电压为 27.75V。充电器一方面给电瓶进行浮充电(top charging),另一方面给热电瓶汇流条供电。

当符合下列情况之一时,电瓶充电器自动进入恒流充电模式:①电瓶电压低于 23V;②电瓶充电器刚通电时;③电瓶充电器输入电源中断 0.5s 以上时。

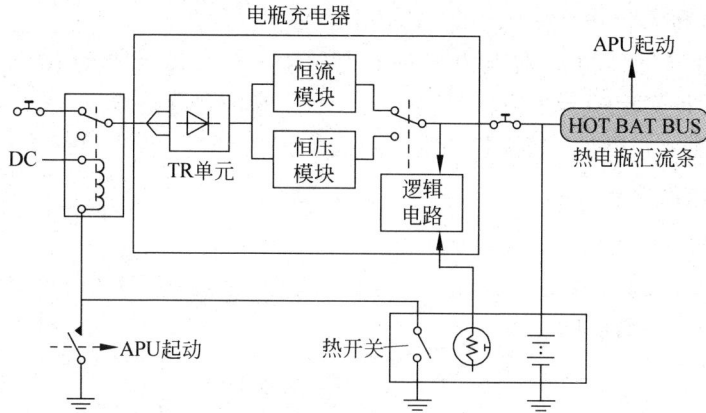

图 6.2-21 电瓶充电器工作原理示意图

恒流恒压充电器还具有变压整流(TR)工作模式,TR 模式的输出电压也是 27.75V,可代替 TRU 向电瓶汇流条供电。但充电器在恒压充电和 TR 模式时有一些区别,如 B757 飞机充电器 TR 工作模式时输出电流可达 64A,而恒压充电时的电流限制在 38A。

在下列情况下,充电器将停止向电瓶充电:①电瓶温度超过 63℃;②充电器过载;③采用电瓶起动 APU 时。

6.3 直流电源系统

在早期的飞机上,以及轻型飞机上,大都采用 14V 或 28V 低压直流电源系统作为主电源。与大型运输机上的交流主电源相比,直流电源系统具有以下优点:

(1) 直流电源系统电网结构简单,只需要一根馈线,电源的负极接在机体上;

(2) 容易实现并联供电,提高供电质量和可靠性;

(3) 直流电源的控制和保护设备简单;

(4) 有刷直流发电机可以工作在"电动"和"发电"两种状态下,实现起动机和发电机合二为一,有效减轻机载设备的重量;

(5) 对于小型飞机来说,电源系统的重量相对比较轻。

鉴于以上优点,在小型及轻型飞机上,14V 及 28V 低压直流电源系统得到了广泛应用。随着飞机电源容量的增加和飞机飞行高度的增加,低压直流电源系统主要存在以下缺点:

(1) 有刷直流发电机高空换向困难,还会产生电磁干扰;

(2) 对于较大容量的发电机来说,由于电压低,使得发电机及配电导线重量重,发电机的功率/质量比(kW/kg)较小,如某型号直流起动/发电机的功率/质量比仅为 0.7,而变频交流发电机为 2.5,恒速恒频交流发电机为 1.9;

(3) 当采用低压直流电源作为主电源时,直流-交流或直流-直流的变换设备复杂,成本高。

因此,在大、中型运输机上,普遍采用交流电源系统作为主电源。本节仅简单介绍直流发电机的结构及调压、控制和并联等基本内容。

6.3.1 直流发电机

直流发电机是将机械能转换为直流电能的电磁设备。低压直流电源的额定电压为

28V,单台发电机的额定功率有 6、9、12、18kW 等数种。

飞机上常用的低压直流发电机有两种形式,一种是传统的有刷直流发电机(DC generator),一种是交流-直流发电机(DC alternator)或称为硅整流发电机。两种发电机各有优缺点,下面简要介绍两种发电机的结构和基本工作原理。

1. 有刷直流发电机

1) 发电机的结构

有刷直流发电机主要由定子、转子、换向器(整流子)、电刷组件等部件组成,典型的有刷直流发电机结构如图 6.3-1 所示。

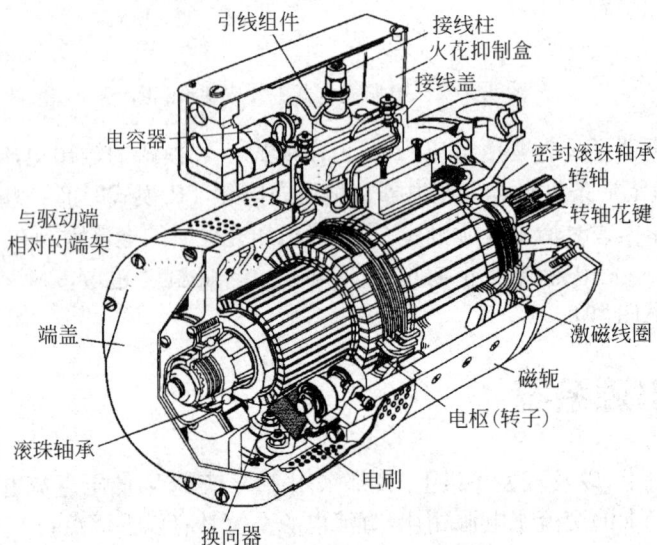

图 6.3-1   有刷直流发电机的构造

定子主要由铁磁材料制成的磁极、励磁线圈和壳体(磁轭)组成,如图 6.3-2 所示。磁极和励磁线圈用来产生磁场。给励磁绕组通入直流电后,磁极被磁化,产生 N 极和 S 极。磁力线通过定子铁芯、气隙、转子(图中未画出)和壳体构成磁回路。气隙中的磁通大小决定着转子电枢绕组中产生的感应电动势大小。励磁绕组中的励磁电流越大,磁通就越大,转子上产生的感应电动势也越大。

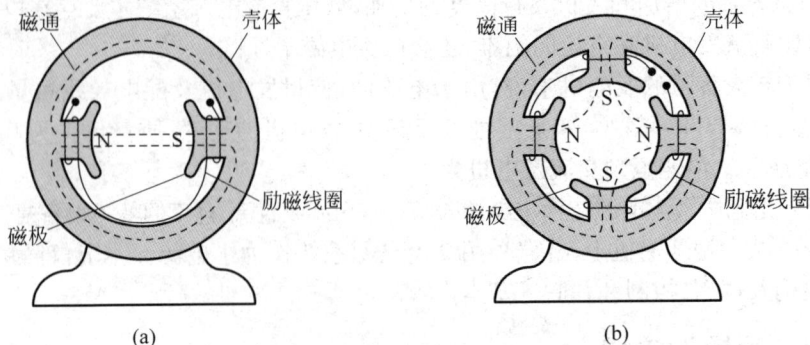

图 6.3-2   定子结构图

壳体由铁磁材料构成,又称为磁轭,一方面为磁力线提供磁通路,另一方面作为发电机的机械结构,用于安装磁极和固定发电机。图 6.3-2(a)和(b)分别是两极电机和四极电机的定子结构图。

转子由铁芯、电枢线圈、换向器和转轴组成,如图 6.3-3 所示。转子铁芯的外圆周有沟槽,槽里安放电枢绕组,多个电枢线圈相互串联,每个线圈的两个出线端都连接在相互绝缘的换向片上。当电枢线圈随转子转动时,切割气隙中的磁力线,产生交流电动势,该交流电动势被换向器转换成直流电,并从电刷上向外引出。图 6.3-4(a)、(b)分别表示的是一个转子电枢线圈中产生的交流电动势和由电刷引出的脉动直流电波形图。

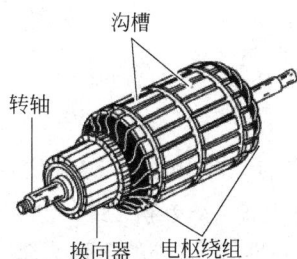

图 6.3-3 转子结构图

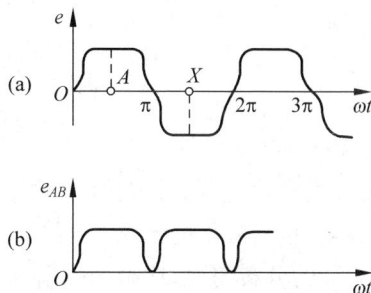

图 6.3-4 感应电动势波形图

可见,换向器和电刷组件的作用是将转子电枢绕组中产生的交流电转换成直流电,并由电刷向外输出。换向器由互相绝缘的换向片组成,每个电枢绕组的两端连接到两片换向片上。电刷由导电材料制成,电刷表面在弹簧的作用下与换向器表面紧密接触。电刷结构及其与换向器的接触情形如图 6.3-5 所示。

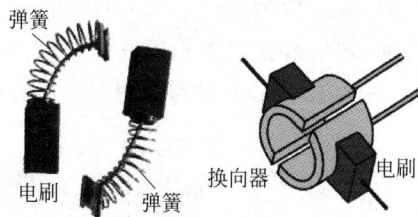

图 6.3-5 电刷结构及与换向器的接触

2) 直流发电机的励磁方式

从直流发电机的结构和工作原理可知,要想在转子电枢绕组中产生感应电动势,首先必须要有磁场,即定子励磁绕组中必须通入直流电。根据励磁电能的来源或励磁绕组与电枢绕组的接法不同,直流发电机可以分为他励式、并励式和复励式几种,各自的电路示意图如图 6.3-6 所示。

他励式发电机(见图 6.3-6(a))的励磁线圈由单独的励磁电源供电,不受发电机电枢电压的影响,便于调节。串联在励磁绕组中的可变电阻(调压器)用于调节励磁电流,以维持输出电压不变。由于需要单独的励磁电源,因此他励发电机的应用场合受到限制,飞机上一般不采用。

并励发电机(见图 6.3-6(b))的定子励磁线圈与转子电枢线圈相互并联,其励磁电能来自于发电机自身发出的直流电,省去了单独的励磁电源,因此得到广泛应用。一般小型飞机都采用这种发电机。

复励发电机(见图 6.3-6(c))指的是定子磁极上有两套励磁线圈,其中一套与转子电枢绕组串联,称为串励线圈;一套与转子电枢绕组并联,称为并励线圈。复励发电机主要用在起动发电机中,用作起动机时,工作于串励状态,以便产生大的起动转矩;用作发电机时,工作于并励状态,用于发出直流电。

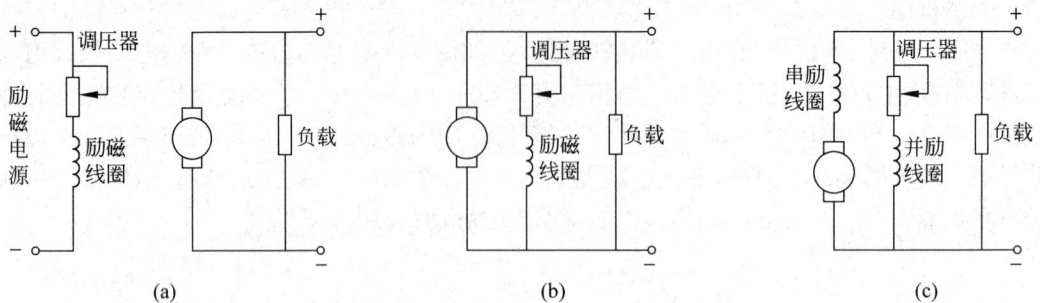

图 6.3-6　直流发电机的励磁方式

3) 电枢反应

当励磁线圈通电后,在电机中就会产生磁场,磁力线的方向由右手螺旋定则确定。图 6.3-7(a)表示只有励磁磁场(又称为主磁场),没有电枢电流(发电机空载,没有输出电流)时磁力线的分布情况,这时的磁场分布均匀、对称,几何中性线 ab 处的磁场为零。

当接通发电机负载时,转子电枢线圈中就有电流流过。根据电磁定律,在电枢线圈中就会产生磁场,该磁场称为电枢磁场。设发电机的转子顺时针方向转动,则转子电枢绕组中产生的感应电动势和电流方向可以用右手定则确定,其方向如图 6.3-7(b)中所示。根据右螺旋法则,可以确定出电枢磁场的方向,由图可知,电枢磁场与励磁磁场相互垂直。需要注意的是,图 6.3-7(b)中没有画出励磁磁场。

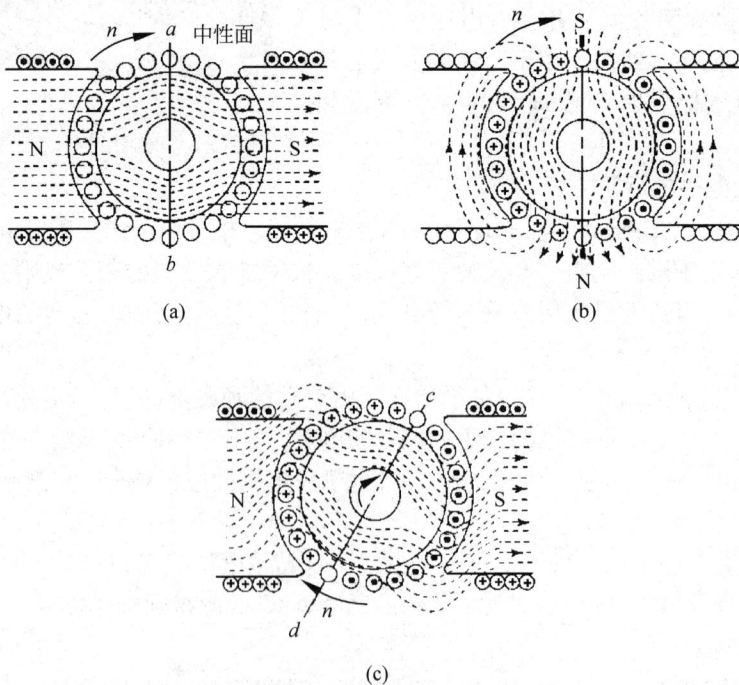

图 6.3-7　电枢反应
(a)励磁磁场;(b)电枢磁场;(c)合成磁场

可见,当发电机带负载运行时,发电机中同时存在着两个磁场:励磁磁场和电枢磁场,而且这两个磁场将发生叠加效应。图 6.3-7(c)表明两个磁场同时存在时,发电机负载电流产生的电枢磁场对励磁磁场产生的影响,这种影响称为电枢反应。

从图 6.3-7(c)中可知,电枢反应使得合成磁场发生了扭曲或畸变。磁场扭曲的程度随着发电机输出电流的增大而增大。主磁场的畸变使得几何中性线 ab 上的磁场不再为零。这里将磁场为零的位置称为物理中性线,由图可见,物理中性线 cd 偏离了几何中性线 ab。这时若电刷仍然放置在几何中性线上,则由于电刷处的磁场不为零,将使得电枢电流换向时(电枢线圈中的电流随转子旋转而快速改变方向的现象称为换向)产生火花,严重时会烧坏换向器和电刷。

解决电枢反应引起的换向火花的方法主要有两种:一种方法是调整电刷架的位置,将电刷安装在合成磁场的物理中性面上(图 6.3-7(c)中的 cd 线)。但是当发电机的负载电流发生变化时,产生的电枢磁场强度也随之改变,则磁场中性面的位置也会发生变化。一般是将电刷调定在发电机输出额定电流时的中性面位置上,但当发电机的负载电流偏离额定值时仍然会产生换向火花。小型发电机一般都采用调整电刷位置的方法。

对于功率较大的直流发电机,一般需要在定子上加装换向磁极,换向磁极上的线圈与转子电枢线圈相串联。这时当发电机向负载输出电流时,换向线圈中产生的换向磁场就会抵消电枢反应的影响,使得电刷处的合成磁场近似为零,从而减小电刷处的换向火花。较大功率的发电机大都采用加装换向磁极的方法或两种方法都采用。

换向磁极如图 6.3-8 所示,它位于两个主磁极之间,其上的换向线圈与转子电枢线圈串联。

2. 交流-直流发电机

从上述有刷直流发电机的结构和工作原理可知,直流发电机的定子为磁场,在转子的电枢绕组中产生感应电动势,负载电流是从转子电枢绕组通过换向器和电刷提供给负载的,因此在电刷与换向器接触处非常容易产生换向火花,导致发电机的可靠性下降,还容易产生电磁干扰。

图 6.3-8　换向磁极

为了克服有刷直流发电机换向困难(尤其是在高空)、换向时产生火花以及换向器和电刷的维护工作量大的缺点,可以采用交流-直流发电机,又称为硅整流发电机。这种发电机的本体是一台旋转磁极式交流发电机,发电机定子电枢绕组上发出的交流电经二极管整流后变成直流电,再输送到飞机电网供负载使用。

硅整流发电机由一台旋转磁极式交流发电机和二极管整流器组成。其中的交流发电机由爪极式转子(见图 6.3-9(a))和定子电枢(见图 6.3-9(b))组成。

与有刷直流发电机相反,这种交流发电机的转子是磁场部分,其作用是产生恒定磁场。转子主要由两块爪形磁极、磁轭、转子轴和滑环等组成,如图 6.3-9(a)所示。两块爪极铁芯的空腔内装有励磁绕组和磁轭。滑环是两个彼此绝缘的铜环,压装在转子轴上并与转轴绝缘,两个滑环分别与励磁绕组的两端相连,随转子一起转动。

当通过电刷和两个滑环给励磁绕组通入直流电时,在励磁绕组中就产生了轴向磁通,使

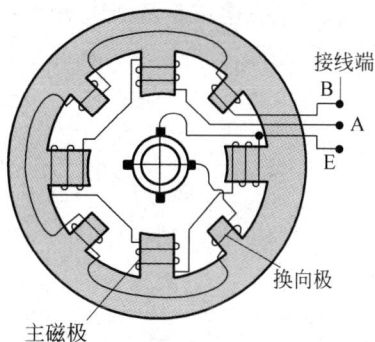

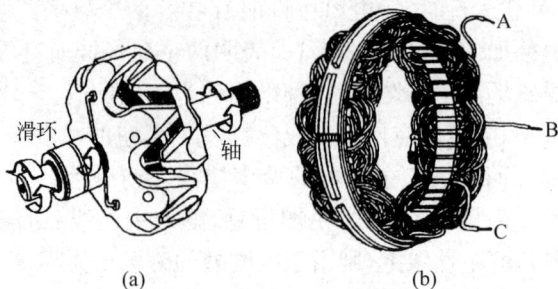

图 6.3-9   硅整流发电机的结构

爪极铁芯一块被磁化为 N 极,另一块被磁化为 S 极,从而形成六对(或八对)相互交错的磁极。当转子转动时,就形成了旋转磁场。

需要注意的是,这里的滑环与前述的有刷直流发电机中的换向器的结构和功能都不相同。首先,滑环是一个整体的导电环,而换向器由几十片互相绝缘的导体组成;其次,从电刷经过滑环导入到转子励磁绕组中的直流电并不存在换向问题,因此没有火花产生,而连接在换向器上的电枢绕组经过电刷时,其内的电流方向发生改变。可见,硅整流发电机虽然有电刷,但并没有换向问题,也没有火花,这也是这种发电机的优点之一。

硅整流发电机的定子铁芯内安放有三相绕组,三相绕组可以接成星形接法或三角形接法。当转子旋转时,定子三相绕组切割磁力线,就可以发出三相交流电。三相交流电通过 6 只整流二极管全波整流成直流电后输出,如图 6.3-10 所示。图中的 F 为励磁线圈,安装在转子上。励磁方式也可以采用他励或自励。

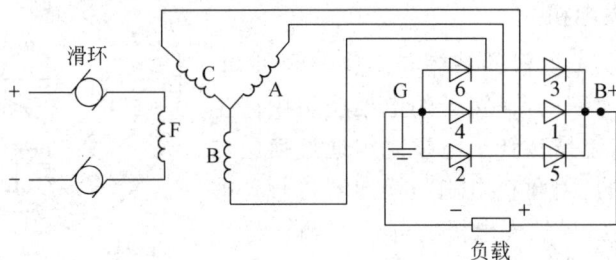

图 6.3-10   硅整流发电机原理图

3. 两种直流发电机的优缺点

有刷直流发电机主要有以下几方面的优点:

(1) 能用作起动/发电机。起动发动机时,工作在电动机状态,发动机起动后转为发电机状态,一机两用,从而减轻机载设备的重量。

(2) 改变励磁方式可以做成不同特性的发电机或电动机。

(3) 过载能力强。

但有刷直流发电机也有以下缺点:

(1) 高空换向困难,电刷磨损严重。

(2) 换向时产生火花,对机载电子设备产生干扰;换向器和电刷磨损大,维护工作量大。

（3）结构复杂,重量重。

交流-直流发电机有以下优点:

（1）结构简单,重量轻;

（2）无机械换向装置,高空性能良好,工作可靠,维护工作量小。

主要缺点有:

（1）不能用作起动/发电机;

（2）过载能力较差。

6.3.2　发电机调压器

飞机低压直流电源的额定电压为14V或28V,但当负载变化或发电机转速改变时,电压将偏离额定值,因此,必须由调压器来自动调节发电机的励磁电流,以保持输出电压恒定。增加发电机的励磁电流,发电机输出电压增高,反之则减小。

常用的调压器有振动式调压器、晶体管调压器和炭片调压器等。

1. 振动式调压器

在早期的小型飞机上,小功率直流发电机常采用振动式调压器,其结构示意图如图6.3-11所示。

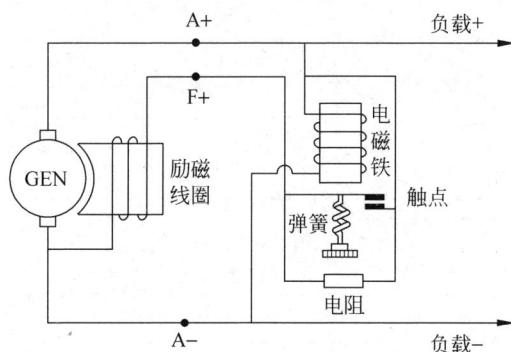

图 6.3-11　振动式调压器的结构

振动式调压器主要由以下几部分组成。

（1）电磁铁。它用于敏感发电机的端电压,并起到拉开触点的作用。电磁线圈并联在发电机输出端,电压越高,电磁铁产生的电磁吸力越大。

（2）弹簧。其作用是使触点闭合。

（3）触点。它用于控制串联于励磁绕组中的电阻的接入或短路,当触点闭合时,电阻被短路,励磁电流增大,发电机电压升高。

（4）电阻。它用于调节励磁电流的大小,当触点断开时,将电阻串入励磁线圈,使励磁电流减小,发电机电压下降。

振动式调压器的工作原理简述如下:

当发电机开始转动时,发电机自励发电。此时由于发电机电压低,电磁铁吸力小,弹簧的拉力大于电磁铁的吸力,使触点闭合,将电阻短接,励磁电流上升,发电机输出电压上升。当发电机电压上升到一定值(大于额定值)时,电磁铁吸力大于弹簧拉力,触点断开,这时电阻串入到励磁线圈中,使励磁电流下降,发电机电压下降。当发电机输出电压下降到一定值(小于额定电压)时,弹簧拉力又大于电磁铁吸力,使触点合上,将电阻短路,发电机电压上升……如此循环,使发电机电压在额定电压上下波动。调整弹簧拉力,就可以调整发电机的输出电压值。

发电机输出电压波形如图 6.3-12 所示。这种调压器触点的通断频率在每秒 50～200 次,即 50～200Hz,可以使调节点电压在(28±1)V 左右波动。

振动式调压器只能用于小功率直流发电机,此时的发电机励磁电流较小,否则调压器的触点可能产生电弧或造成熔焊。这种调压器的优点是结构简单,重量轻;缺点是触点频繁开合,容易产生磨损和电磁干扰,且发电机输出电压波动较大。

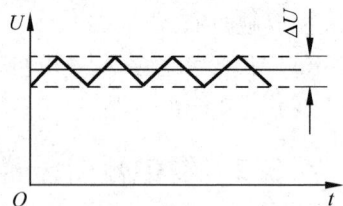

图 6.3-12　采用振动式调压器的发电机电枢电压波形图

2. 晶体管调压器(电子式调压器)

为克服振动式调压器机械触点频繁通断引起的问题,可以采用没有机械触点的固态开关,即用大功率晶体管代替机械触点,这类调压器统称为电子式调压器。电子式调压器的具体电路有多种结构,但其基本组成和工作原理都相似。一种典型的晶体管调压器原理电路如图 6.3-13 所示。

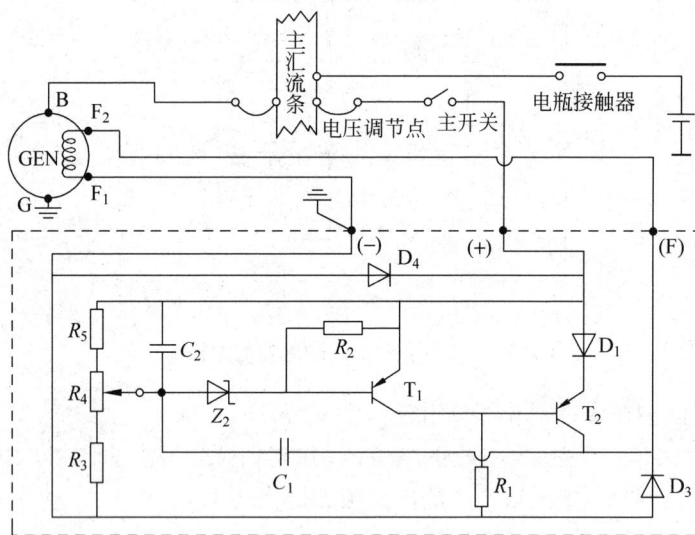

图 6.3-13　晶体管调压器电路

电路主要由以下几部分组成:①电压敏感电路,由电阻 R_3、R_4、R_5 和电容器 C_2 组成,用于敏感发电机的输出电压;②电压鉴别电路,由稳压管 Z_2 组成,用于比较发电机的实际电压与设定电压的相对大小;③开关放大电路,由三极管 T_1、T_2 和二极管 D_1 及电阻 R_1、R_2 组成,用于功率放大,同时实现对励磁电流的调节。

晶体管调压器的工作原理与振动式调压器基本相同。当发电机电压低于一定电压时,稳压管 Z_2 截止→T_1 截止→T_2 导通,电源"+"端通过 D_1、T_2 加到励磁线圈的 F_2 端,再回到电源的"−"端,使发电机电压上升。当电压上升到一定值时,Z_2 击穿导通→T_1 导通→T_2 截止,励磁线圈断电,发电机输出电压下降。当电压下降到一定值时,Z_2 又截止……如此循环,使发电机输出电压保持在额定值上。当发电机的负载增大时,输出电压下降,因此 T_2 的导通时间变长,截止时间变短,励磁电流的平均值增大,以维持输出电压不变。调整电阻 R_4,就能调定发电机的输出电压值。

并联在励磁绕组两端的二极管 D_3 称为续流二极管,当晶体管 T_2 截止时,储存在励磁线圈中的磁场能量通过 D_3 释放,减小了励磁线圈上产生的感应电动势,以防止击穿晶体管 T_2。

图中的电容器 C_1 为负反馈电容,用于提高调压的稳定性。二极管 D_4 的作用是防止发电机极性接反,起到保护调压器的作用。

可见,晶体管调压器没有运动部件,不会产生电弧和火花,没有机械磨损及电磁干扰,且晶体管的开关频率高,可以有效减小发电机输出电压的波动,提高调压精度。此外,晶体管调压器还具有体积小、重量轻、工作可靠等优点,目前已广泛应用。

3. 炭片调压器

振动式调压器采用接通和断开固定电阻来控制励磁电流,晶体管调压器采用通、断励磁电流,从而控制发电机的电压。在两种调压器中,励磁电流都是脉动变化的,都会引起发电机电压在小范围内波动。为了使发电机输出电压更加平稳,采用在励磁电路中串联一个可变电阻,并通过改变可变电阻值来改变励磁电流,这就是炭片调压器的基本工作原理。其原理图如图 6.3-14 所示。

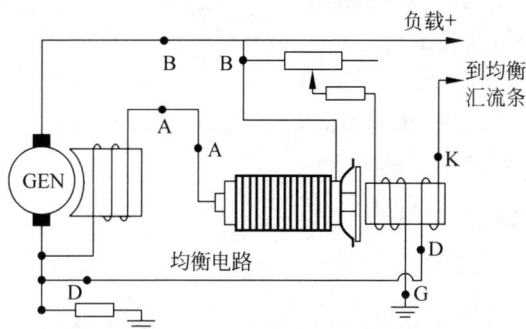

图 6.3-14　炭片调压器电路

炭片调压器的组成部分及各部分功用如下:

(1) 炭柱。由一片一片炭片叠成,炭柱电阻由炭片电阻和接触电阻两部分组成。炭片电阻基本保持不变(不考虑温度影响),而炭片之间的接触电阻受炭柱上的压力控制,压力越大,接触电阻就越小。炭柱上所受的压力等于弹簧压力减去电磁吸力。

(2) 弹簧衔铁组件。弹簧的作用是压紧炭柱,使炭柱电阻减小;衔铁受电磁力的控制,其作用是拉松炭柱,使电阻增大。

(3) 电磁铁。电磁铁上的工作线圈通过电阻并联在发电机输出端,用于敏感电压的大小,电磁铁产生的电磁力的作用是拉松炭柱,使炭柱电阻增加。

(4) 调节电位器。用于调整电磁铁中的电流,从而整定发电机的额定输出电压。

炭片调压器的工作原理简述如下:

当电压升高时→电磁拉力增大→炭柱被拉松→电阻增大→励磁电流减小→电压下降；当电压下降时→电磁拉力下降→炭柱被压紧→电阻减小→励磁电流增大→电压升高。这样就可以使电压保持恒定。

如果工作线圈两端的电压等于零，则线圈中没有电流，弹簧将炭柱压紧，炭柱电阻最小，便于发电机自励。

炭片调压器由于有铁芯和运动部件衔铁，因此在调节过程中存在调节滞后、调压误差大、稳定性差、体积大、功耗大等一系列缺点，目前已经很少采用，已基本被电子式调压器取代。

6.3.3　直流电源的并联供电

直流电源并联供电的条件比较简单，主要有以下两方面：
(1) 发电机极性相同；
(2) 发电机输出电压相同。

并联供电主要有以下优点：①供电质量高。并联供电时电网总容量增大，当负载突变时，对电网造成的扰动小。②供电可靠性高。在并联供电系统中，各发电机互为备用，当其中一台发电机故障时，不会对电网上的用电设备造成影响，可以实现不间断供电。由于直流电源并联控制比较简单，两台及以上直流发电机多采用并联供电。

飞机上一般采用同容量的发电机并联，并联运行时要求各台发电机承担的负载相同，以防止有的发电机过载、有的发电机欠载的情况。虽然飞机上一般都采用同型号的发电机和调压器，但由于发电机及调压器的特性和安装不可避免地存在一定的差异，因此并联供电时负载分配一般是不均衡的，这就需要采取措施来均衡负载。通过分析可知，可以通过调节发电机的励磁电流使负载均衡。调压器不同，其均衡措施也各不相同。下面以炭片调压器和晶体管调压器为例，说明负载均衡的原理。

1. 炭片调压器的负载均衡电路

炭片调压器的负载均衡电路如图 6.3-15 所示。图中表示两台直流发电机并联供电。

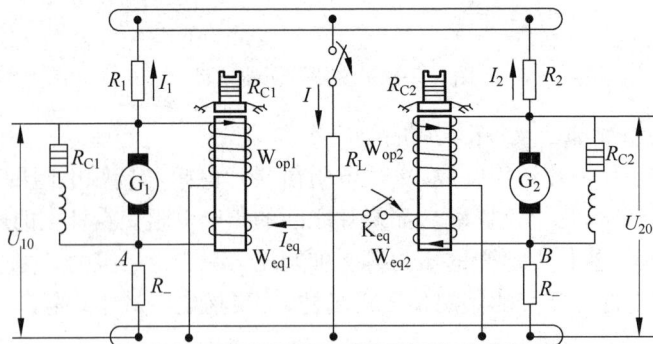

图 6.3-15　炭片调压器的均衡电路

在炭片调压器中，均衡线圈 W_{eq1} 和 W_{eq2} 分别绕在两个调压器的电磁铁上。为了测量发电机的输出电流，在发电机的负极性端接入电阻 R_-，R_- 一般为换向磁极的线圈电组和接线电阻。R_1、R_2 为正线电阻，包括馈线电阻和接触电阻等。

设 1 号发电机 G_1 的输出电流大于 2 号发电机 G_2 的输出电流,即 $I_1 > I_2$,这时,A 点电位小于 B 点电位(以地为参考点),电压 U_{BA} 使两个均衡线圈中有电流流动。根据右手螺旋定则,可以判断出各台发电机均衡线圈中产生的磁通方向也各不相同,因此其作用也不相同。可分析如下:

对于 1 号发电机 G_1:均衡线圈 W_{eq1} 产生的磁通与 G_1 调压器工作线圈 W_{op1} 产生的磁通方向相同,因此对炭柱的拉伸力增大,使炭柱电阻 R_{C1} 增大,励磁电流下降,使 G_1 发电机的输出电压下降,则其输出电流 I_1 随之减小。

对于 2 号发电机 G_2:均衡线圈 W_{eq2} 产生的磁通与 G_2 调压器工作线圈 W_{op2} 产生的磁通方向相反,因此对炭柱的拉伸力减小,炭柱电阻 R_{C2} 减小,励磁电流增大,使 G_2 发电机的输出电压上升,则其输出电流 I_2 随之增大。总电流维持不变。

当 $I_1 < I_2$ 时,可作同理分析。这样就使两台发电机的负载得到均衡。在均衡线圈之间必须装一个开关 K_{eq},便于发电机单独供电时调压器的正常工作。

2. 晶体管调压器的均衡电路

在每台发电机的调压器的敏感电路(参看图 6.3-13)中接入均衡电阻 R_{24}(见图 6.3-16),两个均衡电阻之间通过开关连接起来。

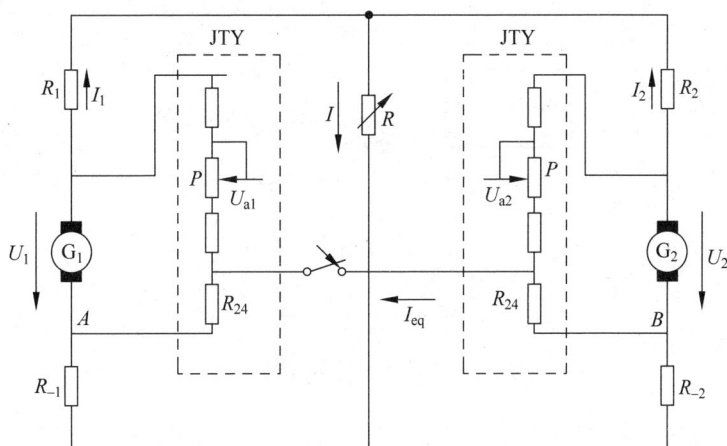

图 6.3-16　晶体管调压器的均衡电路

设 1 号发电机 G_1 的输出电流大于 2 号发电机 G_2 的输出电流,即 $I_1 > I_2$,这时的 A 点电位小于 B 点电位(以地为参考点),电压 U_{BA} 使两个均衡电路中有电流流动。

对于 1 号发电机 G_1,均衡电阻 R_{24} 上的压降为上正下负,使 G_1 调压器敏感到的电压 U_{a1} 增加,调压器使 G_1 的输出电压减小,则 G_1 的输出电流 I_1 也随之减小。

对于 2 号发电机 G_2,均衡电阻 R_{24} 上的压降为下正上负,使 G_2 调压器敏感到的电压 U_{a2} 下降,调压器使 G_2 的输出电压增加,则 G_2 的输出电流 I_2 也增加。

当 $I_1 < I_2$ 时,可作同样分析。这样就可以使两台发电机的负载得到均衡。在均衡电阻之间必须装一个开关,便于发电机单独供电时调压器的正常工作。

6.3.4　直流电源的控制与保护

电源的控制和保护装置是实现电源正常供电的重要设备,其主要功能是控制发电机输出端与电网的通断。当电源系统发生过电压、欠压、过载或反流等故障时,将故障发电机与电网隔离。

小功率的低压直流电源系统一般采用电磁式保护装置,也有采用电子式保护电路的。本节简要介绍几种保护装置。

1. 限流控制器

在某些直流发电机系统中配置有电流限制器,当发电机过载时,通过限制发电机的电压来限制其输出电流,以防止发电机过热或烧毁。

电磁式电流限制器结构如图 6.3-17 所示,主要由电磁铁、触点、弹簧和电阻组成。电磁铁上的电流线圈与负载电路相串联,与触点并联的电阻 R 用于调节励磁电流。当负载电流过大时,电流线圈产生的电磁力将触点拉开,并把电阻串入到发电机的励磁线圈中,使发电机电压下降,因此发电机的输出电流相应减小。当电压过低时,电磁铁线圈中的电流减少,电磁力下降,在弹簧的作用下触点又闭合,把串联于励磁电路中的电阻短接,这样发电机电压又升高。如果发电机持续过载,则限流器触点将连续振动,这样就可以将发电机的输出电流保持在安全值之内。限流器的参数整定为当发电机输出电流大于额定值的 10% 时触点断开。

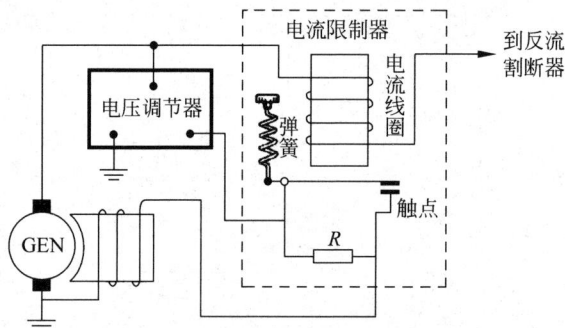

图 6.3-17　电流限制器原理图

2. 反流割断器

当有刷直流发电机与蓄电池并联工作时,发电机的输出电压应高于飞机电瓶电压,这时发电机向负载供电的同时,为电瓶充电。当由于某些原因造成发电机电压低于电瓶电压时,电瓶电流就会倒流入发电机,使发电机变成负载而吸收功率。这样会导致电瓶电量在很短的时间内耗尽,失去应急电源的功能,给飞行安全带来隐患。因此,直流电源系统一般都安装有反流割断器,当出现反流时,及时将发电机输出端与电网隔离,此时由电瓶为关键负载供电。图 6.3-18 为反流割断器原理图。

电磁式反流割断器主要由电磁铁和一个触点组成。电磁铁上绕有一个电压线圈和一个电流线圈。电流线圈中流过负载电流,用于检测电流的方向,导线粗而匝数少;电压线圈的作用是检测发电机的输出电压,电压线圈导线细而匝数多。

当发电机电压高于电瓶电压时,电压线圈产生的电磁力使触点闭合,发电机通过电流线圈向负载输出电流,并向电瓶充电。电流线圈中产生的磁通与电压线圈中的磁通方向相同,两个线圈的电磁合力使触点闭合更紧密。当发电机电压低于电瓶电压时,电流反向流动,这

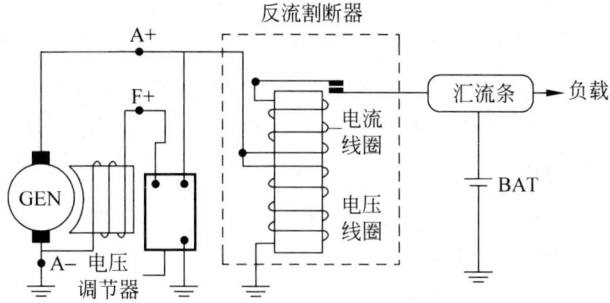

图 6.3-18 反流割断器原理图

时电流线圈中的磁通与电压线圈中的磁通方向相反,使电磁力相互抵消。当反流达到 30A 时,触点在弹簧的作用下断开,从而实施反流保护。

一般情况下,发电机电压在 26.6~27V 时触点闭合。

若采用硅整流发电机与蓄电池并联,则由于整流二极管的单向导电性,无须设置反流保护。

3. 过电压和过载保护

由发电机励磁电路或调压器的故障而造成的过电压会对用电设备和发电机本身造成损坏。因此必须采取有效措施,断开发电机的输出,并使故障发电机从电网上退出。

在两台以上的直流发电机并联供电系统中,若某台发电机的励磁电流持续升高,则大部分负载将转移到这台发电机上,使发电机过载。这时也需要对过载的发电机实施保护。

过电压和过载保护采用反延时,即故障越严重,断开延时时间越短。图 6.3-19 是一种电子式过电压和过载保护电路原理图。图中,运放 A_1 的反相输入端检测发电机的负载电流,经过反相放大器反相和放大后,送到运放 A_2 的反相输入端;发电机的输出电压经过 R_4、W、R_5 组成的分压器后,也加到运放 A_2 的反相输入端。运放 A_2 的同相输入端由稳压管 DW_1 提供基准信号,输入端的二极管 D_1、D_2 起到"或逻辑"的作用,使电路同时兼有过电压和过载保护功能。

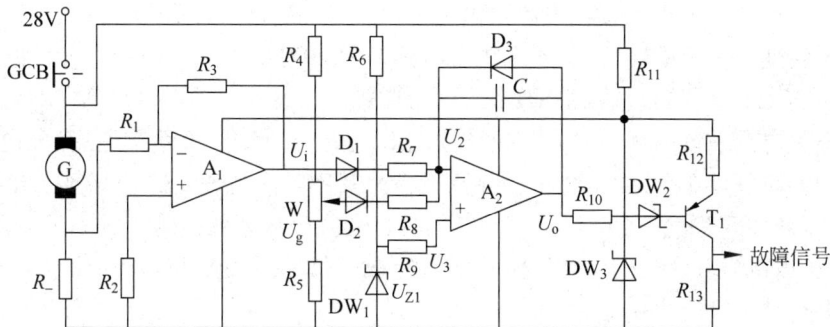

图 6.3-19 过电压及过载保护电路原理图

运放 A_2 的反馈电容 C 提供反延时功能,稳压管 DW_3 用于为保护电路提供工作电源。

当发电机正常工作时,即发电机无过电压和过载故障时,运放 A_2 反相端的两个输入电压 U_i 和 U_g 都小于同相端的基准电压 U_{Z1},运放 A_2 输出高电平,稳压管 DW_2 和晶体管 T_1

都不导通,电路没有输出信号。

当发电机发生过电压故障时(高于 32V),电位器 W 上的电压 U_g 高于基准电压 U_{Z1},二极管 D_2 导通,D_1 截止,U_g 通过电阻 R_8 对电容器 C 开始充电。过电压越严重,充电电流越大,运放 A_2 的输出电位下降越快,则稳压管 DW_2 和晶体管 T_1 导通越快,延时越短,从而实现了反延时。最后稳压管 DW_2 和晶体管 T_1 都导通,电路输出故障信号。

当发电机发生过载故障时,运放 A_1 的输出电压 U_i 高于基准电压 U_{Z1},二极管 D_1 导通,D_2 截止,U_i 通过电阻 R_7 对电容器 C 充电。与过电压时一样,经过电容器 C 的反延时后,稳压管 DW_2 和晶体管 T_1 都导通,电路输出故障信号,从而切断发电机输出和励磁。

当直流发电机发生欠压故障时(电压低于 20.5V),采用 7s 固定延时切断发电机的输出,电路原理可参考本章"交流电源系统"。

6.4　交流电源系统

交流电源系统可以分为两大类:恒频交流电源和变频交流电源。两种电源在目前的大型运输机上都有应用,如目前的主流机型 B737NG、A320 等飞机都采用恒速恒频(CSCF)交流电源,而新型飞机如 A380、B787 的主电源系统采用变速变频(VSVF)交流电源。

6.4.1　恒频交流电源和变频交流电源

1. 恒频交流电源

恒频交流电源主要有两种形式:带有恒速传动装置的恒速恒频(CSCF)交流电源和不带恒装的变速恒频(VSCF)交流电源,其传动结构如图 6.4-1 所示。

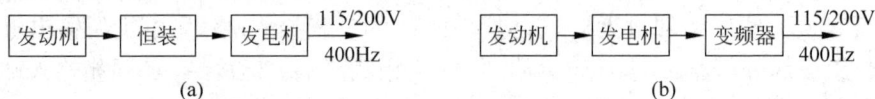

图 6.4-1　恒频交流电源结构示意图

图 6.4-1(a)所示的恒频交流电源由恒速传动装置(简称恒装,CSD)传动,可以把发动机变化的转速转变为恒定的转速,使发电机发出频率为 400Hz、电压为 115/200V 的恒频交流电。这是目前大型喷气式运输机上最常采用的形式。

恒速恒频电源系统的优点是:恒频交流电对飞机上的各种负载都适用,配电简单;恒频交流电源系统可以单台运行,也可以并联运行。其不足之处是:CSD 增加了电源系统的重量和成本,其功率/重量比小于不带 CSD 的变速变频电源系统。为了进一步减轻重量,提高可靠性,可以将 CSD 和发电机组合在一起,组成整体驱动发电机(IDG)。这一构型已在现代飞机上得到了广泛应用。

图 6.4-1(b)所示的恒频交流电源没有恒装,发电机发出的是变频交流电,然后再利用电子器件组成的频率转换器将变频交流电变换为 400Hz 的恒频交流电。

变速恒频交流电源的主要优点是:取消了 CSD,重量有所减轻。其不足之处是:允许的环境工作温度比较低,过载能力差,结构复杂,可靠性相对较低,维护比较困难。目前,该系统也已在飞机上得到了应用。

飞机恒频交流电源的稳态和暂态性能指标应满足国际航空电源标准（ISO 1540—2006），其中稳态特性应满足表 6.4-1 所示的要求。

表 6.4-1　恒频交流电源的稳态参数

交流电源参数		正常（normal）	非正常（abnormal）	应急（emergency）
电压/V	三相平均电压	104～120.5	95.5～132.5	104～120.5
	单相电压	100～122	94～134	100～122
	最大不平衡电压	6	6	8
	过压保护	＞134		
	欠压保护	＜94		
频率/Hz	允许频率范围	390～410	390～440	360～440
	过频保护	＞440		
	欠频保护	＜360		
波形	理想波形	正弦波		
	波峰系数	1.26～1.56		
	总谐波失真度	8%		10%
	单次谐波含量	＜6%		＜7.5%
相位	相位差	116°～124°		

注：电源正常工作状态是指航空器在地面和飞行中，电源系统没有发生故障或没有出现不正常时的工作状态，不包括电起动主发动机或辅助动力装置。

电源非正常工作状态是指航空器电源发生故障或出现不正常时，保护装置将不正常或故障部分与其他部分隔离的工作状态。在这种情况下，电源供电特性超出了正常工作范围，但仍保持在非正常工作极限之内。

2. 变频交流电源

变频交流电源是由飞机发动机经减速器直接带动交流发电机，发电机发出的是变频交流电，其结构示意图如图 6.4-2 所示。

图 6.4-2　变频交流电源结构示意图

这种系统不需要恒速传动装置，结构简单，可靠性高，维护工作量小，重量轻。不足之处是：由于频率的变化，对电机类用电设备的要求随之提高。在需要恒频交流电的场合，须由逆变器提供。随着飞机用电量的增加，变频交流电的优越性更加突出。变速变频交流电源将成为飞机电源的主要形式，目前已被 A380、B787 等飞机采用。

变频电源分窄变频 360～650Hz 和宽变频 360～800Hz 两种。涡扇发动机和某些 APU 发动机（如 B787 APU 不恒速）的转速变化范围较小，涡喷发动机的转速范围大。根据航空电源标准，两种变频电源的要求是有区别的。

飞机变频交流电源的稳态和暂态性能指标应满足国际航空电源标准（ISO 1540—2006），其中稳态特性应满足表 6.4-2 所示的要求。

表 6.4-2　变频交流电源参数

交流电源参数		窄 变 频			宽 变 频		
		正常	非正常	应急	正常	非正常	应急
电压/V	三相平均电压	104～120.5	98.5～132.5	104～120.5	101.5～120.5	98.5～132.5	101.5～120.5
	单相电压	100～122	97～134	100～122	100～122	97～134	100～122
	最大不平衡电压	6		8	9		12
	过压保护	>134			>134		
	欠压保护	< 97			<97		
频率/Hz	频率变化	360～650			360～800		
	过频保护	>650			>800		
	欠频保护	<360			<360		
波形	理想波形	正弦波			正弦波		
	波峰系数	1.26～1.56			1.26～1.56		
	总谐波失真度	<8%		<10%	10%		12%
	单次谐波含量	<6%		<7.5%	<7.5%		<9%
相位	相位差	116°～124°			114°～126°		

　　表 6.4-1 和表 6.4-2 中所示的性能指标是设计调压器、故障保护电路的依据,也是研制航空机载电源和地面电源的理论依据。

6.4.2　恒速传动装置的基本工作原理

　　恒速传动装置将变化的发动机转速变成恒定转速,使发电机发出恒频交流电。图 6.4-3 所示为某型飞机电源系统的 CSD 参数。由图可见,发动机在工作范围内(从慢车转速到额定转速)其输出转速变化约一倍,如果没有 CSD,则发电机的输出频率将在 $280\sim560\mathrm{Hz}$ 之间变化。恒频电源系统要求频率为 $400\mathrm{Hz}$,为此要求驱动发电机的转速为 $12000\mathrm{r/min}$,即 CSD 的输出转速为 $12000\mathrm{r/min}$。

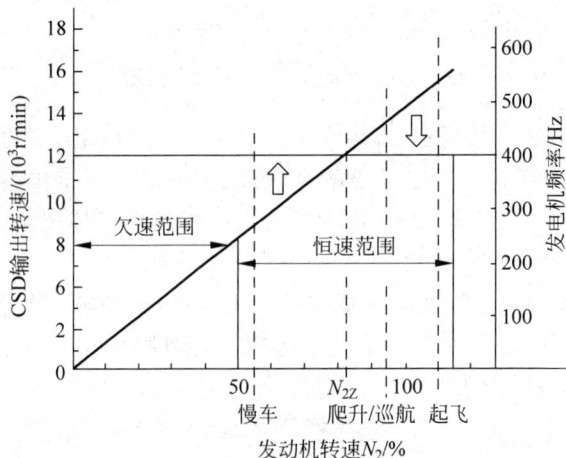

图 6.4-3　恒速传动装置的输入转速范围

从图中可以看出,当发动机转速在慢车转速($\geqslant 50\%$额定转速)到某一转速值 N_{2z} 时,CSD 应工作在增速状态(图中箭头向上区域),使得其输出转速达到 12000r/min;当发动机转速恰好等于 N_{2z} 时,CSD 的输出转速也恰好为 12000r/min,此时发电机频率正好等于 400Hz;当发动机转速大于 N_{2z} 时,CSD 应工作在减速状态,使得其输出转速保持在 12000r/min。发动机从慢车转速到额定转速的区域内,CSD 都能将变化的转速转换为恒定的转速。而当发动机转速小于慢车转速时,CSD 的输出转速也将小于 12000r/min,处于欠速状态,发电机将处于欠频状态,属于保护状态,电源不能使用。

恒速传动装置的主要形式有两种,一种是电磁式,一种是液压机械式。由于电磁式的输出功率比较小,现代运输机上都采用液压机械式恒速转动装置,下面简单介绍其组成和工作原理。

1. CSD 的组成和各部分功用

液压机械式恒装主要由差动游星齿轮系、液压泵-液压马达组件、调速系统、滑油系统和保护装置等五部分组成,如图 6.4-4(a)所示。

(1) 差动游星齿轮系的主要功用有两个,一是传递发动机的转速,二是传递由液压马达输出的补偿转速,并使两个转速进行叠加,从而保持输出转速不变。图 6.4-4(b)是差动游星齿轮系结构图。

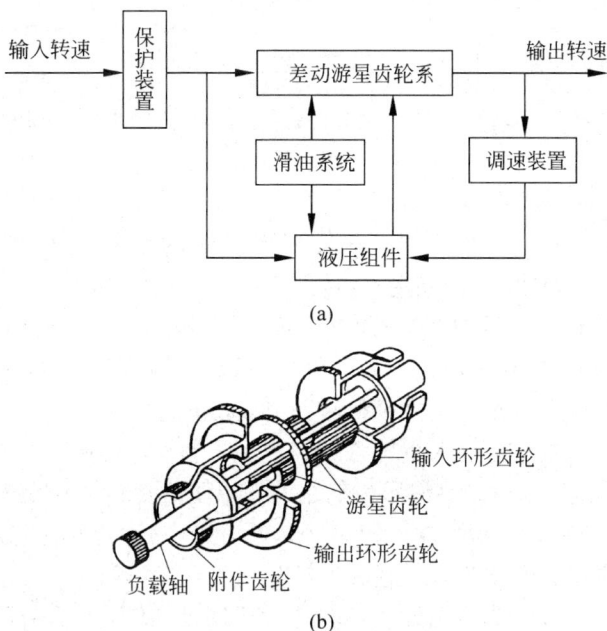

(a)

(b)

图 6.4-4 差动游星齿轮系的组成原理及结构
(a) 恒装组成原理图;(b) 差动游星齿轮系结构图

(2) 液压泵-液压马达组件是调速系统的执行机构,液压泵输出大小和方向可控的液压能,该液压能驱动液压马达转动,马达转速的大小和方向都受液压泵输出液压能的控制。液压马达的转速叠加在游星齿轮系上,用于补偿发动机转速的变化。

(3) 调速装置主要有离心飞重式机械调速器和电子式调速器。其功能是敏感恒装的输出转速,并改变液压泵可变斜盘的偏转角度和方向(见图 6.4-6),从而改变液压马达的转速和转向,以补偿发动机转速的偏离。另外,为了满足有些飞机交流发电机并联供电的需要,使并联供电时有功负载能均衡分配,还引入了电调线圈用于转速的附加调节。

(4) 滑油系统除了对齿轮系统起润滑和散热作用外,还作为液压泵-液压马达组件传递功率的介质。

(5) 保护装置的作用是当恒装故障时,如滑油压力低(小于 140psi)或温度高(大于 365°F 即 185℃)时,人工或自动脱开恒装与发动机的连接,以保护恒装和附件齿轮箱的安全。恒装在空中脱开后,只有在地面且发动机完全停车后才能复位。

2. 恒装的基本工作原理

恒装的输出转速由两个转速决定,一是发动机经游星齿轮架直接传递过来的转速 n_i,该转速随发动机转速的变化而变化;二是液压泵-液压马达组件通过环形齿轮传递的转速 n_m,该转速用来补偿发动机转速的变化,以保持恒装的输出转速不变。其原理示意图如图 6.4-5 所示。

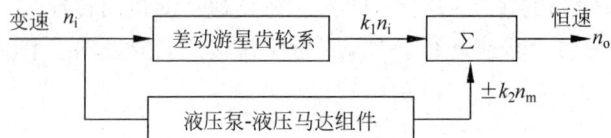

图 6.4-5　恒装的转速构成示意图

设恒装的输入转速为 n_i,输出转速为 n_o,液压马达的转速为 n_m,则输出转速可以表示为

$$n_o = k_1 n_i \pm k_2 n_m$$

其中 k_1、k_2 为游星齿轮系的传动比。

液压马达转速前面的"±"号由 CSD 的输入转速 n_i 的大小决定,并与马达的转向相对应。两个转速的叠加由差动游星齿轮系完成。

当发动机转速等于 N_{2z}(见图 6.4-3)时,液压马达不转动,CSD 的输出转速正好等于额定转速时,CSD 的这种工作状态称为零差动方式,这时的恒装输入轴转速称为制动点转速 n_z,该转速的大小与图 6.4-3 所示的发动机转速 N_{2z} 成正比。

当发动机转速小于 N_{2z} 时,恒装的输入轴转速小于制动点转速 n_z,这时在调速器的作用下,液压马达正方向旋转,通过差动游星齿轮系的作用使恒装的输出转速上升,这时 CSD 的输出转速为 $n_o = k_1 n_i + k_2 n_m$。恒装输入转速 n_i 越小,液压马达转速就越大,从而使输出转速保持不变。恒装的这种工作方式称为正差动方式。

当发动机转速大于 N_{2z} 时,恒装输入轴转速大于制动点转速 n_z,液压马达反方向旋转,通过差动游星齿轮系的作用使恒装的输出转速下降,这时的 CSD 输出转速为 $n_o = k_1 n_i - k_2 n_m$。恒装输入转速 n_i 越大,液压马达反方向的转速就越大,从而使恒装输出转速保持不变。恒装的这种工作方式称为负差动方式。

3. 恒装调速系统的工作原理

恒装调速器的作用是敏感输出转速的变化,调整液压泵可变斜盘倾角的大小和方向,使液压泵输出液压能的大小和方向随之改变,从而使马达的转速及转向随之改变,以补偿发动机转速的变化,维持输出转速不变。

恒装的转速调节器有离心飞重(fly weight)式机械调速器和电子式调速器两种。波音系列的飞机电源系统大都采用机械式调速器,如 B737CL、B747 等机型;而空客系列的飞机电源系统大都采用电子式调速器,如 A320、A340 等机型。下面分别介绍两者的基本工作原理。

1) 离心飞重式机械调速器

离心飞重式机械调速器是目前广泛采用的一种调速器,它利用离心飞重来测量 CSD 的输出转速,其原理示意图如图 6.4-6 所示。离心飞重随 CSD 输出轴而旋转,离心飞重离心力的大小反映转速的大小。分配活门受离心力和弹簧弹力的控制。当输出转速偏离额定值时,分配活门将上下移动,驱动伺服活塞左右运动。而伺服活塞的运动将带动液压泵可变斜盘的倾角改变,使液压泵输出液压能的大小和方向发生变化,从而驱动液压马达的转速大小和方向随之改变,最终使 CSD 的输出转速恢复到额定值上。

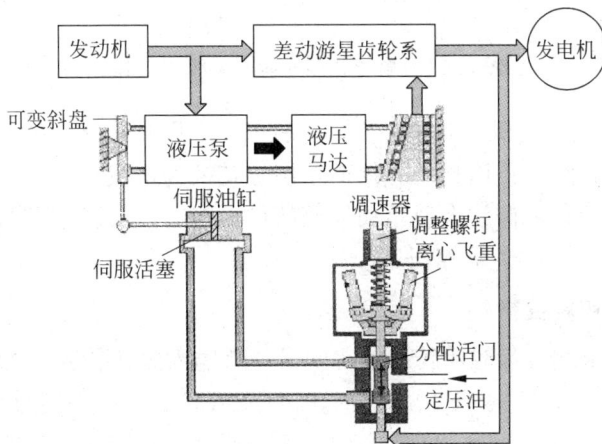

图 6.4-6　离心飞重式机械调速器的原理示意图

图 6.4-6 所示为恒装工作于零差动方式的状态,这时的液压泵可变斜盘保持垂直,液压马达不转动。当发动机转速增加时,离心飞重的离心力增加,离心飞重向外运动,控制油路中的液压油驱动伺服活塞向左运动,可变斜盘向右倾斜,使液压马达反方向转动,抵消发动机转速的增加。可见,经过伺服活塞、可变斜盘和液压马达输出齿轮等部件的一系列动作后,输出转速将恢复到额定值,这时离心飞重的离心力与弹簧弹力达到平衡,CSD 工作于新的稳定状态(负差动方式)。

当发动机转速减小时,离心飞重因离心力减小而向内运动。液压油使伺服活塞向右运动,可变斜盘将向左倾斜,使液压马达正方向转动,抵消发动机转速的减小,从而使 CSD 的输出转速上升,直到离心飞重的离心力与弹簧弹力又一次达到平衡,CSD 工作于新的稳定状态(正差动方式)。

当发电机的稳态输出频率偏差在 ±20Hz 以内时,可以通过调速器中的调整螺钉来改变弹簧的弹力,从而调整发电机的频率。调整一整圈大约相当于 3Hz。在调整时,首先应根据频率的偏差计算出必要的螺钉旋转圈数,然后关闭发动机再进行调节。注意:只有在发动机停转时,才能在 CSD 上进行调整。

当发电机的稳态输出频率偏差在 ±20Hz 以外时,需要更换恒速传动装置并送修理厂检修。

2）电子式调速器

电子式调速器的工作原理示意图如图 6.4-7 所示。

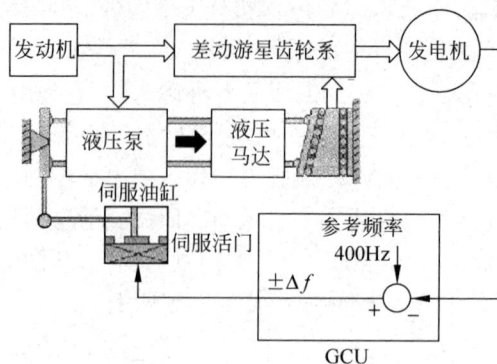

图 6.4-7　电子式调速器的原理示意图

电子式调速器利用发电机控制组件 GCU 中的频率检测电路，将发电机的输出频率与基准频率 400Hz 进行比较，将检测到的频率差信号转换为电流信号，该电流信号的大小与频差 Δf 成正比。电流信号被放大后驱动伺服活门，控制作动筒左右移动。其他部分的工作原理与离心飞重式机械调速器相同。

4. 恒装的脱开和复位机构

在恒装的输入端和附件齿轮箱传动轴之间设置有输入脱开装置。当恒装的滑油压力低（小于 140psi）或温度高（大于 365℉/185℃）时，CSD 或 IDG 故障灯亮，此时必须人工按下脱开开关，使恒装与发动机脱开。恒装脱开后，在空中不能复位，只能在地面进行复位。某些型号的恒装安装有自动脱开机构，当 CSD 中的滑油温度高于设定值时，自动将 CSD 与发动机脱开。

人工控制的输入脱开装置由齿形离合器、蜗轮蜗杆机构、电磁铁、复位机构四个部件组成，如图 6.4-8 所示。

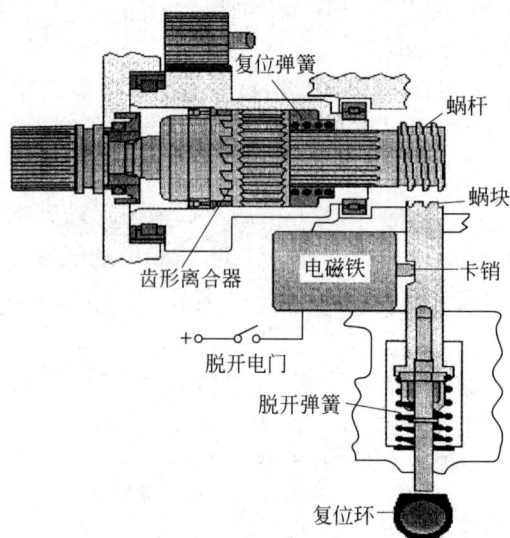

图 6.4-8　恒装的脱开和复位机构

控制恒装脱开的机构是齿形离合器,它由复位弹簧保持闭合,并将发动机的速度从齿轮箱输入到恒装的差动齿轮系。当按下驾驶舱电气面板上的脱开按钮时,电磁铁通电,电磁铁上的卡销被电磁铁吸入,解除了对蜗块的锁定,使蜗块在弹簧的作用下上升,并与蜗杆相接触。这时由于蜗杆的旋转,使离合器的右半部分克服弹力而向右移动,逐渐使齿形离合器分离。

当离合器脱开后,蜗轮不再被驱动,但还在离心力的作用下继续旋转,从而确保离合器能够完全脱开。如果 CSD 的输入转速太低,则蜗杆由于离心力不足而不能完全与离合器分开,这时会造成离合器损坏,如断齿等。因此当发动机转速小于慢车转速时,不能脱开恒装。

恒装脱开后,可以在 ECAM 或 EICAS 显示器上检查结果,这时发电机的输出电压和频率都应显示为零。如发电机电压和频率不为零,则表明恒装没有完全脱开,这时恒装可能已经损坏。

需要注意的是:脱开恒装时,为了防止电磁线圈长时间通电导致过热,按下脱开按钮的时间不能超过 3s,而且 1min 内最多只能脱开一次。恒装脱开电门一般是带有保险盖的红色电门,不允许随便按下。

恒装的复位只能在地面进行。当发动机完全停转时,拉下 CSD 外壳上的复位环,将蜗块下拉,直到电磁铁的卡销锁入蜗块的凹槽内,并能听到"咔嗒"声后,才表明恒装完全复位了。

目前已经将 CSD 和发电机组合在一起,组成整体驱动发电机(IDG),除了人工脱开机构外,还有自动脱开(热脱开)功能,当 IDG 温度达到 200℃ 左右时,IDG 脱开电磁活门中的热脱开机构将 IDG 脱开(焊锡熔化)。但 IDG 自动脱开后不能人工复位,必须更换 IDG。

6.4.3　交流发电机的结构和工作原理

1. 交流发电机的结构和基本工作原理

在飞机交流电源系统中,普遍采用同步交流发电机。交流发电机有两种结构形式,即旋转磁极式和旋转电枢式。两种结构形式的交流发电机工作原理相同,都是基于电磁感应原理。当导体在磁场中作切割磁力线的运动时,导体中就产生感应电动势。基于上述基本原理,所有的交流发电机都是由两大部分组成:一是产生感应电动势的导体,称为电枢绕组;二是产生磁场的磁极和励磁绕组。只要两者之间有相对运动,就能在电枢绕组中感应出交流电。

图 6.4-9 为旋转磁极(一对磁极)式三相交流发电机的结构和波形图。图 6.4-9(a)所示的转子磁极上绕有直流励磁绕组,直流励磁电流必须通过电刷和滑环通入到励磁绕组,磁极铁芯被磁化后产生恒定磁场。

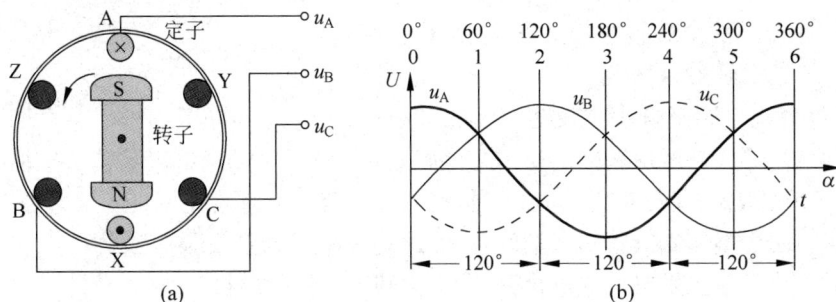

图 6.4-9　三相交流发电机及波形图

发电机定子铁芯的内圆周有槽,槽里安放电枢绕组,三相绕组匝数相等,在空间互差120°。当转子由原动机带动旋转时,定子三相电枢绕组中就发出三相交流电,三相交流电压在时间上互差120°,其波形如图 6.4-9(b)所示。

交流发电机每相电枢绕组产生的感应电动势 E_a 的有效值为

$$E_a = 4.44 fW\Phi$$

式中,f 为感应电动势的频率,W 为每相绕组匝数,Φ 为每极磁通。

交流发电机发出的感应电动势的频率 f 与转子转速 n 和磁极对数 p 之间有如下的固定关系:

$$f = \frac{pn}{60}$$

可见,交流电的频率与转子转速同步变化,因此这种交流发电机又称为同步发电机。若某型航空交流发电机的磁极对数 $p=2$,则为了发出 400Hz 的航空交流电,电机的额定转速应为 12000r/min。

无论是旋转电枢式交流发电机,还是旋转磁极式发电机,都需要通过电刷和滑环将励磁电流送入到转子或将交流电能从转子中引出。与有刷直流发电机类似,电刷的存在使得发电机的可靠性变差,同时也增加了维护工作量,因此目前飞机上大多采用无刷交流发电机。

从励磁方式上分,交流发电机可以分为自励和他励两大类。无论采用哪一种励磁方式,都要满足以下的基本要求:一是发电机要起励可靠,即发电机的输出电压要能随转速的升高迅速建立起来;二是电网中有大负载起动或当发电机电枢绕组短路时,发电机的励磁能迅速增大,以确保可靠供电或短路保护装置可靠动作,这种能力称为强行励磁能力,简称强励磁能力。

下面简要介绍飞机上常用的二级和三级无刷交流发电机的结构和基本工作原理。

2. 二级式无刷交流发电机(自励)

二级式无刷交流发电机主要由交流励磁机、主交流发电机和旋转整流器组成,其结构示意图如图 6.4-10 所示。图中左侧部分是一台大功率旋转磁极式交流发电机,其中转子上的 DC 表示直流磁场(包括磁极和励磁绕组),定子上的三根线 A、B、C 表示三相电枢绕组输出端,发出的交流电为飞机电网供电,该电机称为主发电机。图中右侧部分是一台小功率旋转电枢式交流发电机,定子上的 DC 表示励磁磁场,从 A、F 端子处输入直流电源,该直流电源来自于主发电机发出的三

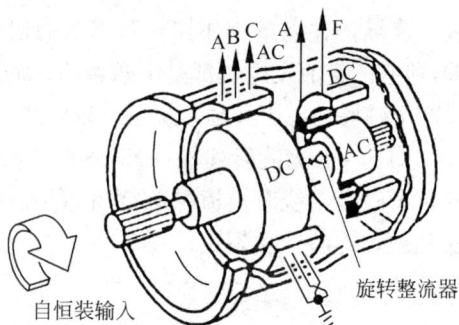

图 6.4-10 二级无刷交流发电机结构示意图

相交流电(经过整流、调压后),因此属于"自励"方式;转子上的 AC 表示转子电枢绕组发出的交流电,该交流电经过安装在转轴上的整流二极管转换成直流电后,提供给主发电机的转子励磁绕组。由于整流二极管随转轴旋转,因此称之为旋转整流器。右侧的旋转电枢式交流发电机的功用是为主发电机提供励磁,因此称其为交流励磁机。

从图 6.4-10 可见,这种发电机的外壳里同轴安装着两台交流发电机,因此又称之为二级式无刷交流发电机。

二级无刷交流发电机的电路原理图如图 6.4-11 所示。图中点画线上面的部件安装在定子上,下面的部分安装在转子上。主交流发电机的三相电枢绕组接成Y形,中性点 N 就近接到机体上。

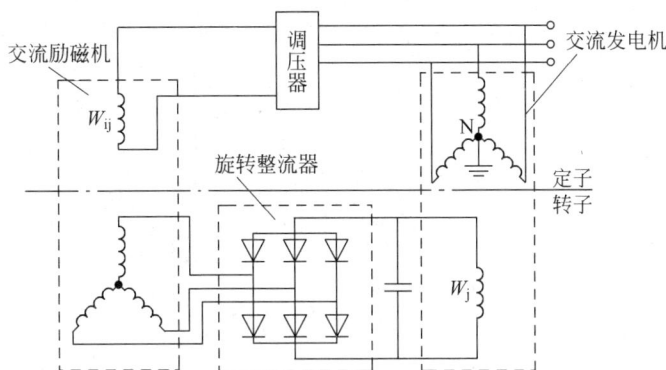

图 6.4-11　二级无刷交流发电机原理电路

当发动机带动发电机转子转动后,交流励磁机的转子电枢绕组切割剩磁产生剩磁电压,经旋转整流器整流后输送到主交流发电机的转子励磁线圈上,从而产生磁场。主交流发电机的定子电枢绕组切割磁力线,也产生一个 15V 左右的剩磁电压。该电压通过调压器使交流励磁机的磁场增大,则交流励磁机的电枢电压随之增加,主发电机的电枢电压也随之增加。当电网电压增加到额定电压时,调压器限制交流励磁机的励磁电流,使主发电机输出电压保持恒定。

由以上分析可知,二级式无刷交流发电机是靠剩磁起励发电的。当发电机遭受振动、高温等干扰因素时,剩磁会减小或消失,这时就需要为发电机充磁。为了保证起励可靠,可以在交流励磁机的磁极中嵌入永久磁铁。

此外,自励发电机的励磁电源来自于主发电机的输出,当主发电机的电枢绕组发生短路或电网中有大负载起动时,发电机的输出电压会下降,则加在交流励磁机励磁绕组上的励磁电压也将消失或下降,因此这种发电机不能提供强励磁能力。为了克服这个缺点,可以采用复励或相复励电路。在这两种励磁电路中,励磁电压不仅与主发电机的输出电压有关,还与负载电流有关。由于相复励电路原理较复杂,此处不再介绍。

3. 三级无刷交流发电机(他励)

三级式无刷交流发电机增加了永磁式副励磁机(permanent magnet generator,PMG),PMG 的定子电枢电压给交流励磁机的励磁绕组供电,而与主发电机的输出无关,因此这种结构属于"他励"方式。他励发电机的起励不依赖于剩磁电压,因此可以保证发电机可靠起励。三级无刷交流发电机的其余部分与二级式发电机基本相同,其电路组成原理图如图 6.4-12 所示。

永磁式副励磁机是一台旋转磁极式发电机,其定子电枢绕组上发出的交流电经过整流后给调压器和控制保护装置供电,该电源与飞机电网无关,因此飞机电网的故障(包括短路等)不会影响到调压器的工作,提高了电源系统的可靠性。此外,当主发电机输出馈线发生短路故障时,也不会影响到交流励磁机的励磁电流,在调压器的作用下,该励磁电流还可以增大,为发电机提供强励磁能力。目前的飞机电源系统大都采用这种结构的发电机。

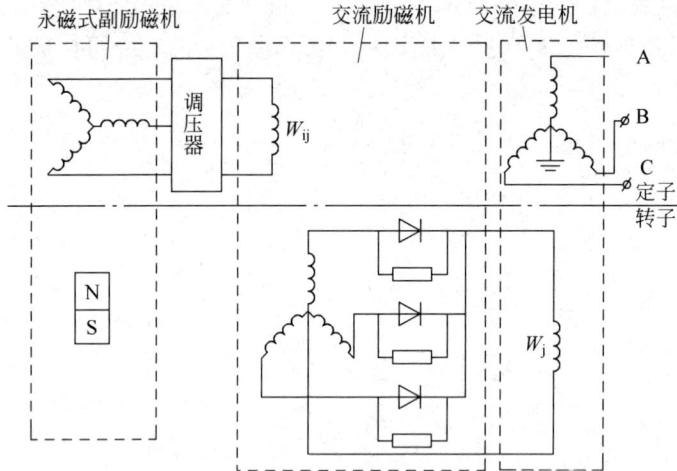

图 6.4-12　三级无刷交流发电机组成原理

4. 交流起动/发电机

有刷直流发电机的优点之一是可以用作起动/发电机,当起动发动机时,电机工作于电动状态,待起动完发动机后再转为发电状态,一机两用,减轻了机载设备的总重量。

在大型运输机上,主电源大都采用恒速恒频交流电源,由于采用了 CSD 或 IDG,使得电机不能工作在"电动"和"发电"两种状态下。在这些机型上,主发动机的起动一般都采用空气起动机,需要由地面气源车、APU 或从发动机引气来驱动。这既会增加机载设备的重量,又会增大燃油消耗。因此,国际航空界一直致力于研究采用交流起动/发电机,以减轻机载设备的重量。目前在某些大型运输机的 APU(APU 发电机不使用 CSD)上已经采用了交流起动/发电机,如 B737-800 型飞机。而在 B787 飞机上,主电源系统取消了 CSD,主发电机和 APU 发电机都采用了交流起动/发电机,有效减轻了机载设备的重量,降低了发动机的燃油消耗量。

本节以 B737-800 飞机的 APU 交流起动/发电机为例,简单介绍交流起动/发电机的结构特点和控制原理。

交流起动/发电机和交流发电机结构基本相同,是一台三级无刷同步发电机,不同的是在轴上还安装了一台解算器。解算器是旋转变压器的一种工作方式,能将转子转角转换为与转角成一定函数关系的电压信号,用作电动状态时的控制信号。

交流起动/发电机的发电模式与三级式交流发电机相同,下面主要讨论电动模式。为使发电机工作在电动模式,APU 电源系统中增加了两个主要部件:起动电源组件(start power unit,SPU)和起动转换组件(start converter unit,SCU)。SPU 把飞机或地面的 115/400Hz 交流电或电瓶的 28V 直流电转换成 270V 高压直流电,供 SCU 使用。SCU 再把 270V 高压直流电转换成三相变频交流电和单相/三相恒频交流电,以便给起动/发电机的三相定子绕组和励磁绕组供电,使起动/发电机产生电磁力矩。其原理示意图如图 6.4-13 所示。

交流起动/发电机的控制原理如图 6.4-14 所示,当 APU 的"ON/START"开关移到"START"位时,APU 的起动转换组件 SCU 为起动/发电机的主发电机定子绕组提供频率

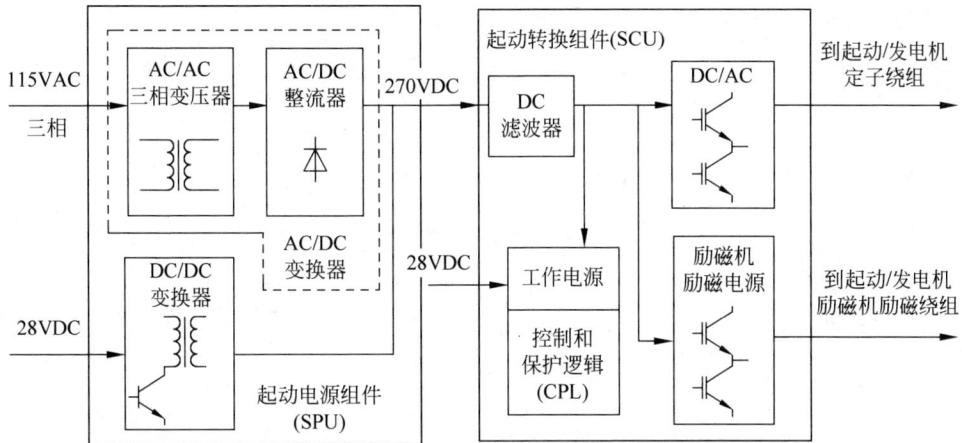

图 6.4-13 SPU 和 SCU 的内部电路原理框图

可调的三相交流电,同时也为起动/发电机的励磁机励磁绕组提供单相恒频交流电。安装于转轴上的解算器用于为 SCU 提供转子位置检测信号。加到励磁机励磁绕组上的单相交流电将产生交变磁场,该磁场在励磁机转子绕组上感应出交流电压,该交流电压经过旋转整流器整流后,为主发电机的转子励磁绕组供电。这时,起动/发电机的主发电机定子和转子绕组都产生了磁场,通过这两个磁场之间的相互作用,转子上产生的电磁转矩使起动/发电机的转轴开始转动,并带动 APU 的涡轮也开始旋转。随着变频交流电的频率升高,转子的转速也逐步升高,直到 APU 达到运行速度为止。当 APU 转速达到额定转速的 95% 时,撤销外加的变频电源,使起动/发电机转为发电机状态。

起动转换组件 SCU 通过安装在起动/发电机转子上的位置编码器来检测转子的位置,根据转子的位置来控制定子电流,以便获得最大的转矩。

图中的解算器定子和转子绕组均没有画出,但其定、转子绕组的输入和输出信号均来自于/去往起动转换组件 SCU,用于输出转子位置信号。

如图 6.4-14 所示,当 APU 的"ON/START"开关移动到"ON"位置时,起动/发电机工作于发电模式,其工作原理与普通的无刷交流发电机完全一样。这时由 PMG 的定子电枢电压为交流励磁机和位于发电机控制组件 GCU 中的调压器供电。其余的工作原理与前述的发电机原理完全相同。

6.4.4 调压器

当交流发电机的转速发生变化或负载的大小和性质发生变化时,发电机的输出电压也将改变。因此,交流发电机必须配备调压器,通过调节发电机的励磁电流实现对输出电压的自动调节,以维持电压恒定。

调压器的主要功用归纳如下:

(1) 当发电机的转速、负载大小及性质发生变化时,通过调节励磁电流,使调节点的电压保持在规定的范围内;

(2) 在电网输出端发生短路故障时,通过调压器的作用增大发电机的励磁电流,使发电机输出足够大的短路电流,以确保保护电路快速动作,这种能力称为强励磁功能;

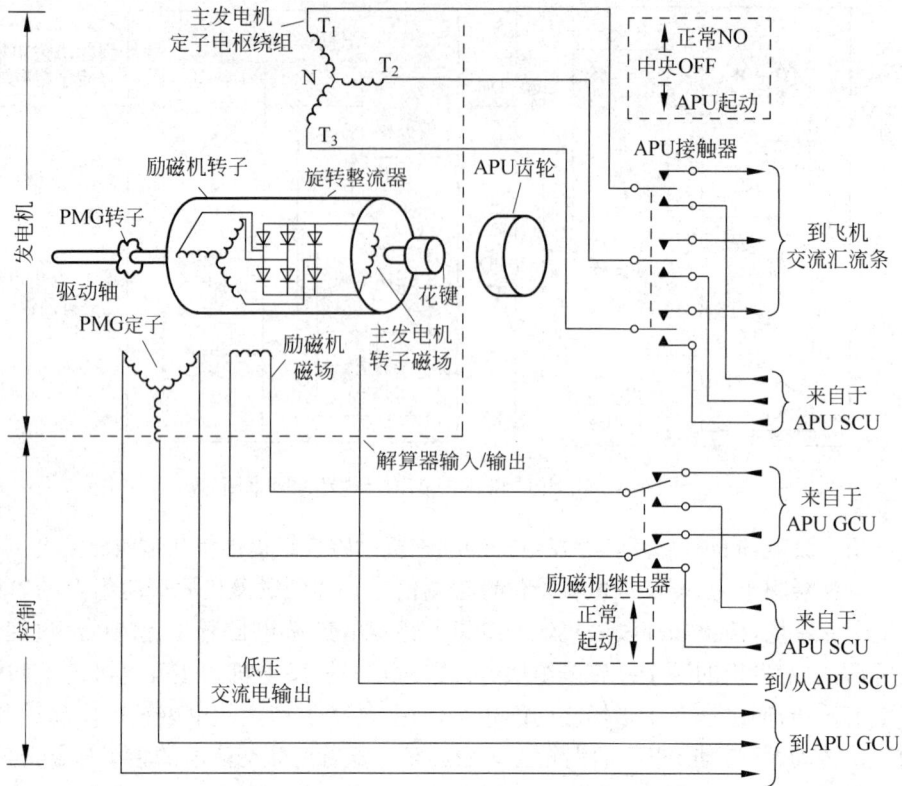

图 6.4-14　交流起动/发电机控制原理示意图

（3）在恒速恒频交流电源并联供电系统中，通过调节励磁电流，使各台交流发电机之间的无功功率均衡分配（见后续内容）。

现代飞机的交流发电机都采用晶体管调压器。晶体管调压器有两种，一种是直放式调压器，另一种是脉冲调宽式(PWM)调压器。由于直放式调压器存在功耗大的缺点，因此现代飞机上一般都采用 PWM 式晶体管调压器。以下介绍这种调压器的工作原理。

PWM 式晶体管调压器的组成原理框图如图 6.4-15 所示。电路主要由五部分组成，各部分电路的功能简述如下：

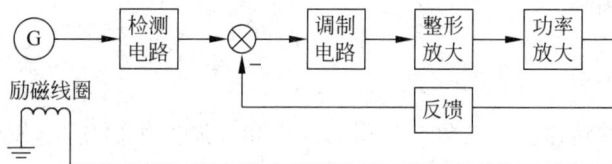

图 6.4-15　PWM 式晶体管调压器的组成框图

检测电路的功用是将发电机的输出电压进行降压和整流，并将整流后的脉动成分进行部分滤波而形成三角波，三角波的平均值正比于发电机的输出电压，然后将三角波输入到调制电路。

调制电路的功用是将检测电路送来的三角波与基准电压进行比较，产生 PWM 波，其目的是使功率放大管工作在开关状态，以减小管耗。PWM 波的脉冲宽度与发电机的输出电压相关联。

整形放大电路的功用是将调制电路输出的 PWM 波进行整形和放大,以便推动功率放大电路工作。

功率放大电路的功用是把 PWM 波进行功率放大,并推动发电机励磁线圈工作,调节发电机的励磁电流,从而调节发电机的输出电压。由于发电机励磁电流较大,功率放大管一般采用达林顿管或 MOSFET。

典型的功率放大电路接线图如图 6.4-16 所示。需要注意的是,在无刷交流发电机中,调压器调节的是交流励磁机的励磁电流 I_{jj},而主发电机的励磁电流 I_j 与 I_{jj} 成正比变化,见图 6.4-11 和图 6.4-12。图中的线圈 W_{jj} 是交流励磁机的励磁绕组。

与励磁绕组反向并联的二极管 D 称为续流二极管,其功用有两点:一是当功率管截止时,为励磁绕组中储存的磁场能量提供放电通路,以减小线圈上产生的感应电动势,保护功率管不被击穿;二是使励磁电流平稳变化,减小发电机输出电压的脉动。

功率放大电路的工作原理可以用图 6.4-17 所示的波形图来说明。当功率管的基极为高电平时,功率管导通,由于励磁线圈电感的作用,励磁电流逐步增大;当功率管基极为低电平时,功率管截止,励磁线圈产生的反电势通过续流二极管 D 形成回路,因此励磁电流是连续的。

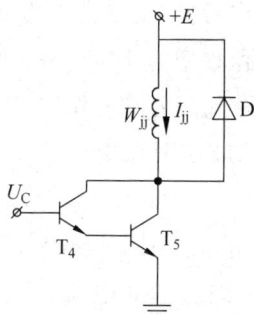

图 6.4-16　功率放大电路　　　　　图 6.4-17　励磁电流波形图

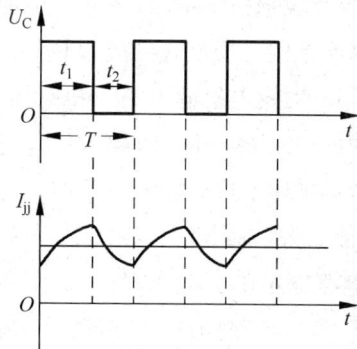

励磁电流的平均值由下式决定:

$$I_{jj} = \frac{E}{R_{jj}} \frac{t_1}{T}$$

式中,I_{jj} 为励磁电流平均值;E 为调压器的工作电源,来自于 PMG(三级发电机)或主发电机(二级发电机);R_{jj} 为励磁机励磁线圈的电阻;T 为脉冲周期,$T=\frac{1}{f}$,f 为 PWM 波的频率;t_1 为功率管导通时间。

对于恒频交流电源,E、R_{jj}、T 均为常数,则上式可以写为

$$I_{jj} = K t_1$$

式中,$K=\frac{E}{R_{jj}T}$。可见,发电机励磁电流与功率管导通时间或 PWM 波的脉宽成正比。

下面举例说明典型机载发电机的 PWM 式晶体管调压器的组成和基本工作原理,图 6.4-18 是 Westinghouse 公司的发电机调压器原理图。

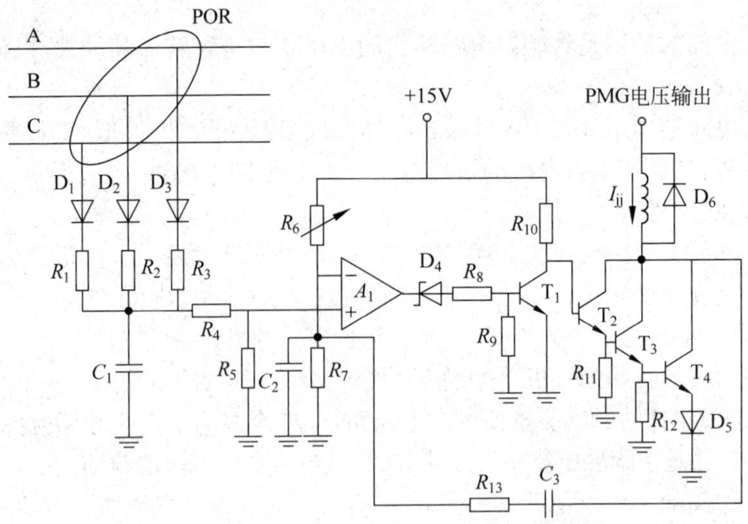

图 6.4-18　Westinghouse 公司的发电机调压器原理图

图中的 POR(point of regulation)称为调节点,一般位于发电机输出馈线并接近于汇流条处,调压器检测该点的电压,将保持该电压为恒定。

接于电网上的三个整流二极管 $D_1 \sim D_3$、电阻 $R_1 \sim R_5$ 及电容器 C_1 组成了调压器的检测电路。$D_1 \sim D_3$ 对发电机输出的三相电压进行半波整流,得到频率为 $1200\,\mathrm{Hz}$ 的脉动电压。检测电路中的电阻 $R_1 \sim R_3$,电阻 R_4、R_5 组成分压器,电容 C_1 起部分滤波作用,用于将半波整流后的脉动电压变成近似的三角波。整流脉动波形及三角波如图 6.4-19(a)所示(注意:电容 C_1 不能太大,否则就会滤波成直流)。

检测电路输出的三角波送入到调制电路中。调制电路主要由运放 A_1 组成,电阻 R_6、R_7 和电容 C_2 组成电压基准电路,为运放(比较器)A_1 提供基准电压。三角波与基准电压比较后,由 A_1 调制为脉冲波(见图 6.4-19(b)),该脉冲波的频率固定(等于三角波的频率 $1200\,\mathrm{Hz}$),而脉冲的宽度与发电机的输出电压相关联。图中,由于基准电压保持不变,因此当发电机输出电压上升时,三角波将上移,脉动宽度 t_2 增加 t_1 减小;反之 t_2 则减小。

稳压管 D_4 和电阻 $R_8 \sim R_{10}$ 及三极管 T_1 组成整形放大电路。当运放 A_1 输出高电位时,D_4 击穿,T_1 导通,集电极输出低电位;当运放 A_1 输出低电位时,D_4 截止,T_1 也截止,集电极输出高电位。这样 T_1 就将 A_1 输出的 PWM 波转换了极性,即当 A_1 输出高电平时,T_1 输出低电平,并进行了放大,其输出波形如图 6.4-19(c)所示。

三极管 $T_2 \sim T_4$ 组成功率放大电路,其输出波形如图 6.4-19(d)所示。

R_{13} 和 C_3 组成阻容负反馈电路,以增强调压的稳定性。

调压器各级电路的输出波形如图 6.4-19 所示。根据图 6.4-19 所示的波形图,就可以分析调压器的调压过程。如发电机电压 $U\uparrow \rightarrow$ 调制电路脉冲宽度 $\uparrow \rightarrow$ 整形放大电路脉冲宽度 $\downarrow \rightarrow$ 功放管导通时间 $t_1 \downarrow \rightarrow$ 励磁电流 $I_{jj} \downarrow \rightarrow$ 发电机电压 $U\downarrow$。

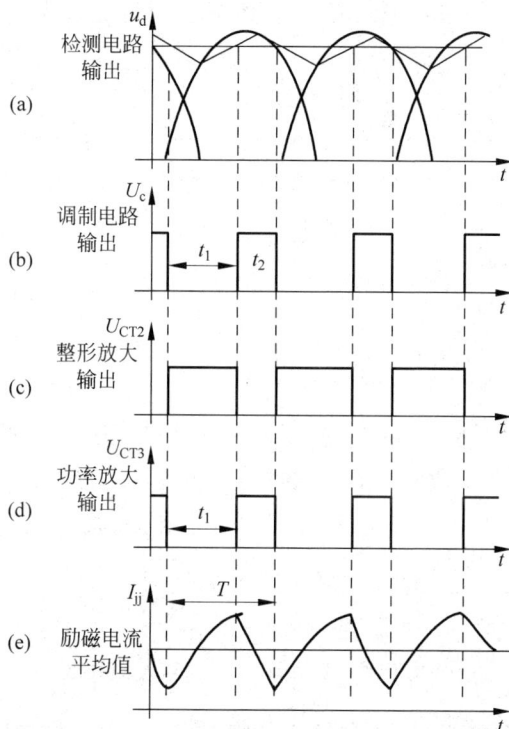

图 6.4-19　调压器各级电路波形图

6.4.5　交流电源系统的故障及保护

当交流电源系统出现故障时,必须进行有效的保护,以防止损坏用电设备和电源系统,保证飞行安全。当发电系统出现故障时,根据故障情况,由发电机控制组件(generator control unit,GCU)分别断开发电机励磁继电器(generator control relay,GCR)和发电机输出断路器(generator circuit breaker,GCB)。GCR 串联在发电机励磁电路中,当 GCR 断开时,发电机没有输出电压。如发生过压故障时,必须断开励磁,以保护发电机和调压器。GCB 可以将发电机与飞机电网断开,用于保护用电设备。

飞机交流电源系统中设置的主要故障保护项目有以下几种:过压保护(OV)、欠压保护(UV)、欠频保护(UF)、过频保护(OF)、差动保护(DP)、过载或过流保护(OL/OC)、开相保护(open phase,OP)、欠速保护(under speed,US)和逆相序保护(NPS)等。下面简单介绍这几种电源系统的故障保护要求和电路的基本工作原理。

1. 过压保护(OV)

1) 过压保护电路的组成和工作原理

根据航空电源的国际标准 ISO 1540—2006,单相过压值为 134V,或三相平均电压的过压值为 132.5V。产生过压的原因主要是调压器失效,从而导致发电机的励磁电流过大。为了防止由于干扰信号而产生误动作,在保护电路中必须加设延时。根据过压值越大危害也越严重的特点,过压保护采用反延时(inverse time delay),即过压值越大,延时时间越短。当发电机发生过电压故障时,会对发电机本身及电网上的负载都造成损害,因此过压时应同时断开 GCR 和 GCB,即断开发电机的励磁和输出。典型的 GCU 过压保护电路如图 6.4-20 所示。

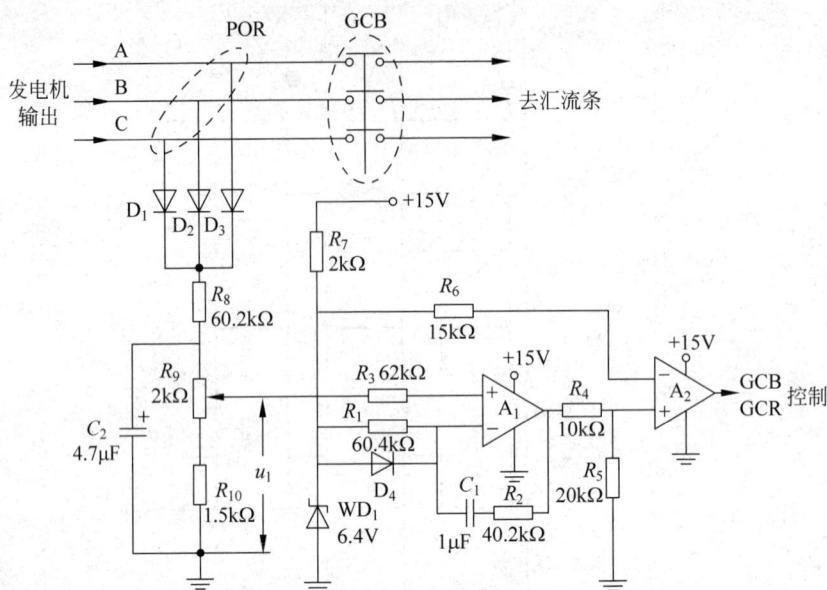

图 6.4-20　典型的 GCU 过压保护电路

过压保护电路由敏感电路(整流管 $D_1 \sim D_3$、电阻 $R_8 \sim R_{10}$ 及滤波电容 C_2)、稳压电路(电阻 R_7 和稳压管 WD_1)、反延时电路(运放 A_1 和电容 C_1 及电阻 $R_1 \sim R_3$)、比较器(运放 A_2 及电阻 $R_4 \sim R_6$)组成。

三相 400 Hz 交流电经过硅二极管 $D_1 \sim D_3$ 半波整流及电容 C_2 滤波后,从电阻 R_9、R_{10} 上取出检测电压 u_1(见图 6.4-20),通过 R_3 加到运放 A_1 的"+"端,稳压管 WD_1 两端电压(6.4 V)为运放 A_1 和 A_2 提供一个参考电压或基准电压,该电压通过 D_4、R_1 加到 A_1 的"−"端,通过 R_6 加到 A_2 的"−"端。

当发电机输出电压正常时(三相平均电压小于 132.5 V),检测信号 u_1 低于参考电压 (6.4 V),即运放 A_1 的"+"端电压小于"−"端电压,A_1 输出低电位。同时,电容 C_1 通过 D_4、R_2、A_1 反向充电,电容 C_1 上的电压 U_{C0} 充电到约 6.4 V,极性为左"+"右"−"。运放 A_2 的"+"端为低电位,"−"端(6.4 V)大于"+"端电压,故 A_2 输出低电位,这时说明发电机电压正常。二极管 D_4 的作用是当接通电源时,让运放 A_1 的"−"端迅速建立起电压,以防止电源接通瞬间,由于 A_1"−"端电压低而产生虚假的过电压信号。

当发电机过压时(三相平均电压大于 132.5 V),检测信号 u_1 高于参考电压,即运放 A_1 的"+"端电压大于"−"端电压,此时延时电路开始工作,即由运放 A_1 和 R_1、R_2、C_1 组成的比例积分器对过电压信号 $\Delta u_1 = u_1 - 6.4$(V)进行比例积分运算,A_1 的输出电位逐步升高。当 A_2"+"端的电压(即 R_5 上的电压)大于 A_2 的"−"端的电压时,A_2 输出高电位,该信号送到 GCR 和 GCB 的控制电路上,关断发电机的励磁电路,使发电机灭磁;同时断开发电机接触器,停止向负载供电。

2) 反延时特性分析

为了分析过压保护电路中的延时时间与过压值之间的关系,必须知道 u_1 与发电机输出电压有效值之间的关系。设三相交流电对称,其相电压有效值为 U。三相交流电经半波整流、滤波和分压后得到采样电压 u_1，则 u_1 和发电机输出相电压 U 成正比关系。当 $U=134$V 时，调整可变电阻 R_9，使得 $u_1=6.4$V；当 $U>134$V 时，$u_1>6.4$V，电路经延时后发出保护信号。经过计算，发电机输出相电压有效值 U 与 u_1 的关系为

$$U = 20.94\ u_1$$

设 A_1 为理想运算放大器，将由 A_1 组成的延时电路重画于图 6.4-21。当发电机输出相电压小于 134V 时，$u_1<6.4$V，A_1 输出低电位（$u_{o1}=0$V），稳压管提供的 6.4V 基准电压通过 $D_4//R_1$ 向 C_1 反向充电，充电路径为：6.4V→$D_4//R_1$→C_1→R_2→A_1→地，最后充到 $U_{C0}=-6.4$V 为止，电容电压的实际极性为左"+"右"一"。当发电机输出过电压时，检测值三相平均电压 $U>132.5$V，$u_1>6.4$V，D_4 截止，延时电路开始工作。

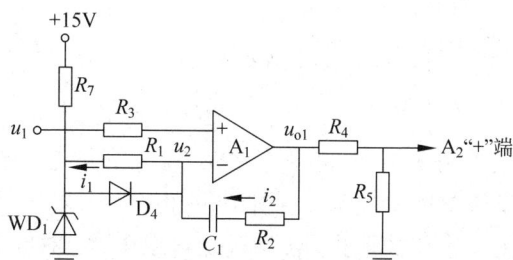

图 6.4-21　反延时电路

根据理想运放"虚短"和"虚断"的概念，有 $u_1=u_2$，$i_1=i_2$，这说明当 u_1 一定时，电容充电电流一定，即有

$$i_1 = i_2 = \frac{\Delta u}{R_1} = \frac{u_1 - 6.4}{R_1}$$

式中，Δu 的大小反映了过压值的大小。设发电机输出相电压由 115V 或小于 134V 突跳到 134V 以上，则 Δu 为一阶跃信号（理想情况），即 Δu 为一常数。过压时，以 i_1 或 i_2 的电流对电容 C_1 进行充电，u_{o1} 上升，并当 $u_{o1}\geqslant\frac{R_4+R_5}{R_5}\times6.4$（V）时，通过 A_2 发出保护信号。可以求得延时时间 T 为

$$T = \frac{6.4R_1C_1(1+R_4/R_5)}{\Delta u} - C_1(R_1 + R_2) \quad (s)$$

由上式可见，过压值越高，即 Δu 越大，延时时间越短，即电路具有反延时特性。当 $\Delta u=6.4\dfrac{R_1(1+R_4/R_5)}{R_1+R_2}$ 时，延时时间 $T=0$。由上式可以计算出，当发电机输出相电压从小于 134V 阶跃上升到大于等于 248V 时，延时时间为 0。

2. 欠压保护（UV）

当恒频交流电源的相电压低于 94V 时，欠压保护电路发出信号，经过固定延时 7s 后，断开 GCR 和 GCB。欠压故障主要是由于调压器或发电机本身故障造成的，但当恒速传动装置（CSD）发生欠速时或发电机过载时也会造成发电机欠压。UV 保护电路原理图如图 6.4-22(a) 所示。

发电机某相输出电压经 D_1 整流、R_1 和 R_2 分压及 C_1 滤波后，通过 R_3 加到比较器 A_1 的"一"端，A_1 的"+"端为参考电压，通过 R_6 可以调整。当发电机输出电压正常时，比较器

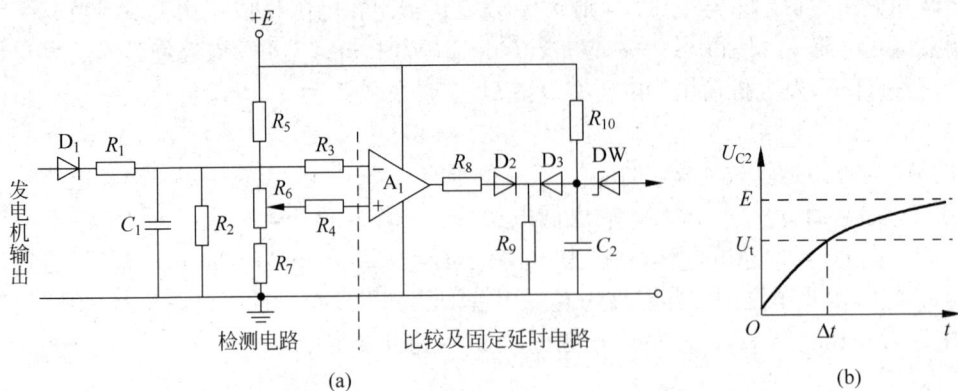

图 6.4-22   欠压保护电路及延时特性

A_1 的"一"端电位高于"＋"端电位，A_1 输出低电平。二极管 D_2 截止，D_3 导通。电阻 R_9 比 R_{10} 取值小，因此电容 C_2 上的电压很小，稳压管 DW 截止，没有信号输出。

当发电机输出电压低于 94V 时，A_1"一"端电位低于"＋"端电位，A_1 输出高电平，二极管 D_2 导通，D_3 由于 R_9 上的电压而截止，电源 E 通过电阻 R_{10} 对电容器 C_2 充电，电容电压 U_{C2} 按照指数规律上升(见图 6.4-22(b))。当电压大于稳压管 DW 的击穿电压 U_t 时，稳压管 DW 击穿，电路输出保护信号，断开 GCR 和 GCB。通过设计参数，可以使延时时间 Δt 等于 7s。

当欠压故障在 7s 内消失时，比较器 A_1 输出变为低电位，D_2 截止，D_3 导通，电容 C_2 上的电荷通过 R_9 快速释放掉，则电路没有信号输出。

一般情况下，发电机的三相输出每相都安装有欠压保护电路，只要有一相出现低电压故障，GCB 就会断开。

3. 欠频保护(UF)

当发电机输出电压的频率低于 360Hz 时，欠频保护电路发出信号，经过固定延时 7s 后断开 GCB。欠频和欠压故障往往同时发生。如果欠频发生在前，则欠压保护电路输出就会被锁定。如果欠压发生在前，则欠频保护电路输出就会被锁定。

交流电源的欠频故障会引起电磁设备工作不正常，如造成交流电动机欠速、变压器绕组过热等故障。

典型的欠频保护电路原理图如图 6.4-23 所示。

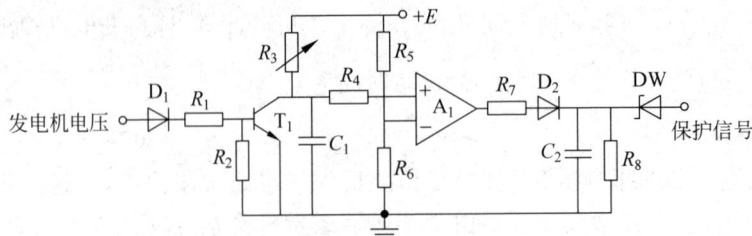

图 6.4-23   欠频保护电路图

发电机某相电压经过 D_1 半波整流后，再经 R_1、R_2 分压后加到三极管 T_1 的基极。在发电机输出波形的正半周 T_1 导通，负半周 T_1 截止。当 T_1 截止时，电容 C_1 通过 R_3 充电；T_1

导通时,C_1 通过 T_1 放电。

当发电机输出频率正常时,T_1 截止时间短,C_1 的充电时间短,C_1 上的电压(A_1 的"+"端电压)始终低于 A_1 的"-"端电压,A_1 输出低电平,电容 C_2 上的电压为零。

当发电机欠频时,即频率低于 360Hz 时,T_1 的截止时间变长,则 C_1 的充电时间变长,在充电后期,C_1 上的电压(即 A_1 的"+"端电压)将高于 A_1 的"-"端电压,因此 A_1 输出高电平,并通过 R_2、D_2 向 C_2 充电。但在波形的负半周和正半周的部分时间内,A_1 输出低电平,这时 C_2 将通过 R_8 放电。可见,一次充电并不能使 C_2 上的电压大到击穿稳压管 DW。为此在设计电路参数时,要求 C_2 的放电时间常数 R_8C_2 远大于充电时间常数 R_7C_2(约 10 倍),这样在欠频时,能确保每个周期内 C_2 上都有电荷积累,使得 C_2 上的电压逐步升高,起到延时的作用。当 C_2 上的电压升高到使稳压管 DW 击穿时,发出欠频信号,断开 GCR 和 GCB。

若欠频故障持续时间很短,即在 DW 击穿前故障消失,则电容 C_2 上的电荷积累不会达到 DW 的击穿电压,电路就不会发出欠频信号,从而防止了误动作。

4. 过频保护(OF)

当发电机输出频率高于 440Hz 时,过频保护电路发出信号,经固定延时 1s 后,断开 GCR 和 GCB。过频故障主要是由于 CSD 调速系统故障,造成发电机转速过大造成的。一般恒速恒频电源系统不需要过频保护,因为过速时 CSD 会自动或人工脱开,但有的飞机上也设有过频保护。过频保护电路原理与欠频类似,本书从略。

5. 差动保护(DP)

差动保护是对短路故障的保护,但其适用范围主要包括两个方面。一是当无刷交流发电机中的主发电机定子电枢绕组发生相与地、相与相之间的短路故障时。故障产生的原因通常是因振动而断线搭地或因相间绝缘破坏而造成。发生故障后将产生很大的短路电流,以致烧毁发电机,严重时可能引起火灾。二是主发电机输出馈线发生短路故障。馈线是指发电机输出接头至汇流条的导线,由于振动等原因,容易造成搭铁(对地短路)或相与相的短路故障。为了减小短路故障造成的危害,要求保护装置尽快切断发电机的励磁电路,并将发电机从电网上切除,即断开 GCR 和 GCB。差动保护一般不设置延时,或只有很短的延时,如 50ms。

差动保护电路原理图如图 6.4-24 所示。图中,CT_1 和 CT_2 为两组电流互感器,电流互感器的结构如图 6.4-25 所示。一个环形铁芯上绕有线圈(一般为 1000 匝),发电机的馈线从中间的孔中穿过,因此互感器的变比为 1:1000,即副边线圈中的电流是原边电流的 1/1000。

差动保护器的 CT_1 安装在发电机电枢绕组的中线侧,CT_2 安装在发电机输出馈线的 GCB 之后。每相馈线的两个互感器的副边绕组按照同名端首尾串联,组成差动检测环,如图 6.4-26 所示(图中取 C 相馈线为例,其余两相原理相同)。

当没有短路故障时,发电机每相电枢绕组及其馈线上的电流相等,即两组互感器 CT_1 和 CT_2 原边的电流相等,则副边感应出的电流 I_1 和 I_2 也相等,因此电阻 R_1 和 R_4 中的电流差 $\Delta I=0$,电阻 R_4 上没有电压,保护电路没有输出信号,图 6.4-24 中的运放 A 的"+"端电位低于"-"端的参考电压,A 输出低电平。这时说明电路没有短路故障。

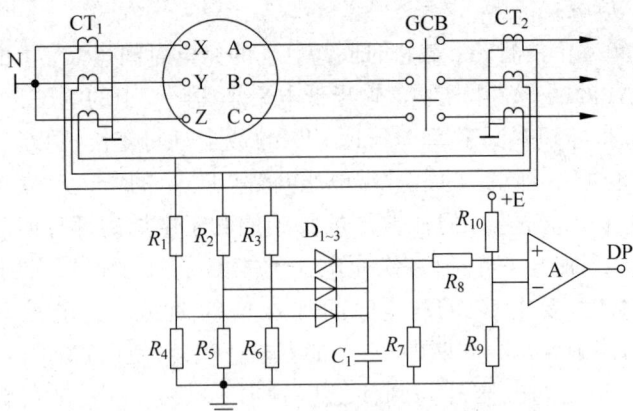

图 6.4-24　差动保护电路原理图

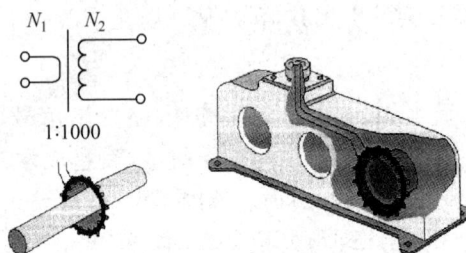

图 6.4-25　电流互感器组件

当两组互感器之间的区域如 K 点发生短路故障时(见图 6.4-26),互感器 CT_1 的原边流过很大的短路电流,而互感器 CT_2 的原边基本没有电流。因此两组互感器副边的电流也不相等,则电流差 $\Delta I \neq 0$。该电流差通过电阻 R_4 转换为电压后,经过二极管半波整流、电容 C_1 滤波后,输出的电压 U_{C_1} 不为零。U_{C_1} 经 R_8 加到运放 A 的"+"端(见图 6.4-24)。当两组电流互感器原边的电流差达到 $20\sim40$A 时,运放 A"+"端的电压大于"−"端的电压,A 输出高电平,通过控制电路断开 GCR 和 GCB。

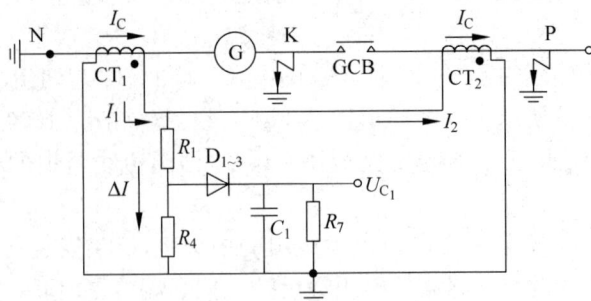

图 6.4-26　一相差动保护电路原理图

当两组互感器之外的区域如 P 点发生短路故障时(见图 6.4-26),互感器 CT_1 和 CT_2 的原边都流过很大的短路电流,但由于两组互感器副边的电流仍然相等,因此这时的电流差 $\Delta I = 0$,保护电路没有信号输出。

可见,差动保护电路有一个有效保护范围,只有在 CT$_1$ 和 CT$_2$ 之间的区域内发生短路故障时,保护电路才有输出信号。同时,从保护原理也可以看出"差动保护"的含义,指的是当同一相馈线中的两组电流互感器中的电流不相等,即存在电流差时,保护电路才输出信号。

6. 过载(或过流)保护(OL/OC)

利用差动保护电路(图 6.4-24)中的电流互感器 CT$_2$ 的信号还可以实现过载或过流保护,保护电路的工作原理与差动保护电路相同,不同的是仅用了 CT$_2$ 一组电流互感器。当发生过载或过流故障时,过载保护电路发出信号,断开发电机输出,以防止发电机因过载而烧坏。过载保护采用反延时。过载时一般还伴随有欠压故障,此时应禁止欠压保护电路输出信号。

过载故障一般是由于电网中的一台发电机损坏而退出电网,这时另一台发电机就会由于负载加大而产生过载。在有些飞机中,过载信号将引起自动卸载(load shedding),电源汇流条控制器 BPCU 会自动切除一些不重要的或不影响飞行安全的通用负载,如厨房负载等。若卸载后发电机恢复正常,就不需要断开发电机的输出。但若自动卸载后发电机仍然过载,则需要断开 GCR 和 GCB,以防止发电机因长期过热而损坏。

7. 开相保护

利用图 6.4-24 中的电流互感器 CT$_2$ 的信号还可以实现开相保护(open phase),所谓开相是指三相电源系统中有一相馈线电流为零而其他两相输出正常。在这种情况下,会使三相用电设备不能正常工作,如三相交流电动机、TRU 等。保护电路的原理是比较 CT$_2$ 中各相电流互感器的输出,当两相之间的电流差达到一定值时,保护电路输出信号,断开 GCR 和 GCB。开相保护采用固定延时,一般为 5s。

造成馈线断路(开相)的原因主要有:主发电机内部的电枢绕组开路、发电机外部馈线开路及三相断路器 GCB 有一相接触不良或损坏等。

8. 欠速保护

发电机欠速(under speed)是传动系统的故障。欠速故障的检测环节一般是由转速传感器敏感 CSD 的输入转速或 APU 发电机的转速。欠速保护电路将转速传感器送来的电压或频率信号与设定值进行比较,当转速低于额定转速的 90% 时,欠速保护电路发出保护信号。欠速保护电路的原理与欠频或欠压保护电路基本相同,这里不再赘述。

欠速一般不是发电机的故障,但欠速会导致电源系统发生欠频或欠压故障。欠速保护电路的一个功能是在发动机或 APU 关断时,发出一个信号禁止欠频或欠压保护电路输出信号去断开 GCR,即欠速时只需要断开 GCB。

9. 逆相序保护(NPS)

当三相交流发电机的输出相序不正确时,就不能合上 GCB,否则在供电时会出现如电动机反转等严重的事故;在交流发电机并联供电系统中,并联发电机的相序不同将烧毁发电机和供电线路。相序故障主要发生在更换发电机后或地面电源供电时。

一种逆相序保护电路如图 6.4-27 所示。发电机的 A 相电压经二极管 D$_1$ 半波整流后通过电阻 R_1 加到可控硅 SCR 的阳极上,B 相电压经二极管 D$_2$ 半波整流后通过电阻 R_2 加到 SCR 的控制极。

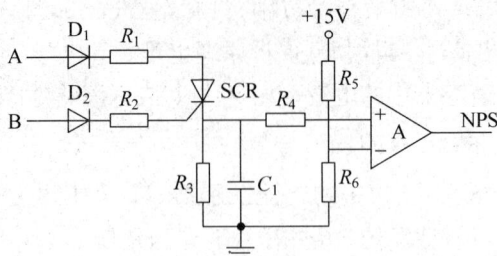

图 6.4-27   逆相序保护电路原理图

A 相、B 相半波整流后的波形和 SCR 相序正确时的导通区间如图 6.4-28 所示。

当发电机相序正确时,A 相电压超前于 B 相电压 120°。根据可控硅的特点,只有当阳极有正向电压,且在控制极加上触发信号时才能导通。可控硅触发导通后,只有在满足下列条件时才能关断:①可控硅的阳极电压降为零或变为负值;②通过可控硅的电流小于其维持电流。可见可控硅的关断与触发信号无关。由于 B 相电压加在控制极上,因此这时 SCR 的导通区间仅为 A 相波形的 1/3,如图 6.4-28 中的斜线部分,在 A 相电压的负半周时 SCR 截止。

SCR 导通时向电容 C_1 充电,由于充电时间很短,且在负半周 SCR 截止时,电容 C_1 通过 R_3 放电,因此 C_1 上的电压很低,比较器 A 的"−"端电压大于"+"端电压,运放 A 输出低电平,这时表明相序是正确的。

当相序不正确时,如 A 相和 B 相对调,则整流后的波形和 SCR 的导通区间如图 6.4-29 所示。

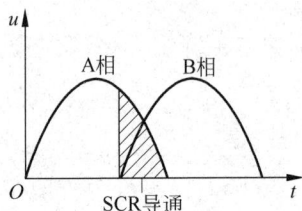

图 6.4-28   相序正确时 SCR 的导通区间

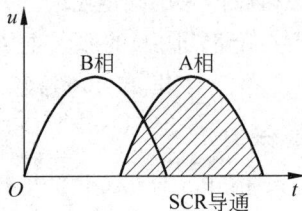

图 6.4-29   相序不正确时 SCR 的导通区间

A 相和 B 相对调后,触发信号提前了 120°,即在 SCR 阳极电压到来之前,触发信号已准备好,在 A 相电压的正半周内,SCR 被触发导通后就一直保持导通状态。因此,可控硅的导通区间是 A 相电压的整个半波,如图 6.4-29 中的斜线部分所示。这就使 C_1 的充电时间变长,电压升高,使比较器 A 的"+"端电压高于"−"端电压,运放 A 输出高电平。将该输出信号送到 GCB 的控制电路上,就能阻止 GCB 接通。

同理可以分析,不管 A 相和 C 相对调或 B 相与 C 相对调,都可以使逆相序保护电路工作。

10. 故障保护和控制电路举例

电源系统的故障保护是通过控制 GCR 和 GCB 的通、断来实现的,飞机型号不同,其控制逻辑也不完全相同。如 B737-200 飞机,在欠压时不断开 GCR,而仅断开 GCB;而在有些飞机上,发生 UV 故障时两者都要断开,如 A330 飞机等。各种故障的延时时间也不完全相同,但都要满足国际航空电源标准 ISO 1540 的要求。下面以 A330 飞机为例,说明故障保护和控制电路的基本逻辑关系,电路原理框图如图 6.4-30 所示。

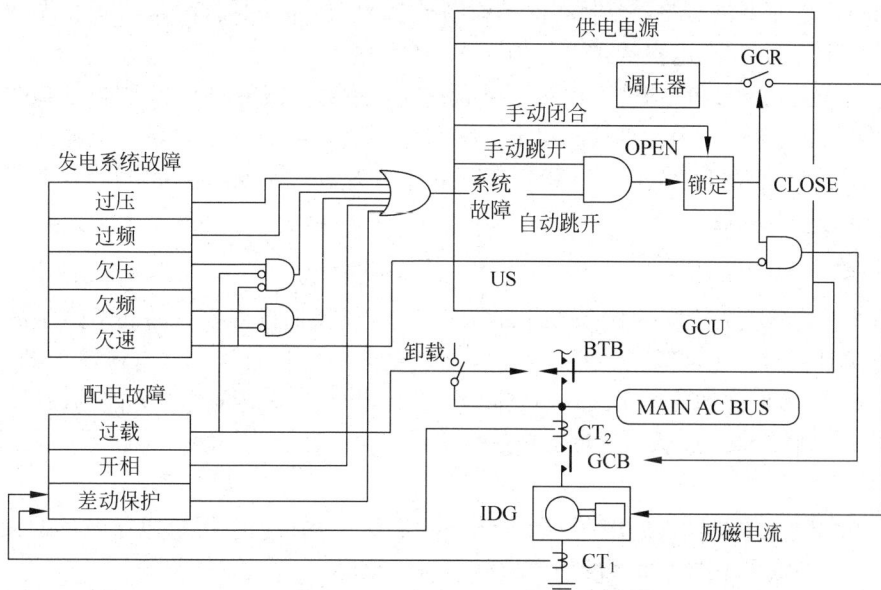

图 6.4-30 A330 飞机故障保护和控制逻辑原理图

图 6.4-30 所示的发电机控制逻辑主要表示出 GCR 和 GCB 的通、断逻辑关系,从图中可以看出,GCR 控制发电机(IDG)的励磁电流,决定发电机是否发电;GCB 控制发电机是否向外输出电能。图中的电流互感器 CT_1 和 CT_2 用于差动保护。

(1) 当人工合上发电机的控制电门且电源系统无故障时,GCR 触点吸合,调压器工作,发电机正常发电,如没有欠速故障,则 GCB 吸合,发电机向飞机供电。

(2) 当发生过载故障时,过载故障信号一方面将欠压保护电路封锁,这时不会关断 GCR,以保证发电机正常发电;另一方面使卸载继电器跳开,切除部分不太重要的负载,如厨房、娱乐系统的用电,使发电机不再超载。

(3) 当发生欠速故障时,欠速故障信号一方面封锁欠压和欠频保护电路输出故障信号,从而不能关断 GCR,另一方面输出信号去关断 GCB,使发电机不再向外输出电能。

(4) 当发生过压(OV)、欠压(UV)、过频(OF)、欠频(UF)、开相(OP)或差动(DP)任一故障时,使 GCR 跳开,发电机不再发电,同时断开 GCB。

6.4.6 交流电源的并联供电

1. 并联供电的优缺点

两台以上由恒装驱动的恒速恒频交流发电机可以采用并联供电。与单独供电系统相比,并联供电具有以下优点。

(1) 供电质量高。并联后由于电网容量增大,大功率用电设备的起动和断开对电网的干扰作用小,即电源的电压和频率波动小,提高了供电质量。

(2) 供电可靠性高。并联供电情况下,当其中一台发电机发生故障时,可将故障发电机与电源系统隔离,其他发电机正常向负载供电,从而实现了不间断供电。并联供电系统中的交流发电机能起到互为备用的作用,因而大大提高了供电可靠性。

并联供电的主要缺点是:控制和保护设备比较复杂,如并联时有功功率和无功功率不均衡或均衡不好,将使发电机的供电能力大大降低。

随着电子技术的发展,即使发电机不并联也能实现对负载的不间断供电(负载中断供电时间短,在允许范围内),因此现代飞机上大多采用单独供电方式。并联供电方式主要用在多发电机飞机上,如在 B727、B747、A340 等飞机上安装有三台或四台发电机,这些发电机可以分组并联或全部并联。

2. 并联供电的条件

飞机交流电源要符合一定的条件才能投入并联,以保证投入并联瞬间所产生的冲击电流和冲击功率不超过允许范围。具体来讲,就是要求待并联的各台发电机输出的电压、频率、相位、相序、电压波形等都相同。但实际上,上述条件完全相同是不可能的,只要其差值在允许范围内即可实施并联。下面简要介绍并联条件及其对电网的影响。

1) 电压波形

投入并联的发电机输出的电压波形应相同,均应为良好的正弦波,电压波形的失真度均应小于 4%。一般采用同一型号的发电机就能满足该要求。

2) 相序

并联发电机的输出相序必须严格一致。相序与发电机的转子转向及输出馈线的接线顺序有关,而发电机的转向是固定的,因此接线时要确保三相相序严格一致。

3) 频率

要做到两台或多台发电机的输出频率完全相同是难以实现的,实际上允许有一定的偏差。在地面电力系统中,因为原动机和发电机的功率相当,投入并联后,通过"自整步"作用可以使多台发电机牵入同步,因而允许频率有较大误差。而飞机上的发动机其功率远大于发电机,发电机的功率一般只占发动机输出功率的 5%,因此发电机的负载不足以影响原动机的转速。因此,采用直接刚性传动的变速变频交流发电机无法实现并联。

通过恒速传动装置驱动的发电机可以实现并联,因为一般的机械液压式恒装都存在静态误差,即随着发电机负载的增加,恒装的输出转速(对应于发电机的频率)有所下降,其频率特性是下垂的,如图 6.4-31 所示。

设有两台发电机要投入并联,两台发电机的输出频率分别为 f_{01} 和 f_{02},输出的有功功率分别为 P_1 和 P_2,电网上的总有功负载为 P_c,$P_c = P_1 + P_2$。两台频率不同的发电机并联后,电网的频率将变为 f_c,f_c 的大小与总负载 P_c 有关。

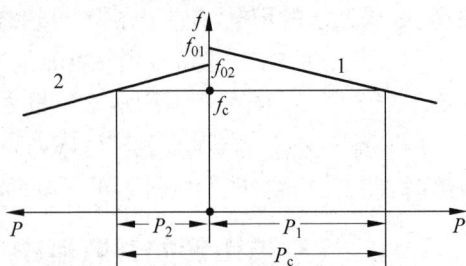

图 6.4-31 恒装有静差和频率不同时的有功负载分配

由图 6.4-31 可见,并联后两台发电机输出的有功功率不相等,且有 $P_1 > P_2$,即空载频率高的发电机承担的有功功率大。为了防止发电机过载,并联后必须对有功负载进行均衡。

均衡有功负载时,通过恒装的电调线圈增加 2 号发电机的转速,使曲线 2 上移,则 P_2 增大。为了维持总负载 P_c 不变,在 2 号恒装转速上升的同时,必须减小 1 号发电机的转速,使曲线 1 下移,P_1 减小,最后达到 $P_1 = P_2 = P_c/2$。

4) 电压大小

飞机上的发电机都配有调压器,可以保证并联发电机的调定电压基本相等。所以投入并联时,不会产生太大的冲击电流。但并联以后,即使电源间的压差很小,也会产生很大的无功功率分配偏差,从而导致系统不能正常工作。因此必须采取措施均衡无功负载。均衡方法是通过调节发电机的励磁电流,改变发电机的调定电压,从而使无功负载达到均衡分配。

5) 相位

交流电源投入并联时,对电压的相位有一定的要求。两台发电机在电压相位不相同时投入并联的瞬间,相当于在发电机回路里突然串入一个电势,即相当于两台发电机突然短路的情形。为了减小冲击电流,一般要求并联瞬间的相位差 $\Delta\varphi < 90°$。如 B707 飞机上的四台 30kV·A 发电机并联时,要求并联瞬间电压的相位差 $\Delta\varphi < 15°$。

3. 投入并联的自动控制

飞机发电机投入并联供电的控制采用自动方式,发电机正常发电后,GCB 接通,向发电机汇流条供电,见图 6.4-33。然后由自动并联控制电路检测并联发电机的输出电压与电网间的频差 Δf、压差 ΔU 和相位差 $\Delta\varphi$,当其大小在允许范围内时,使发电机汇流条连接断路器(bus tie breaker,BTB)合上,向同步汇流条供电,实现多台发电机的并联供电。其原理电路如图 6.4-32 所示。

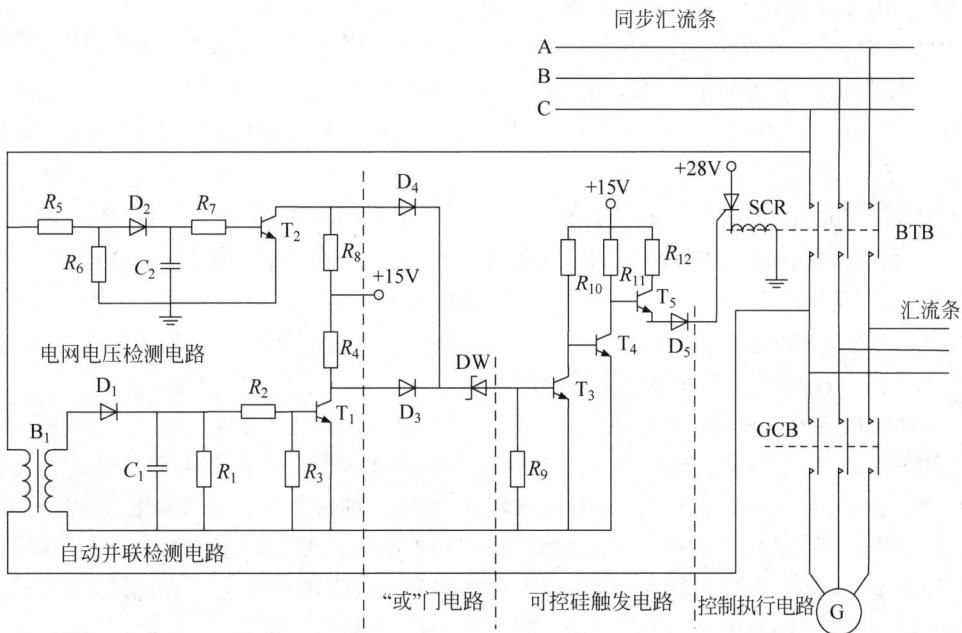

图 6.4-32 自动并联控制电路原理图

电网电压检测电路的作用是当电网上无电压时,就不存在并联的问题,发电机可以直接投入电网。该电路由二极管 D_2、三极管 T_2 等组成。当电网上无电时,二极管 D_2 及三极管 T_2 均截止,T_2 输出高电位,D_4 导通,使 DW 击穿导通,使 T_3 导通、T_4 截止、T_5 导通,SCR 触发导通,BTB 接通,发电机向同步汇流条供电。

当同步汇流条上有电压时,经二极管整流、C_2 滤波而使 T_2 管导通,集电极输出低电位,二极管 D_4 不能导通。这时,稳压管 DW 是否击穿工作,将由"或"门的另一路自动并联检测电路信号决定。

并联检测电路主要由变压器 B_1、二极管 D_1、电容 C_1 及三极管 T_1 组成。变压器初级线圈跨接在电网和发电机输出上,当相序不正确时,变压器输出高电压,经 D_1 整流和 C_1 滤波后,使 T_1 导通,无触发信号,不能合闸。如果相序正确,变压器输出电压的大小决定于电网和发电机输出的电压差 ΔU、频率差 Δf 和相位差 $\Delta\varphi$。当压差 ΔU、频差 Δf 和相位差 $\Delta\varphi$ 中有一项或几项不符合要求时,晶体管 T_1 都始终处于导通状态,集电极输出低电平,二极管 D_3 截止,则可控硅没有触发信号,BTB 不能接通。当上述三个参数都符合并联条件时,三极管 T_1 截止,集电极输出高电位,使 DW 击穿而发出合闸信号。

实际上 ΔU 、Δf 和 $\Delta\varphi$ 等于零是不可能的。飞机上一般要求 $\Delta f\leq(0.5\%\sim1.0\%)f_N$($f_N$ 为额定频率),$\Delta U\leq(5\%\sim10\%)U_N$($U_N$ 为额定电压),$\Delta\varphi\leq90°$时,就可以投入并联,并联后会自动调整,最终达到同步运行。四台发电机并联供电系统的简化示意图如图 6.4-33 所示。

图 6.4-33　并联供电系统简化示意图

4. 并联后有功负载和无功负载的自动均衡

根据《电工基础》的原理,交流电路的功率有三种:有功功率、无功功率和视在功率,分别用 P、Q、S 表示。设某交流电路的电压有效值为 U,电流有效值为 I,负载的功率因数为 $\cos\varphi$,其中 φ 为交流电压和电流之间的相位之差。则功率的计算公式如下:

(1) 有功功率:$P=UI\cos\varphi$,其含义为负载实际消耗的功率,单位为瓦特(W)。

(2) 无功功率:$Q=UI\sin\varphi$,其含义为负载与电源交换的功率,单位为乏(Var)。

(3) 视在功率:$S=UI$,一般用来表征供电设备的容量,单位为伏安(V·A)。

几台交流发电机并联后,有功负载和无功负载必须均衡,否则会出现有的发电机过载、有的发电机欠载的情况,严重时将使整个电源系统无法正常工作。

1) 有功负载的自动均衡

由图 6.4-31 可知,发电机有功功率的调节可以通过调整恒装的转速来实现。当负载所需的总有功功率不变时,增加一台发电机的转速,必须同时减小另一台发电机的转速。由有功电流均衡环节敏感发电机有功输出的偏差,并转换为电压信号,通过恒装的电调线圈,使输出有功功率大的发电机的转速下降,输出有功功率小的发电机转速上升,最后达到平衡。

恒装的电调线圈只能进行小范围的高精度调速,一般为额定转速的 5% 左右。其基本原理是,在 CSD 调速器的离心配重上嵌入永久磁铁,用电调线圈产生的磁场对离心配重的位置进行小范围调整,从而改变恒装的输出转速。

2) 无功功率的均衡

由于飞机上的负载有很多是感性负载,必须由电网提供无功功率才能正常工作。每台发电机提供的无功功率同样需要均衡。若要改变同步发电机输出的无功功率,必须调节发电机的励磁电流。在电网总无功负载保持不变的情况下,增加一台发电机的无功输出,必须

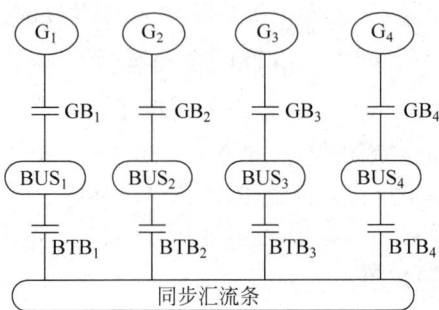

同时减少另一台发电机的无功输出,否则就会引起电网电压的波动。因此,在并联发电机的调压器中都设有无功功率均衡环节。

无功均衡环节将无功电流偏差信号转换为电压信号后,叠加到调压器的电压检测电路上。调压器对励磁电流进行调节,使输出无功功率小的发电机的励磁电流增大,输出无功功率大的发电机的励磁电流减小。励磁的改变将使发电机的感应电动势改变,但由于并联供电,电网电压基本保持不变,而只有每台发电机输出的无功功率发生了变化,这是和单独供电的不同之处。

6.5 二次电源和应急电源

在主电源为交流电源的飞机上,二次电源是将一种电源形式(如交流电)转换成另一种形式(如直流电)的电源。由变压整流器(transformer rectifier unit,TRU)把交流电转换成直流电。在主电源为直流电的飞机上,由静止变流器(static inverter,简称 INV)将直流电转换成单相或三相交流电。此外,静止变流器还可以用作应急交流电源,把航空蓄电池的直流电逆变为交流电,应急情况下为关键交流负载供电。

在现代飞机上,应急电源除了航空蓄电池外,还装有应急发电机,如冲压空气涡轮发电机(RAT.G)、液压马达驱动的发电机(HMG)等。这些应急发电机的工作时间长,克服了航空蓄电池容量有限的弊端。

此外,应急电源系统还包括应急照明电源、发动机供油活门应急关断电源及救生设备电源等,这些设备一般采用自备小型充电电池供电。

6.5.1 变压整流器

在以交流电为主电源的系统中,变压整流器将三相交流电转变为 28V 的直流电,为飞机上的直流负载提供电源,如控制与保护设备、直流继电器和接触器、无线电通信、雷达、自动驾驶仪及直流电动机等。

1. 变压整流器的组成

变压整流器主要包括变压器、整流元件、滤波器、冷却风扇和过热保护开关等,其结构示意图如图 6.5-1 所示。变压器的作用是将 115/200V、400Hz 的三相交流电变换为大小合适的交流电压;整流元件的作用是将主变压器输出的交流电变换为直流电,整流元件一般采用硅整流二极管;滤波器包括输入滤波器和输出滤波器。输入滤波器的作用是减小变压整流器对电网电压波形的影响,滤除高频干扰;输出滤波器的作用是滤除整流后的脉动成分,使直流输出更加平滑。滤波电路一般采用由电感和电容组成的 LC 滤波器,其结构形式有

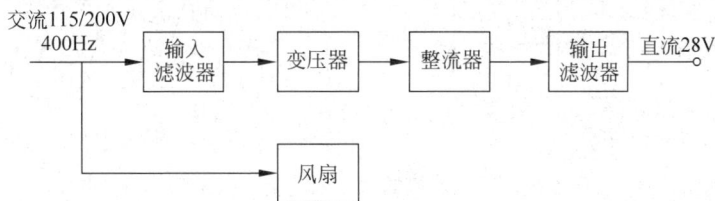

图 6.5-1 变压整流器组成框图

Γ型和Π型滤波电路等。冷却风扇对变压整流器进行通风冷却。TRU 的内部一般设置有过热保护开关,当内部温度超过一定值时断开 TRU 的输入电源,使其停止工作。

2. 变压器的连接方式

根据变压器和整流电路接法的不同,变压整流器可以分成三相半波整流、三相全波整流、六相半波整流和六相全波整流等基本类型。变压器的原边绕组可以接成星形(Y)或三角形(△),副边绕组可以接成三相整流电路或六相整流电路。由于全波整流效率高,输出电压脉动小,因此飞机上的 TRU 大多采用全波整流。

1) 变压器按Y/Y连接的三相全波整流电路

这种电路又称为三相桥式整流电路,其电路及其输出电压波形如图 6.5-2 所示。

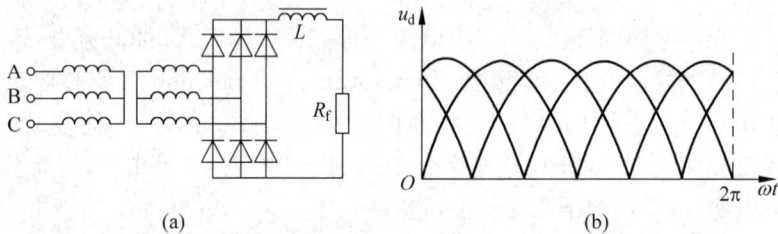

(a)　　　　　　(b)

图 6.5-2　变压器按Y/Y连接的三相全波整流电路及其输出电压波形
(a) 整流电路结构; (b) 输出电压波形

三相全波整流电路的输出电压波形含有 2400Hz 的交流成分,该交流分量的频率较低,脉动幅值较大,使得 LC 滤波器的体积和重量较大,因此应用较少。

2) 变压器按Y/△Y连接的六相全波整流电路

为了进一步减小整流后输出电压的脉动成分,提高脉动频率,常采用六相全波整流电路,即主变压器的原边绕组采用Y接法,副边绕组由两部分组成:一个Y连接的三相绕组和一个△接法的三相绕组,副边的六个相电压之间的相位差为 60°,因此,全波整流输出电压的脉动频率提高为 400×12=4800(Hz)。电路结构及输出电压波形如图 6.5-3 所示。由图可见,整流输出电压的脉动频率提高,交流脉动分量的幅值减小,输出电压的质量得到提高,同时也有助于减小 LC 滤波器的体积和重量。

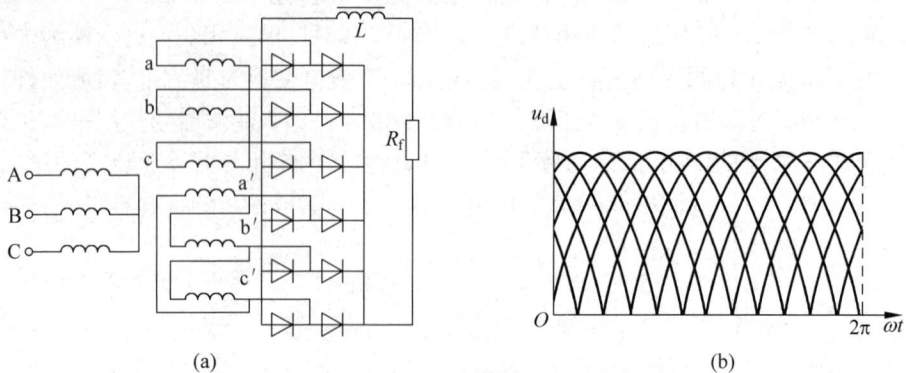

(a)　　　　　　(b)

图 6.5-3　变压器按Y/△Y连接的六相全波整流电路及其输出电压波形
(a) 整流电路; (b) 输出电压波形

3. 典型的飞机变压整流器电路

图 6.5-4 所示为 B767 飞机变压整流器电路。由变压整流器的连接方式可知,此电路属于变压器按Y/△Y连接的六相全波整流电路,为了增加输出功率,变压器副边采用了两个△绕组和两个Y绕组的并联,从而使输出容量增大一倍。

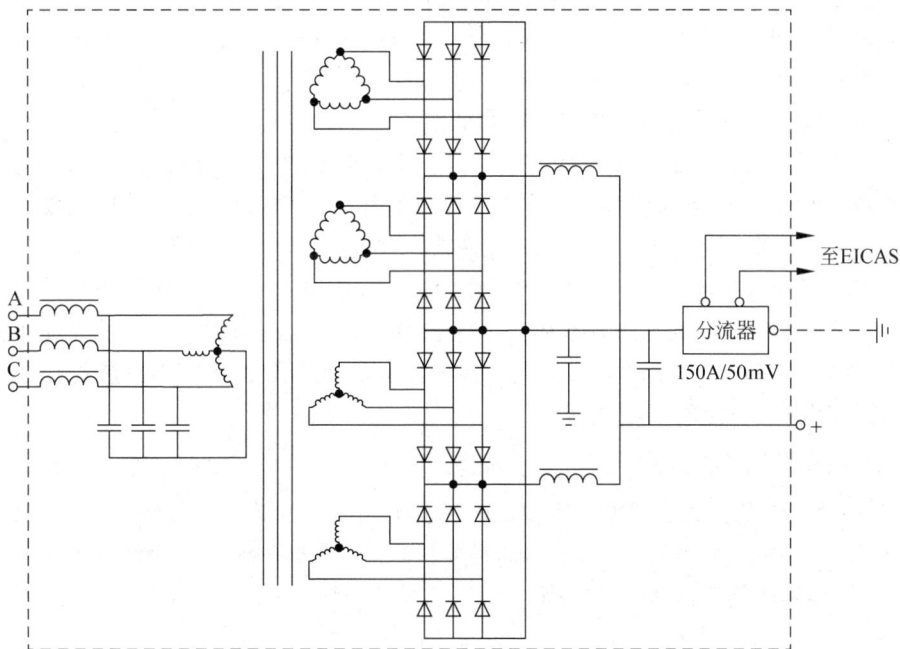

至EICAS

分流器

150A/50mV

图 6.5-4   典型飞机变压整流器电路

在该电路中,变压器的原边绕组是Y连接,并带有一级 Γ 型 LC 滤波器。经整流后的脉动直流电经过 LC 滤波后,送至直流汇流条,负端经过一个分流器接地。分流器用于测量负载电流的大小,并将信号送至发动机指示和机组警告系统(EICAS)进行显示。

6.5.2   静止变流器

飞机上的逆变器通常称为变流机(器),是将直流电变为交流电的设备。它分为旋转变流机和静止变流器两种类型。旋转变流机是由直流电动机带动交流发电机发出单相或三相交流电,这种变流机组噪声大,效率低,维护工作量大,曾应用在早期的飞机上。目前广泛采用的是用电力电子器件构成的静止变流器(逆变器),这种变流器没有运动部件,转换效率高,维护工作量小。本书仅讨论静止变流器。

1. 静止变流器的功用和组成

静止变流器在飞机上的主要功用有以下几方面。

(1) 在以直流电为主电源的飞机上用作二次电源,将主电源的直流电逆变为恒频交流电,为机载电子电气设备供电。

(2) 在以恒频交流电为主电源的飞机上,将蓄电池的直流电逆变为恒频交流电,为关键设备提供应急交流电源。

(3) 在以变频交流电为主电源的飞机电源系统中,提供恒频交流电源。

（4）为某些机载特种设备提供专用交流电源，以实现不间断供电。

静止变流器的基本组成如图 6.5-5 所示，变流器有单相和三相两种，其组成基本相同，主要由以下几个基本环节组成。

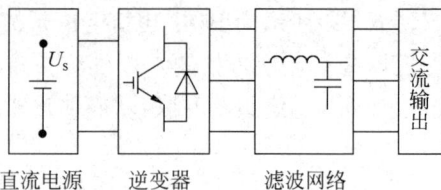

图 6.5-5　静止变流器的组成

（1）直流电源：是静止变流器的输入电源，可以是直流发电机的输出、蓄电池或变频交流电整流后的直流电源。

（2）逆变器：又称为逆变电路，其功用是把直流电能转变为所需频率的交流电能。它是静止变流器的核心部分，由功率转换电路和控制电路组成。功率转换电路是进行能量转换的功率部分，由电力电子器件作为功率转换元件，工作在开关状态。主电路可以连接成推挽式、半桥式或全桥式等结构。控制电路用于为主电路开关管提供控制信号，主要包括振荡器、驱动电路、电压调节器和保护电路等。

（3）滤波网络：包括输入滤波器和输出滤波器。输入滤波器用于抑制从直流电网输入的瞬变量，同时又能抑制逆变器对直流电网造成的高频噪声干扰。输出滤波器用于滤除高次谐波，以获得低失真度的正弦波。

2. 逆变器主电路的结构

（1）DC-AC 构型。直接把输入的直流电逆变成所要求频率和电压的交流电，其主电路结构如图 6.5-6(a)、(b)所示。图 6.5-6(a)称为推挽式，图 6.5-6(b)称为桥式。为了减小功率管的损耗，必须让其工作在开关状态。

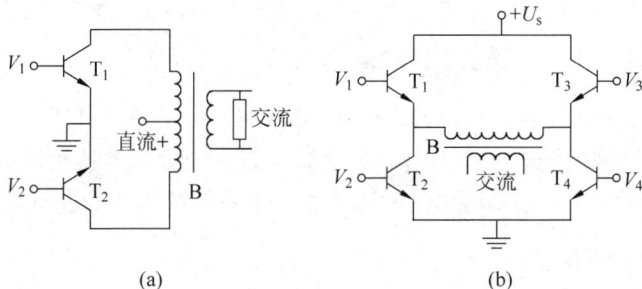

图 6.5-6　DC-AC 型逆变器主电路

由图 6.5-6 可见，这种构型需要在输出端加设输出变压器，其作用一是实现输入输出端的电气隔离，二是将输出电压升高到所需的大小。

这种构型的特点是：由于只含有一级逆变环节，具有结构简单、电力电子器件少、转换效率高、成本低等优点；但由于输出侧有中频变压器，导致设备体积、重量和噪声较大。

（2）DC-DC-AC 构型。其结构示意图如图 6.5-7 所示。前级 DC/DC 变换电路将输入的直流电变换到后级逆变器所要求的输入直流电压值，采用高频变换，变压器重量轻，同时实现了输入和输出的电气隔离；DC/AC 变换电路再将直流电逆变成所需要的交流电。

这种构型的特点是：由于增加了前级 DC/DC 变换装置，成本升高，且系统的效率会相应降低。但由于采用高频变压器取代了笨重的中频变压器，有效降低了逆变器的重量。通过控制 DC/DC 电路的占空比，可以实现直流电压和交流输出电压的幅值控制。

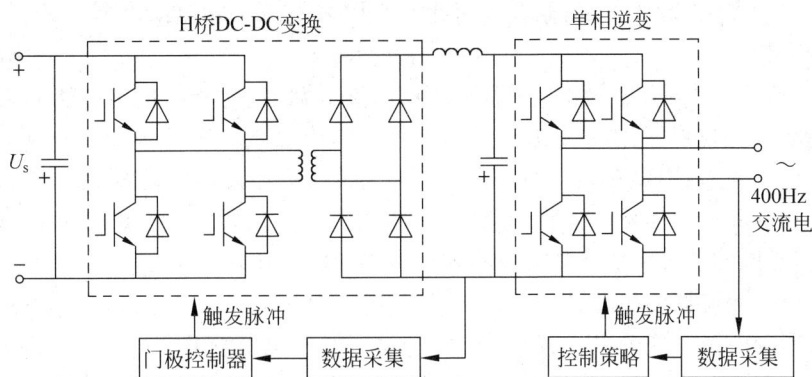

图 6.5-7 DC-DC-AC 型静止变流器主电路

3. 逆变器的控制方式

为了降低交流波形的失真度,减轻滤波器的重量,提高逆变效率,可以对逆变器采用不同的控制方法,从而得到不同的输出电压波形,如图 6.5-8 所示。

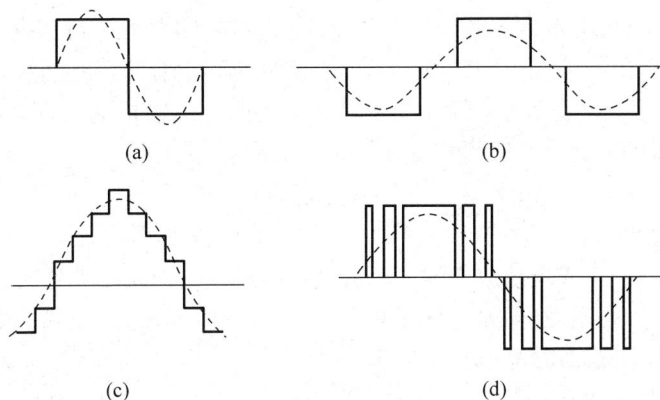

图 6.5-8 逆变器输出波形
(a) 矩形波(方波)-正弦波;(b) 准矩形波-正弦波;(c) 阶梯波-正弦波;(d) 脉宽调制波-正弦波

图 6.5-8(a)所示的逆变器称为方波型逆变器,方波中含有大量的谐波成分,需要采用结构复杂的滤波电路,转换效率较低,因此应用较少。

图 6.5-8(b)所示的逆变器称为准矩形波逆变器,这种逆变器的输出谐波含量略有减小,且可以通过选择准矩形波的宽度来消除某次及其倍数次谐波分量,如 3 次及 3 的倍数次谐波。

图 6.5-8(c)所示的逆变器称为阶梯波逆变器。通过分析可知,阶梯波的阶梯数越多,谐波含量就越低,则输出波形质量也越好,可以有效减轻输出滤波器的体积及重量,但需要多绕组变压器和多个功率管,控制电路较复杂。

图 6.5-8(d)所示的逆变器称为脉冲调宽逆变器(PWM)。所谓 PWM 波,指的是幅值相同、宽度不同的脉冲在半个周期内对称排列组成的非正弦波,由于输出矩形脉冲序列的脉冲宽度按正弦规律变化,因此这种调制技术又称为正弦脉宽调制(sinusoidal PWM,SPWM)技术。通过数学分析可知,精确选择脉冲的宽度,可以消除 3、5、7、9 次等谐波分量。半个周

期中的脉冲波越多,总谐波含量就越少,因此可以极大地减小输出滤波器的体积和重量,因此应用比较广泛。

SPWM 逆变器是现在主流的逆变器结构,在此基础上,为降低输出电压的谐波含量及提高直流侧电压的利用率,又发展起来了消除特定次谐波的 PWM 技术(selected harmonic elimination PWM,SHEPWM)。通过开关时刻的优化选择,消除选定的低频次谐波,有效降低了开关频率和开关损耗,提高了直流电压的利用率。这种控制策略与其他调制方式相比,逆变器在相同的开关频率下具有更高的输出电压波形质量。

逆变器是静变流器的核心,因此采用合适的控制技术可以在允许的指标下最大限度地消除输出波形中的谐波成分,提高输出电压波形的质量、电源性能和效率。这部分内容涉及较多的电力电子技术方面的知识,本书不再详细展开,读者可以参阅电力电子技术方面的相关书籍。

6.5.3 应急发电机

民航运输机适航条例规定,当正常电源不能给飞机电网供电时,应由应急电源向飞机重要用电设备供电,以保证飞机安全就近着陆。

航空蓄电池是飞机上最常用和最重要的应急直流电源,静止变流器将电瓶直流电变成恒频交流电源,为重要的交流负载供电。但由于蓄电池容量有限,在应急情况下一般只能供电 0.5h,因此其使用时间受到了限制,不能满足大型远程运输机的要求。因此除了航空蓄电池外,新型中、远程飞机上一般都装有其他应急电源。

冲压空气涡轮(ram air turbine,RAT)用于驱动液压源和发电机,是一种比较常用的应急液压源和应急电源,如 B777、A320、A330、A340 等飞机上都装有冲压空气涡轮发电机。当正常电源失效时,人工或自动放出 RAT,由飞机前进的气流推动涡轮转动,再由涡轮直接驱动或通过液压马达驱动发电机。RAT 的使用不再受时间限制,但要受到飞机空速的限制,只有当空速大于一定值时才能正常使用。

液压马达驱动发电机(hydraulic motor-driven generator,HMG)是另一种应急发电机,飞机在空中飞行时,只要发动机及液压系统正常工作,HMG 就能工作,因此其使用不受空速和时间的限制。在某些远程飞机上就配备了 HMG。飞机在空中飞行时,当飞机上的主交流汇流条均失效时,液压马达发电机就会自动工作。HMG 可以给驾驶舱的仪表转换汇流条供电,并通过应急 TRU 提供直流电源。一般来说,装有 HMG 的飞机就不再装冲压空气涡轮发电机,冲压空气涡轮仅驱动液压泵,提供应急液压源,有液压就可驱动 HMG。

1. 冲压空气涡轮发电机

本节介绍的冲压空气涡轮发电机(RAT.G)是由涡轮直接驱动的发电机。整个 RAT 组件由机械涡轮、发电机、机械调速器、自动释放控制器、发电机控制器及输出接触器等组成。涡轮和发电机同轴,两者额定转速相匹配,省了传动齿轮,提高了可维护性,同时省去了油面、油滤和漏油的检查。图 6.5-9 所示为 B777 飞机的冲压空气涡轮发电机,其额定容量为 7.5kV・A。

当正常主电源失效时,可以自动或人工放出 RAT。自动释放控制器(ADCU)安装在前附件舱内,其主要功能是监测飞机电源系统,以确定其是否失效,同时监测起落架信号,以确定飞机是否在空中。当 ADCU 检测到左/右主交流汇流条均无电且飞机在空中时,即发出

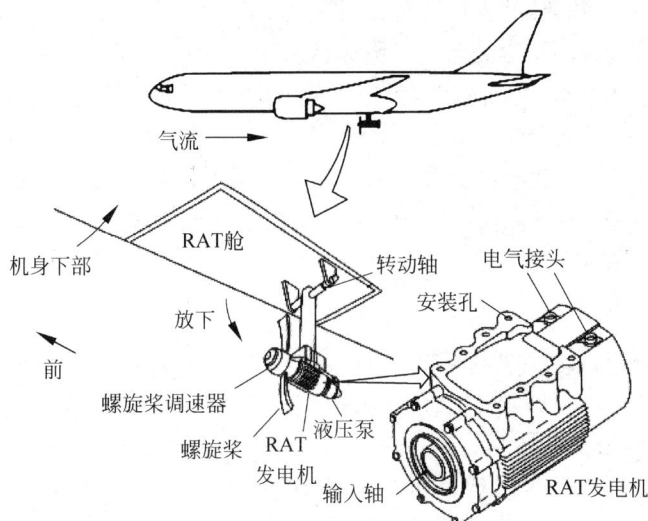

图 6.5-9 冲压空气涡轮发电机

信号给 RAT 的上位锁,将蓄电池的电能加到上位锁的电磁线圈上,使 RAT 自动释放出来。涡轮由飞机前进的气流推动转动,从而驱动发电机发出交流电。

与主电源一样,RAT. G 也采用三级无刷交流发电机,发电机输出电压的控制与保护由 RAT 发电机控制器(RAT GCU)完成,GCU 还对 RAT 发电系统提供过压、欠频、馈电线短路、汇流条故障等的保护,并控制 RAT 发电机接触器向飞机重要交流汇流条供电。RAT. G 控制原理图如图 6.5-10 所示。当左右转换汇流条无电且飞机在空中时,RAT 释放继电器闭合,将热电瓶汇流条上的 28V 直流电传输给 RAT 作动器线圈,使 RAT 放下。此外,人工接通 RAT 释放电门,也可以将 RAT 放下。

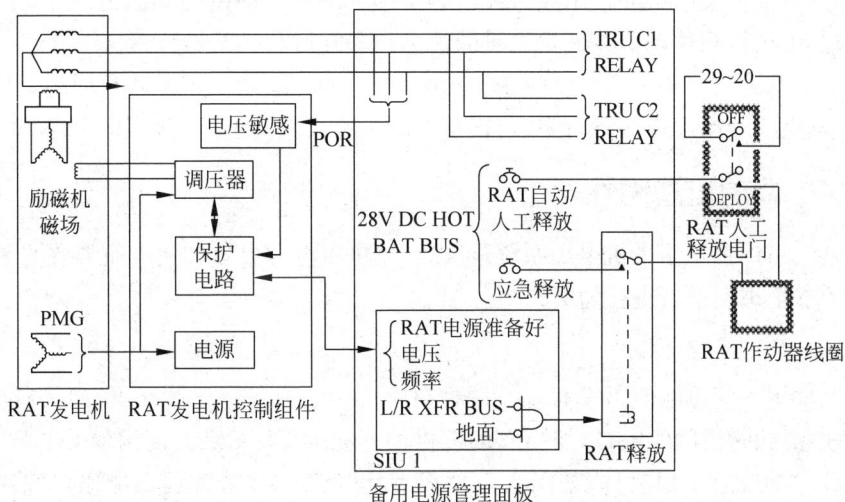

图 6.5-10 应急发电系统控制原理图

RAT 上配置有机械调速器,用于调节涡轮转速。在整个飞行包线内,可以保持发电机转速在额定转速的±10%范围内,使发电机频率保持在 360～440Hz 范围内。当涡轮转速下降到使发电机发生欠频故障时,RAT 发电机接触器(GCB)自动断开。若转速恢复使欠频故障消失,则 GCB 自动接通,继续向外供电。

当 RAT 发电机工作时,主蓄电池和 APU 蓄电池处于备份状态,飞机上的关键负载由 RAT. G 和应急 TRU 供电。

RAT 释放后将保持释放状态到飞机着陆阶段。飞机着陆后,须经地勤人员检查后,才能用手动回收泵将 RAT 收回到机内。RAT 的结构设计成无须任何专用地面设备,在任何地方就可以将 RAT 收起。

2. 液压马达发电机

液压马达驱动发电机(HMG)作为一种应急发电机,一般安装在轮舱里,是一个独立的备份电源,且不受飞机飞行时间和飞行速度的限制,为中、远程飞机所必需。如 B757/767 等远程型飞机上就配备了液压马达发电机。

液压马达发电机系统的组成部件包括液压马达、发电机、液压关断活门、发电机控制组件、测试电门等,图 6.5-11 所示为 B757/767 飞机的液压马达发电机。

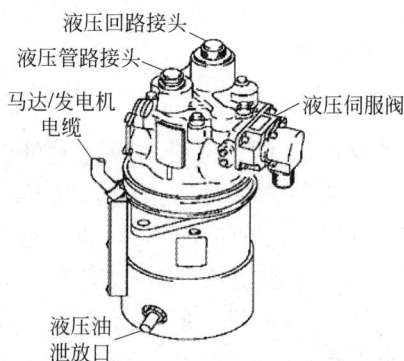

图 6.5-11　液压马达驱动发电机

当飞机的主发电机失效,且液压系统工作正常时,飞机就可以由 HMG 提供应急交流电源。HMG 可以同时提供交流和直流输出(通过应急 TRU)。如某型飞机的 HMG 交流输出容量为 5kV·A,经变压整流后输出直流电源,其额定输出为 28V/50A。

液压马达上装有一个电动液压伺服活门,该活门由发电机控制组件 GCU 控制。GCU 通过控制液压伺服活门,可以使发电机的输出频率在稳态工作条件下维持在(400±2)Hz。当伺服控制系统失效时,由机械超速调节器使发电机的输出频率维持在(430±10)Hz。

飞行中当敏感到两侧主交流汇流条均无电时,HMG 起动。经 5.5s 延时后,HMG 关断活门打开,发电机开始工作。飞行中,若正常电源系统又恢复供电,则 HMG 自动停止工作。

6.5.4　应急电池组件

应急电池组件独立于飞机电源系统,可以在飞机主电源失效和主电瓶失效的情况下,对飞机重要的安全逃生设备进行短时供电。

1. 功用

飞机上常用的应急电池组件有以下两种典型应用:①在应急情况下,向飞机发动机和 APU 应急燃油关断活门供电,以切断发动机供油。如 B777 飞机上使用的 CSDS28W008-3 (件号 BFS24)的应急电池组件,如图 6.5-12 所示,内装有 22 节镍镉蓄电池,其输出额定电压为 26.5V,额定容量为 270mA·h,用于为应急燃油关断活门供电。②应急照明电池组件,在主电瓶失效的情况下,提供应急照明电源(如迫降等),并为释放逃生设备提供直流电源。如 B737、B747、B757、B767、B777 等现代飞机上使用的 BPS7-3 应急照明电池组件,内装有 6 节镍镉蓄电池,其额定电压为 7.2V,额定容量为 3.5A·h,如图 6.5-13 所示。

应急电池组件包括独立的充电电路、电池组件、主电瓶电压检测电路和自检电路等。只有当主电瓶失效或电压太低时，应急电池才会提供电源。在正常情况下应急电池组件与飞机电瓶汇流条相连，对应急电池进行充电或浮充电，以确保电池在充满电状态。

应急电池组件将充电电路、检测电路、电池等组合在一个组件内，属于航线可更换件(LRU)。应急电池组件必须定时送内场检修，以便对电池和电子线路进行检测和维护。大部分应急电池组件的工作原理基本相同，这里以 BPS7-3 为例说明其基本工作原理和检测维护方法。

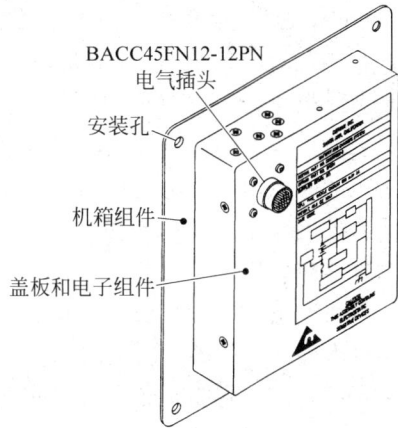

图 6.5-12　CSDS28W008-3 应急照明电池组件

2. 应急照明电源的基本工作原理

应急照明是在主电源断电、飞机处于应急状态时，为机组人员完成迫降以及飞机迫降后机上人员进行紧急撤离时为飞机提供内部和外部照明。因此，应急照明电源应独立于机上正常的照明系统，由独立于主电源的应急电源供电。在应急情况下，该电源是否正常工作，直接影响到旅客的生命安全。应急照明电源通常使用自备小型电池。在一架飞机上，由安装在不同位置的几个应急照明电源组件供电，即使机体断裂，也能提供应急照明。图 6.5-13 所示为飞机应急照明电源组件。

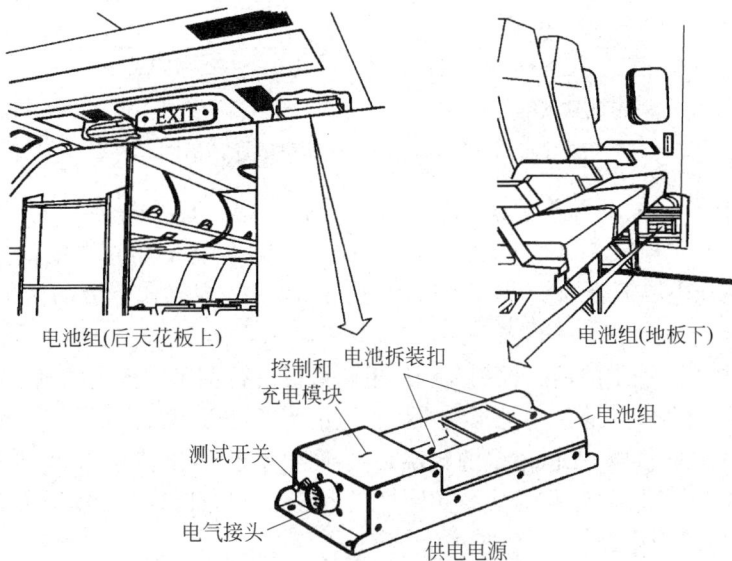

图 6.5-13　应急照明电池组件

飞机应急照明电源组件包括电池组、测试电门、电缆头、控制与充电电路等。电源组件上的测试电门可对该电源组件范围内的所有应急灯进行测试，按压测试电门，应急灯接通电源，工作 1min。

驾驶舱顶板 P5 板上的应急灯电门是三位置电门，包括"接通"位(ON)、"预位"位

(ARM)和"关断"位(OFF)。当电门在"接通"位时,不管汇流条有无电压,应急灯点亮;"关断"位时,应急灯灭,阻止系统自动工作;在"预位"位时,使系统设定为自动工作,只有当汇流条无电或电压低于12V时,应急灯才点亮。飞机在正常飞行时,控制电门应放在"预位"位。只要前顶板上的应急灯电门未置于"预位"位,则"未预位"灯和"主告诫"灯点亮。乘务员面板上的应急出口灯电门有两个位置:"接通"位(使应急灯点亮)和"正常"位(使应急灯设定为自动工作)。即使P5板上的应急灯电门置于"关断"位,乘务员面板上的电门也可在应急时接通应急灯。

正常情况下,即当P5板上的应急灯电门置于"预位"或"断开"位,且乘务员面板上的应急出口灯电门在"正常"位时,飞机直流汇流条给应急照明电源的电池充电。

为了防止应急灯自动工作而使电池放电,当人工断开飞机上的所有电源时,必须将P5板上的应急灯电门置于"断开"位,乘务员面板上的电门置于"正常"位。

典型的应急照明电源电路原理框图如图6.5-14所示,它由充电电路、输出控制及调压电路、低压检测及锁定电路、汇流条电压敏感电路、测试控制电路、逻辑控制电路及软起动电路等组成。

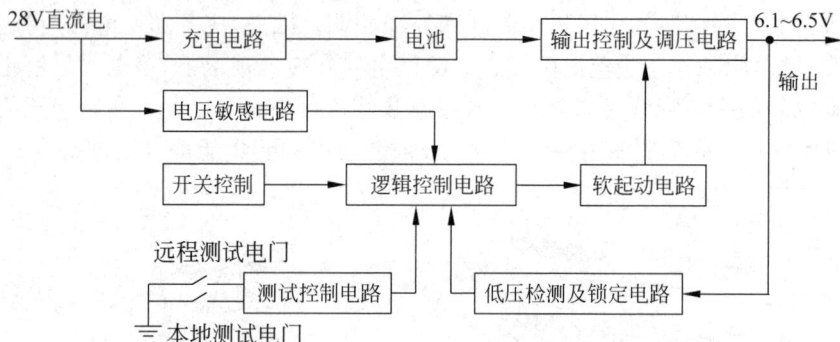

图 6.5-14　BPS7-3 应急照明电源原理框图

在正常情况下,飞机直流汇流条(电瓶汇流条)上的28V直流电向应急照明电源的电池充电,该电池是额定电压为1.2V、容量为3.5A·h的6节镍镉充电电池。电池串联成7.2V,由内部调压电路调至6.1~6.5V输出,其容量可在7A输出电流的情况下,使应急照明灯工作15min。

应急照明电源系统中的输出控制及调压电路可以进行调压和输出控制。

汇流条电压敏感电路的作用是检测飞机直流汇流条是否正常供电。由于该汇流条是由变压整流器或主电瓶供电,在供电电源转换时,会产生小于1s的供电中断,这时如果应急照明控制电门置"预位",将自动点亮应急照明灯。为了防止这种情况发生,在汇流条电压敏感电路中设计了1s延时电路。

应急照明电源电池放电时,为了防止电池由于深度放电而发生永久性损坏,设计了低压检测及锁定电路。当低压检测电路输出低电平时,低压锁定电路锁定输出,以防止电池过量放电。只有当飞机供电正常时,才能解除锁定。

测试控制电路用于测试应急照明电源是否正常工作。测试电门有两个,一个是装在机舱里的远程测试电门,另一个是装在应急电源组件上的本地测试电门(两个电门均为瞬时接触式电门)。当任一电门合上时,逻辑控制电路使应急照明灯亮,(60±10)s后熄灭。

逻辑控制电路及软起动电路可以减轻对灯泡的电流冲击,延长灯泡寿命。

当飞机发生事故时,应急电源直接影响到旅客的生命安全,因此,必须定期在内场进行功能性检查和校验。在内场校验时,应采取静电防护措施,并按照要求定期进行电池的容量测试。如果电池容量达不到要求,应更换同型号的新电池,以保证应急照明电源可靠工作。

6.6　地面电源及其控制

当飞机在地面进行维护、清洁、加油、装卸货物、发动机起动等作业时,一般由地面电源或廊桥电源为飞机供电。

地面电源有直流和交流两种,以直流电为主电源的小型飞机采用地面直流电源,大型运输机或以交流电源为主电源的飞机采用地面交流电源。

地面电源通常通过两种方法获得,一种是车载柴油发电机组,另一种是将地面 220/380V、50Hz 的工频交流电通过变压整流器整流成 28V 直流电,为飞机提供直流电源;或通过逆变器变成 115/200V、400Hz 的航空交流电,为飞机提供恒频交流电。目前大中型机场使用的廊桥电源也是逆变电源,逆变电源的工作原理与飞机上的静变流器基本相同,本节从略。

为了能在飞机上使用地面电源,每架飞机的机身下方都有一个地面电源插座,与地面电源上的插头配套使用。图 6.6-1 所示为一个典型的三针插座,用于地面直流电源。插座上的两个大插钉分别为直流电源的“+”“−”端,另一个细而短的插钉是控制插钉,也是直流电源的“+”端,主要用于控制外电源接触器 EPC 的通断,其电路示意图如图 6.6-2 所示。由于控制插钉比较短,插上电源时,能确保只有插紧后外电源接触器才能吸合;拔出插头时,保证先断开外电源接触器,以避免拔出插头时产生火花或电弧。

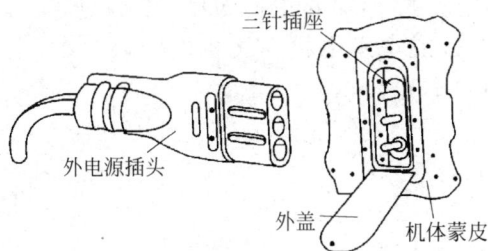

图 6.6-1　地面直流电源插头

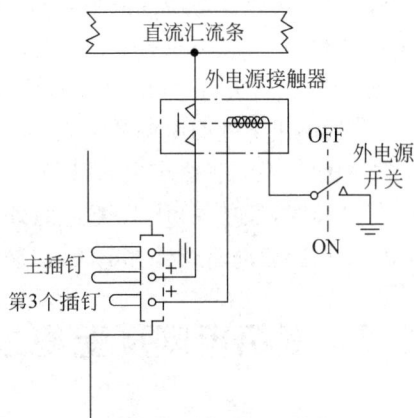

图 6.6-2　地面直流电源控制示意图

地面交流电源的插座上有 6 个插钉,如图 6.6-3 所示。其中 4 个大插钉分别为三相四线制电源的 ABC 三相火线和零线 N,两个小插钉 E、F 起控制作用。E、F 插钉比主插钉细而短,因此只有当插头插紧后,E、F 插钉才能和外部电源插头形成通路,使 EPC 闭合。

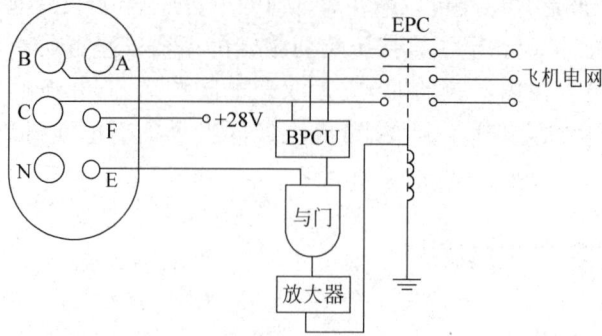

图 6.6-3　外部交流电源控制示意图

在外部电源插头中,E、F 端子是短接的。拔出插头时,由于 E、F 插钉比主插钉短,因此 E、F 插钉先断开,使外电源接触器跳开,以保证主插钉拔出时外电源空载,从而防止产生火花和电弧。

有的飞机上装有外电源控制组件 EPCU(如 B737-200),用于检测外部电源的相序、电压、电流及频率等是否符合要求,如果符合要求,则 EPCU 发出信号,允许外部电源接触器 EPC 接通。

B737-500 以后的飞机,EPCU 的功能由汇流条控制组件 BPCU 完成,不同的是 E、F 不直接接在外部接触器工作线圈回路中,而是提供一个逻辑信号,如图 6.6-3 所示。

外部电源接触器的吸合需满足以下条件,一是 E、F 已插好并形成通路;二是外电源质量合格,电压、频率等参数都符合要求;三是机上所有发电机的 GCB 都处于“OFF”位。当上述条件全部满足时,由 BPCU 发出使能信号,使 EPC 吸合,外电源即可向飞机上的汇流条供电。

在飞机外部电源插座上一般有两个指示灯,分别是“AC CONNECT”灯和“NOT IN USE”灯。当外部电源插好后,“AC CONNECT”灯亮。当“NOT IN USE”灯亮时,表示外电源空载,允许拔下插头;而当“NOT IN USE”灯灭时,说明飞机正在使用地面电源,如果此时要拔下插头,正确的操作程序是先到驾驶舱断开地面电源开关,使外部电源接触器跳开,然后再拔下地面电源插头,以防止插头和插座之间产生火花和电弧。

地面电源向飞机供电后,BPCU 监控地面电源的质量,当发生过流、过压、欠压、过频、欠频等故障时,就会断开 EPC。另外,当 APU 发电机或主发电机向飞机电网供电时,由 BPCU 控制自动断开外部电源,以防止不同电源间的并联。

6.7　飞机电网及配电系统

6.7.1　飞机电网

飞机电网是将飞机电源的电能传输到用电设备的环节,主要由传输电能的导线或电缆及其连接器、汇流条、电路保护电器(熔断器和跳开关等)、供配电控制器等组成,用于实现电能到用电设备的输送、分配、控制和保护。

飞机上用于把电能输送到各种负载的公共点称为汇流条(BUS),飞机配电系统就是以多个汇流条为基础,采用导线及电缆等将电能按照预定的路径分配到飞机的各个部位。

飞机电网的分布取决于机载用电设备的分布,供电网络几乎遍布于飞机全身。因此,飞机电网非常复杂,容易发生短路、断路等故障。为了保证飞行安全,对飞机电网的要求非常高。一般来说,飞机电网的布局应满足以下技术要求。

(1)飞机电网必须具有高可靠性。即在飞机正常和应急工作状态下,都能保证飞机关键负载的连续可靠供电。

(2)飞机电网要有很强的生命力。当某台发电机或电源设备发生故障时,能实现电网重构,确保重要设备的供电,并将故障对电网的影响限制在最小范围之内。

(3)电网重量应轻。在特定的电源电压和功率条件下,通过合理布局,尽量减轻电网的总重量。

(4)维护性好。飞机电网的布线要易于安装、检查、维修和改装。

(5)减少电磁干扰。要采取必要的屏蔽措施,减少对电子通信设备的干扰。

飞机电网有直流电网和交、直流混合电网两种典型的结构,有集中式配电和分布式配电两种方式,供电方式分为发电机单独供电和并联供电两种。

1. 飞机直流电网

在以直流电为主电源的小型飞机上,其供电网络比较简单。图 6.7-1 是直流发电机与蓄电池的并联供电图。发电机的输出经过反流割断器与蓄电池并联,两者的电能都输送到汇流条上。电能从汇流条通过跳开关、控制开关或继电器等送到负载。跳开关起过载和短路保护作用,控制开关或继电器完成负载的通断控制。

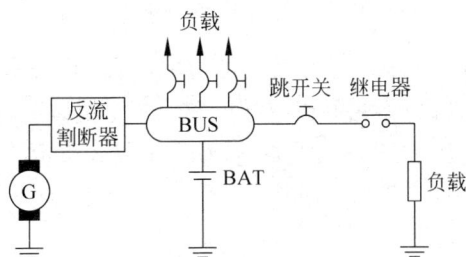

图 6.7-1 直流电源系统供电简图

因为直流电源的并联很容易实现,多发电机直流供电系统一般都采用并联供电方式,并联后的电网容量增大,可以提高供电质量和供电可靠性。

2. 交、直流混合电网

大型运输机的电网容量大,用电设备多,大都采用交流电源作为主电源。但根据适航要求,飞机供电系统必须同时配备直流电源,因为只有直流电能可以通过电瓶储存,以便在发电机失效时向飞机提供应急电能。同时,继电器、接触器、电磁阀等都需要由直流电提供工作电源。因此,总的供电网络比较复杂。交、直流电网的基本关系可以用图 6.7-2 表示。

交流电源系统由主发电机、APU 发电机、应急交流发电机(如 RAT. G)和地面交流电源组成,上述电源按照一定的逻辑关系把交流电提供给交流配电网络。当交流电源正常供电时,通过变压整流器将直流电源提供给直流配电网络。当飞机上无交流电源时,由飞机电瓶提供应急直流电源,并通过静变流器或应急发电机提供应急交流电源。

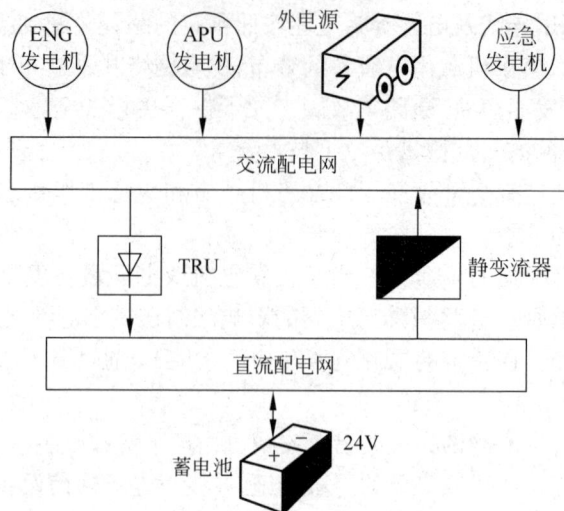

图 6.7-2　交、直流混合电网示意图

6.7.2　飞机电网的构型

飞机上有两种典型的配电方式,一种是飞机只有一个电源中心的集中配电方式,另一种是包含几个电源中心的分布配电方式。前者是目前大多数飞机采用的配电方式,后者为现代大型飞机所采用。

1. 集中式配电

在这种配电方式中,飞机只有一个电源中心,用跳开关作为保护器件,用开关或接触器控制负载的工作,每个负载都有专用的供电导线和控制导线,电能从电源中心经过安装在驾驶室的控制开关和保护跳开关 CB 向负载输送,如图 6.7-3 所示。

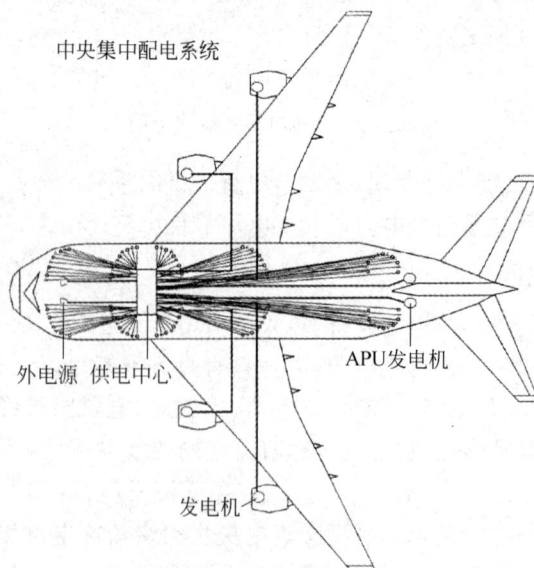

图 6.7-3　集中式配电

集中配电方式结构简单可靠,操作维护方便,但配电导线重量大,安装于驾驶舱的中心配电装置集中了所有的控制开关和保护电器,几乎所有配电导线都要经过驾驶舱,复杂而笨重,目前的大、中型飞机普遍采用这种配电方式。但随着航空技术的发展,固态功率控制器(solid state power controller,SSPC)、电子跳开关(electronic circuit breaker,ECB)和自动配电技术的应用,新型飞机已经开始逐步采用分布配电方式。

2. 分布式配电

在这种配电方式中,飞机上除了一个电源中心外,还有若干个分中心,每个电源分中心由电源二次分配组件(secondary power distribution unit,SPDU)和远程电源分配组件(remote power distribution unit,RPDU)进行控制(图中未画出),如图 6.7-4 所示。负载的通断用固态电源控制器 SSPC 进行远程控制。由于采用了负载的总线控制和电子跳开关ECB,电源馈线不需要到驾驶舱,这种配电方式控制设备和控制逻辑复杂,但大大减轻了配电导线的重量。目前在新一代大型飞机如 B787 上采用了这种配电方式。

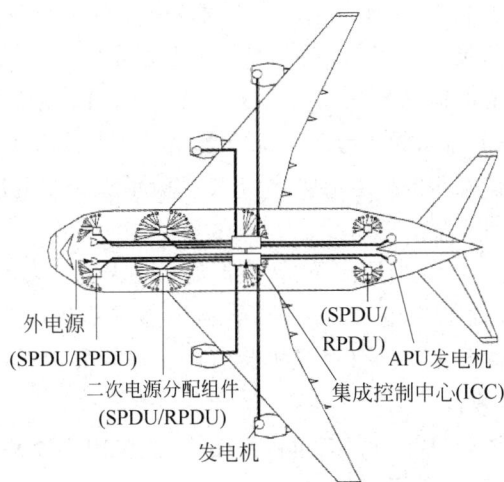

图 6.7-4　分布配电方式

6.7.3　电源供配电方式

飞机电源系统的供电方式有单独供电和并联供电两种主要形式。交流电源的并联比较复杂,因此一般双发飞机上的恒频交流电源系统大都采用单独供电,而多发飞机上的恒频交流电源才会采用并联供电。本节介绍两种供电方式及其电网构型。

1. 汇流条分类

飞机上各种电源先送到汇流条,再由汇流条送到机载用电设备。用电设备按照其重要程度,一般分为三个等级:重要负载或关键负载,主要负载,次要负载(通用负载)。与之相对应的,配电系统的汇流条一般也分为三个等级,主要包括主汇流条(有些飞机上称为发电机汇流条或负载汇流条)、重要汇流条(有些飞机称为转换汇流条或仪表汇流条)和应急汇流条(或备用汇流条)。一些不会对飞行安全造成影响的设备一般称为通用负载或次要负载,由通用汇流条或厨房汇流条供电。对飞行安全有重要影响的设备由重要汇流条(转换汇流条或仪表汇流条)供电,如发动机指示仪表、防撞灯、惯导平台等,这些用电设备至少需要 2 余度供电。另外一些直接关系到飞行安全的设备由应急汇流条供电,如广播、电瓶指示仪、发动机火警、灭火设备、飞行警告计算机等,这些设备在飞行中不允许断电。

2. 发电机单独供电方式

目前,大多数双发飞机的主电源系统采用单独供电方式。典型的双发飞机单独供电系统(B737-800)的配电网原理图如图 6.7-5 所示。

当两台发电机正常工作时,发电机电路断路器 GCB1 和 GCB2 吸合,发电机向各自的转换汇流条 AC XFR BUS(重要汇流条)、主汇流条 MAIN BUS、厨房汇流条 GALLEY BUS 和应急汇流条 AC STBY BUS 供电,并通过变压整流器 TRU1、TRU2 向直流汇流条 DC BUS 供电,1 号转换汇流条向交流应急汇流条 AC STBY BUS(备用汇流条)供电,1 号直流汇流条向直流应急汇流条 DC STBY BUS(备用汇流条)供电。

现代运输飞机的供电系统都具有自动卸载功能,由汇流条电源控制组件(bus power control unit,BPCU)控制,以防止发电机过载,提高供电可靠性。当发电机超载或有发电机失效时,自动卸载,停止向主汇流条和厨房汇流条供电。如当 1 号发电机失效,且无 APU 电源时,GCB1 跳开,1 号主汇流条和 1 号厨房汇流条停电,BTB1 和 BTB2 接通,1 号转换汇流条由 2 号发电机供电。直流连接继电器吸合,1 号直流汇流条由 TRU2 供电。同理,2 号发电机失效时工作原理相同。

当两个发电机都失效时,所有主汇流条、转换汇流条均无电。直流应急汇流条由电瓶供电,交流应急汇流条由静变流器供电。一般情况下,电瓶只能供电半小时(双发延程飞行 ETOP 除外),以保证飞机就近着陆。有些飞机装有冲压涡轮发电机(RAT.G)或液压马达发电机(HMG)作为应急电源。

热电瓶汇流条(HOT BAT BUS)和电瓶直接相连,主要向不能断电的重要负载如航空时钟、灭火器等供电。变压整流器 TRU3 主要向电瓶汇流条供电,当 TRU2 失效时,TRU1 向 DC BUS2 供电(3 个 TRU 电压相同,由于二极管的作用,TRU3 不向 DC BUS2 供电),当 TRU1 和 TRU2 都失效时,TRU3 通过二极管也可以向 2 号直流汇流条供电。

如由 APU 发电机供电,则 APB 和 BTB 接通,在空中,APU 发电机可以向其中一个系统供电,在地面时可以向两个系统供电(如 B737 飞机)。

飞机在地面由地面电源供电时,EPC 和 BTB 接通,地面电源可向飞机上的所有汇流条供电。地面服务汇流条 GND SVC BUS 可以由机载电源和地面电源供电,电瓶充电器连接在 2 号地面服务汇流条上,只要飞机上有电,电瓶就一直处于充电状态。

3. 发电机并联供电

采用并联供电的飞机一般有四台或以上发电机,如 B747、A340 飞机等。典型的四发飞机并联供电电源分配网络如图 6.7-6 所示。

1) 四发飞机的主配电系统

发电机电路断路器 GCB 的工作情况基本上与双发飞机一样,但汇流条连接断路器 BTB 的工作情况则完全不同。

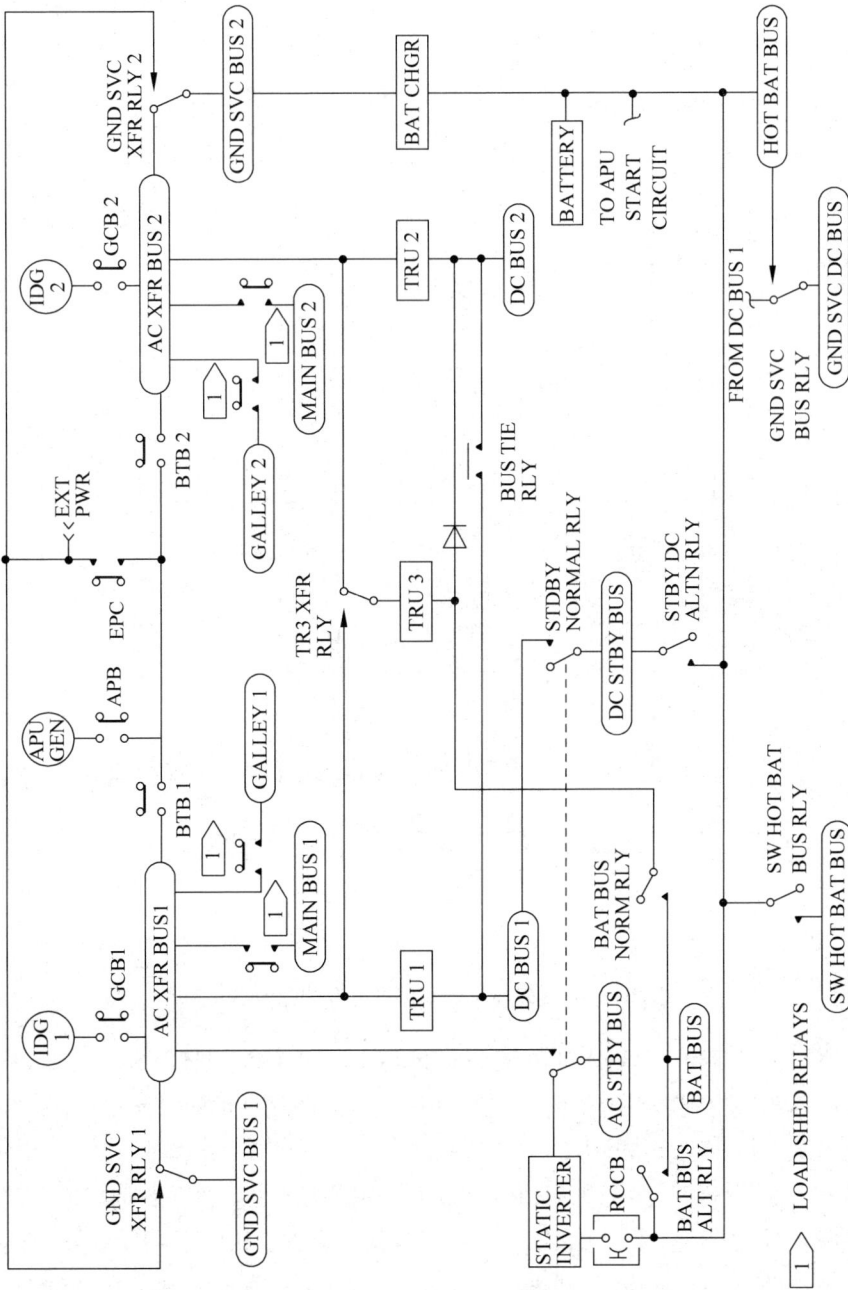

图 6.7-5 双发飞机单独供电系统配电简图

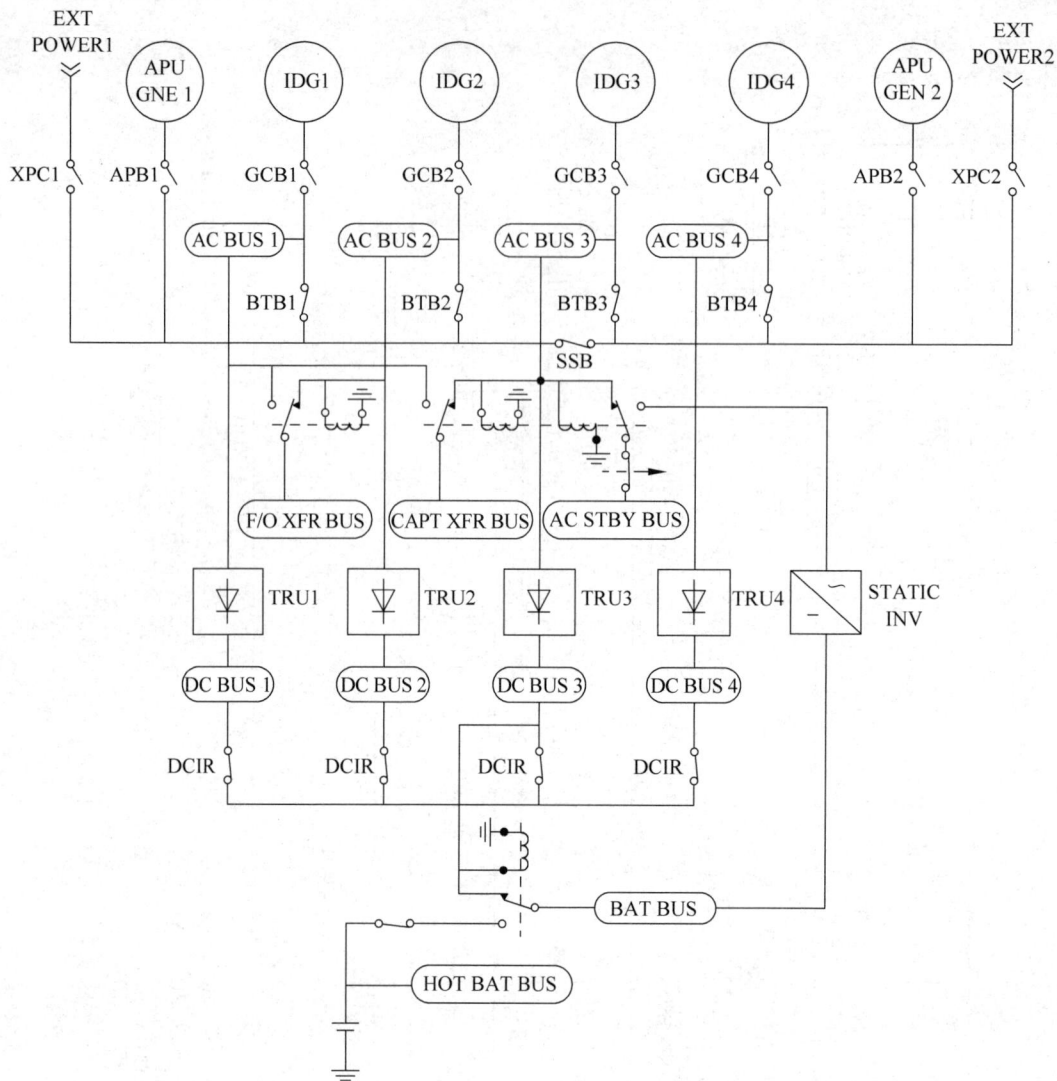

图 6.7-6　四发飞机并联供电电源分配网络

在四发飞机上,BTB1~BTB4 和系统分离断路器(SSB)通常是闭合的,因此,当 GCB1 闭合后,IDG1 就为整个配电系统供电。在地面操作第一台发电机向电网供电时,应关掉一些大的用电负载,以保证发电机不过载。

如果 IDG2 与 IDG1 的电压、频率、相序和相位相同或满足并联条件时,GCB2 接通,两台发电机并联运行,因为这时 BTB1、BTB2 和 SSB 是闭合的。IDG1 与 IDG2 的上述参数由发电机控制组件(GCU)自动控制和监控。同理,IDG3、IDG4 发电机满足并联条件时,也向电网并联供电。当发生故障时,相应的 BTB 也可以断开,从而实现单独供电或部分发电机并联供电。

在 B747 飞机上,因为用电负载很大,需要两部外部电源或两台 APU 发电机一起向飞机供电。由于外部电源或 APU 发电机不能并联,因此在使用它们向飞机供电时,SSB 断开,从而将主配电系统分成两部分,就像双发飞机一样单独供电。

2) 重要配电系统

它由正驾驶(机长)转换汇流条(CAPT XFR BUS)、副驾驶转换汇流条(F/O XFR BUS)和相应的开关组成。

CAPT XFR BUS 为机长的设备提供电源,如机长的仪表、导航和通信设备。F/O XFR BUS 为副驾驶的设备供电。两个飞行员的电源通常是独立的,它们分别由 AC BUS3 和 AC BUS2 供电。

当 AC BUS2 和 AC BUS3 故障时,两个驾驶员才使用 AC BUS1 作为公共的备用电源。

3) 直流配电系统

主直流配电系统由直流汇流条 DC BUS1~DC BUS4 和主直流电源开关组成。每个直流汇流条由相应的主交流汇流条通过 TRU 提供电能。主直流汇流条通常在直流汇流条隔离继电器(DCIR)的控制下并联运行。当发生故障时,相应的 DCIR 断开,可以实现单独供电或部分并联供电。有些情况下需要主直流汇流条单独供电,以提高可靠性。如在 B747 飞机上,当自动着陆起始时,DCIR 开关自动断开,从而避免短路故障影响整个系统的工作。

4) 应急配电系统

应急配电系统由交流备用汇流条(AC STBY BUS)和电瓶汇流条(BAT BUS)组成。正常情况下,交流备用汇流条由 AC BUS3 供电,电瓶汇流条由 DC BUS3 供电。如果没有 AC 电源可用,电瓶汇流条(BAT BUS)自动连接到电瓶上,由电瓶供电,AC STBY BUS 自动转换到静变流器,由静变流器将电瓶的直流电转换为交流电,为 AC STBY BUS 供电。

6.7.4　电网的控制与保护

飞机电源系统均设置有汇流条电源控制组件(BPCU),用于担负飞机电网的电能分配、控制和保护功能。BPCU 还提供外部电源监控和保护、汇流条监控保护、卸载控制和地面勤务电源控制等功能,如图 6.7-7 所示。

1. 汇流条的控制保护和电网重构

在图 6.7-7 中,当 1 号发电机发生故障时,GCU1 使 GCB1 断开,1 号发电机停止向飞机供电,BPCU 发出指令使 GCU1 和 GCU2 分别接通 BTB1 和 BTB2,使 1 号转换汇流条由 2 号发电机供电,同时在过载情况下 BPCU 断开 1 号厨房汇流条和 1 号发电机主汇流条,实现了电网重构,保证了接在 AC XFR BUS 上的重要设备的供电。

2. 卸载控制

BPCU 自动检测汇流条上负载的大小,在过载时自动卸载,以防止电源过载而烧毁。卸载有配置卸载、指令卸载和过载卸载三种形式。

1) 配置卸载

当飞行中只有 APU 提供交流电时,实施配置卸载。BPCU 断开所有厨房继电器。

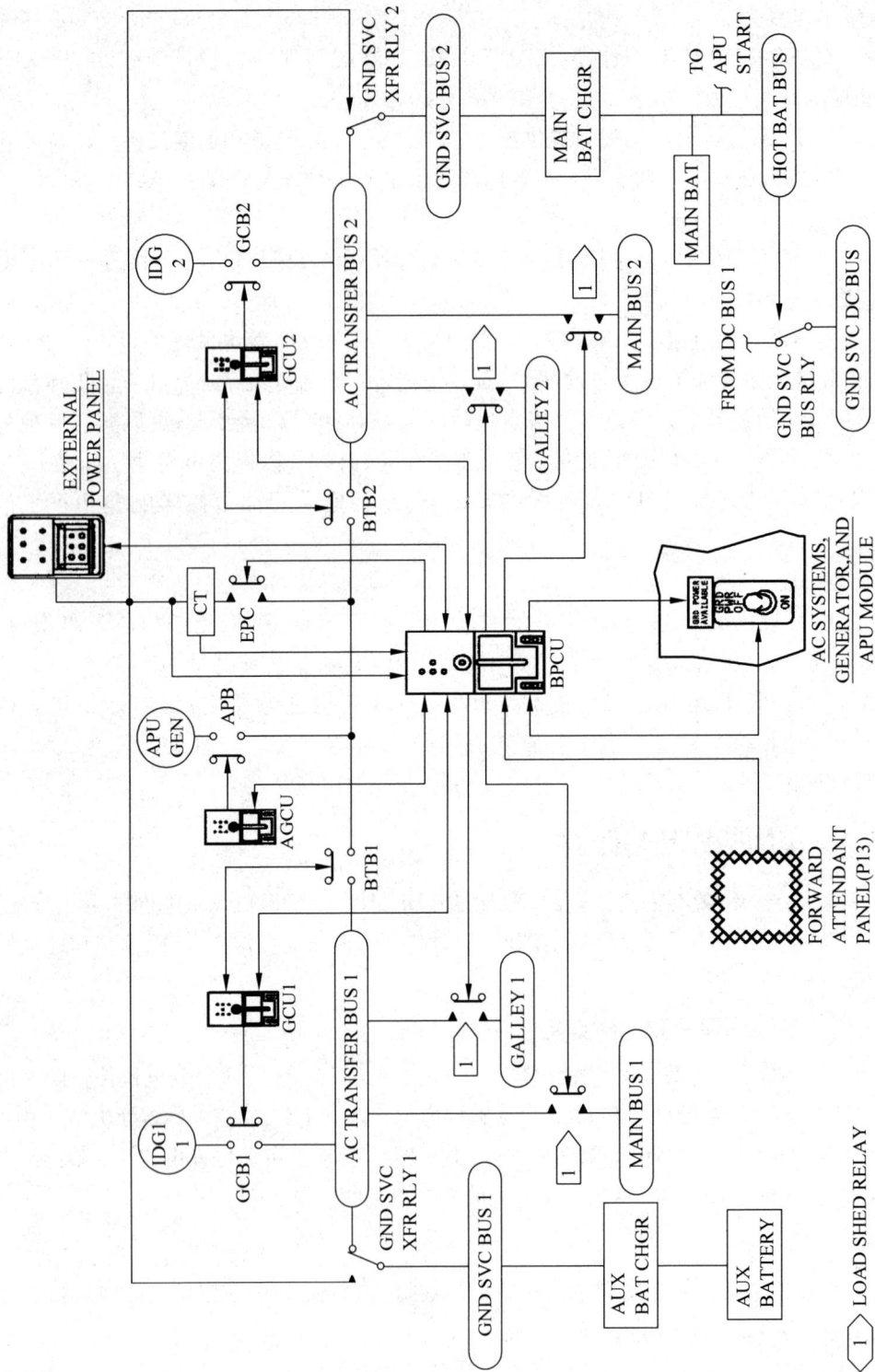

图 6.7-7 电网的控制与保护示意图

2）指令卸载

这种形式的卸载只会出现在 APU 发电机上。当 APU 电子控制组件（ECU）感应到 APU EGT 高时，实施指令卸载。APU ECU 监控 APU 的性能参数，以确定是否会出现过载。当 EGT 超温时，ECU 将信号送给 BPCU，主汇流条卸载继电器将断开（厨房卸载继电器已由配置卸载断开）。

3）过载卸载

以 B737-800 飞机为例，主发电机容量为 90kV·A，当发电机控制组件（GCU 或 AGCU）感应到发电机过载时（274A，300s），或 BPCU 感应到外部电源过载（340A，5s）时进行卸载。过载卸载有以下三种情况。

（1）当两台主发电机同时工作，且其中一台发电机发生过载时，BPCU 首先将过载发电机供电的厨房继电器断开；如果仍然存在过载，过载发电机的 GCB 将断开，并且相应的汇流条断路器（BTB）锁定在断开位置，这将使过载发电机的交流转换汇流条断电。

（2）当单台发电机同时向两个发电通道供电并发生过载时，如 1 号发电机过载，则 BPCU 断开 1 号厨房汇流条；如果过载仍然存在，再断开 2 号厨房汇流条。如果过载仍然存在，BPCU 断开两个主汇流条接触器。如果仍然过载，GCU 断开相应的 BTB，并锁定在断开位，这时 IDG1 只向一侧供电。如果仍然过载，则 GCU 断开相应的 GCB，这将使交流转换汇流条断电。

（3）当 APU 发电机或外部电源工作并发生过载时，BPCU 断开 1 号厨房汇流条；如果过载仍然存在，再断开 2 号厨房汇流条；如果仍然过载，BPCU 断开两个主汇流条接触器。如果仍然过载，BPCU 指令 BTB2 断开并锁定在断开位，这时 APU.G 或 EP 只向一个通道供电。如果仍然过载，BPCU 指令 BTB1 断开并锁定在断开位，这时已经卸去全部负载。如果过载警告消失，BPCU 指令 BTB2 重新闭合，向一个通道供电。

3. 外部电源的监控和保护

BPCU 对飞机外部电源进行监控，当外部电源的电压、频率和相序都符合要求，外部电源插头插好（EF 接通）、驾驶舱的"外电源可用灯"点亮、地面电源电门在 ON 位和 BTB 在断开位时，BPCU 发出指令，接通外部电源接触器 EPC，外部电源向飞机供电。

当外部电源发生过压/欠压、过频/欠频、过流、三相电流不平衡等故障时，BPCU 自动断开 EPC。如果出现过载，BPCU 先断开汇流条断路器 BTB2，只向一个通道供电；如果仍持续过载，BPCU 再打开 BTB1，卸去大部分负载，这时 EP 只向地面勤务汇流条供电。如果仍然存在过载状况，则 BPCU 断开 EPC，使外电源全部卸载。

6.7.5 多电飞机的电网构型

多电飞机（more electric aircraft，MEA）或全电飞机（full electric aircraft，FEA）是指由电气系统部分代替或全部代替飞机上传统的液压系统、气源系统和部分机械设备，执行元件为电动元件的飞机。这样使飞机的动力配备方便，系统简单可靠，大大减轻了机载设备的重量，提高了可靠性，是航空技术发展的必然趋势。

多电飞机技术已成功应用到军用和民用飞机上，在民用飞机中，B787 飞机是多电飞机的典型代表。B787飞机上的一些典型的机械系统如空调系统、气动系统、防冰系统和机轮刹车系统等均由电气系统代替，使飞机的用电量急剧增加。B787飞机的主电源系统包括4台额定容量为 250kV·A 的变频交流起动/发电机(variable frequency starter generator, VFSG)和 2 台额定容量为 225kV·A 的辅助变频交流起动/发电机(APU starter generator, ASG)。每台 VFSG 的额定电压为 235V,频率变化范围为 360～800Hz。每台 ASG 的额定电压为 235V,频率变化范围为 360～440Hz。飞机上的其他电源还有冲压空气涡轮发电机 RAT.G,电网总容量达到 1.5MW。

由于采用了大功率交流起动/发电机,使电动起动主发动机成为可能,代替了传统的气动起动机,极大地减轻了机载设备的总重量,提高了系统的可靠性。采用电动空调系统取代发动机引气的空调系统,有效提高了燃油效率,并使发动机的运行可靠性得到提高。

不可忽视的是随着用电量的增加,配电电缆重量也随之增加。为了解决这个问题,B787飞机主要采取了以下措施:

(1) 主电源采用了变频电源,减少了恒速传动装置(CSD)的重量;

(2) 主电网的交流电压从 115V 提高到 230V,部分直流电压从 28V 提高到 270V,因此在输送同样电能的情况下,减轻了配电导线的重量;

(3) 采用了分布式配电和负载自动管理新技术,大大减轻了配电和控制导线的重量。

B787 多电飞机的电网采用分布式配电技术,电网构型分为一次配电系统(primary power distribution system, PPDS)和二次配电系统(secondary power distribution system, SPDS)。一次配电系统与传统的配电系统相似,从一次配电系统通过 ELCC(electrical load control contactor)直接向大功率负载供电。二次配电系统是从一次配电系统得电后再向各个负载配电,二次配电采用远程配电系统,在该系统中,负载并不直接连接到汇流条上,而是接在远程电源分配组件(remote power distribution unit, RPDU)上,用固态功率控制器 SSPC 来控制负载的接通和关断,采用电子跳开关 ECB 实现过载保护。B787 主要由两个二次配电组件(secondary power distribution unit, SPDU)和 17 个远程配电组件 RPDU 构成二次配电系统,如图 6.7-8 所示。

四台主发电机和两台 APU 发电机为变频发电机,采用单独供电,四台主发电机分别向 4 个主汇流条供电,主汇流条联成环状,如果其中的发电机有故障,APU 发电机和其他发电机都可以向故障发电机的主汇流条供电。

采用分布式配电技术和负载自动管理技术,可以大大提高配电的可靠性,增加系统的安全性,减轻配电系统重量,并根据飞机发电容量的大小、供电系统的完好程度及飞机不同飞行阶段自动地断开和接通用电设备,使系统具有重构的能力,从而保证飞行关键负载的可靠供电。

B787 飞机采用的负载自动管理方式是通过软件定义负载的重要性或在什么条件下供电。当发电机发生故障时,BPCU 根据负载的重要性或用途自动卸载。当飞机在地面时,自动给地面需要工作的设备供电。因此,在 B787 飞机上没有地面操纵汇流条和地面服务汇流条,但为了理解方便起见,把这些汇流条称为虚拟汇流条(virtual bus)。

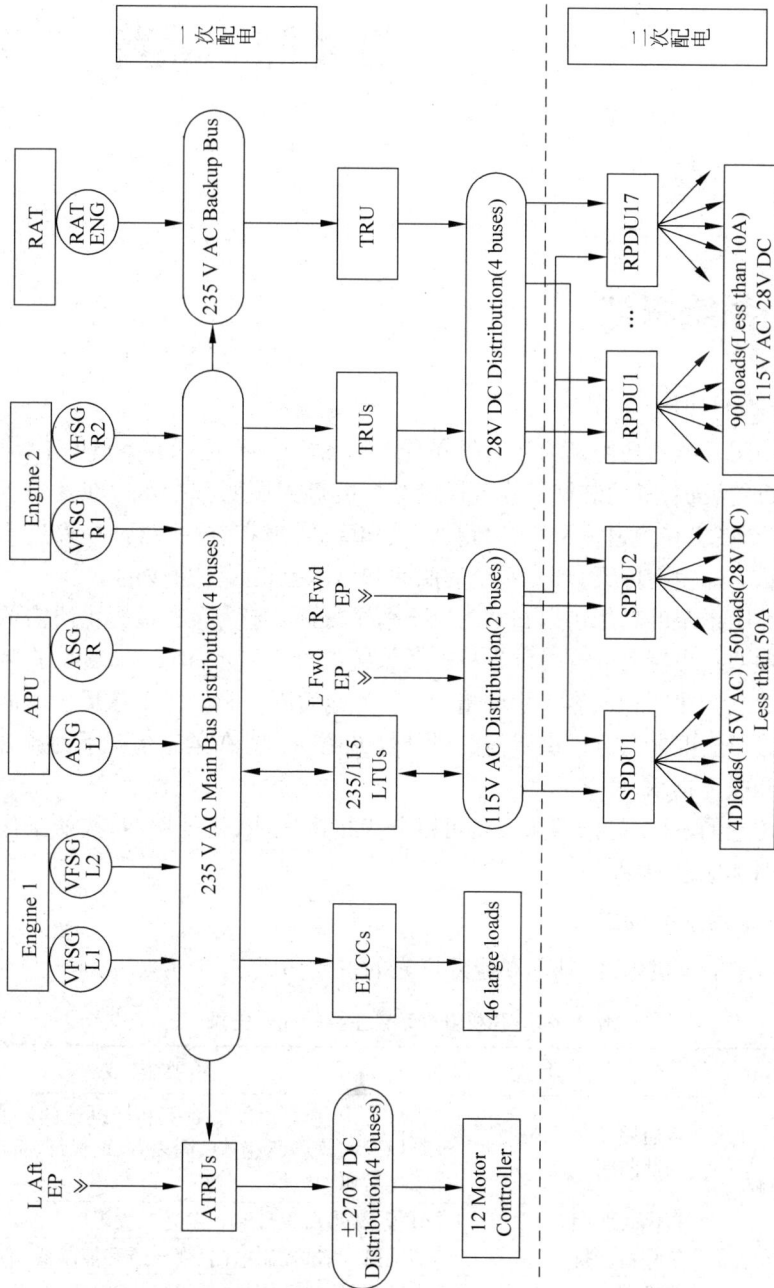

图 6.7-8　B787 飞机配电系统简图

第7章

灯光照明系统

7.1 灯光系统概述

1. 灯光系统的功用

飞机灯光照明系统的功用是为飞机的安全正常飞行、飞行员和乘务员的工作、旅客的安全舒适以及飞机的维护、货舱装卸货物等提供必要的灯光照明和指示。在夜间或能见度差的气象条件下,当飞机在跑道上滑行、滑跑、起飞和降落,或在空中飞行时,都离不开灯光系统的照明和指示。即使在白天,灯光系统的照明和指示也是必不可少的。

飞机灯光照明系统的功用可以归纳为以下六个方面:①为飞行员提供所需的驾驶舱正常和备用灯光照明;②为飞行员提供飞机相关系统的灯光指示和警告;③为乘务员和旅客提供所需的客舱灯光照明和旅客告示牌指示;④为地面服务和勤务工作提供所需的灯光照明;⑤为飞机的安全正常飞行提供所需的机外灯光照明;⑥在紧急情况下为旅客和乘务员提供应急照明和撤离指示。

按照安装位置的不同,灯光照明设备可以分为机内照明、机外照明,按照工作状态的不同分为正常照明和应急照明。

2. 飞机灯光系统的构成

表 7.1-1 给出了飞机内部、外部和应急灯光的主要构成。

表 7.1-1 飞机灯光系统主要构成一览表

灯光类别	工作区域	具体用途	主 要 构 成
机内灯光	驾驶舱区域	普通照明:区域照明和局部照明	顶灯、天花板灯;各个面板和操纵台的泛光灯和照明灯以及阅读灯、航图灯、图表灯、地板灯、备用罗盘灯和工作台照明灯等
		整体式照明	灯板、微小白炽灯泡和发光二极管
		信号指示灯	照明灯、测试控制电门、变压器和控制器
	客舱区域	普通照明	天花板日光灯、侧板(舷窗)灯和走道灯等
		厕所照明	日光灯、镜前灯和洗手台照明(辅助)灯
		旅客和客舱乘务员照明	旅客阅读灯和乘务员工作灯
		旅客告示牌	禁止吸烟、系好安全带、返回座位、厕所有人、厕所无人、旅客呼叫灯

续表

灯光类别	工作区域	具体用途	主要构成
机内灯光	货舱区域	前货舱、后货舱和散装货舱(如有)照明	前货舱、后货舱和散装货舱照明灯
	勤务区域	勤务照明	轮舱、空调舱、附件舱和电子设备舱等照明
机外灯光	飞机外部	飞机轮廓、方向和位置识别	航行灯
		跑道照明	着陆灯、起飞灯(如有)
		滑行道和跑道照明	滑行灯、转弯灯
		航徽照明	航徽灯
		飞机轮廓、位置警告和识别	防撞灯(信标灯)和频闪灯(如有)
		机翼和发动机照明灯	机翼和发动机结冰探测灯
应急灯光	客舱和出口区域	客舱内部应急照明	天花板应急照明灯
		应急撤离通道指示	应急撤离通道指示灯
		头顶应急出口指示	应急出口标志指示牌
		应急出口外部照明	应急出口区域灯和应急撤离滑梯灯

7.2 常用照明光源

飞机上的照明光源都采用电光源,也就是把电能转换为光能的设备或器具。根据光的产生原理,常用的电光源可以分为以下几大类:①热辐射发光光源(如白炽灯、卤钨灯等);②气体放电发光电光源(如荧光灯、汞灯、钠灯、金属卤化物灯等);③固体发光电光源(如LED和场致发光器件等)。在这三大类电光源中,各种电光源的发光效率和特性都有较大的区别,应根据使用场合的不同进行选用。

常用的电光源种类如图 7.2-1 所示。

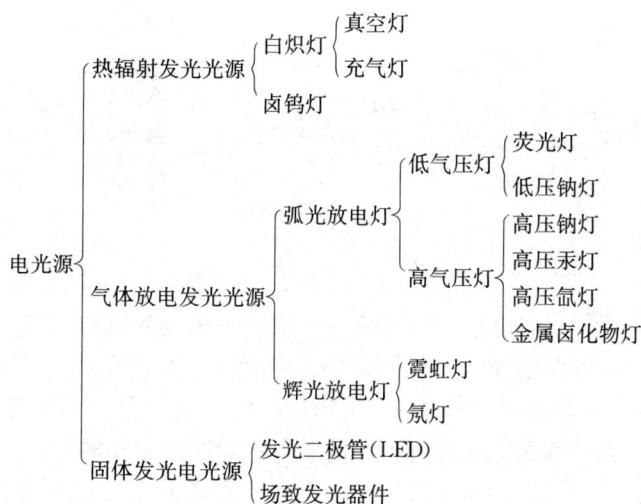

图 7.2-1 常见的电光源种类

不同种类的光源,其特点和应用场合各有不同,限于篇幅,下面仅简单介绍飞机上的常用光源。

1. 白炽灯

白炽灯属于热辐射发光光源,它是将灯丝通电加热到白炽状态,利用热辐射发出可见光的电光源。普通白炽灯点燃时,随着钨丝的温度上升和长时间的工作,钨丝会逐渐蒸发变细,灯泡壳变黑,最后当灯丝细到一定程度时就会熔断。特别是在白炽灯刚开灯的一瞬间,灯丝的电阻值较小,导致电流很大,因此更容易使灯丝损坏。

为了防止钨丝氧化,抑制钨丝的蒸发,可以将白炽灯泡抽成真空,然后再充以一定比例的氩、氮混合气体。充气的主要作用是抑制钨丝的蒸发,降低灯丝的氧化程度,减小白炽灯光通量的衰减。但40W及以下的普通白炽灯由于其工作温度不高,一般不填充其他混合气体,仅抽成真空即可。而在大功率白炽灯的玻璃壳中充入情性气体,可以有效提高白炽灯的光效,延长其使用寿命。

利用热致发光原理制成的电光源制作简单,成本低,但是发光效率低,如白炽灯的发光效率一般为$7\sim20$lm/W(lm,流明),仅有11%,大部分能量都以热量的形式消耗掉了。但因为白炽灯具有体积小、结构简单、造价低、集光性能好、不需要其他附件等优点,在一些只需要小功率照明和指示的场合仍然获得了广泛应用。

2. 卤钨灯

卤钨灯(卤素灯)与白炽灯一样,也属于热辐射光源,其工作原理基本上与普通白炽灯相同,但在结构上有较大的差别。最突出的差别就是在卤钨灯泡内填充的气体中含有部分卤族元素或卤化物,能有效延长灯丝的寿命。目前使用的卤钨灯主要有两类:一类是在灯壳内充入微量的碘化物,称为碘钨灯;另一类是在灯壳内充入微量的溴化物,称为溴钨灯。卤钨灯的结构示意图如图7.2-2所示,图7.2-2(a)为两端引出,图7.2-2(b)为单端引出。

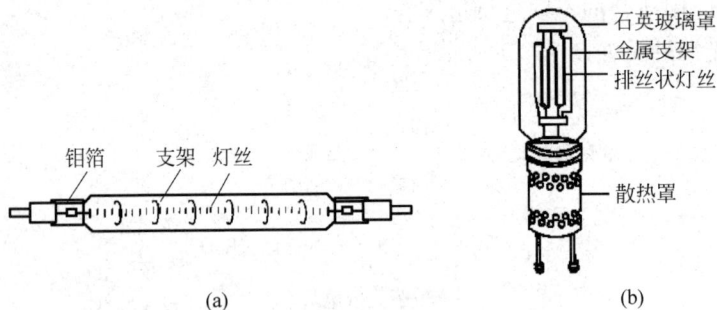

图 7.2-2　卤钨灯结构示意图

当充入卤素物质的灯泡通电工作时,从灯丝蒸发出来的钨在灯泡壁区域内与卤素物质产生化合反应,形成一种挥发性的卤钨化合物。由于泡壁温度很高(250℃),因此卤钨化合物呈气态。当卤钨化合物扩散到较热的灯丝周围区域时又分化为卤素和钨,释放出来的钨沉积在灯丝上,而卤素继续参与循环过程。由于卤钨的循环有效地抑制了钨的蒸发,因此能有效延长卤钨灯的使用寿命,同时还可以进一步提高灯丝的温度,获得较高的光效,并减小使用过程中的光通量衰减。

为了使灯壁处生成的卤化物处于气态,卤钨灯的管壁温度要比普通白炽灯高得多。相应地,卤钨灯的泡壳尺寸就要小得多,必须使用耐高温的石英玻璃或硬玻璃,因此卤钨灯又称为石英灯。常用的反射形卤钨灯因带有反射杯,又称为杯灯。但由于石英玻璃不能阻隔紫外线,因此室内使用的卤钨灯通常都需要另外使用紫外线滤镜。

按照工作电压区分,卤钨灯还可以分为高电压灯(可直接接入工频交流电)和低电压灯(需配置相应的变压器)两种,低电压卤钨灯寿命更长,安全性更高。

卤钨灯的功率从 5W 到 250W 不等,且具有体积小、发光效率高(达 17～33lm/W)、色温稳定、光通量衰减小(5% 以下)、寿命长(可达 3000～5000h)等特点,如某些飞机上的防冰灯(或称为大翼灯)就是采用卤钨灯作为光源的。

3. 荧光灯

荧光灯俗称日光灯,是低气压汞蒸气弧光放电灯,也被称为第二代光源。与白炽灯相比,它具有光效高、寿命长、光色和显色性都比较好的特点,因此在大部分场合取代了白炽灯。

荧光灯主要由灯管和电极组成。灯管内壁涂有荧光粉,将灯管内抽成真空后加入一定量的汞、氩、氖、氪等气体。荧光灯的电极由钨丝制成,在灯丝上涂以发射材料(一般为三氧化物),用于产生热电子发射,以维持灯管的放电。

荧光灯的主要附件镇流器有两种:电感式镇流器和电子镇流器。由于电感镇流器具有体积大、重量重、有电磁噪声等缺点,目前已经普遍采用了电子镇流器,如飞机客舱安装的荧光灯采用的就是电子镇流器。

电感式镇流器必须和启辉器一起工作,其结构示意图如图 7.2-3 所示。启辉器 S 的主要元件是一个由两种膨胀系数不同的金属材料压制而成的双金属片(冷态触点常闭)和一个固定触点,其作用是在灯管刚接通电路时,触点闭合,使电流流过灯丝,对灯丝进行预热;当双金属片因温度升高而弯曲断开的瞬间,镇流器产生高压脉冲,使两电极之间的气体被击穿,产生气体放电。灯丝发射出的电子流撞击汞原子,使其电离而放电。放电过程中发射出的紫外线又激发灯管内壁的荧光粉,从而发出可见光。荧光粉的化学成分可决定其发光颜色,有日光色、暖白色、白色、蓝色、黄色、绿色、粉红色等多种颜色。

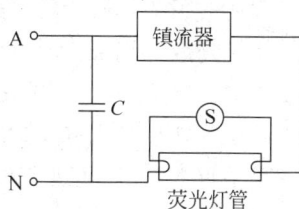

图 7.2-3 荧光灯管结构示意图

电子镇流器具有如下优点:能提高灯的光效、光线无闪烁、能瞬时起动且无启辉器、调光性能好、功率因数高、无噪声、体积小重量轻等。电子镇流器主要由输入滤波器、整流滤波电路、功率因数校正电路、高频功率振荡器、谐振电路、控制及保护电路等几部分组成,如图 7.2-4 所示。各部分的作用如下:

(1) 输入滤波器:也叫抗干扰滤波器,用于防止电子镇流器产生的高频干扰信号进入到电网而造成电磁污染。

(2) 整流滤波电路:将输入的交流电整流成直流电,作为电子镇流器的工作电源。

(3) 功率因数校正电路:补偿电路的功率因数。

(4) 高频功率振荡电路:是电子镇流器的核心电路,将直流电源变换成 20～50kHz 的高频电源,用于驱动荧光灯。该电路通常采用一对功率管(三极管或场效应管)组成自激振荡器来实现。

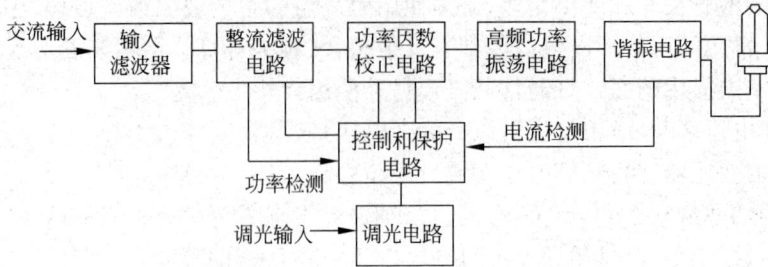

图 7.2-4　电子镇流器组成示意图

(5) 谐振电路：用来取代普通荧光灯的启辉器，它在荧光灯起辉前，可以等效为一个串联谐振电路，其振荡频率与高频振荡电路的频率一致。当发生谐振时，在电容上产生一个很高的电压，可以确保灯管启辉点亮。灯管点亮后谐振电路用作限流器。

(6) 控制和保护电路：当荧光灯不能正常点亮时，很高的谐振电压会使功率器件损坏，该电路的作用是保护功率器件在异常状态时不会烧毁。

(7) 荧光灯：其作用是将 $20\sim50\mathrm{kHz}$ 的高频电能变换成光能。

荧光灯具有光效高、寿命长、光谱接近日光(常称日光灯)、显色性好、表面温度低、眩光影响小等优点，因此得到了广泛应用。目前，飞机客舱内的照明光源大多采用荧光灯。

4. 高强度气体放电灯

前述的荧光灯属于低气压气体放电灯，灯管内充有低气压的汞蒸气。高气压气体放电灯是指灯管或灯泡工作时(点燃状态)，管内的气体压力达到 $1\sim5$ 个大气压。高的气体压力有助于保护电极，延长灯的使用寿命。

高压气体放电光源管壁的负荷一般比较大，也就是灯的表面积(玻璃壳外表面)不大，但灯的功率较大，往往超过 $3\mathrm{W/cm^2}$，因此又称为高强度气体放电灯(high intensity discharge lamp,HID)。

高压气体放电灯的发光效率比热辐射电光源高得多，它们的发光效率为普通白炽灯的数十倍，且气体放电灯的功率可以做得很大(数千瓦)，因此主要应用在大面积照明场所。

HID 灯主要包括高压汞灯、高压钠灯、金属卤化物灯和氙灯等。许多飞机上的防撞灯、频闪灯使用的是高压氙气灯，B787 飞机的着陆灯、滑行灯和跑道转弯灯都是 HID 灯。下面主要介绍这种灯的结构和基本工作原理。

1) 高压氙灯的基本结构和发光原理

因为高压氙灯工作时管壁的温度高，管内压力大，因此其灯泡采用耐高温和耐高压的石英玻璃制成。放电管内封有一对电极(直流灯：一只为阳极，另一只为阴极；交流灯：两只均为具有电子发射性能的电极)，电极采用钼箔封接。管内充入一定压力的惰性气体氙气(xenon)和金属卤化物，目的是提高管内蒸气压力，提高发光效率。

高压氙灯的内部结构示意图如图 7.2-5 所示。

氙灯分为长弧氙灯、短弧氙灯和脉冲氙灯。飞机上

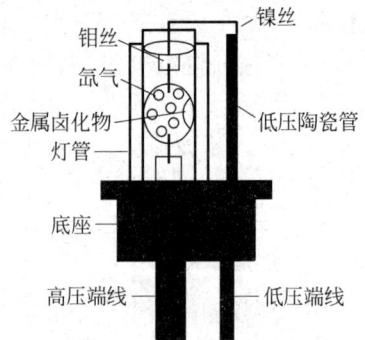

图 7.2-5　高压氙灯结构示意图

的防撞灯、频闪灯都属于脉冲氙灯,其优点一是能解决光亮度与热量的矛盾,二是闪光灯更能引起人的注意,以更明显的方式标明飞机的轮廓和运动方向。

典型的脉冲氙灯的工作电路示意图如图 7.2-6 所示。该电路包括一个低压电源和一个 400V 的高压直流驱动电源。驱动电源和氙灯之间要采用屏蔽导线以降低电磁干扰。当灯管内的气体电离时会产生高能电流脉冲,气体的电离使气体的电阻降低,进而产生数千安培的电流。当电流通过灯管时,将能量传递给氙气周围的电子,使其能量上升。当电子能量等级迅速回落时产生光子,使得灯管发出亮光。

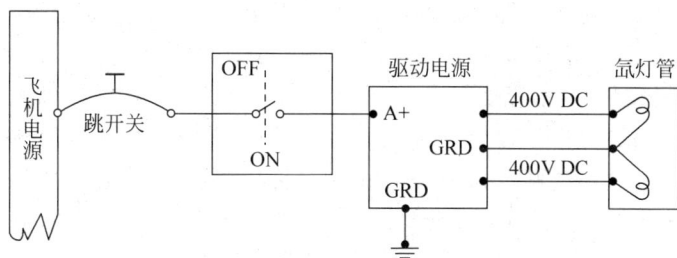

图 7.2-6　脉冲氙灯工作电路示意图

飞机上的频闪灯是短波紫外线辐射和强烈的近红外线辐射光源,由其产生的总体效应是高强度的白色闪光。

2) 高压氙灯的特点

高压氙气灯被誉为 21 世纪照明领域的革命性产品,其主要优点如下:

(1) 亮度高。氙气灯的光通量约为卤素灯的 3 倍,非常适合于需要高亮度照明的场合,如飞机防撞灯、着陆灯等。

(2) 寿命长。氙气灯是利用电子激发气体发光的,并无钨丝存在,因此寿命长,可达 3000h,而卤素灯的寿命只有 250h 左右。

(3) 节能。需要同样亮度照明的场所,采用氙气灯比卤素灯可节电 40%,比传统光源节电 70%,是一种性能优良的绿色节能灯。

(4) 光衰小。与 LED 灯相比,氙灯的光衰小,实际使用寿命长。

(5) 成本低。与 LED 灯相比,其成本不及 LED 灯的 1/3。

3) 氙灯的使用注意事项

氙灯不同于普通的白炽灯或卤钨灯,使用时应注意以下几点。

(1) 灯泡接线时必须特别注意正、负极不能接反,粗电极"+"端为阳极,细电极"-"端为阴极,如果接反则短短几秒钟内就会将阴极烧坏。

(2) 维护时注意不要污染石英泡壳,可采用酒精棉花擦拭干净,以防止灯泡受热不均而爆裂。

(3) 由于氙灯工作时电流较大,灯头和灯座之间接触必须良好,并保持接触点清洁。

(4) 因灯内充有高压气体,故在装卸运输时,尤其是在装机时要避免碰撞。

(5) 在地面试验 HID 灯时,由于没有迎面气流冷却,通电时间不要太长,以防过热烧坏。

5. 发光二极管

发光二极管(lighting emitting diode,LED)的结构和发光原理在《电子技术基础》教材中已有介绍,这里仅简单介绍 LED 光源的特点和驱动电源。

1) LED 光源的特点

发光二极管属于场致发光(又称为电致发光)器件,是一种把电能转化为光能的电子器件,具有普通二极管的特性。其基本结构是一块电致发光的半导体模块封装在环氧树脂中,通过正、负两个管脚与外部驱动电源相连。LED 与其他光源相比,主要有以下优点。

(1) 高节能。LED 的工作电流为毫安级,单管功率在 0.03~1W 之间,电光转换效率接近 100%,在相同照明效果下比传统光源节能 80% 以上。

(2) 长寿命。LED 光源被称为长寿灯,工作温度低,属于固体冷光源,采用环氧树脂封装,灯体内没有灯丝,不存在灯丝发光易烧、热沉积、光衰快等缺点,使用寿命可达 5 万~10 万 h,比传统光源寿命长 10 倍以上。

(3) 利环保。LED 光谱中没有紫外线和红外线,热量低,无频闪,无辐射,无汞等污染物,废弃物可回收,可以安全触摸,属于典型的绿色照明光源。

此外,LED 照明光源还具有光线质量高、抗冲击性和抗震性好、不易破碎、体积小、维护费用低等优点,因此其应用越来越广泛。B787 等现代飞机上使用了大量的 LED 灯作为照明灯和信号灯。

2) LED 的驱动电源

LED 虽然具有结构简单、使用方便等诸多优点,但要想让 LED 发挥出其功效,必须给 LED 配置合适的驱动电源。根据 LED 的工作特性,LED 最适合采用恒流驱动电路,这可以有效提高 LED 的发光效率,减少 LED 的光衰度。从《电子技术基础》中已知,由于 LED 的正向伏安特性非常陡(正向动态电阻非常小),因此不能像普通白炽灯一样直接用电压源供电,否则电压稍有波动电流就会增大到将 LED 烧毁的程度。为了使 LED 的工作电流保持稳定,以确保 LED 能正常、可靠地工作,设计出了各种各样的 LED 驱动电路。下面简要介绍几种驱动电路。

(1) 串联限流电阻

这是最简单的一种驱动电路,在 LED 中串联一只限流电阻,如图 7.2-7(a)所示。当多只小功率 LED 作为一个光源使用时,常采用串并联接法(见图 7.2-7(b)),先在每条 LED 串联支路中接入限流电阻,然后再并联。这种接法可以在一只 LED 故障时,不影响整个电路的工作。

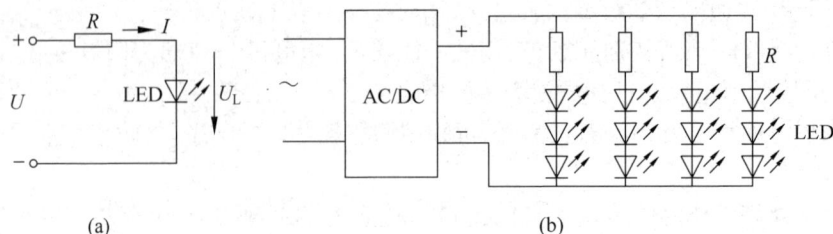

图 7.2-7 LED 限流电阻接法

这种驱动电路的优点是简单,成本低;缺点是电流稳定度不高,电阻发热消耗功率,导致用电效率降低,仅适用于小功率 LED 的驱动。

（2）线性恒流驱动电路

图 7.2-8 所示为采用分立元件组成的线性恒流驱动电路。该电路只用了 6 个电子元器件，即三极管 T_1、T_2，电阻 R_1、R_2、R_3 和电容 C_1。为了得到较高的电流放大倍数和较大的输出电流，调整管 T_2 采用达林顿管。

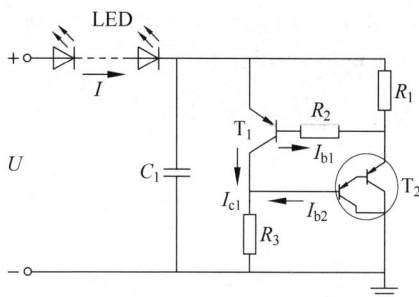

图 7.2-8 线性恒流驱动电路

电路的恒流工作原理如下：当电源电压 U 上升或 LED 负载减少时，LED 中的电流 I 将上升，则电路发生以下调节作用：$I\uparrow \rightarrow U_{R1}\uparrow \rightarrow I_{b1}\uparrow \rightarrow I_{c1}\uparrow \rightarrow U_{R3}\uparrow \rightarrow I_{b2}\downarrow \rightarrow I\downarrow$；当 LED 中的电流 I 受干扰下降时，调节作用相反。正是这种电流负反馈作用，维持了负载电流 I 的基本恒定。

线性恒流驱动电路虽然具有电路简单、元件少、成本低、工作可靠等优点，但使用中也发现几点不足：一是调整管（T_2）工作在线性状态，工作时功耗大，发热严重，不仅要求较大尺寸的散热器，而且降低了用电效率；二是电路对电源电压及 LED 负载变化的适应性差。当更换不同的 LED 灯时，驱动电路的参数必须进行调整。此外，线性恒流驱动器只能工作在降压状态，不能工作在升压状态，即电源电压必须高于 LED 的工作电压。

（3）开关恒流驱动电路

采用开关电源，再辅以其他电路，就可以组成恒流驱动电路，其组成框图如图 7.2-9 所示。图中的输入处理电路是对输入电压进行变换、整流、滤波、隔离等处理，辅助电路包括浪涌吸收电路、功率因数校正电路及保护电路等，DC/DC 变换器是通过各种控制方法，实现恒流输出，反馈电路用于检测输出电压和电流，通过控制电路调整 DC/DC 开关电路的工作状态，以保持恒流输出。

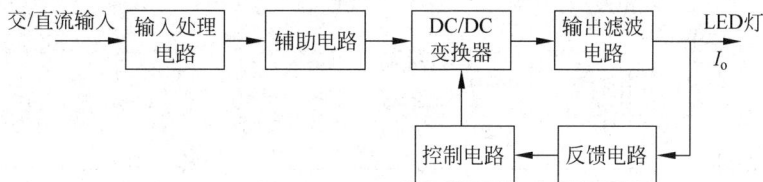

图 7.2-9 开关恒流驱动电路组成框图

尽管 LED 是一种节能、环保、小尺寸、多色彩、长寿命的新型光源，但与 LED 灯配套的驱动器却存在各种各样的问题。实践证明，LED 灯的故障 80% 都是源于驱动电路的可靠性问题，由此造成 LED 灯的实际使用寿命远低于其 10 万小时的设计寿命。由此可见，研制出高性能和高可靠性的 LED 灯驱动电源还有许多技术问题需要解决。

7.3 机内灯光

机内灯光包括驾驶舱灯光、客舱灯光、货舱地面服务灯光和维护区域地面勤务灯光。

7.3.1 驾驶舱灯光

驾驶舱灯光必须达到下列基本要求：具有足够的亮度，不会使飞行员目眩，灯光的明暗程度可以连续调节，能够根据复杂的天气条件和驾驶舱灯光的强弱及时快速调节亮度，光线反射小,在主电源失效的情况下仍能保证重要仪表和指示的照明。

驾驶舱灯光大致可以分为普通照明、仪表和面板整体照明和信号指示灯等。典型的驾驶舱照明系统示意图如图 7.3-1 所示。

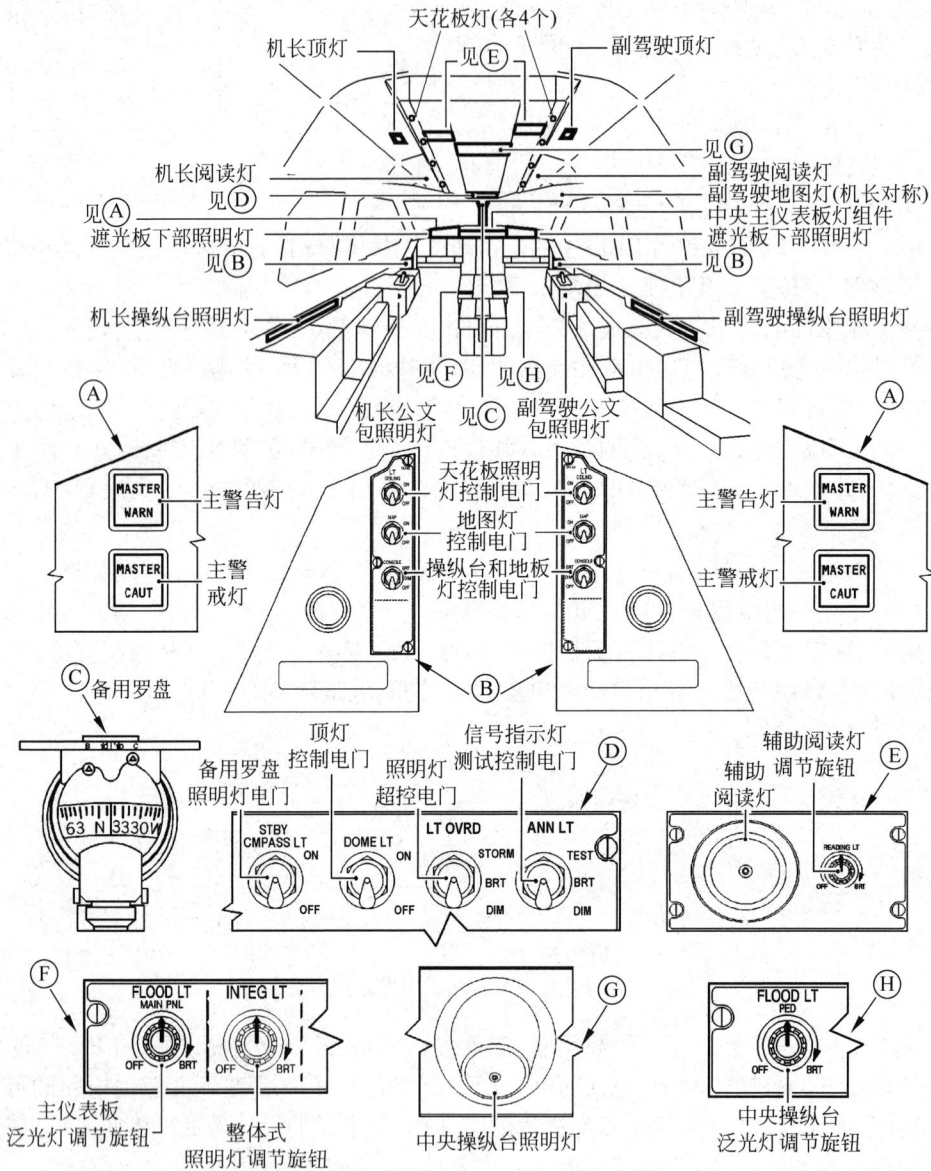

图 7.3-1　驾驶舱照明

1. 普通照明

普通照明为整个驾驶舱区域和局部区域提供照明。驾驶舱区域照明灯光有顶灯和天花板灯等,局部区域的照明灯光一般包括各个面板或操纵台的泛光灯和照明灯,以及航图灯、图表灯、阅读灯、地板灯、备用罗盘灯和工作台照明灯等。局部照明的面板通常包括顶板、遮光板、左中右仪表板、中央操纵台和左右操纵台等。对于不同的机型,普通照明灯光的具体构成和叫法略有差异。

2. 仪表和面板整体式照明

仪表和面板整体式照明为驾驶员在夜间或复杂天气条件下飞行时提供清晰的面板、仪表和控制照明和指示。整体式照明灯的核心部件是灯板,灯板的正面有刻蚀好的文字和挖好的开口,与控制和指示面板的选择电门和指示器相匹配。灯板的背面有电气接头和电路板,照明灯灯泡是体积微小的白炽灯泡或发光二极管,它们镶嵌在灯板里。在某些飞机上,整体式照明灯也称为背景灯。典型的整体式照明灯灯板示意图如图 7.3-2 所示。

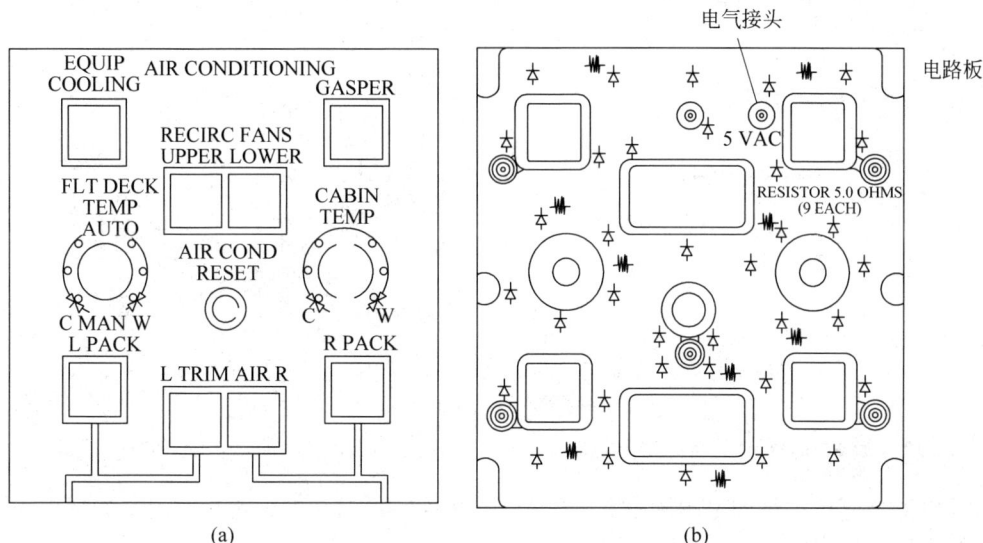

图 7.3-2 整体式照明灯灯板
(a) 典型的照明灯板正面;(b) 典型的照明灯板背面

大部分驾驶舱普通照明灯光的亮度是可调的,仪表和面板整体照明的亮度全部是可以调节的。在驾驶舱顶板上,有一个照明灯超控电门,该电门一般具有"雷雨"和"暗"两个位置(有的飞机多了一个"亮"位),当驾驶舱遇到雷雨天气光线不足时,只要将电门置于"雷雨"位,有关的照明灯就会自动进入明亮照明状态。

3. 信号指示灯

信号指示灯包括各仪表板上的系统警告、警戒灯和不同颜色(通常为蓝色、绿色和白色)的位置或状态指示灯,以及遮光板上的红色主警告灯和黄色主警戒灯等。当有系统出现故障时,该系统警告灯或警戒灯点亮,遮光板两侧相应的红色主警告灯或黄色主警戒灯同时点亮,发出警告或警戒信号。对于具有 EICAS(发动机指示和机组警告系统)或 ECAM(电子中央飞机监控器)的飞机,当出现故障时,EICAS 或 ECAM 上分别伴随有相应的 A、B、C 级或三、二、一级警告、警戒或提醒信息。典型的信号指示灯示意图如图 7.3-3 所示。

4. 测试和控制电门

在驾驶舱顶板或中央仪表板上,有一个测试和控制所有信号指示灯明暗状态的电门(有些飞机称为"主明暗测试电门",MD&T),该电门有"暗亮"(DIM)、"明亮"(BRT)和"测试"(TEST)三个位置。当该电门处于"测试"位时,所有信号指示灯都应该点亮;当电门置于"明亮"位时,指示灯亮度最大;当电门置于"暗亮"位时,指示灯亮度较低。总之,该电门不

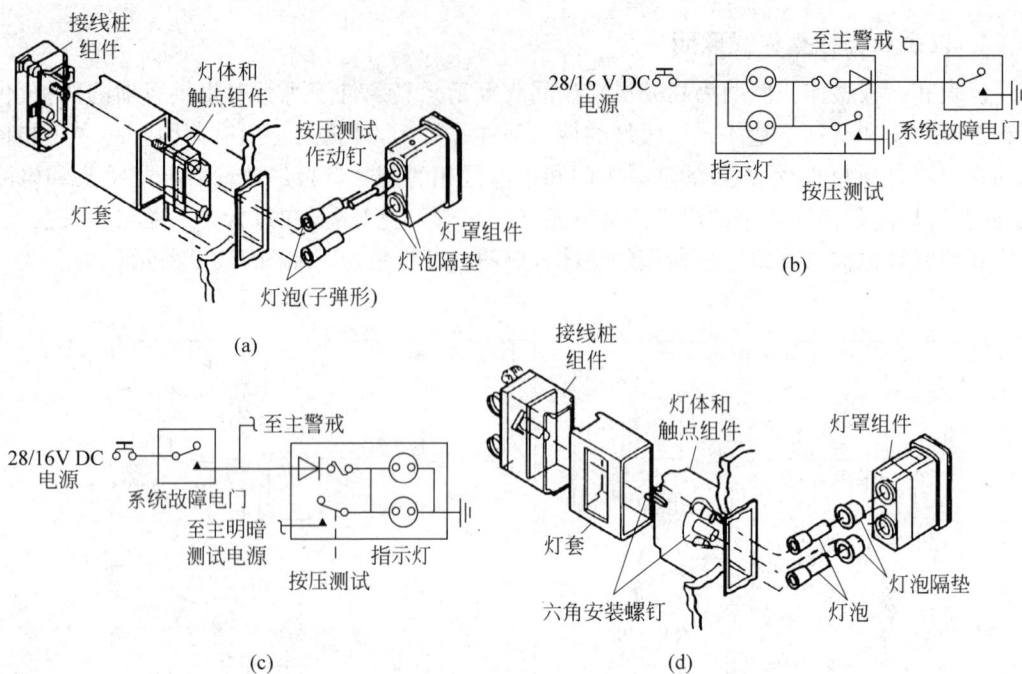

图 7.3-3　信号指示灯示意图

(a) 带十字安装螺钉的指示灯图例；(b) 接地型指示灯；(c) 电源型指示灯；(d) 带六角安装螺灯的指示灯图例

但可以检查全部指示灯的电源和电路的完整性,而且还可以在驾驶舱亮度突变的情况下,快速改变指示灯的亮度,确保驾驶员能够看到清晰的指示。

5. 备用照明

为了确保驾驶舱重要飞行仪表和指示信息的照明,重要仪表和指示的照明电源同时来自于主电源汇流条和应急电源汇流条,当飞机主电源失效时,由应急电源汇流条供电的照明灯仍然能够点亮。提供备用照明的照明灯有顶灯、备用罗盘照明灯和主仪表板照明灯等。备用照明有时也称为应急照明。

7.3.2　客舱灯光

客舱灯光为客舱、厕所、厨房和乘务员工作区域提供灯光照明。客舱灯光包括普通照明、局部照明和旅客告示牌,其中局部照明包括登机照明、阅读照明、厕所照明和厨房照明等。

1. 普通照明和局部照明

普通照明由安装在整个客舱顶部的天花板和侧板里的日光灯提供,安装在天花板里的白炽灯提供比较黯淡柔和的夜间照明。图 7.3-4 为典型的天花板日光灯和夜灯示意图。

日光灯照明由控制电门、镇流器(包括保险丝)和日光灯管等三个部分组成。现代飞机上的日光灯采用电子镇流器,可以为旅客提供亮度可调的灯光。图 7.3-5 为典型的天花板日光灯和夜灯电路原理示意图。日光灯的控制电门有"明亮"(BRT)、"中亮"(MED)、"暗亮"(DIM)、"夜间"(NIGHT)和"关"(OFF)五个位置,当电门处于前三个位置时,115V AC 通过继电器送到镇流器,而且在"中亮"和"暗亮"位各有一个离散的电气接地信号送到镇流器,镇流器的内部逻辑电路利用这两个输入信号调节日光灯的亮度水平。当电门处于"夜

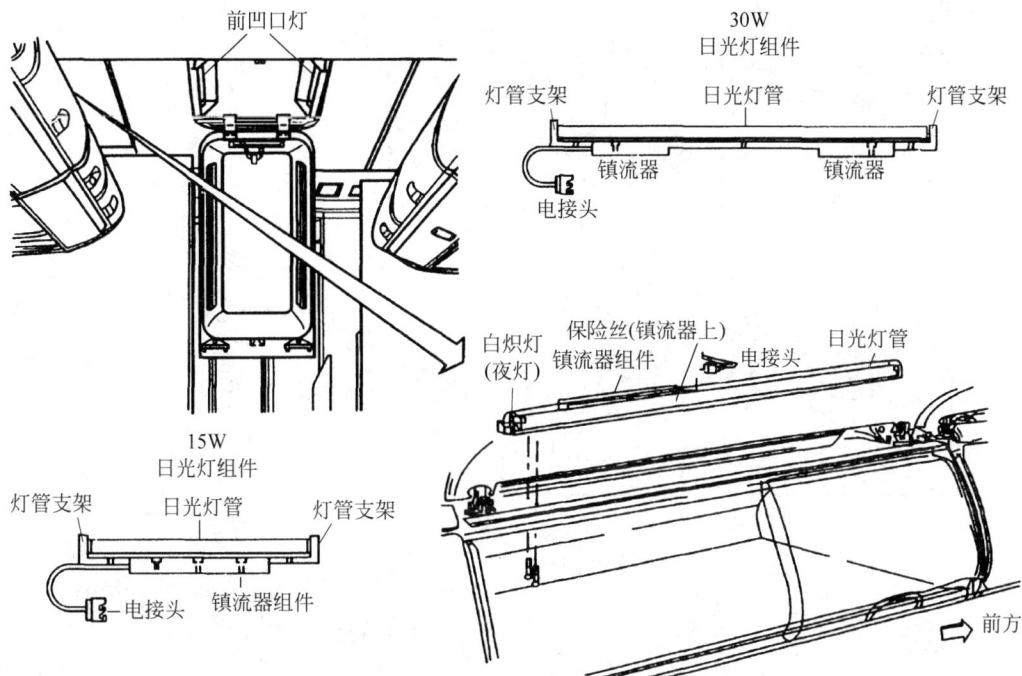

图 7.3-4 天花板日光灯和夜灯示意图

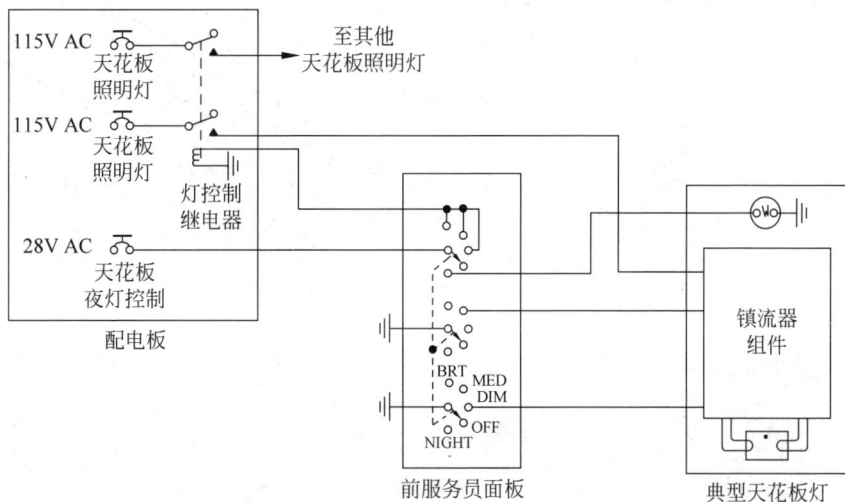

图 7.3-5 天花板日光灯和夜灯电路原理图

间"位置时,28V AC 送到夜灯,仅提供黯淡柔和的白炽灯光照明,利于旅客夜间休息。

阅读照明包括旅客阅读灯和乘务员阅读灯,它们分别安装在旅客和乘务员头顶上。灯的类型是一样的,均是白炽灯泡或 LED 灯,且均有反射镜。它们的控制电门有的安装在灯泡的附近,有的安装在座椅把手侧面。典型的旅客阅读灯如图 7.3-6 所示。

厕所照明由天花板上的日光灯和镜子附近的镜前灯等组成。典型的照明灯如图 7.3-7 所示。

2. 旅客告示牌和旅客呼叫灯

旅客告示牌安装在旅客头顶上和厕所里,它们分布在整个客舱里,每个旅客都可以清楚

安全带 禁止吸烟
接通 接通 EMER EXIT LT
自动 自动 ON
关闭 关闭 ARM OFF

驾驶舱控制电门

图例 A

阅读灯按钮
呼叫按钮灯
阅读灯
喇叭

C

B B A B B

客舱构型图例

图例 B

阅读灯按钮
呼叫按钮灯
阅读灯
喇叭

图例 D

"禁止吸烟"和"系好安全带"告示牌

图例 E

图例 C

喇叭

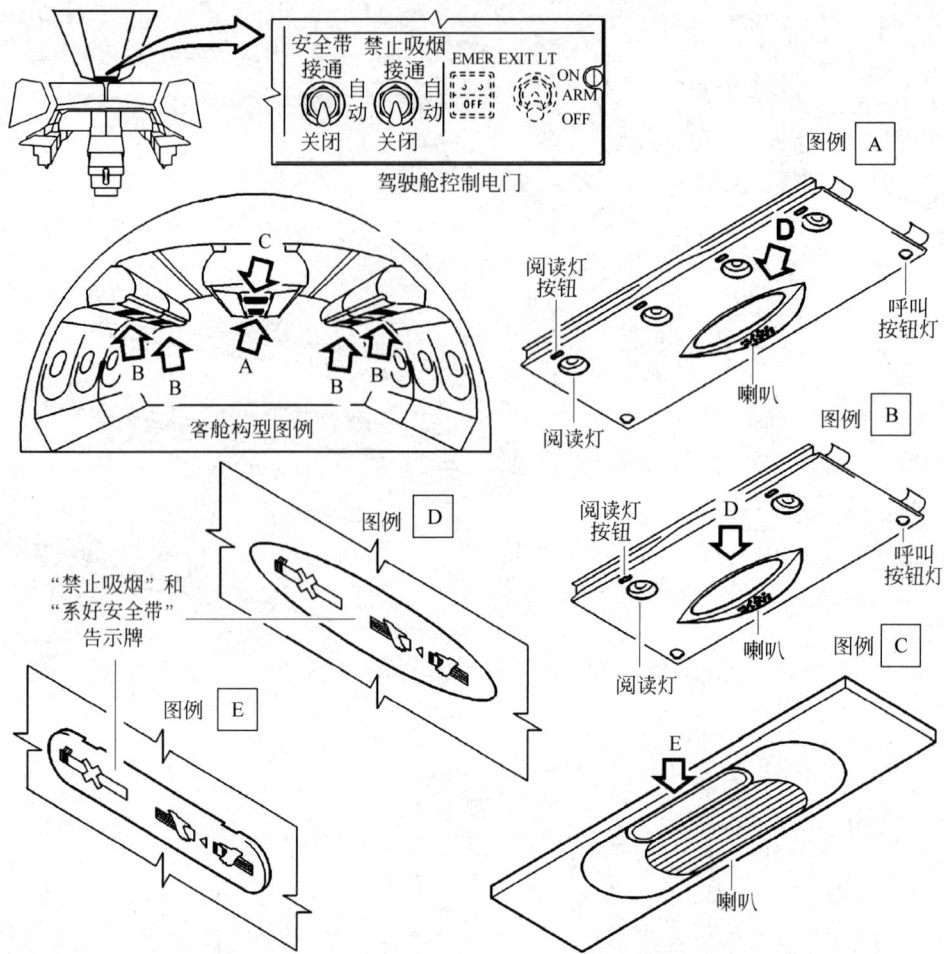

图 7.3-6 阅读灯、旅客告示牌和客舱呼叫灯示意图

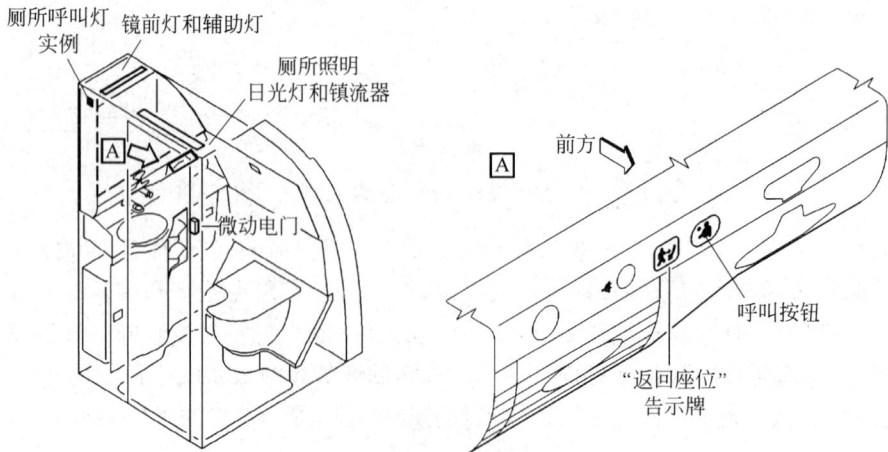

厕所呼叫灯实例
镜前灯和辅助灯
厕所照明日光灯和镇流器
微动电门

A

前方

A

呼叫按钮
"返回座位"告示牌

图 7.3-7 厕所照明、旅客告示牌和厕所呼叫灯示意图

地看到旅客告示牌的指示。旅客告示牌包括"禁止吸烟"(NO SMOKING)、"系好安全带"(FASTEN SEAT BELT)、"返回座位"(RETURN TO SEAT)和旅客呼叫服务员指示灯等。前三种旅客告示牌的工作方式由驾驶舱控制面板上的两个三位电门控制,其中"系好安全带"和"返回座位"共用一个电门,"禁止吸烟"单独用一个电门。电门的三个位置分别是"自动"(AUTO)、"接通"(ON)和"关闭"(OFF)。无论在哪个座位都能看到前两个告示牌。"返回座位"(RETURN TO SEAT)告示牌安装在厕所内。典型的客舱和厕所内的旅客告示牌以及它们的控制分别如图 7.3-6 和图 7.3-7 所示。

当三种告示牌的控制电门均在"接通"或"关闭"位置时,它们均分别点亮或熄灭。当电门处于"自动"位置时,告示牌自动点亮或熄灭。告示牌的工作原理如下:①当起落架舱门打开时,控制电路使三种告示牌均点亮;②当座舱高度达到 10000ft 时,座舱高度电门通过控制电路使三种告示牌均点亮;③当座舱高度达到 14000ft 时,氧气系统开始向旅客供应氧气,供氧系统通过控制电路使得三种告示牌均点亮。另外,当襟翼指示控制系统探测到襟翼"不在收上"位时,也给"系好安全带"告示牌控制电路发送信号,告示牌也点亮。任何时候当告示牌点亮时,控制电路还给通信系统的谐音控制系统发送信号,以便同时发出谐音音响,进一步引起旅客的注意。

"厕所有人"(TOILET OCCUPIED)、"厕所无人"(TOILET VACANT)也属于旅客告示牌的一部分,这类告示牌一般位于客舱走道上方靠近被指示的厕所附近,它们由厕所门锁栓作动的微动电门(如图 7.3-7 所示)控制,用于向旅客和乘务员指示厕所的使用状况。

呼叫服务员指示灯指示来于不同人(旅客、乘务员和飞行员)和不同区域(客舱和厕所)的呼叫。为了区别不同的呼叫来源,指示灯的颜色各不相同。

旅客呼叫是指客舱里和厕所里的旅客在需要乘务员帮助时呼叫乘务员,它由安装在每个乘务员站位的旅客呼叫灯和厕所呼叫灯组成,这两种灯分别由每个旅客服务组件上或每个厕所里的呼叫电门控制。当旅客按压了位于头顶面板上或座椅扶手上的"呼叫按钮"灯时,该呼叫按钮灯点亮,同时,相应乘务员站位处的"旅客呼叫灯"点亮。当厕所里的旅客按压了附近的呼叫电门时,客舱乘务员站位的旅客呼叫灯和相应厕所门顶部的呼叫灯同时点亮。当有旅客呼叫乘务员时,旅客广播系统同时发出旅客呼叫谐音。客舱和厕所内的旅客呼叫按钮和指示分别如图 7.3-6 和图 7.3-7 所示。

7.3.3 货舱灯光和勤务灯光

货舱照明和勤务区域照明包括前、后和散装货舱(如有散装货舱的话)照明以及前轮舱照明、主轮舱照明、空调舱照明、电气/电子设备舱照明等,这些照明灯光是为地面服务人员和地勤人员设置的,灯光的控制由各舱内位于舱门附近的电门控制,而轮舱照明也可在驾驶舱的前顶板上进行控制。有些舱内照明如货舱照明,在货舱门关好后,即使电门置于"ON"位,灯也不亮。货舱照明和勤务区域灯光位置示意图如图 7.3-8 所示。

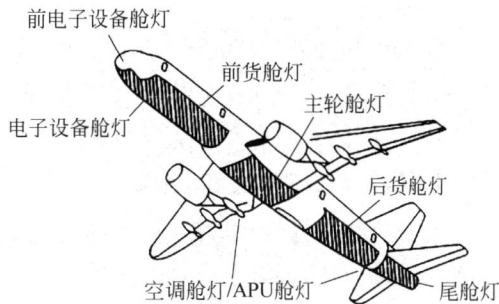

图 7.3-8 货舱灯和勤务灯示意图

7.4　机外灯光

机外灯光是指装在飞机外部用于飞机标识和帮助机组人员飞行的灯光,是飞机在夜间或复杂气象条件下飞行和准备时必不可少的指示和照明设备。它们主要包括航行灯、防撞灯(信标灯)、着陆、滑行灯、转弯灯、探冰灯、航徽灯等。作为航行灯和防撞灯的辅助灯光,现代飞机大多数还装备有频闪灯,有些飞机还加装了起飞灯。典型的机外灯光照射示意图如图 7.4-1 所示。

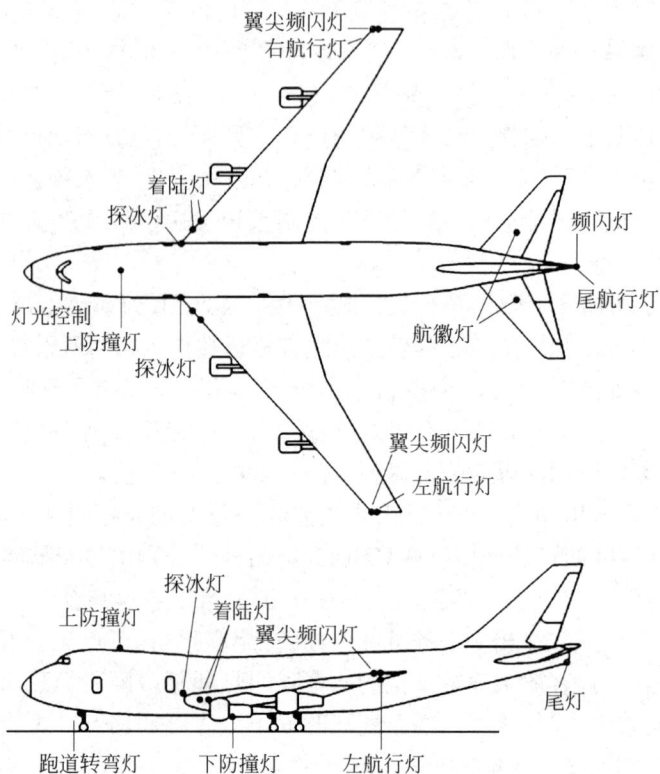

图 7.4-1　飞机机外灯光示意图

对机外灯光的共同要求是:①足够的发光强度和高的发光效率;②可靠的作用范围;③适当的色度。

在上述几种外部灯光中,功率最大的是着陆灯和起飞灯,通常可以达到 600W;功率最小的是转弯灯,一般在 150W 左右;滑行灯介于两者之间,一般在 400W 左右。功率越大的灯泡,其使用的时间越短。防撞灯和频闪灯一般选用高压气体放电灯。

1. 航行灯、防撞灯和频闪灯

航行灯与防撞灯和频闪灯(如果选装的话)相互配合,用于显示飞机的轮廓、辨识飞机的位置和运动方向,以防飞行器之间的相互碰撞或飞行器撞上建筑物等障碍物。

航行灯也称为位置灯,航行灯的颜色色度按国际照明委员会(CIE)规定的三色坐标系统表示,以便与星光和地面灯光相区别。一般两翼尖和飞机尾部各有一个航行灯,分别为左红、右绿、尾白,见图 7.4-2。每个航行灯由光源、反射器和滤光罩组成。航行灯多采用功率为数十瓦的航空白炽灯泡作为光源。为提高航行灯的工作可靠性和增大航行灯的作用距离,常采用几只灯泡装在一个灯具内的航行灯。

防撞灯和频闪灯俗称"闪光灯",闪光的目的是为了及时引起注意和警觉,见图 7.4-3。早期的飞机一般没有频闪灯,但随着现代电子技术的发展和广泛应用,现代飞机大都加装了频闪灯。防撞灯和频闪灯的主要区别在颜色和安装位置上。前者为红色,安装在机身的上部和下部;后者为白色,安装在机翼的翼尖前缘和机尾等处。闪光灯实现闪光的方法有:电机旋转式、气体脉冲放电式和晶体管开关式等三种。早期的防撞灯多采用电机旋转式,现代飞机的闪光灯多采用气体脉冲放电式。近年来,LED 灯也逐渐应用于飞机的航行灯和防撞灯上。

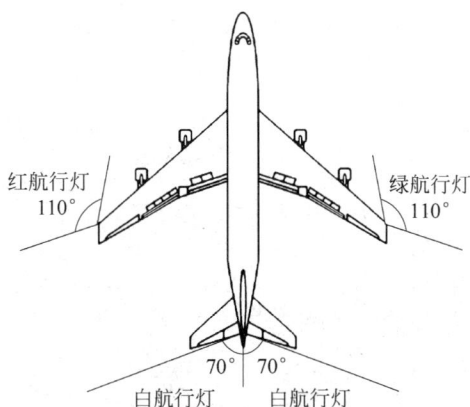

图 7.4-2　航行灯示意图

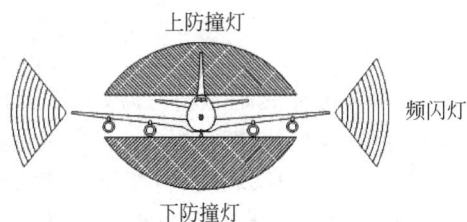

图 7.4-3　防撞灯和频闪灯示意图

不管是白天还是夜间,在移动飞机或试车之前,最好先打开红色防撞灯和频闪灯,以引起周围其他飞机、车辆和人员的注意。

2. 着陆灯和探冰灯

着陆灯是在夜间或能见度差时,为保证飞机安全起飞和着陆而照亮机场跑道的机上灯光装置。着陆灯按照结构可以分为活动式和固定式两种。活动式着陆灯由固定部分和活动部分组成。固定部分包括壳体、电动机和减速器;活动部分包括灯丝和锥形整流罩。使用时,可以根据需要进行收放。

现代大中型飞机都装有固定式或活动式着陆灯,或者两者都有,以保证有足够的光强和可靠性。目前的着陆灯大都采用新型光源,其发光强度为数十万烛光,要求短时使用。根据不同的机型,对着陆灯的光束会聚性(光束角)、照射距离、照射宽度等都有专门的要求。着陆灯光照范围如图 7.4-4 所示。

探冰灯又称为"机翼检查灯"或"机翼和发动机扫描灯",是用来照亮飞机机翼前缘和发动机进气道等最容易结冰部位的机上灯光装置,如图 7.4-4 所示。探冰灯一般装于大、中型飞机上,供机组人员目视检查机翼前缘和发动机进气道等部位的结冰情况,以便采取相应措施。探冰灯一般装在机翼与机身连接处之前的前部机身两侧,光束被预先设定在要求的角度。在某些后置发动机飞机上,探冰灯安装在机翼后缘的机身两侧。

3. 滑行灯、转弯灯和航徽灯

滑行灯用于飞机滑行时照亮飞机正前方。有些(例如空中客车系列)飞机的滑行灯里有两组灯丝,功率较低的那一组称为滑行灯,在滑行时使用;功率较高的另一组灯丝称为起飞灯,在起飞时使用,与着陆灯一齐照亮跑道,如图7.4-5所示。

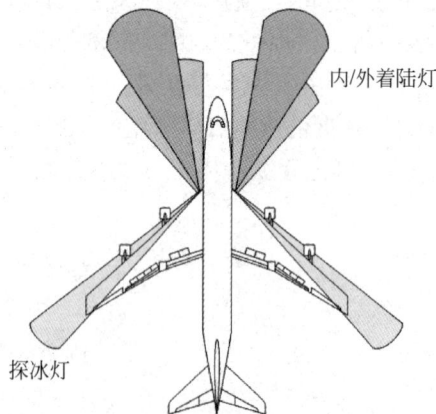

图7.4-4　着陆灯和探冰灯示意图

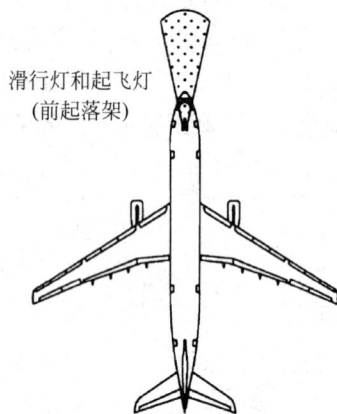

图7.4-5　滑行灯和起飞灯示意图

转弯灯也称为跑道转弯灯,在夜间滑行或牵引时用于照亮飞机侧前方的区域。在能见度较差的气象条件下,当飞机移动时,转弯灯能使机组或机务人员看清转弯标志、滑行道和跑道边缘。转弯灯主要由光源和棱镜玻璃罩盖等组成,其灯光水平扩散角比较大,是着陆灯的数倍,但光强比着陆灯弱,一般仅为几万烛光。这样才能满足飞机滑行时有较宽视野和较长滑行照明时间的要求,如图7.4-6所示。

航徽灯也叫标志灯,其作用是照亮垂直安定面两侧的航徽。航徽灯通常安装在左、右水平安定面靠近前缘的上表面处,如图7.4-1所示。航徽灯是一个用户选装项目,并不是所有飞机都安装有航徽灯。

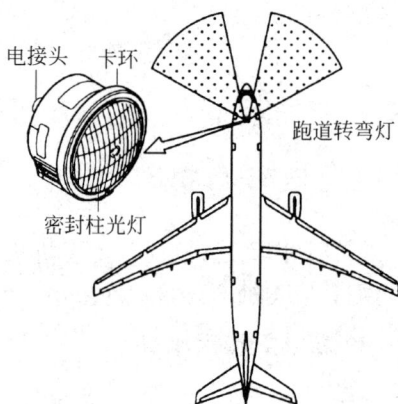

图7.4-6　跑道转弯灯示意图

7.5　应急灯光

应急灯光的作用是在紧急情况下为旅客和乘务员提供应急照明和撤离指示。应急灯光包括客舱内部应急照明、应急撤离通道照明、头顶应急出口指示和应急出口外部照明等。各类应急灯的安装位置大致如下:客舱内部应急照明灯布置于天花板上或行李架附近,应急撤离通道照明灯沿着走道铺设,应急出口指示牌固定于走道与出口交界处的天花板上,应急出口外部照明灯安装在每个应急出口外部的机身上。

因应急灯光与机上人员的安全直接有关,对其有下列特殊要求:①应急灯光独立于机上正常的照明系统,通常使用自备充电电池供电;②具有规定的亮度、照度、颜色和照明时间；③主电源失效或接通应急电门时,应急灯点亮。应急电门应安装在有关人员易接近处,并有防止偶然误动作的措施。

应急撤离通道照明灯有传统型、荧光条(发光条)型两种。传统型采用块状分立式的高亮度灯泡或 LED 作为发光光源,LED 型应急灯比白炽灯泡持续时间更长,其照明电源为应急灯光系统自备的充电电池组件。在一架飞机上,在不同位置安装有多个应急照明电池组件,如 B757 飞机装有 9 个应急照明电池组件,一般至少在每个客舱门和应急舱门附近都装有应急照明电池组件,负责向每个舱门和附近通道应急灯和出口指示灯供电,应急撤离通道照明组件至少有两个电池组件供电,提高了应急照明的可靠性。B757 飞机应急灯安装位置见图 7.5-1,每个应急照明电池组件供电的应急照明灯如表 7.5-1 所示,其中 STA 为站位号。

表 7.5-1　B757 飞机每个应急照明电池组件供电范围

应急照明电池组件编号	应急照明灯、应急出口指示、应急出口位置、通道指示组件等编号(见图 7.5-24)
M730	L26、L27、L30、L629、M10764、L1065(STA 470R)、L1065(STA 420L)
M731	L25、L31、L630、L707、M10764、L1065(STA 530L)、L1065(STA 650L)
M732	L37、L41、L631、M10253、M10764
M733	L35、L43、L632、L706、M10763、L1065(STA 590R)、L1065(STA 830L)
M734	L50、L639、M10680、M10765、L1065(STA 1130R)
M735	L47、L52、L640、M10762、L1065(STA 1190L)、L1065(STA 1240R)、L1065(STA 1470L)
M736	L57、L60、L637、M10765、L1065(STA 590R)、L1065(STA 830L)
M737	L56、L62、L638、M10255、M10765、L1065(STA 1585L)
M738	L49、L807、M10762、M10763、L1065(STA 950L)、L1065(STA 890R)、L1065(STA 1010R)、L1065(STA 1070L)

荧光条型采用连续长条形独立的荧光条作为发光光源,一般用来指示撤离通道,它不需要任何电源,但必须在每天的始发航班前完成荧光条发光能量的初始补充(光照)。

当驾驶舱里的应急灯总电门处于"自动"(或"预备")位,且飞机失去了正常照明电源时,全部应急灯光自动转由自备电池供电并点亮,此时,客舱内部的应急照明灯、应急撤离通道照明灯(荧光型除外)、头顶应急出口指示牌和应急出口外部照明灯等均由自备充电电池供电,自动为旅客照亮撤离路线、"出口"标志和应急出口外部区域,协助乘务员组织旅客按顺序以最快的速度沿着最近的应急出口撤离飞机。机内自备充电电池的放电时间应大于15min,安全撤离工作必须在此时间内完成。当应急灯总电门处于"接通"位时,全部应急灯光由人工强制转由自备电池供电点亮,其工作与"自动"方式类似。应急照明电池组件的工作原理参考 6.5.4 节。

除了上述应急灯光之外,滑梯内部还配备有应急滑梯灯。当滑梯在"预位"状态下,乘务员打开舱门时,滑梯放出,滑梯灯点亮,这样可使旅客迅速撤离飞机并不致摔伤。

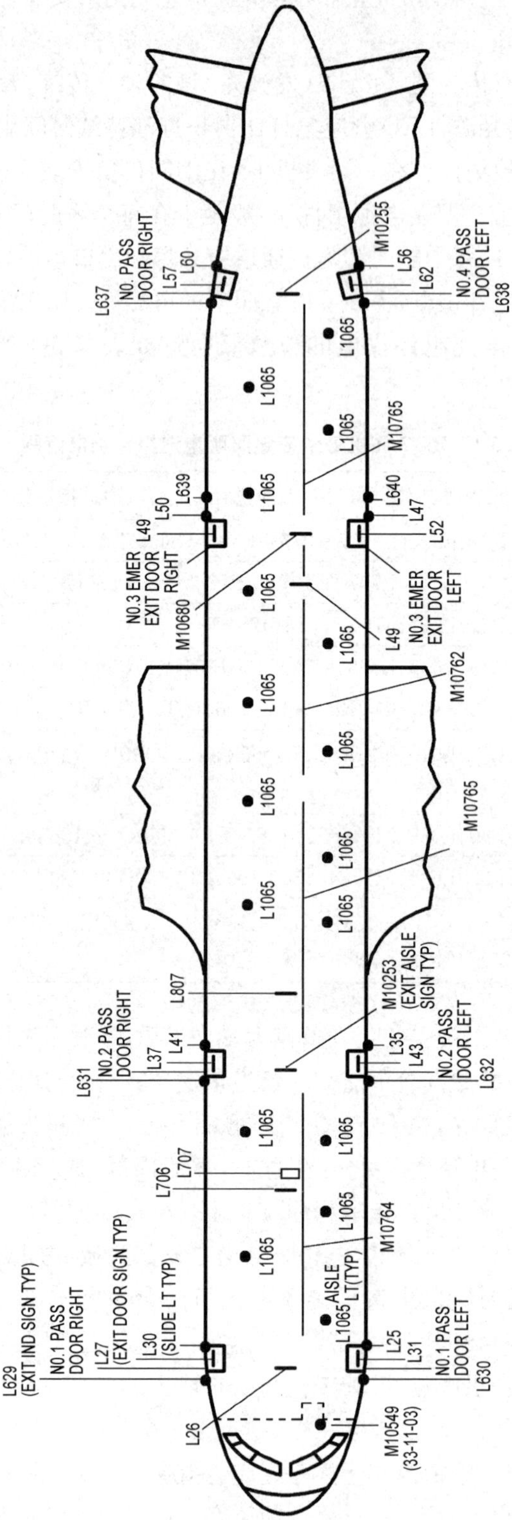

图 7.5-1 B757 飞机应急灯安装位置

NO. PASS DOOR RIGHT
L637 L57 L60
M10255 L56 L62
NO.4 PASS DOOR LEFT
L638

L1065
L1065
M10765
L1065
L639 L50
L49 NO.3 EMER EXIT DOOR RIGHT
M10680
L640 L47 L52
NO.3 EMER EXIT DOOR LEFT
L49
L1065
L1065
M10762
L1065
L1065
M10765
L1065
L1065
L1065
L1065

NO.2 PASS DOOR RIGHT
L631 L37 L41 L807
M10253 (EXIT AISLE SIGN TYP)
L35 L43
NO.2 PASS DOOR LEFT
L632

L1065 L1065
L706 L707
L1065 L1065 M10764
L1065
L1065 L1065 (AISLE LT(TYP))

L629 (EXIT IND SIGN TYP)
NO.1 PASS DOOR RIGHT
L27 L30 (EXIT DOOR SIGN TYP) (SLIDE LT TYP)
L25 L31
NO.1 PASS DOOR LEFT
L630
L26
M10549 (33-11-03)

7.6 灯光系统维护注意事项

灯光系统的日常维护工作主要是清洁和更换灯泡,在进行维护时,应遵守下列注意事项。

(1) 要做好外部灯光的清洁。尤其是在夏天,在飞机起飞和着陆时,蚊子和飞虫等昆虫会迎面撞在着陆灯、滑行灯和转弯灯等灯泡上,从而影响灯泡的正常照明。因此需要及时清洁,同时做清洁工作也有利于检查发现灯泡是否损伤、灯丝是否烧坏等故障。

(2) 在地面给大功率的外部照明灯光通电时,灯丝通电的时间要尽可能短,因为当飞机静止不动时,没有迎面气流给灯泡冷却,容易烧坏灯丝或缩短灯丝的使用寿命。

(3) 对于安装了荧光条应急撤离通道照明灯的飞机,由于客舱灯光照明对于荧光条的能量补充起着至关重要的作用,因此,应保持客舱照明灯光的正常。

(4) 对于安装了荧光条应急撤离通道照明灯的飞机,在每天第一个航班之前,应按照相应机型和荧光条制造厂家现行有效的维护手册,完成荧光条发光能量的每日初始补充。

(5) 注意检查驾驶舱的备用灯泡存放盒,存放盒应保持有足够的备用灯泡,用于飞机在外站需要时更换。

(6) HID 防撞灯关闭 5min 之内,禁止用手直接触摸防撞灯,否则可能会导致灼伤或电击;不要让 HID 防撞灯闪光直接对着人的眼睛,高强度的闪光会导致人员暂时性失明;不要用手直接触摸灯泡,指纹可能会模糊灯光,导致灯的照明范围和工作寿命降低。

(7) 维护着陆灯和下防撞灯时,必须确保灯的接线头封严良好,以防止火花放电,导致燃油蒸气爆炸。

(8) 维护滑行灯的时候,必须仔细安装所有起落架安全销,防止因起落架突然作动而引发安全事故。

第8章

防火系统

8.1 概述

无论在飞行中还是在地面上,火灾对飞机来说都是最危险的威胁之一。在早期的飞机上,由于驾驶员可以从驾驶舱观察到飞机的大部分区域,因此火警和烟雾的探测比较容易。但在现代大型飞机上,驾驶员不可能从驾驶舱观察到飞机的大部分区域,因此需要火警和烟雾探测系统,以帮助驾驶员在出现火灾危险的早期就采取措施。不论飞机大小都应配备火警探测和灭火系统,以保证飞机的安全。

8.1.1 防火系统的功用和组成

防火系统分为火警探测系统和灭火系统两大部分。

火警探测系统是对发动机和机体潜在的着火区域的火警温度、过热温度、烟雾浓度和高压热空气泄漏等状况进行监控,一旦监控数据达到警告值,就发出目视和声响警告,并且指出火情的具体部位。

灭火系统则是根据火警警告部位,由驾驶员(或自动)控制起动灭火系统,迅速有效地实施灭火。

飞机"火区"部位的划分是由飞机制造厂根据适航相关规定设置的,不同类型的飞机,"火区"划分也有差异。即使相同的"火区"划分,其具体的防火系统配置也各有不同。就大多数飞机而言,防火系统的组成如图8.1-1所示。主要有以下几个部分:

(1) 发动机过热、火警探测和灭火系统;

(2) APU火警探测和灭火系统;

(3) 货舱和厕所烟雾探测系统和灭火系统;

(4) 主轮舱火警/过热探测系统;

(5) 机翼和机身管道泄漏过热探测系统;

(6) 电子设备舱烟雾探测系统。

当上述部位有火情时,就需要实施灭火。飞机上的灭火设施包括手提式灭火瓶和固定式灭火瓶。手提式灭火瓶主要用于驾驶舱、客舱和厨房的灭火,固定式灭火瓶主要用于发动机、APU、货舱和厕所的灭火。

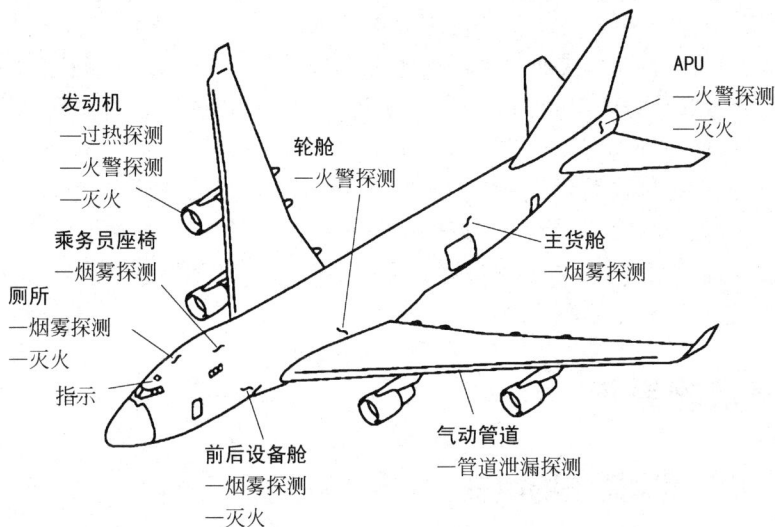

图 8.1-1 飞机防火系统的组成

8.1.2 警告信息的描述

火警警告包括中央警告和局部警告。中央警告为红色的主警告灯和连续强烈的警铃，局部警告包括防火控制板上的红色警告灯，也包括 ECAM 或 EICAS 上的信息。

一旦火情发生，火警探测系统立即向驾驶员发出警告：处于明显位置的两个红色主警告灯亮，并伴有连续强烈的火警警铃，以催促驾驶员立即查看处置。红色的主警告灯和连续强烈的警铃警告称为主警告，电路原理图如图 8.1-2 所示。主警告只告诉驾驶员有火警（或重要警告）出现，但不能指出具体的火警（或故障）部位。

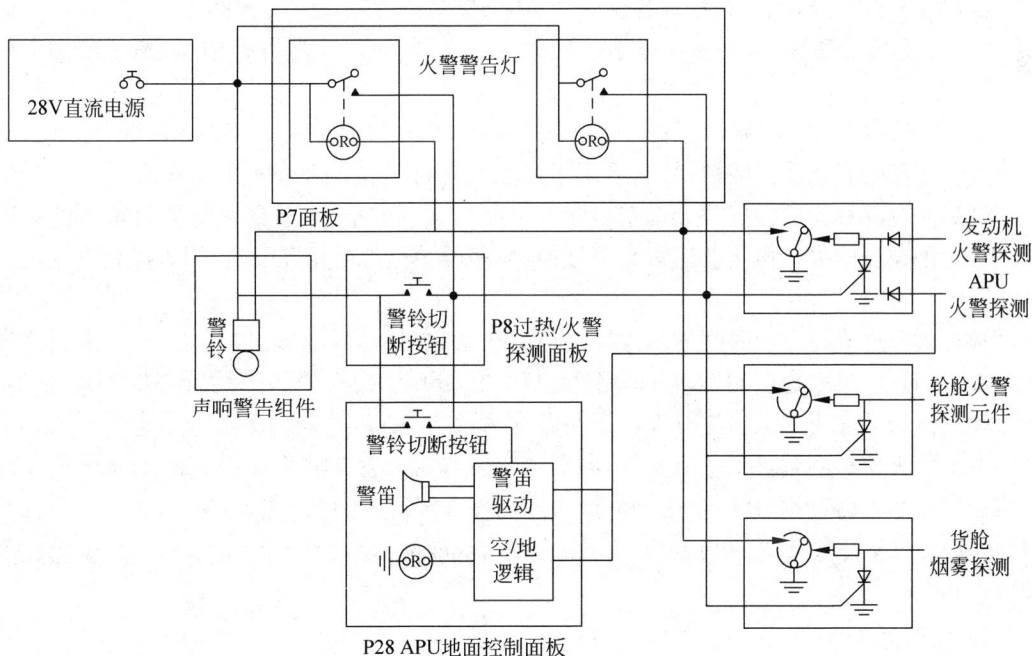

图 8.1-2 防火系统的主警告电路原理图

获知主警告信息后,驾驶员需要通过查看 ECAM 或 EICAS 上的文字警告信息(如"LENG FIRE",即左发火警等),或通过查看防火控制板上的火警指示,以确定具体的火警部位,还可以通过查看警告灯牌以及其他相关指示进一步复核这些信息的一致性,通过鉴别确认警告和警告部位的准确无误。

当判明具体的火警部位后,为了避免主警告灯和连续强烈的警铃干扰驾驶员的工作,应将主警告取消,可以通过按压主警告灯或按压火警警铃切断按钮等方法取消主警告。

当取消主警告后,驾驶员应按照 ECAM 或 EICAS 上的文字信息,或者飞行操作手册或维护手册规定的灭火程序实施灭火。

8.2 火警探测系统

8.2.1 火警探测系统的组成

火警探测系统通常由火警探测器、火警监控组件和火警信号装置三部分组成。

1. 火警探测器

飞机上的火警探测器是将表征火警条件的物理量转换为另一种物理量的器件。火警探测器主要通过温度、光和烟雾来探测火警,一般用温度和光敏感探测器监测发动机、APU、主轮舱的火警和热空气管道的过热,用烟雾探测器监测货舱、电子设备舱和厕所的火警。

飞机上常用的火警探测器按其探测范围可以分为几大类:

(1) 单元型火警探测器,主要包括热敏开关式火警探测器、热电偶式火警探测器,安装在最有可能发生火警的部位;

(2) 连续型火警探测器,主要分为电阻型火警探测器、电容型火警探测器和气体型火警探测器,连续型火警探测器又称为感温环线,用于探测范围较大的火区;

(3) 烟雾型火警探测器,主要包括一氧化碳探测器、光电式烟雾探测器、离子型烟雾探测器;

(4) 光敏型火警探测器,利用感光元件来探测火焰燃烧时辐射的红外光和紫外光,其响应速度快于感烟和感温探测器,特别适用于突然起火而无烟雾的易燃易爆场所。

烟雾探测器和光敏型探测器都安装在一个相对独立的空间,且尽可能覆盖整个防火区域。这几种类型的火警探测器通常是单独使用,前两种也可以相互配合,用于某些发动机的过热探测。

影响火警探测器反应时间的因素主要包括火情规模、蔓延速度、燃料类型、与探测器的距离等。如发动机火警探测器对平均温度 1100℃、6in 直径火焰的平均反应时间小于 5s。火警探测器通常在壳体上标注有表示报警温度的数字,安装时需要特别注意。

大多数火警探测系统都是双系统,即在某个位置的火警探测系统中有两个完全独立的探测器和控制电路,只有在两个探测器同时探测到火警时才触发火警警告,防止由于各种原因导致的虚假火警警告。当测试到一个探测器出现故障时,允许另一个探测器直接触发火警警告。

2. 火警监控组件

火警监控组件的功能是监控火警探测器的参数变化,并输出报警信号。早期飞机的监控组件大都是简单的继电器装置,后来发展到电子式或插件板式装置;现代飞机的火警监控组件越来越多地采用微处理器,以更准确地鉴别和判断火情,并能监控探测系统的故障,从而进一步提高探测系统的准确性和可靠性。火警监控组件位于电子设备舱。

3. 火警信号装置

火警信号装置是将监控组件的输出信号转换为目视和声响警告信息,包括主警告(红色主警告灯和火警铃)和火警控制板上或 ECAM 或 EICAS 上的文字警告信息。这些警告信息指明具体的火警部位,以便飞行人员采取有效的灭火程序。

8.2.2 火警探测原理

1. 单元型火警探测器

飞机上采用较多的单元型火警探测器是热敏开关式火警探测器和热电偶式火警探测器。

1) 热敏开关式火警探测器

热敏电门是一种双金属热敏性开关,当温度达到某值时,靠双金属片的变形使触点闭合(或断开)。早期的飞机多采用裸露的双金属片,由于易受尘土污染,其可靠性较差。目前使用的热敏电门多采用壳体封装,并具有反应快速的特点。一种常开型热敏开关外形如图 8.2-1(a)所示。

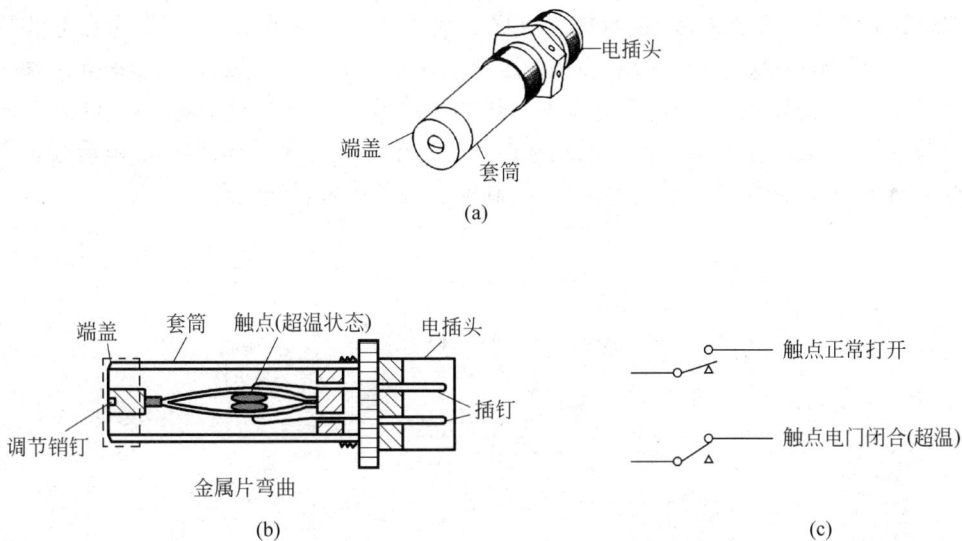

(a)

(b)   (c)

图 8.2-1 热敏开关式火警探测器

热敏开关的内部构造和电路符号如图 8.2-1(b)、(c)所示。对于常开型热敏电门来说,当温度正常时,其触点处于打开状态;当温度升高到一定值时,金属片膨胀,使触点闭合,发出报警信号。调节螺钉用来调节报警温度。这种火警传感器一般用于发动机火警和管道过热探测系统中。在实际应用中一般采用多个传感器并联(常开型),以覆盖较大的区域,并提高工作的可靠性。热敏开关式火警探测系统由警告灯、亮度调节电路、测试电门、一个或多个热敏开关组成,常开型热敏开关采用并联连接,并与警告灯串联,由电源系统直流汇流条供电。如图 8.2-2 所示为常开型热敏开关火警探测系统原理图。

当温度升高超过规定的数值时,某个热敏开关闭合,接通警告灯电路,则警告灯亮,对应的警铃响,指示出火警或过热状态。测试电门用来检查警告灯和供电电路是否正常,当接通测试电门时,警告灯亮,警铃响,表明热敏开关式火警探测系统工作正常。亮度调节电路用于调节警告灯的亮度。

这种火警探测系统的优点是结构简单,工作可靠,在小型通航飞机上使用较多。

2) 热电偶式火警探测器

热电偶元件是由两种不同的金属如铬镍合金和康铜接合(不能焊接)而成。其中一个接合端点

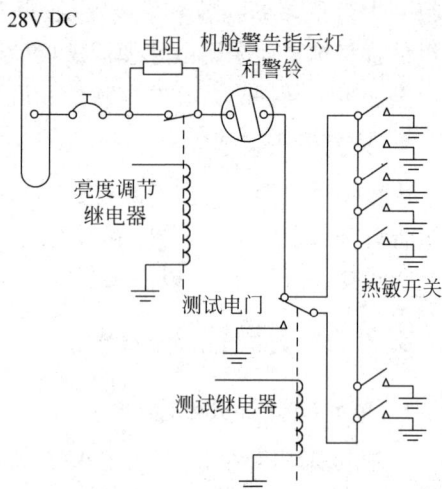

图 8.2-2 热敏开关火警探测系统原理图

置于可能着火的部位,感受高温,称为热端;另一接合端点置于仅感受周围环境温度的地方,称为冷端。着火时热端温度上升很快,而冷端温度基本不变,则在热端与冷端之间产生温差电势。检测这个电势的大小即可用于火警报警。

图 8.2-3 所示为热电偶火警探测系统的一种电路。为了得到较大的温差电势,将 5 个热电偶串联起来安装在着火区域(根据着火区域大小的不同而数量不等)作为热电偶的热端,而另一个热电偶(参考热电偶)安装在温度相对稳定的非着火区域,作为热电偶冷端。当着火时,热端温度急剧上升(即温升速率大),热端与冷端之间存在温度差,热电偶就会产生一个温差电势,当若干个热端元件串联起来产生的总电势足够大时,电路中的电流就可以使敏感继电器闭合,从而使辅助继电器工作,控制触点接通火警警告电路。

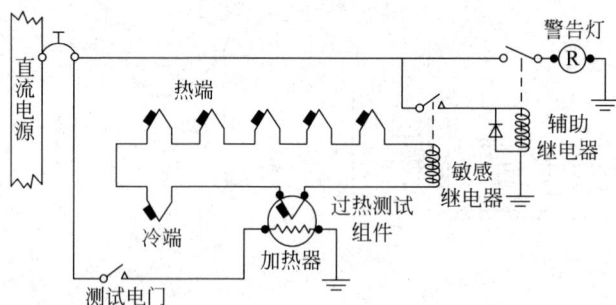

图 8.2-3 热电偶火警探测系统电路

为了测试热电偶火警探测电路的完好性,可以接通测试电门,使加热器给热电偶的冷端加热,这时热电偶原来的冷端就变成了实际的热端,而原来的热端作为冷端。如果警告灯亮,则表明探测系统工作正常。热电偶式火警探测系统通常用于活塞式发动机的火警探测。

2. 连续型火警探测器

当探测较大区域的火情时,为了避免使用大量的单元型探测器,现代飞机通常都使用连续型火警探测器。连续型火警探测器比单元型更能对防火区域形成完整的覆盖,例如对发

动机和 APU 的火警、轮舱火警/过热等火情的探测,可以将连续型火警探测器采用特殊连接件连成一体,形成闭合回路,所以连续型火警探测器也称为感温环线。

根据感温环线的构成和工作原理,可以将其分为电阻型感温环线、电容型感温环线和气体型感温环线三种。

1)电阻型感温环线

(1)电阻型感温环线的组成及特性

图 8.2-4 所示为电阻型感温环线元件。电阻型感温环线是一种同轴感温线,敏感元件的构造是在铬镍铁耐热耐腐蚀的合金管外壳内装有细小颗粒的硅混合物(silicon compound)或共晶盐(eutectic salt)隔离材料,并在绝缘材料中嵌有一根镍铬导线(称为芬沃尔环线)或两根导线(称为基德环线)。在基德环线内两根导线中的一根线的两端与管壁相接并通过固定卡环接地。电阻型感温环线的填充材料不同,其感温特性也不相同。

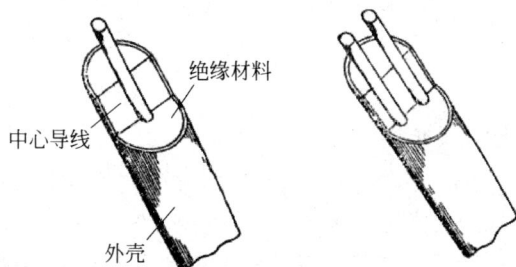

图 8.2-4　电阻型感温环线元件

硅混合物绝缘材料具有负温度系数,其电阻-温度特性曲线如图 8.2-5 所示,在大气温度 t_1 时,芯内导线对地具有高电阻。传感器被加热时,绝缘材料的电阻降低。当温度达到警报点 t_2 时,硅混合物的阻值降至预设值 $1k\Omega$。

另一种填充材料共晶盐是一种可在特定温度熔化的盐化合物,如图 8.2-6 所示。共晶盐在常温下为结晶体,电阻很大;当温度上升到特定温度时熔化成溶液状态,此时阻值降低,达到报警点。当温度下降时,盐化合物将重新凝固,阻值上升。

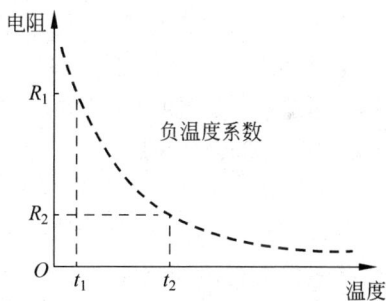

图 8.2-5　硅混合物绝缘材料负温度系数特性曲线

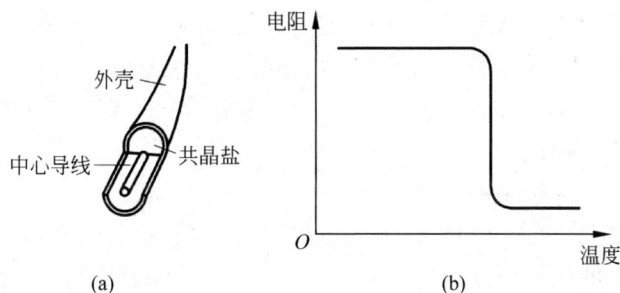

图 8.2-6　共晶盐绝缘材料的温度特性曲线

（2）电阻型感温环线探测系统的工作原理

由电阻型感温环线组成的探测系统如图 8.2-7 所示，在正常温度时，芯内导线对地具有高电阻，传感器中没有电流流动。在过热或火警情况下，填充材料阻值降低，电路中有电流流动，火警控制组件敏感这个电流信号，其内部继电器工作，使火警信号装置报警。通过驾驶舱内的测试电门，可以使芯内导线接地，模拟过热或着火情况，完成系统的测试。

电阻型感温环线探测系统结构简单，探测范围大，但这种探测元件在结构受损时容易产生虚假信号。这种系统常用于发动机火警探测和引气超温探测，更适合于热气泄漏探测，包括大翼前缘、轮舱和地板下区域的热气管道泄漏探测。

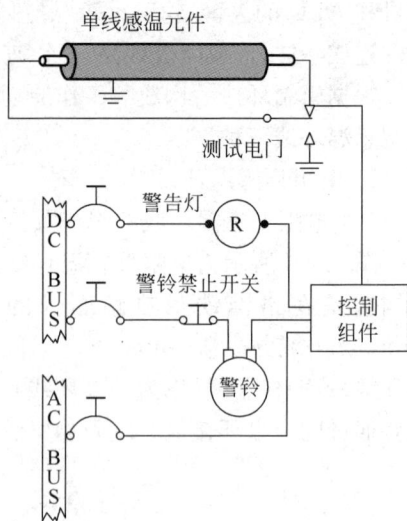

图 8.2-7　电阻型感温环线探测系统

2）电容型感温环线

电容型感温环线由若干段感温元件连接而成。每个感温元件的外管为不锈钢，内装一根中心电极（导线），外管与中心电极间的电介质是对温度敏感的填充材料，构成圆筒形电容器。

电容型感温环线通以半波交流电，感温环线可以充电和存储电能，其存储的电荷随温度的升高而增大，即电容值随周围温度的升高而增大。当达到警告温度时，电容值增大到某一数值，其充电或放电电流的大小达到报警值，并驱动警告信号装置报警。电容型感温环线的详细工作原理与电阻型相似，这里不再赘述。

电容感温环线的优点是当筒形电容的某处出现短路时，不会产生虚假信号；缺点是必须用变压器提供交流电。

3）气体型感温环线

（1）气体型感温环线的构造

气体型感温环线有多种结构，图 8.2-8(a)所示为 Systron Donner 型探测器的结构，这是现代飞机上常用的一种气体型火警探测器。它主要由感温管和压力膜片电门组成。感温管的壳体是不锈钢细管，管内充满了氦气，在管子中心有一根金属氢化物中心导线，该导线具有在低温吸入而在高温放出氢气的特点。不锈钢管的直径为 1.6mm，长度可由用户自定，最长为 12m。

图 8.2-8(b)为气体型感温环线的压力-温度特性示意图。当探测区域出现大范围过热时，由于温度的持续上升，使得管内的氦气压力达到报警压力；当探测区域出现小范围火警时，在感温环线的局部，温度将急剧上升，这时金属氢化物中心导线受热释放出大量氢气，使管内的压力急剧上升，从而达到报警压力。

（2）气体型感温环线探测系统的工作原理

气体型感温环线探测系统的工作原理如图 8.2-9 所示。感温管的一端封闭，另一端连接在膜盒上，膜盒带动两个微动电门：一个是监控电门，用于监控感温管是否漏气；另一个微动电门在火警或过热情况下，接通火警警铃和火警灯。下面分析几种情况下的工作原理。

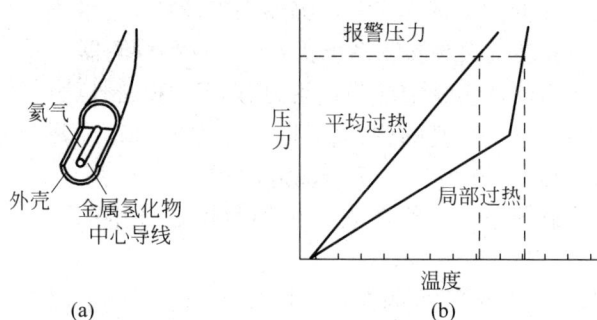

图 8.2-8 气体型感温环线的结构和特性曲线

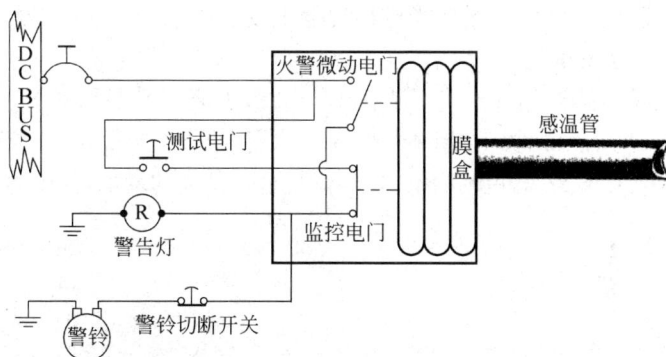

图 8.2-9 气体型感温环线火警探测器原理图

① 正常情况

当没有火警或过热时,充满氦气的感温管内存在着一定的压力,这个压力使监控电门闭合,这时若按下测试电门,则警铃响,警告灯亮,表示火警探测器正常。如果感温管中的气体有泄漏,则管内压力降低,监控电门打开,这时按下测试电门时警铃不响,警告灯也不亮,说明系统有漏气故障。

② 平均过热

气体型感温环线常用于发动机的过热和火警探测,当发动机出现过热时,往往范围较大,这时由于温度上升而使管内的氦气压力增大,膜盒膨胀而使微动电门接通,发出报警信号。

③ 局部过热

当发动机着火时,往往在局部小范围内温度急剧上升,金属氢化物受热释放出大量氢气,使管内气体压力迅速上升,达到警告值时报警。

④ 复位

当过热和火警消失后,感温管温度降低,氢气被金属氢化物吸收,感温管内部的压力降低,则微动电门自动复位(断开)。

3. 光敏型火警探测器

光敏型火警探测器不是敏感温度,而是感受火焰发出的光线。这种火警探测器比连续型感温环线的安装和维护简单,一般用于小型通航飞机的发动机或发动机吊架的火警探测。

使用时应根据发动机尺寸的大小选择光敏探测器的安装数量。例如,美国西科斯基生产的 S76 和 S92 型直升机的发动机火警探测系统就采用了这种探测器。

碳氢化合物燃料燃烧时产生特定频带的红外线(IR)和紫外线(UV),光敏传感器的基本原理就是探测红外线或紫外线的强度。飞机发动机的燃油燃烧的一个特性是产生 $4.4\mu m$ 的高能级红外线辐射,称为 CO_2 尖峰辐射,如图 8.2-10 所示。IR 探测器用于检测这一特定频带,以降低误报警率。尖峰辐射是由燃料燃烧产生的 CO_2 分子释放的能量引起的。

使用光敏探测器时,需要研究探测器对火的反应速度、探测器安装点的环境温度的影响、引起误警报的原因等,例如探测器如何区分火焰与其他光源。在探测范围内的其他光源的低能级辐射也会引起探测器的误报警,包括闪电、电弧焊、X 射线、太阳光线和热表面等。为了减小误报警,提高可靠性,一般在光敏传感器上安装有光学过滤器,光学过滤器只允许通过波长为 $4.2\sim4.7\mu m$ 的光。

一种典型的光敏传感器的外形直径为 1in,长 3in,外壳一端是可视孔,另一端是电气插头。当探测器探测到 $4.4\mu m$ 辐射能时产生一个火警信号。光敏传感器的锥形视觉图如图 8.2-11 所示,100%代表最大探测距离。随着燃烧地点角度的增加,传感器的敏感度降低。

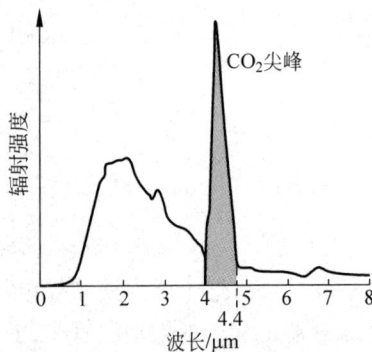

图 8.2-10　CO_2 尖峰辐射

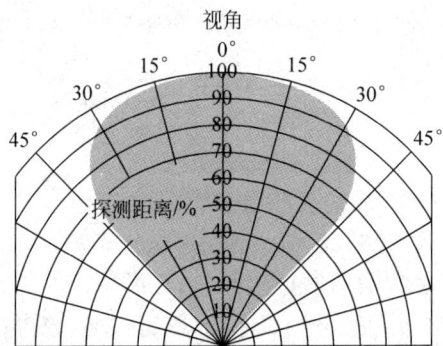

图 8.2-11　光敏传感器锥型视觉图

4. 烟雾探测器

飞机的货舱、电子设备舱及厕所等处都装有烟雾探测系统。烟雾探测系统用来监测货舱等处是否有表征着火征兆的烟雾存在,不同的部位所配备的烟雾探测器也不同。根据不同的探测原理,常见的烟雾探测器类型有一氧化碳探测器、光电式烟雾探测器、离子型烟雾探测器和目测烟雾探测器等。

1) 一氧化碳探测器

一氧化碳探测器用来探测空气中一氧化碳气体的浓度,常用于驾驶舱和客舱的火警探测。在正常时,空气中不含一氧化碳,只有在着火或有烟雾时才会出现一氧化碳。一氧化碳的探测主要有两种方法。

(1) 黄色硅胶指示管

它是一种可更换的指示管,管内装有黄色硅胶(复合钼硅酸盐化合物,并用硫酸钯作催化剂)。当空气中含有一氧化碳时,管内黄色硅胶变为绿色,绿色的深浅与一氧化碳浓度成正比。

（2）棕黄色纽扣状指示盘

它正常时为棕黄色，遇到一氧化碳后变为深灰色再变为黑色，其颜色变化的时间与一氧化碳的浓度有关。

2）光电式烟雾探测器

光电式烟雾探测器广泛用于货舱和电子设备舱，它是利用烟雾对光的折射（及吸收）原理制成的。光电式烟雾探测器主要有两种形式：一种是折射式，如图 8.2-12 所示；一种是比较式，如图 8.2-13 所示。

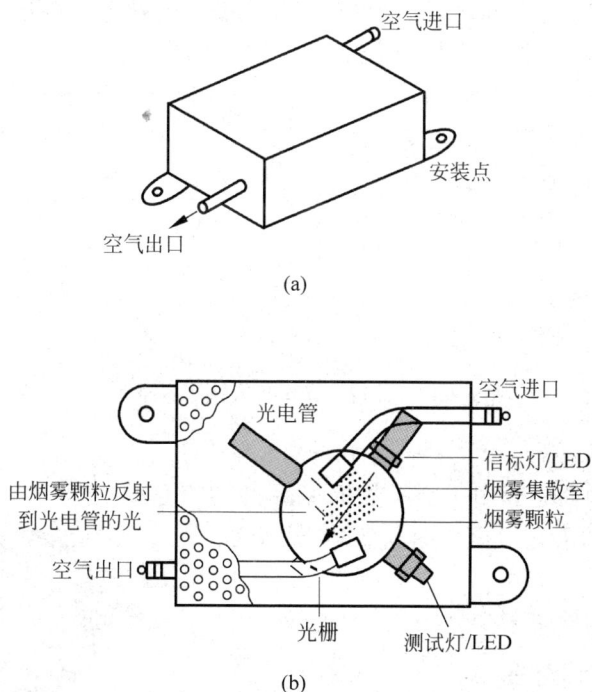

(a)

(b)

图 8.2-12 折射式光电烟雾探测器

（1）折射式光电烟雾探测器

折射式光电烟雾探测器装在一个密封容器中。密封容器内有一个烟雾集散室，集散室由空气进口管采集舱内空气，再通过一个空气出口管排出，如图 8.2-12(a) 所示。在烟雾集散室内部装有一个光敏电阻（或称光电管），与光敏电阻的正交方位（或 90°）装有一个信标投射灯，与光敏电阻相对的位置装有一个测试灯，用来进行烟雾探测器的测试，如图 8.2-12(b) 所示。

在系统通电后，烟雾探测器自动工作。由风扇将采样空气通过空气进口管不断送入到烟雾集散室。探测器的信标灯由于系统接通电源而点亮。正常时，信标灯的光束按照光的直线传播原理经过采样空气照射到对面，而照射不到光敏电阻，这时光敏电阻的电阻值大；当有烟雾微粒存在时，由于微粒的折射作用使光线照射到光敏电阻上，使光敏电阻的阻值减少，当达到预定警告值时，监控组件输出信号报警。

早期的光电烟雾探测器使用的光源是低压白炽灯，但由于白炽灯寿命短而降低了探测器的整体可靠性。现代飞机的烟雾探测器大多使用 LED 作为光源。为了提高灵敏度，有些烟雾探测器还采用激光作为光源。

测试时，只要接通测试电门，使测试灯点亮，光束直接照射到对面的光敏电阻上，使光敏电阻值减小，就能发出报警信号。

(2) 比较式光电烟雾探测器

比较式光电烟雾探测器有两个光敏元件，分别安装在两个集气室内：一个集气室不与着火区相通，是封闭的，里面没有烟雾，作为参考光敏元件；另一个集气室与着火区相通，并由风扇将着火区的空气引入到该集气室。当没有烟雾时，两个光敏元件的电阻值相同，没有警告信号输出。当有烟雾存在时，测量集气室的光敏元件被烟雾遮住了光线，使电阻值升高，当达到预定警告值时，差动放大器输出信号报警，如图 8.2-13 所示。

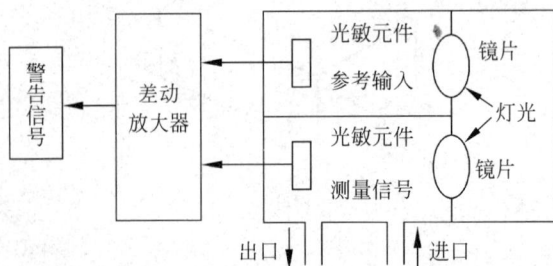

图 8.2-13　比较式光电烟雾探测器原理图

3) 离子型烟雾探测器

离子型烟雾探测器一般用于厕所的烟雾探测，它安装在每个厕所的天花板上。图 8.2-14 所示为离子型烟雾探测器的原理图。

离子型烟雾探测器采用少量的放射性材料，当两极加上电压后使探测器室内的空气电离，这样就会有一定的电流流过探测器。当含有烟雾的空气通过探测器时，烟雾的微小粒子附着在离子上，使离子浓度降低，则通过探测器的电流下降，当电流下降到预定警告值时，发出声光报警。

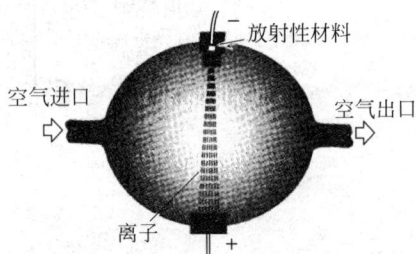

图 8.2-14　离子型烟雾探测器原理图

4) 目测烟雾探测器

早期飞机的驾驶舱内装有一个烟雾观察筒，可以观察到非增压货舱是否有烟雾存在。安装时利用文氏管将货舱的空气引入到观察筒，飞行中需要观察时打开指示灯，如果有烟雾存在，则光线的散射会使灯点亮；没有烟雾时就看不到光亮，这样通过灯的亮暗就可以判断出烟雾是否存在。

8.2.3　飞机火警探测系统举例

1. 发动机火警探测系统

发动机火警探测系统采用双环路连续型火警探测器系统，一般使用电阻型感温环线或气体型感温环线探测器。在每个发动机的不同位置安装有多组双环路探测器，不同型号的发动机，其探测器安装的位置也有所不同。图 8.2-15 所示为 A320 飞机发动机上的火警探测器分布图。一般是在靠近附件齿轮箱附近设置1组或2组双环探测器,探测由于IDG或液压泵的失效和滑油或燃油的泄漏引起的火警;在核心发动机周围安装1组或2组双环路探测器,主要用于探测热空气的泄漏;在发动机顶部靠近吊架防火墙外侧安装一组双环路探测器,主要用于探测引气管路的泄漏。

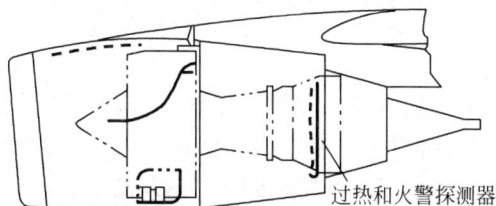

图 8.2-15　发动机火警探测器分布示意图

需要说明的是,发动机每个部位设置的两个探测器环路并排安装在待探测部位,两个探测器环路固定在同一个支撑架上,但两个探测器本身在电气上没有关联,它们的输出信号送入到火警探测器组件(fire detector unit,FDU)后再进行逻辑判断,以确定是否有火警或过热产生,其原理示意图如图 8.2-16 所示。

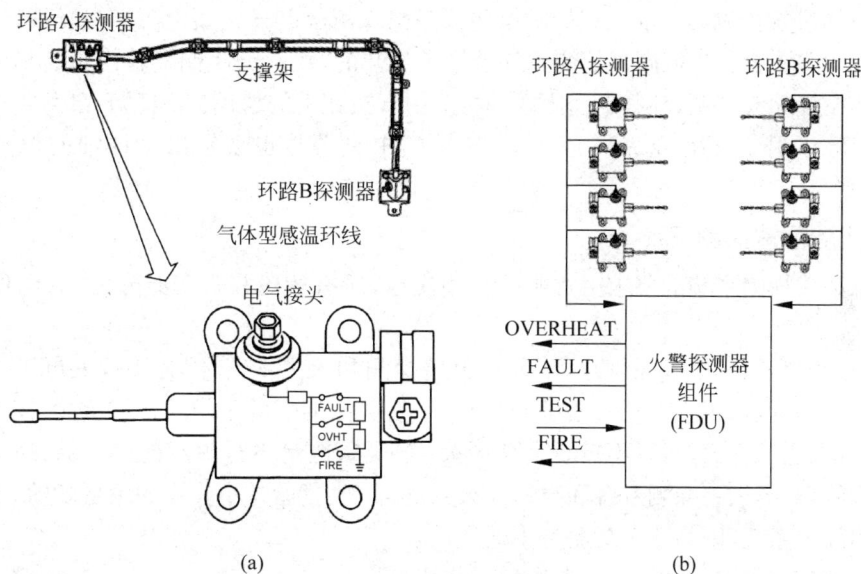

图 8.2-16　双环路火警探测器示意图

当双环路火警探测器探测出火警或过热信号后,FDU 才发出火警报警信号,在驾驶舱产生局部警告信号和中央警告信号。中央警告有红色的主警告灯和连续强烈的警铃,局部警告主要是防火控制板上的红色警告灯,并在 ECAM 或 EICAS 上显示火警信息。当仅有一路发出火警或过热信号时,系统在确定另一路失效并隔离的情况下,发出报警信号,以避免产生假信号。

2. APU 火警探测系统

APU 火警探测系统与发动机火警探测系统基本相同,一般采用单环路探测器(有的机型采用双环路探测器)系统,但探测器的数目和位置有所不同。为了保证驾驶舱无人时 APU 出现的火警能被及时扑灭,除了在驾驶舱设置有与发动机火警一样的警告信号外,在前轮或主轮舱处还设置有 APU 火警警告系统,包括一个红色警告灯和警告铃声,用于提醒地面维护人员采取紧急措施。当没有驾驶员或地面维护人员的控制时,APU 出现火警后可以自动停车,在某些飞机上还可以自动灭火。

3. 轮舱火警探测系统

在没有单独安装刹车温度指示系统或警告系统的飞机上需要设置轮舱火警探测系统,但某些机型如 B747-400 飞机既有刹车温度指示系统或警告系统,也有轮舱火警探测系统。当有过热刹车的机轮收起到轮舱时,为了防止轮胎受热爆炸,轮舱火警或过热探测系统告诫飞行机组人员采取措施,在飞行中出现报警时一般采用放下起落架的办法来降温或灭火。

轮舱火警探测系统一般采用单环路连续型火警探测器系统,在每个被监测的轮舱内有连续型的单个探测器。当任意一个单独的探测器探测到过热时,在 ECAM 或 EICAS 上和驾驶舱内的控制面板上都有相应的局部警告和中央警告。

4. 气动管道泄漏过热探测系统

为了监测飞机引气管道的热空气泄漏,沿着气动管道都要安装过热探测器。常用的有两种类型的过热探测器:单元型热敏电门式过热探测器和连续型电阻感温环线,可使用单环路或双环路布置。当探测器探测到气动管道过热时,由火警控制器输出报警信号。局部警告出现在气动或空调控制板上,当发动机的引气按钮上的琥珀色故障灯亮时,驾驶员应按下该按钮停止引气;在 ECAM 或 EICAS 上的中央警告也会给出更详细的信息和纠正措施。

5. 货舱烟雾探测系统

货舱烟雾探测系统的要求由货舱的类型决定,所有货舱和行李舱分为 A、B、C、D 和 E 五个等级。

A 类货舱是行李舱或保管舱,不需要火警探测和灭火系统,因为飞行人员可以看到和进入该类型的货舱;B 类货舱是在飞行中可以进入的、通风的下层或上层货舱,需要火警探测系统,可以人工灭火,所以不需要自动灭火;C 类货舱是飞行中不能进入的、通风的下层或上层货舱,需要火警探测系统和自动灭火系统;D 类货舱是小体积的下层货舱,不需要火警探测和灭火系统,因为这个货舱是不通风的,当氧气被消耗后火自动熄灭;E 类货舱是货机货舱,需要火警探测系统,但不需要灭火系统,因为在飞行期间可以进入或停止货舱通风以灭火。

货舱的烟雾探测系统采用双环路布局,由几个烟雾探测器、一个控制组件和货舱火警控制板组成。在货舱烟雾探测系统中,每个货舱中烟雾探测器的数量由货舱的尺寸决定,通常在前货舱有两个探测器,后货舱有三四个探测器,如图 8.2-17 所示。

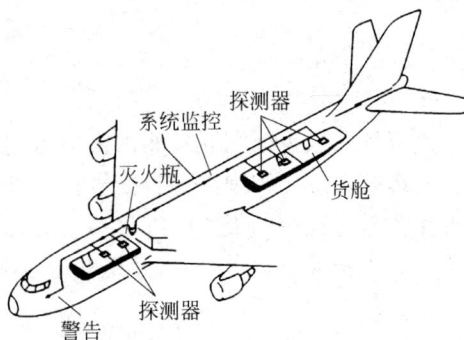

图 8.2-17　货舱烟雾探测系统图

6. 厕所烟雾探测系统

厕所需要烟雾探测系统,用于当废弃物燃烧或者设备超温时,触发警告通知机组人员并开始自动灭火。在厕所顶部天花板上有一个烟雾探测器,当烟雾探测器探测到烟雾时,警告灯亮,警铃响。中央警告位于乘务长和乘务员位置,同时在 ECAM 或 EICAS 上也有警告信息。

7. 电子舱烟雾探测系统

电子舱烟雾探测系统不是必需的,但能帮助机组人员快速判断烟雾源。电子舱烟雾探测系统的烟雾探测器通常安装在设备冷却管道出口,烟雾探测器收集出口空气,当触发警告时,驾驶舱中电气面板上的烟雾灯变为琥珀色,并在 ECAM 或 EICAS 上显示警告消息。

8.2.4 火警探测系统的检查与维护

对飞机火警探测系统的检查要按照工卡规定的程序执行,其维护应按照维护手册或制造厂家的说明书进行。检查和维护中应注意的几个问题列举如下:

(1)检查火警探测器的螺帽有无松动或保险丝有无断开,松动的螺帽应该重新拧到规定的力矩值。

(2)火警探测器的尺寸一般都较小,与其他部件之间的间距不大,特别是安装在发动机本体或整流包皮上的感温环线,要经常检查其是否有固定松动、磨损或结构损坏的现象,检查探测器环线的定位和夹紧是否正确,固定不好可能会导致振动而断裂,如图8.2-18所示。

(3)对感温环线来说,制造厂对环线表面的凹痕和弯折的容许值及外形平滑度都有明确的规定,不要企图矫正任何容许的凹痕或弯折,这样做可能使环线产生应力集中而引起损坏,如图8.2-19所示。

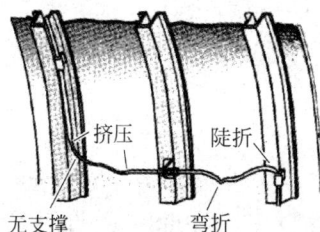

图 8.2-18 感温元件的松动和摩擦

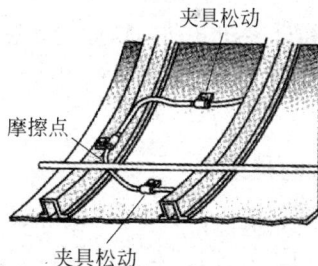

图 8.2-19 感温元件的损伤

(4)在感温环线上应安装垫圈以防止环线与夹子之间的摩擦,如图8.2-20所示。

(5)热电偶托架腐蚀或损伤后,应及时更换;更换时注意标有"＋"号的导线与热电偶探测器上的"＋"端应连接正确。

(6)在修理、更换零件之后和每次飞行前都应按照工卡进行测试,保证系统始终处于良好状态。

(7)探测器元件应保持在厂家提供的包装袋内,并

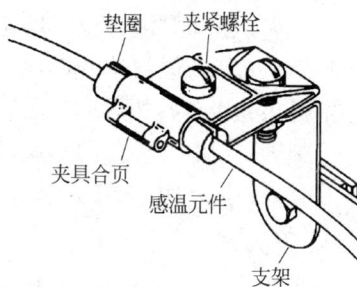

图 8.2-20 感温元件的夹子和垫圈

存放在背光通风处的架子上,以防止潮湿或腐蚀性烟雾。

8.3　飞机灭火系统

8.3.1　火的种类和灭火方法

1. 燃烧三要素

当任何物质在剧烈氧化反应的同时发出光、热、气体和烟雾时,就表明发生了燃烧。燃烧的三个要素是燃料、氧气和热源,如图 8.3-1 所示。

燃料——在常温或某一高温下,任何物质只要能与氧化合,产生大量的热量,那么这种被消耗掉的物质就称为燃料,例如木材、燃油和铝合金等。

氧气——氧气在燃烧过程中是不可缺少的物质,氧气通过氧化过程与另一些物质进行化合。

热源——起始引火。热源将有关物质加热到燃点温度,在此温度下,燃烧可以进行得足够快速而不需要再从外界获得热量。

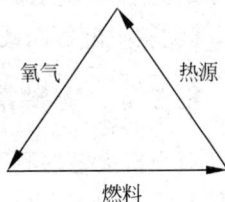

图 8.3-1　燃烧的三要素

2. 灭火的基本途径

防火的手段是使燃烧三要素的条件得不到满足,以避免火灾。而灭火则是一旦着火时,迅速而有效地消除或减弱燃烧三要素中的一个或两个条件,使燃烧停止。

灭火通常都要使用灭火剂,各种灭火剂的灭火机理基本相同,主要是从以下三个方面来消除或降低燃烧的三个要素。

(1) 隔离氧气。

(2) 物理冷却。利用物理的方法使燃烧物的温度降低到燃点以下。

(3) 化学冷却。利用灭火剂化学反应生成的物质阻隔热量的传递,使未燃物与已燃物隔离开。

3. 火的种类

根据燃料的不同,火可以划分成不同类型,并以此来决定灭火方法。美国、欧洲和澳大利亚有多种划分方式,典型的划分方法与我国的国家标准 GB/T 4968—2008《火灾分类》的新规定相同,据此火灾可分为六类。

A 类火:指固体物质或有机物的燃烧,如木材、布料、纸、装饰物等。

B 类火:指易燃液体或可熔化的固体物质的燃烧,如石油、滑油、溶剂、油漆、甲醇等。

C 类火:指易燃气体的燃烧,如液化石油气、天然气、煤气、甲烷等。

D 类火:指金属的燃烧,如镁、铝、铜、铁、铝镁合金等。

E 类火:指电气设备的燃烧,如用电设备短路而引起燃烧等。

F 类火:指食用油类的燃烧,如动、植物油脂等。

4. 灭火剂

根据不同的火源特性,常用的灭火剂主要有卤代烃、干粉、惰性冷却气体和水。

1) 卤代烃(氟利昂)灭火剂

卤代烃灭火剂是飞机和地面上广泛使用的灭火剂。其优点是适用于熄灭 A、B、C、E 和 F 类火,低毒,灭火后无残留物。但由于氟利昂会破坏地球表面的臭氧层,从 1994 年开始地面上已不允许使用,但在飞机灭火系统中可以使用,直到有代替物为止。

卤代烃的灭火机理是:卤代烃本身、卤代烃与比如燃油燃烧生成的物质进行化学反应所生成的新物质,都具有阻止热量传递的作用,这种效应称为"化学冷却"或"能量传递中断"。这种阻隔作用相当于将未燃烧的部分燃料与燃烧处隔离开,使灭火更为有效。

在飞机上主要使用两种类型的卤代烃灭火剂:Halon1301 和 Halon1211。Halon1301 的化学名称是三氟溴甲烷($CBrF_3$),简称 BTM,具有灭火效果好、在常温下无毒、无腐蚀作用的优点,但成本较高。BTM 的沸点大约是 $-60℃$,以加压液态形式储存在强度大的灭火瓶内,多用于固定式灭火瓶中。Halon1211 的化学名称是氯二氟溴甲烷($CBrClF_2$),简称 BCF,灭火效果很好,在常温下有轻微毒性,灭火后无残留物,沸点大约是 $-4℃$,以加压液态形式储存在灭火瓶内,常用于手提式灭火瓶。

2) 干粉灭火剂

干粉灭火剂采用干燥的化学粉末进行灭火,干粉又分为碳酸氢钠和磷酸铵盐两种灭火剂。碳酸氢钠灭火剂用于扑救 B、C 类火灾;磷酸铵盐灭火剂用于扑救 A、B、C、E 类火灾。干粉灭 D 类火后,有的干粉残留物对铝等金属有腐蚀作用,应注意清除。在实际应用中,干粉特别适用于飞机轮舱刹车片的灭火。

在实际使用中,干粉灭火剂主要用在飞机机库和工厂中,在飞机上只限于货舱使用,不能用于驾驶舱和客舱灭火,否则清除残留物的难度很大。残留物会沉积在透明体和仪表表面,严重影响能见度。干粉灭火剂是非导电体,残留物会使触点和开关工作不正常,因此也不用于电器设备的灭火(E 类火)。

干粉灭火的机理是粉末受热后释放出 CO_2 气体,由于 CO_2 气体比空气重,因此沉积在燃烧物表面,将氧气隔离开,同时也具有分解吸热冷却的作用,可以使火焰迅速熄灭。

3) 惰性冷却气体灭火剂

二氧化碳(CO_2)和氮气(N_2)是两种很有效的惰性冷却气体灭火剂,它适用于灭 A、B、C、E 和 F 类火。

常温下 CO_2 为气态,经加压(700~1000psi)后以液态的形式储存在灭火瓶内。喷射时 CO_2 吸热变为气态,具有降低燃烧物表面温度的冷却作用。释放出的 CO_2 在转化为气态时体积膨胀约 500 倍,可以冲淡燃烧物表面的氧气。CO_2 的密度约为空气的 1.5 倍,可在燃烧物表面形成覆盖,从而起到隔离氧气的作用。CO_2 无毒性,不导电也不污染灭火区,主要用于电气设备的灭火。

使用 CO_2 灭火剂灭火时,必须注意以下几点:一是在封闭的房间中,若人员过多地吸入 CO_2,可能引起窒息和死亡;二是因为 CO_2 灭火剂的释放温度大约为 $-70℃$,因此不能把灭火器对准人喷射,以防造成伤害;三是使用 CO_2 灭火器时必须配备一个非金属的喷管,因为灭火瓶内释放出的 CO_2 在通过金属管时会产生静电,会重新点燃起火,同时若喷管与带电体接触,则由于金属导电而危及使用人员的安全。

氮气(N_2)通过冲淡氧气和隔离氧气的方法灭火。由于液态 N_2 提供的温度更低,并且 N_2 提供的冲淡氧气的容积几乎等于 CO_2 的 2 倍,因此 N_2 作为灭火剂更有效。N_2 的缺点是必须以液态储存,需要特殊的储存和管路设备,设备的特殊性和重量使得只有在大型飞机上才有可能使用 N_2 灭火剂。

4) 水或泡沫水类灭火剂

水或泡沫水类灭火剂只适用于熄灭 A 类火,水的主要缺点是具有导电性,现代飞机上很少采用。水灭火的机理是具有湿润和冷却作用。

5. 火的种类与相应的灭火剂

火的种类不同,所采用的灭火剂也有所不同,如表 8.3-1 所示。

表 8.3-1　灭火剂种类

火的种类	可采用的灭火剂	禁止使用的灭火剂
A 类	卤代烃、干粉、惰性冷却气体、水	
B 类	卤代烃、干粉、惰性冷却气体	水
C 类	卤代烃、干粉、惰性冷却气体	水
D 类	干粉	水、CO_2
E 类	卤代烃、干粉、惰性冷却气体	水
F 类	卤代烃、干粉、惰性冷却气体	水

6. 飞机上常用的灭火方式

飞机上配有若干手提灭火器,在飞机的各重要部位安装专用的灭火系统。

根据飞机火警部位的不同,需要采用的灭火方式也不同。通常采用的灭火方法有:①自动报警自动灭火;②自动报警人工灭火;③迫降自动灭火;④自动喷射灭火;⑤手提灭火瓶灭火。

8.3.2　手提式灭火器

1. 手提式灭火器的使用

手提式灭火器用于飞机舱内的灭火,当客舱或驾驶舱着火时,机组人员用手提灭火瓶灭火。通常根据需要在飞机的客舱(靠近乘务员座椅处)、驾驶舱、货舱和电子设备舱配备一定数量的手提式灭火器。图 8.3-2 所示为飞机上的卤代烃灭火器。

手提式灭火器内的卤代烃灭火剂是 Halon1211(BCF),气体压力大约为 100psi,通过灭火器上的压力表可以检查正确的压力(应位于深色范围内)。平时手提式灭火器安装在托架上,使用时必须通过按压手柄来释放灭火剂,灭火范围可达到 4m,大约 6s 后灭火瓶释放排空。

在飞机上的 B 或 E 类货舱的货舱门上也可以找到灭火器。与客舱使用的灭火器相比,货舱的灭火器重量大并备有用于喷嘴的释放软管,为了到达货舱内所有区域,也可以使用货舱延伸管。

不论哪种灭火器都是由不锈钢瓶、灭火剂和喷射组件组成,平时灭火器锁定保险,以防误喷射。使用手提式灭火器时,必须先拉

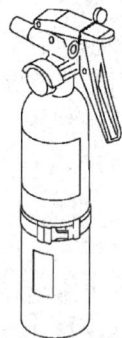

图 8.3-2　卤代烃灭火器

开安全销,对准着火区域后按压释放手柄。货舱使用的手提式灭火器有一个释放软管,拉开安全销后,灭火剂被释放到软管喷嘴,最后按压软管喷嘴上的释放手柄,灭火剂被释放到着火区域。

2. 手提式灭火器的检查

飞机上的手提式灭火器必须定期检查,检查内容主要包括:目视检查灭火器和支撑架有无损坏;检查需要全面检修的日期;检查灭火器是否释放过。

在灭火瓶的标签上都标有有效期和其他附加信息,包括灭火剂类型、使用方法和瓶的重量,灭火瓶到期后必须予以更换。当灭火瓶上的压力指示不正确或安全销安装不正确时,必须将灭火器换下并对其进行维护。

8.3.3 飞机重要区域的灭火系统

1. 灭火系统组成

在飞机的发动机、APU、货舱和厕所都安装有固定灭火系统,所有灭火系统的操作方法和主要部件基本相同。主要部件有灭火瓶、带释放爆管的释放活门、带喷嘴的管子、灭火系统控制和监测电路。

典型的固定式灭火瓶由瓶体、压力表、易熔安全塞(释压活门)、易碎片、释放爆管(爆炸帽)、滤网、电插头和排放活门等组成,如图 8.3-3 所示。

(1) 灭火瓶体

灭火瓶一般采用球型不锈钢容器,瓶内装有用 N_2 加压的液态灭火剂 Halon1301(BTM),在 20℃ 时压力大约是600psi,用于提供足够的压力以确保完全释放灭火剂。灭火瓶的大小和重量由使用区域的空间来决定,用于货舱的灭火瓶大约是20kg 或更大,用于发动机上的灭火瓶大约是10kg,用于 APU 上的灭火瓶大约是 5kg。

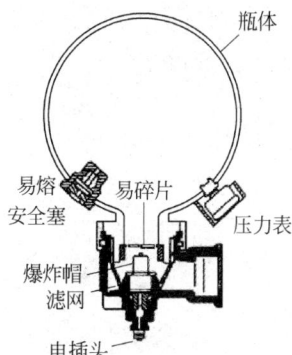

图 8.3-3 固定式灭火瓶

当灭火瓶附近有破裂的引气管道或火警时,灭火瓶内的压力会随温度的升高而增加,为了防止灭火瓶超压而爆炸,所有的灭火瓶都有超压释放功能。当灭火瓶的喷射嘴与热源位于同一舱时,如货舱或在某些飞机的发动机处,释放活门内的易碎片就具有超压释放功能。当灭火瓶内的压力达到大约 1700psi(大约是正常压力的 3倍)时,易碎片破裂,灭火剂通过喷射嘴释放到货舱或发动机。当灭火瓶与喷射嘴不在同一个舱内时,如 APU 的灭火瓶,瓶体上装有一个超压释放活门,当温度超过安全值时释压活门内的热保险熔化,灭火剂通过机外释放管释放,将覆盖在释放口上的红色指示盘吹落,同时驾驶舱内火警控制板上的琥珀色灭火瓶释放灯点亮。红色指示盘的消失表示灭火瓶发生了热释放。

某些飞机在靠近红色指示盘处还有一个黄色指示盘。当灭火瓶通过喷射嘴释放时,黄色指示盘被活塞推开,封住了灭火剂到机外的通道。当黄色指示盘消失时,表明灭火瓶中的灭火剂已经由于灭火而释放掉,如图 8.3-4 所示。

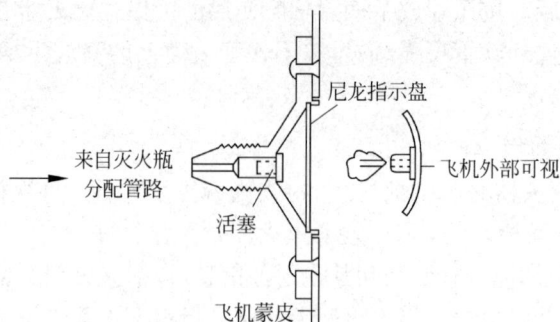

图 8.3-4　灭火瓶释放外部指示

（2）释放活门

为了使用储存在灭火瓶内的灭火剂，灭火瓶上安装有释放活门及释放活门内的一个电控释放爆管。通常一个灭火瓶上安装有一个释放活门，但为了满足一个灭火瓶给不同区域实施灭火的要求，一个灭火瓶上也可能有 2 个或 3 个释放活门，如图 8.3-5 所示。所有的释放活门都有同样的功能和组件，在释放活门中心有一个装有爆炸帽（内有约 400mg 炸药，属于 C 类爆炸物）的释放爆管。当释放爆管通电爆炸时，释放活门内的易碎片破裂，灭火剂通过破裂的易碎片喷出灭火瓶释放。在释放活门内装有一个滤网，用于挡住破裂的易碎片，以防止灭火剂被堵住。

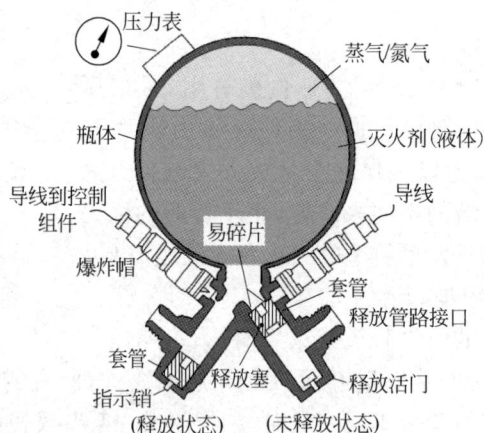

图 8.3-5　有两个释放活门的固定式灭火瓶

为了确保爆炸帽电路供电的可靠性，飞机上都是由与电瓶正端直接相连的热电瓶汇流条供电。因此，当按下灭火按钮或拉起灭火手柄后，若再按下灭火瓶释放按钮或旋转灭火手柄，灭火瓶将释放。只有断开爆炸帽线路上的跳开关，才能防止这种情况的发生。许多灭火瓶释放爆管安装有两个爆炸帽，且每个爆炸帽都设有独立的点火电路和跳开关，以防止由于一个爆炸帽电路断路而导致灭火瓶不能正常释放。

在地面维护时必须断开两个可能安装在不同配电板上的跳开关，以防止引爆爆炸帽。但两个点火电路都有可能出故障，因此所有的灭火系统都有爆炸帽测试电路，用于测试爆炸帽或点火电路是否失效。

2. 发动机灭火

多数发动机采用自动报警人工灭火方式，也有的发动机采用自动报警自动灭火和人工灭火两组装置。发动机灭火系统包括灭火瓶、喷射导管和灭火控制组件。

一般波音系列飞机的发动机灭火系统配置为双喷射交叉灭火方案，也称为"二次作动"系统，这种配置的特点是可以将两个灭火瓶内的灭火剂释放到同一台发动机上，如图8.3-6所示。

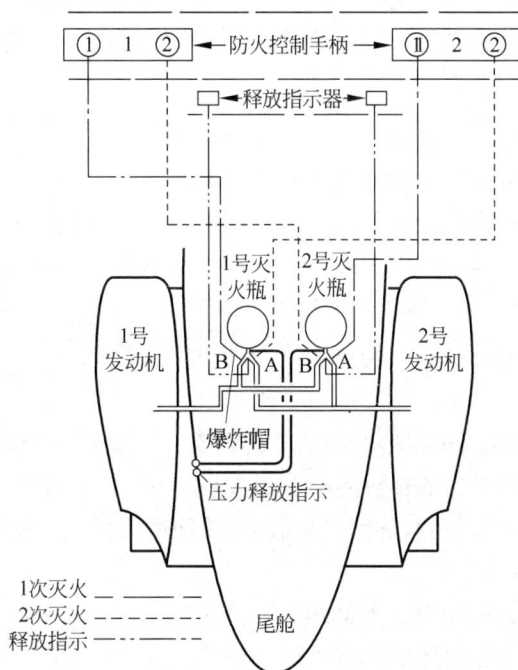

图 8.3-6　波音系列飞机的发动机灭火系统示意图

在波音系列飞机(如 B737、B757、B777)的发动机吊架上可以找到两个并排放置的发动机灭火瓶。这种灭火瓶有两个释放活门，用释放爆管控制其喷射。例如，1 号发动机着火时，先用 1 号灭火瓶灭火，如果火还没有熄灭，再用 2 号灭火瓶灭火，这样就不需要在每一台发动机上配置两个灭火瓶。但空客系列的飞机如 A320 就不是这样，它的每侧发动机都安装有两个灭火瓶，两侧的灭火系统相互独立。

现代燃气涡轮发动机不管采用灭火按钮还是灭火手柄控制，灭火步骤基本类似，都采取两步操作来实施灭火。

第一步：灭火准备

当机组人员打开安全防护盖，提起灭火手柄(或按压灭火按钮)后，系统将自动完成下列灭火准备工作。

(1) 关闭燃油关断活门，停止向发动机供油；

(2) 关闭发动机引气活门，停止向空调系统供气；

(3) 反推活门抑制，停止反推；

(4) 关闭液压油关断活门；

(5) 断开发电机励磁,并断开发电机向外供电通道(GCR、GCB均跳开);

(6) 灭火电路准备好(由两个爆炸帽的灯亮表示);

(7) 中央警告系统得到一个信号并修改在 ECAM 或 EICAS 上的显示。

第二步:实施灭火

当向左(或向右)转动灭火手柄,或者按压灭火瓶释放按钮后,热电瓶汇流条上的 28V DC 经手柄电门(或按钮)的触点引爆爆炸帽,爆炸帽炸开易碎片,使灭火剂喷射灭火,灭火控制板上的琥珀色灭火瓶释放灯亮。通常一个灭火瓶的释放可以熄灭一台发动机的火警,如果 30~60s 后火警灯仍未熄灭,必须引爆另一个灭火瓶爆炸帽,再次进行灭火,完成交叉提供灭火剂灭火的全部程序(波音系列飞机)。

3. APU灭火

APU 灭火瓶安装在 APU 防火墙前面的安定面配平舱内,APU 灭火在驾驶舱的操作与发动机灭火一样。当飞机在地面上且驾驶舱没有人时,有些飞机的 APU 还可以自动灭火。APU 火警警告后,APU 自动关闭,3s 后起动自动灭火系统。APU 在地面也可以进行人工灭火,地面灭火控制板位于前轮或主轮舱位置。其操作程序是打开灭火手柄,使灭火电路准备好(包括关断 APU 供油,停止供气、发电等),然后按下释放按钮。

4. 货舱灭火

C 类货舱需要灭火系统,当飞机上的烟雾探测系统探测到货舱火警时,在短程和中程飞机上通常有可以向前或向后货舱释放的固定灭火瓶,灭火瓶通过货舱顶部的喷嘴释放。提起灭火手柄(或按压灭火按钮)后,货舱停止通风,关闭通风活门,并停止风扇的运转,将货舱与飞机其他区域隔离,以防止串烟。

远程飞机上一般配置高速释放和低速释放两个灭火瓶系统,灭火系统示意图如图 8.3-7 所示。当发生火警时,先用高速释放灭火瓶短时间内灭火,但在远程飞机上规定的 180min 着陆时间内,由于货舱的渗漏,释放出来的灭火剂的浓度随着时间慢慢降低,因此还需要使用第二个低速释放灭火瓶,以补充灭火剂浓度的不足。当按下释放按钮时,高速释放灭火瓶的灭火剂立即释放,第二个低速释放灭火瓶在几分钟后缓慢释放。在第二个灭火瓶的释放管中有一个流量控制活门,通过降低流量以保证大于

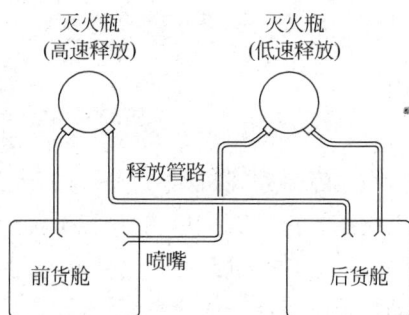

图 8.3-7　货舱灭火系统

180min 内的灭火剂浓度不降低,补偿由于货舱渗漏而引起的灭火剂浓度的减小,以确保可靠灭火。

5. 厕所灭火

厕所灭火系统是为了扑灭废纸箱里的火而设置的,该系统是完全自动的。在每个厕所里都配有由一个灭火瓶和两个易熔敏感元件组成的灭火瓶组件,一个易熔敏感元件感受废纸箱内的温度,另一个感受洗手盆下的温度。当这些区域的温度超过规定温度值(大约 80℃)时,易熔焊料熔化,使得灭火瓶内的灭火剂自动喷射而实施灭火。

若灭火瓶上的压力指示低于绿色范围,则表明厕所灭火瓶已经释放。有的灭火瓶上没

有压力指示,这就需要观察废纸箱处内壁板上的一个带状温度敏感指示盘,当发生火警后,温度指示盘由灰色变为黑色。黑色的温度指示盘表明灭火瓶已释放过,维护时必须把灭火瓶拆下做重量检查,重新充填灭火剂,如图 8.3-8 所示。

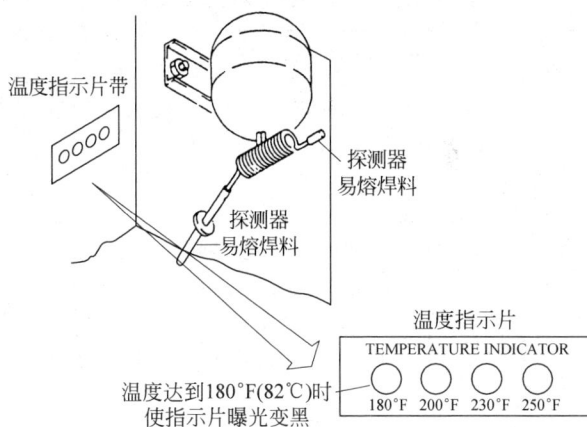

温度指示片带

探测器易熔焊料

探测器易熔焊料

温度指示片
TEMPERATURE INDICATOR
180°F 200°F 230°F 250°F

温度达到180°F(82℃)时使指示片曝光变黑

图 8.3-8　厕所灭火系统

如果厕所出现的火警不在废纸箱处,则烟雾探测器报警,需要由乘务人员用手提灭火瓶灭火。

8.3.4　灭火系统的维护

灭火系统的维护工作,主要包括如下项目:

(1) 灭火瓶的检查和灌充;

(2) 爆炸帽和排放活门的拆卸与安装;

(3) 喷射管路渗漏和电气导线连续性测试等。

更详细、更具体的检查要求和方法,需要按照维护手册或制造厂家的说明书进行。

1. 灭火瓶的维护

定期检查灭火瓶的压力,以确定灭火瓶的压力是否在制造厂所规定的最小极限压力和最大极限压力之间。所有灭火瓶上都有压力电门,当灭火瓶的压力减小到正常压力的50%以下时,驾驶舱控制板上的灭火瓶低压灯亮。每次飞行前,都要在驾驶舱内查看防火控制板上的琥珀色灭火瓶释放灯是否点亮。有些灭火瓶上有压力计,但在检查灭火瓶内的压力时必须考虑到灭火瓶内的压力是随温度变化的,因此需要根据图 8.3-9 所示的温度压力图表来确定灭火瓶内的压力是否正常。通过按压灭火瓶上的压力电门或使用一个六角扳手旋转灭火瓶上的压力电门,使驾驶舱火警控制面板的灭火瓶释放灯亮,可以检查灭火瓶的压力检测指示电路是否正常。

灭火瓶需要定期检查其重量(大部分在 C 检中检查),称重时应拆下灭火瓶上的释放活门,如称得的灭火瓶重量与标签上相同,则说明灭火瓶没有泄漏;如果实际重量与标签上的重量不同,则说明灭火瓶已经释放(热释放或灭火释放)或泄漏,需要填充灭火剂。当周围环境温度变化时,灭火瓶的压力也会变化,但要符合图 8.3-9 所示的温度-压力曲线。如果压力不在曲线极限值内,该灭火瓶就需要更换。

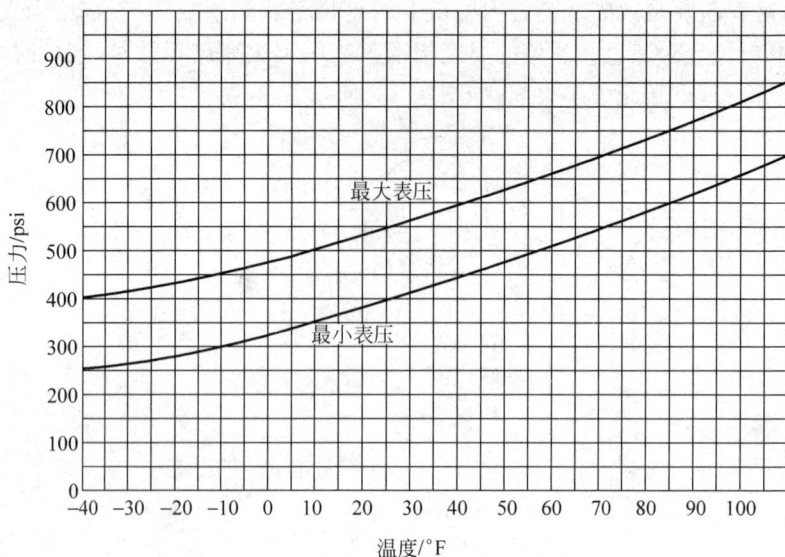

图 8.3-9　灭火瓶温度-压力关系曲线

灭火瓶内的易碎片非常薄,大的震动和撞击都有可能使其破裂,导致灭火剂的不正常释放,因此在拆卸释放活门和搬动灭火瓶时必须非常小心。灭火瓶释放爆管内的爆炸帽都有使用寿命,应当严格按照使用寿命时限的要求及时更换到期的爆炸帽。灭火瓶体上的日期为释放爆管的安装日期,释放爆管安装在灭火瓶上的使用期限大约是 6 年,而释放爆管上的日期是释放爆管的制造日期,释放爆管的最大储存期和使用期限大约是 10 年。

释放爆管内的爆炸帽由于静电产生的火花可能产生意外爆炸,会使维护人员受到伤害,因此只有取得处理 C 类爆炸物执照的维护人员才能处理释放爆管。在维护时,当把释放活门从瓶上拆下或把灭火瓶从飞机上移开之前,都必须拆除释放爆管。拆除释放爆管的正确方法是在驾驶舱断开爆炸帽的跳开关,拧下电源插头,戴上合适的静电防护帽,用手慢慢拆下,最后要使用合格的容器储存和运输释放爆管。更换爆炸帽和释放活门必须小心,要严格按照维护手册的程序进行。不论何种原因拆下爆炸帽后,都不能错装,否则可能会造成触点接触不良。

2. 灭火瓶爆炸帽导线连续性检查

爆炸帽电路的连续性检查在驾驶舱的防火控制板上进行,这也是每次飞行前规定的必检项目。爆炸帽测试可以与火警测试使用同一个测试按钮,也可以使用一个独立的爆炸帽测试板。在这两种情况下,按住测试按钮,若测试灯亮则表明测试合格,测试灯不亮就表明爆炸帽线路断路。为了防止爆炸帽被误引爆,测试电流是非常微弱的,爆炸帽测试灯也是由测试电流点亮的,因此在更换测试灯灯泡时必须非常小心,一定要采用同型号灯泡,不同的灯泡有可能导致引爆爆炸帽。

3. 灭火后的处理

灭火后,必须依据手册尽快清洁残留物,以防止造成腐蚀和污染。

第9章

机载维护系统

9.1 概述

随着航空工业的不断发展,特别是计算机技术、网络技术、信息技术等飞速发展,大量新技术应用到飞机上,系统的高度集成造成潜在故障源增加,处理故障难度增大,使得机载维护系统在不断发展,与之相适应。同时,维修理念也在不断改进。

为了保证飞行安全,减少重大事故与损失,帮助维护人员提高排故的速度和效率,航空领域早就开始对飞机的健康管理技术进行研究,从飞机系统或部件的失效监控和故障检测、机内自测试设备(BITE)和飞机状态监控系统(ACMS)发展到机载维护系统(OMS)。其发展历程分为四个阶段。

第一阶段的维护方式主要体现在早期飞机上,如波音727/707/737CL、麦道DC-9/MD-80,飞机系统主要由机械结构和模拟式部件组成。为了能对系统或部件的状态进行检查,设置了相应的测试按钮,采用PTT(push-to-test)方式,给电路提供电流来检查设备完好性。测试结果通过灯的红绿色指示来查找故障状态,绿灯表示测试通过,红灯则为故障。

第二阶段主要在20世纪80年代早期,ARINC与其工业合作伙伴颁布了第一个有关机载维护的标准ARINC604《机内自测试设备(BITE)的设计和使用指南》,阐述了BITE的设计要求和使用原理,定义了中央故障显示系统(CFDS)的配置、功能和操作。飞机上的机载设备以数字式计算机为主,随着数字化系统的应用,机载设备的软硬件实现了系统的自测试,故障检测由各自的LRU(航线可更换件)完成并报告,有些部件的前面板有显示窗来显示故障及测试结果。如波音757/767/737NG、麦道90、空客310/320。

第三阶段,是在20世纪80年代后期,部件设计更规范,输入/输出接口标准化。Honeywell公司设计了中央维护计算机(CMC),与安装BITE功能的大部分计算机相连接,接收并处理送来的信息,进行分析确定故障源,同时将故障信息与驾驶舱效应(FDE)相结合,显示故障信息。如波音747-400、麦道11、空客330。

第四阶段主要体现在新一代飞机上,如波音777/787、空客380,应用于飞机上的技术越来越先进,系统高度集成,各系统之间关联更密切、更加综合化,对信息的处理数字化、速度快、信息量大,维修理念也随之改变,这就需要有先进的维护系统,以满足航空发展的需要。在20世纪90年代,美国Honeywell公司、航空公司、飞机制造商和航空电子设备制造商联合开发并制定新的机载维护标准ARINC624《机载维护系统(OMS)设计指南》,在原来BITE和CFDS基础上,发展为机上综合的维护系统。采用中央维护计算机技术和数据链技术,集中处理故障和状态信息,并通过数据链传输给航空公司的地面终端。机载维护系统的核心部件是 CMC,通过综合和相关性处理 BITE 信息,并接收和分析来自飞机状态监控系统(ACMS)的信号的数据,能准确地报告和隔离故障,提供状态监控功能,实现经济有效的维护。

9.2 系统的组成及工作原理

9.2.1 组成及工作方式

1. 组成

按照 ARINC624 的标准规定,OMS 的组成如图 9.2-1 所示。

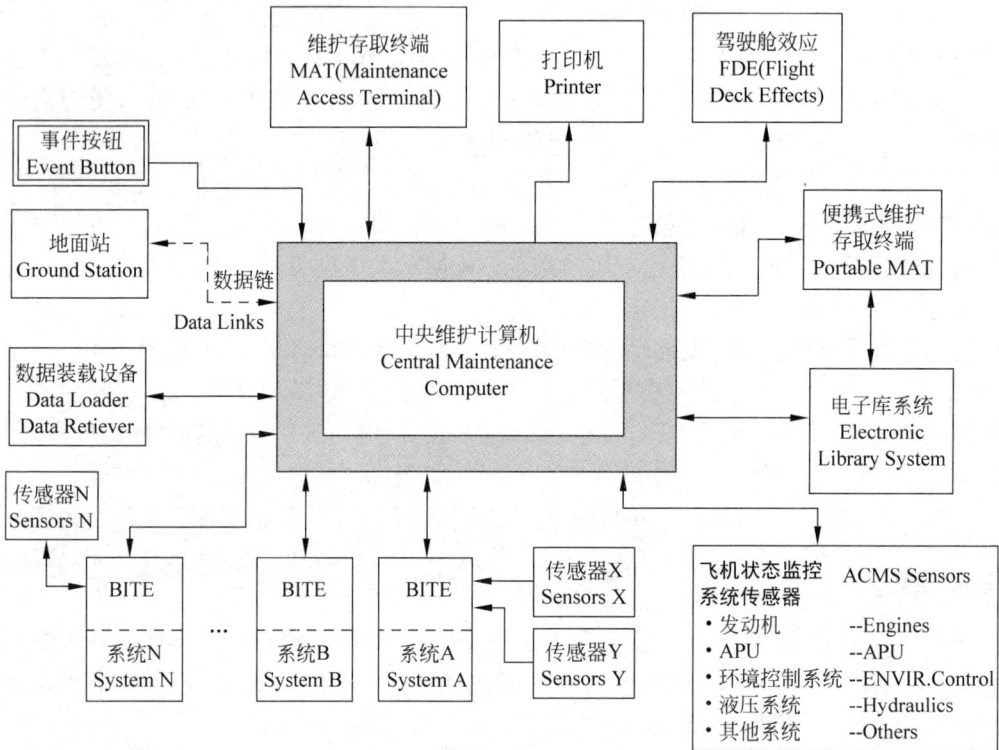

图 9.2-1 OMS 的组成

　　系统主要由中央维护计算机(CMC)、飞机系统部件的 BITE(包括软硬件)、监视驾驶舱效应所需的接口、ACMS 传感器、电子库系统接口、维护存取终端(MAT)或便携式维护存取终端(PMAT)、数据链(ACARS)接口、数据装载系统接口、打印机、事件按钮接口等组成。

　　机载维护系统的核心部件是 CMC,负责系统的正常运作,其连接着机载维护系统的各个信息输入系统和用户报告输出系统设备及显示器,将机载维护功能集成一体。

　　每一个计算机都有一个独立的 BITE 功能,BITE 功能包括两个部分:探测故障和地面测试。如果系统在正常的工作期间产生故障,BITE 会识别引起故障的原因并送到 CMC 计算机。

人/机接口可以设计有 MAT、PMAT,在新一代飞机上(如 B787 或 A380),存取终端设计了机载维护终端设备(OMT)、机长和副驾驶的机载信息终端(OIT)、维护笔记本(ML)。

电子库系统主要用来储存各种维修文件,如维护手册,MEL,系统简图手册,线路图手册,IPC 等,便于简化维护流程,快速完成修理措施。

OMS 主要完成以下功能:①收集飞机系统的故障数据;②分类、整合故障数据;③关联故障数据和驾驶舱效应;④格式化数据,以统一标准格式存储、显示和下传故障数据;⑤对系统进行地面测试,如设备更换验证测试、系统运行测试、系统功能测试、校验和调节测试;⑥显示系统软硬件构型,包括件号和序号。

2. 工作方式

CMC 和飞机上所有系统的主要电子部件都有连接,其主要作用是收集、处理、存储飞机故障数据,产生维护报告,起动系统测试,构型管理(件号识别)等。由于飞机在飞行中和地面上的工作状态不同,对 CMC 的工作方式也有要求。CMC 主要有两种工作方式:正常工作方式(即报告方式)和交互工作方式。

1) 正常工作方式

在空中或地面工作,CMC 连续扫描所有和它相连接的系统,从 BITE 收集各种信息,进行相关处理,创建各种报告并存储。例如当前飞行报告、最近飞行报告、历史飞行报告等。

2) 交互工作方式

只在地面才工作,即人机对话,是指维护人员通过维护访问终端来进行系统的测试、构型检查,以及获得飞机系统的排故数据(包括历史故障信息)。简单地说,就是通过交互方式来进行排故,查找故障原因并证实故障是否仍然存在。

9.2.2 工作原理

机载维护系统综合了传统的失效监测及故障检测、机内测试设备、飞机状态监控系统。核心 CMC 计算机通过各系统的电子部件 BITE 连续监控,接收电子中央警告系统的 FDE 信息和 ACMS 的传感器数据,进行故障监控与数据采集、故障诊断、数据处理,产生各种故障报告,并进行传输与记录,通过各接口人工或自动地提取报告并显示,为维护人员记录和分析故障提供依据。

故障的处理分为三个步骤:故障数据采集与监控、故障诊断与隔离、故障储存。

1. 故障数据采集与监控

CMC 采集故障信息和数据的主要途径有三种,即 BITE、FDE 和 ACMS,以获取与事件监控、数据记录、故障诊断与预测等有关的多组数据。

1) 从机载计算机的 BITE。飞机系统设备主要是由航线可更换件(LRU)组成,而 LRU 包括数字计算机、控制面板、传感器、作动筒、监控器等,除计算机外,所有其他部件由这些计算机统一监控,如果同一系统有多个计算机,则由其中一个主计算机进行统一负责。这些部件产生的离散信号和模拟信号经预处理,或由计算机进行处理,转化为数字信号为计算所用,处理过程中如果发现数据有问题,或计算机本身问题,如处理器、存储器、ARINC 总线、各种输入/出电路和构型等异常,BITE 会识别引起故障的原因并立刻向 CMC 报告。

2) 从驾驶舱中央显示与警告系统。在驾驶舱内,机组可通过显示系统的数据和信息来监控飞机系统的工作状态。如果显示系统监控到数据或信息异常,显示与警告的计算机则以特定的状态指示来警告机组,同时送 FDE 到 CMC。所谓的驾驶舱效应是指:如果飞机系统监控到相关的一个系统或一个功能丢失,需要进行修理,系统将自动送故障数据到综合显示系统,产生相应的信息或符号等显示,我们将其称为驾驶舱效应(FDE)。

3) 从飞机状态监控系统(ACMS)。ACMS实时采集飞机各系统传感器产生的模拟或离散信号,经预处理转化为数字信号,送至 CMC 进行监控。传感器多用于监测机械部件(如发动机系统、燃油系统、液压系统、环控系统、起落架系统、翼面操纵系统、供电系统等)。

2. 故障诊断与隔离

故障诊断通过采集到的有关数据,对部件进行故障的检测、监测、诊断和预测。

故障隔离是指根据程序来确定产生故障的部件,对采集到的有关数据和故障诊断结果进行综合分析处理,完成故障隔离、故障修复、故障预测和故障报告。故障处理算法接收系统报告的故障,将其隔离到系统部件级或者系统接口级。

为了进行故障隔离、定位并产生与之相关的维护信息,CMS 需对飞机各系统报告的故障数据进行处理,其数学模型为基于故障方程的诊断分析,以离散量、模拟量和总线信号为变量,依据算法和故障模型建立逻辑关系,通过逻辑来判断,得到输出逻辑量,根据逻辑量的含义向维护访问终端发送并存储维护信息,供地面维护人员使用。

CMC 接收到各种数据后,进行故障处理,数据处理流程共分为 6 个步骤:输入处理、抑制和特殊事件自检、连锁效应去除、合并与隔离、驾驶舱故障效应与维护信息关联和存储,如图 9.2-2 所示。诊断程序包括这 6 个步骤实施数据处理所需的各种程序,是故障处理模块的神经中枢,对于故障隔离、维护信息的产生起到重要作用。同时,这个诊断规则还具有过滤功能,可将一些瞬时故障和虚假信息过滤掉。

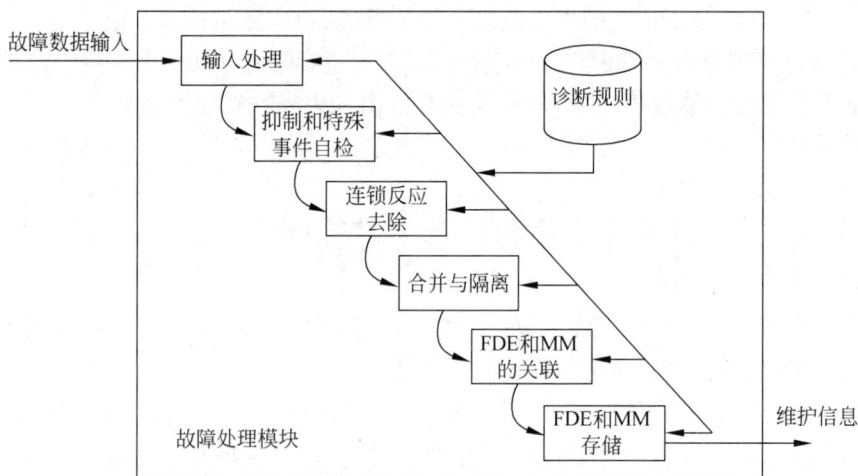

图 9.2-2　故障数据处理流程

(1) 输入处理。识别和标注故障报告、驾驶舱故障效应或离散信息中有效信息,滤除无效输入信息,将有效信息输入到下一个环节进行处理。驾驶舱故障效应直接输入到驾驶舱效应和维护信息关联的步骤进行处理。

（2）抑制和特殊事件自检。对由于飞机在特定工作阶段而错误产生的故障信息被认定为虚假信息并进行抑制，以免误导维护人员；对于数据类输入（非故障报告），将使用诊断规则中预先设置的方法进行处理，当探测到故障，将被视为特殊事件，由故障处理模块产生特殊事件故障报告并输入到下一步进行处理。

（3）连锁效应去除。所谓连锁效应引起的故障报告是指在某一个航段中同一时间，某个故障出现在设备链的第一级设备中，且多次报告。连锁效应去除利用预先设定好的诊断规则判断该故障处在源设备还是下游设备，下游故障将被处理为无效故障，并进行抑制，如图 9.2-3 所示。

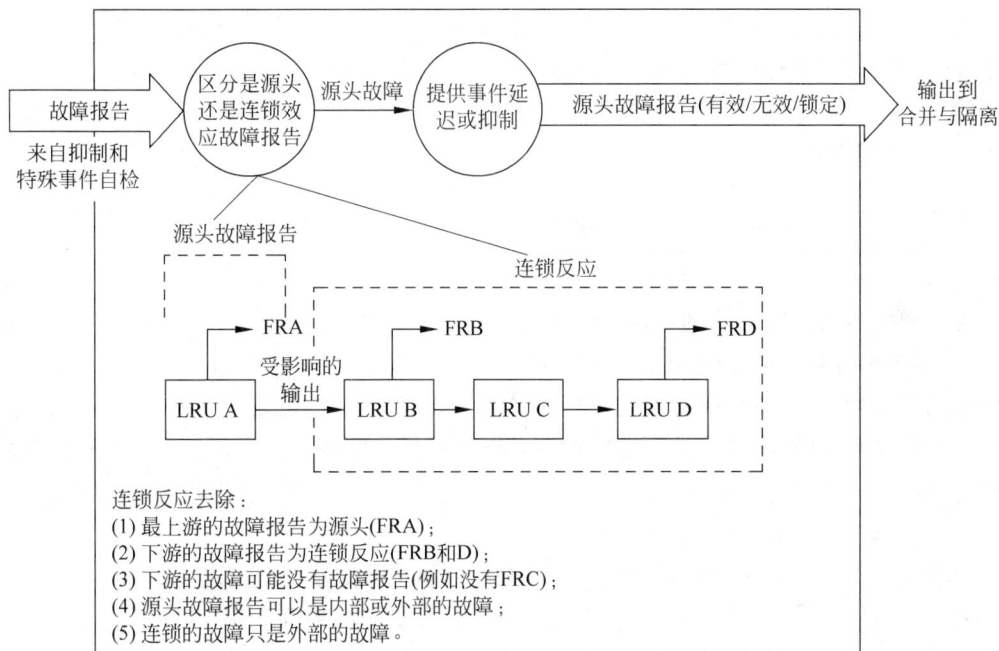

图 9.2-3　连锁效应去除原理简图

当 A 组件故障，触发故障报告 A，同时由于 A 组件故障又引起设备链中 B 和 D 组件产生故障报告。故障诊断逻辑认定 A 为源设备，其他为下游设备，B 和 D 组件产生故障报告将被抑制，从而避免虚假故障或同一个故障多次被报告。例如，左迎角传感器（AOA）故障，由于是大气数据系统的传感器，大气数据计算机（ADC）BITE 探测到故障，自动发送 L AOA 故障到 CMC；与此同时，相应的其他系统如 A（自动飞行系统）、B（惯性基准系统）、C、D 等，由于需要用到左 ADC 数据进行计算，受影响造成故障产生，其计算机的 BITE 将会生成"NO DATA FROM L ADC"信息送至 CMC，利用连锁反应去除原理，即内部/外部故障处理流程，最后确定所有的故障是由于 L AOA 故障造成的，生成"L AOA FAILURE"信息。

（4）合并与隔离。CMC 把各种故障报告分成多个组，然后相关联的故障信息合成一个维护信息，并明确发生故障的系统或部件。合并生成的维护信息类型有：航线可更换件（LRU）内部故障的维护信息、LRU 外部故障造成的维护信息和接口故障维护信息等。

（5）驾驶舱效应与维护信息关联。CMC 利用相关性原理，依靠逻辑流程，将活跃的或锁定的驾驶舱效应(FDE)与活跃的维护信息相关联。CMC 能相关联活跃的、不活跃的或锁定的信息,在一条 FDE 产生的同时,CMC 也接收到一条与该 FDE 相关的维护信息,CMC 将 FDE 与该维护信息相关联。

3. 数据储存

故障数据存储是将所有的信息存于计算机的故障历史数据区非易失存储器(NVM)里,包括故障、维护信息数据、FDE、维护提醒信息。而每一条维护信息内容包括:信息序号,ATA 章节,信息名称,是否活跃的、连续或间断的,间断出现次数,以及飞行航段、飞行阶段、发生故障时间、相关的 FDE 等。

完成数据加载与飞机故障/状态信息的传输,将采集的实时状态与故障数据、故障分析数据、故障报告、发动机趋势/超限数据和系统参数等发送到机上显示系统和指定的输出设备。输出设备包括维护访问终端(MAT)、便携式维护访问终端(PMAT)、机载打印机和数据卡下载和数据链接口。

9.3 OMS 人/机界面描述

为了使用户更方便快捷地访问 OMS 以获取维护数据,该系统设计了相应的人/机界面,主要分为驾驶舱终端、远程控制终端和数据下载终端。通过数据链或数据装载功能,将故障数据下载到地面处理系统中分析,形成维护方案等,数据链可将飞机的故障状态数据实时地从空中发回地面,维护人员可根据相关数据做好事先准备,在飞机着陆后进行及时必要的修理,以减少飞机签派延误。所提供的信息还可使航空公司减少非例行维护的次数,并通过识别反复出现的故障和趋势,以提高机队可靠性,防患于未然。

驾驶舱界面可以是 MAT、PMAT、显示器等。通过驾驶舱界面可以完成基本的访问功能,例如,目前故障、目前航段故障、最近航段故障、故障历史、地面测试、飞机状态监控、维护文档存取、LRU 清单、勤务报告等。

根据用户的需要,也可增加一些其他功能,例如查找软/硬件构型、发动机配平数据、监控报告项目修改等,以协助深度的排故障工作。

由于维修人员在日常工作中经常使用接口界面来进行排故,为了加深了解,在此选择波音 777 的界面 MAT 加以说明。

波音 777 的维护界面维护访问终端(MAT)安装在驾驶舱内,主菜单共 4 个选项:机载维护、状态监控、当前状态和自选装载,如图 9.3-1 所示。状态监控功能是用来访问 ACMS,通过此选项来获得 ACMS 数据;当前状态项可用来查看当前系统的工作情况,其访问内容与机载维护项差不多,而机载维护项内容分的更详细,查找更方便;自选装载可用来安装需要的软件,下面主要介绍机载维护项内容,其余 3 个选项功能不再细述。

当选择机载维护项时,发送请求到 CMC,然后 CMC 发送数据到 MAT 菜单上显示。子菜单显示主要有 5 项:航线维护、深度维护、其他功能、帮助和报告,如图 9.3-2 所示。

1. 航线维护

航线维护项的功能是过站期间飞机停在登机桥时进行快速的故障处理,主要包含 4 个功能:进港 FDE、现时 FDE、地面测试和系统构型。

ONBOARD MAINTENANCE	CONDITION MONITORING	CURRENT STATUS	SELF LOAD
机载维护	状态监控	当前状态	自选装载

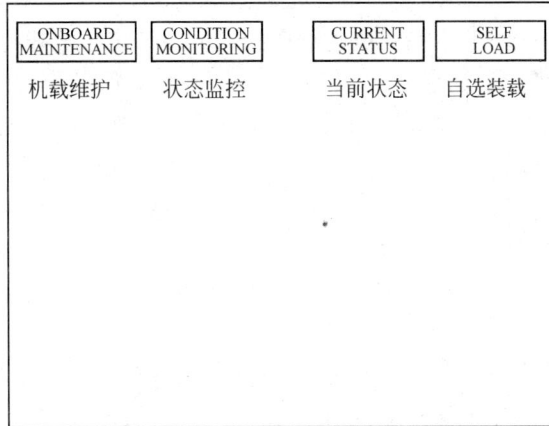

图 9.3-1　波音 777 MAT 的主菜单

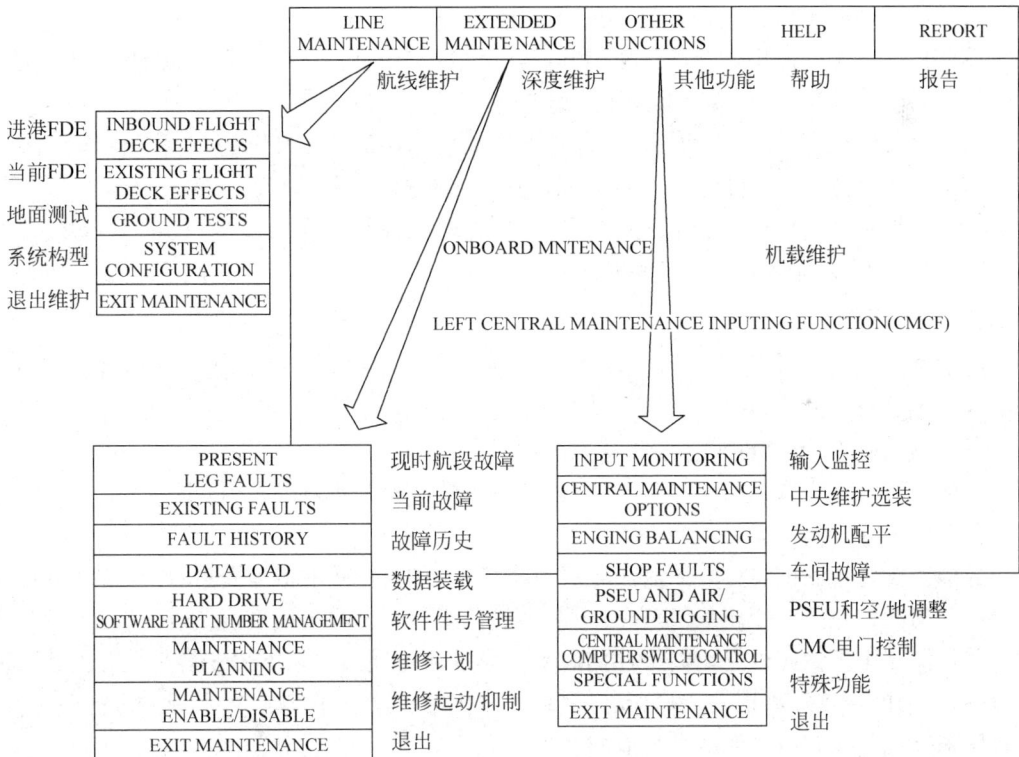

LINE MAINTENANCE	EXTENDED MAINTE NANCE	OTHER FUNCTIONS	HELP	REPORT
航线维护	深度维护	其他功能	帮助	报告

进港FDE　INBOUND FLIGHT DECK EFFECTS
当前FDE　EXISTING FLIGHT DECK EFFECTS
地面测试　GROUND TESTS
系统构型　SYSTEM CONFIGURATION
退出维护　EXIT MAINTENANCE

ONBOARD MNTENANCE　机载维护

LEFT CENTRAL MAINTENANCE INPUTING FUNCTION(CMCF)

PRESENT LEG FAULTS	现时航段故障
EXISTING FAULTS	当前故障
FAULT HISTORY	故障历史
DATA LOAD	数据装载
HARD DRIVE SOFTWARE PART NUMBER MANAGEMENT	软件件号管理
MAINTENANCE PLANNING	维修计划
MAINTENANCE ENABLE/DISABLE	维修起动/抑制
EXIT MAINTENANCE	退出

INPUT MONITORING	输入监控
CENTRAL MAINTENANCE OPTIONS	中央维护选装
ENGING BALANCING	发动机配平
SHOP FAULTS	车间故障
PSEU AND AIR/ GROUND RIGGING	PSEU和空/地调整
CENTRAL MAINTENANCE COMPUTER SWITCH CONTROL	CMC电门控制
SPECIAL FUNCTIONS	特殊功能
EXIT MAINTENANCE	退出

图 9.3-2　MAT 维护菜单

　　进港 FDE 主要是显示飞机刚飞完的航段(Leg 00 航段)发生的故障 FDE 清单,以及相关的故障信息,当飞机过站维护时,维护人员在 MAT 上查找相关的信息,以便及时处理这些故障。FDE 的内容包括 FDE 名称、FDE 和维护信息的活跃性、故障代码、FDE 出现的时间和日期、相关的维护信息;维护信息包含的内容有维护信息码、活跃性、飞行阶段、时间和日期、维护信息的描述。

活跃性是指故障状态,它们的表现可能是活跃的(active)、不活跃的(not active)或是锁定的(latched)状态。活跃的表示系统被连续监控到故障产生且故障还存在;而不活跃的说明该故障曾经出现,但现在不复存在了;锁定的主要是状态信息和计划维护信息,信息锁定是说该故障信息对排故十分重要,维护信息锁定原因主要有几种情况:①如果某系统控测到故障且后面飞行航段不再使用相关设备作为它功能的一部分,②该信息和 FDE 相关联,③如果故障存在但没能一直被检测到。所以需要由 CMC 储存器保存着,甚至有些信息当该故障消失或排除后仍然存在,需要人工抹除。

当前 FDE 显示的是目前所有活跃的和锁定的 FDE,其显示格式和进港 FDE 一样,在此不再说明。

地面测试项的主要功能是飞机在地面,通过此项选择对飞机各系统进行自检起动,详细检查系统的工作状态,包括计算机各功能如处理器、存储器、ARINC 总线、各种输入/输出电路和构型情况等。如果测试结果是健康的,则显示"Test OK";如果发现故障,则显示相应的故障信息。地面测试有 3 项子功能:系统测试、操作测试和 LRU 更换测试。

系统测试主要是证实系统在初始安装或重要修理后,满足正常设计规范和间隙合适。系统设计允许在连续使用中降级工作,和因环境不同,如温度、压力、湿度、振动和模拟因素影响的间隙出现变化,调整规范和间隙来维持系统或部件最大有效。

操作测试是证实系统的所有元件(包括余度通道和通信连接)已被安装和回应正常的操作方式。LRU 更换测试是当 LRU 更换或修理后,通过测试来证实其基本的工作能力。

系统构型项用来选择系统 LRU 的构型数据,即硬件和软件的件号,包括系列号、改装状态和程序销钉(program pin)选装构型。

2. 深度维护

深度维护项用来进行彻底排故,需要有足够的停场时间,如飞机航后停场,维护人员根据信息显示来查找故障原因。其子菜单包括 7 项功能:当前航段故障、目前故障、故障历史、数据装载、软件管理、维护计划和维护起动/抑制。

当前航段故障主要是用来查找 00 航段所发生的故障信息,通过信息进一步确定故障原因。目前故障项主要用来显示当前飞机存在的所有故障,包括活跃的和锁定的。

故障历史是指以前飞行航段所产生的故障,其可作为排故的参考资料,以跟踪故障的发生过程。当开始执行一个新的航班后,上一个航段报告就会成为历史,此航段的所有信息会从它的存储器中移到历史存储器中存储起来。维护人员通过进入 CMC 储存的历史故障清单,查找以前航段曾经出现的故障情况,和现在发生的故障一起加以分析,以确定故障原因,通常用来排除复杂的故障或间歇性故障。

数据装载功能是用来安装 LRU 的软件。软件管理功能用来管理 LRU 的软件,包括软件升级、软件测试和软件的件号检查。维护计划功能用来查找维护提醒信息和维护计划信息,这些故障暂时对系统的正常工作不会有影响,不需要马上处理,但有可能会升级,可按计划进行处理。

其他功能项主要是用来处理更加复杂的故障,如输入接口传送信号情况监控,发动机配平数据查找,车间修理 LRU 时查找内部故障等,在此不作详细解释。

9.4 打印机

1. 打印机说明

打印机可以自动或人工打印 CMS 报告或其他系统报告。

不同型号的打印机,其面板上的控制键有所不同,而且所选用纸的尺寸也不同。如图 9.4-1 所示为一种典型的打印机,在面板上有 4 个按钮,当纸不够或卡纸时,琥珀色"打印纸警告"指示灯点亮。关断按钮可控制打印机的电源,测试按钮可起动打印机的功能测试;如果纸还没露出到出纸切口外面,可按压出纸按钮。

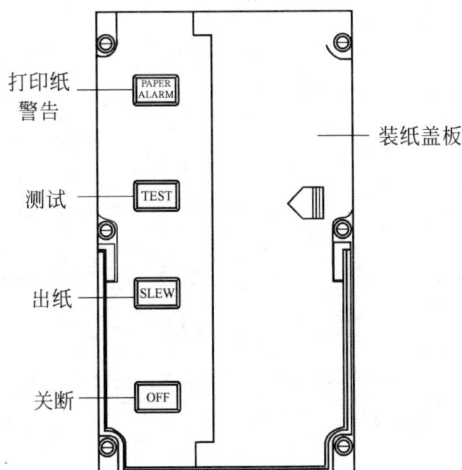

图 9.4-1 打印机

2. 打印机勤务

维护打印机时,可通过测试来检查其工作状态,对打印机的测试可通过面板上的测试电门或在 MCDU 上起动 CMC 测试菜单来进行。如果打印纸不够,需要更换。更换时要按以下程序进行:

(1) 选择尺寸合适的打印纸,断开打印机的供电;

(2) 打开打印机的装纸盖板,取出剩下的纸筒;

(3) 换上新的打印纸,正确地装到打印机上,用手转动驱动轴,使纸滑过相关的纸轮;

(4) 盖好装纸盖板,按压并保持出纸电门,直至打印纸伸出到打印机外。

9.5 机载数据装载系统

1. 概述

在飞机上可选装各种型号的数据装载系统,可有各种不同的操作方法,但其作用都是一样的。有的飞机采用移动的数据装载设备,这种方式较为独立,但使用起来不太方便。

2. 数据装载系统的作用

数据装载系统的作用是当安装新的计算机或软件构型出错时,使用该系统装载新的软件程序。同样,我们可通过装载系统为 CMC 装载软件或下载故障数据。

3. 系统的组成

如图 9.5-1 所示,数据装载系统主要由数据装载选择器、多功用磁盘驱动组件和数据装载路由器组成。选择器用来选择需要安装数据的目标计算机,可选择多个计算机,但同一时间只有一个计算机可被装载数据。磁盘驱动组件用来驱动磁盘数据的装载。路由器连接到驱动器和计算机之间,路由输入/输出数据。

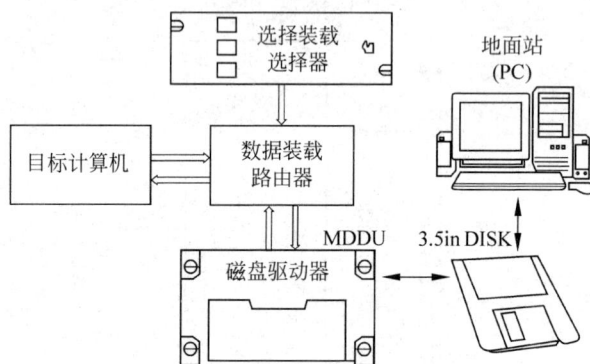

图 9.5-1　数据装载系统的组成

4. 安装/下载程序

安装数据库的程序如下:

(1) 在选择器上接通电源电门,按压"NEXT"或"PREV"按钮选择需要安装数据的计算机,会在显示窗口显示出来,同时在驱动器上显示"驱动器已准备好"信息。

(2) 插入磁盘,并在选择器上按压选择控制键。在驱动器上显示传输正在进行。

(3) 经过 10min 左右,显示传输已完成。在此期间,如果数据传输出现问题,会显示相关的信息。从驱动器上退出磁盘,关断选择器上的电源。

数据下载程序如下:

(1) 接通选择器上的电源,但不需要选择目标计算机,插入磁盘。

(2) 在 MCDU 上选择相应的故障报告页面,按下此报告的行选择键,则开始下载。

(3) 下载完后会在驱动器窗口显示传输完成,取出磁盘,关断电源。

9.6　飞机状态监控系统

1. 概述

飞机状态监控系统(ACMS)主要用来提供所记录的系统性能数据,通过分析性能变化趋势,了解飞机系统的健康状况,以便有计划适时地采取正确的维护措施,避免飞机营运过程中因非计划维护所造成的困扰。

ACMS 接收系统传感器的各种参数,如发动机性能参数、APU 性能参数、电源发电机参数、飞机空气动力参数和环境控制系统参数等,以实时形式显示进行连续监控。同时,对收集的各种参数进行处理,生成各种报告,并管理各参数和报告的储存。

维修人员利用飞机健康监测和诊断程序,对报告的数据进行综合分析,通过图表来监控各参数的变化趋势,预测飞机系统的健康状况,以便能及时做出处理。如果需要对复杂的系统排除故障,解决重复性故障问题,可借助 ACMS 的数据进行分析,帮助深度排除故障。利用监控数据,也使解决技术问题变得更容易。

为了满足不同的客户需求,在状态监控区,不管是用于趋势监控的系统数据采集还是用于飞行分析记录,ACMS 是非常灵活的。它准许用户提供客户化特征以便进行专门的工程分析。

2. 组成

典型的 ACMS 组成部件有:数据管理组件(DMU)、选装数字式 ACMS 记录器(DAR)、打印按钮和其他数据提取接口,如图 9.6-1 所示。DMU 是一个计算机,作为主要部件,位于电子设备舱,它收集、存储和处理各种飞机系统数据,并产生各种状态报告;DAR将数据存储到一个可替换的存储卡中,用于地面性能分析、维护或状态监控。预编程序的部分数据可通过地面支持设备(GSE)存储到 DAR 中。

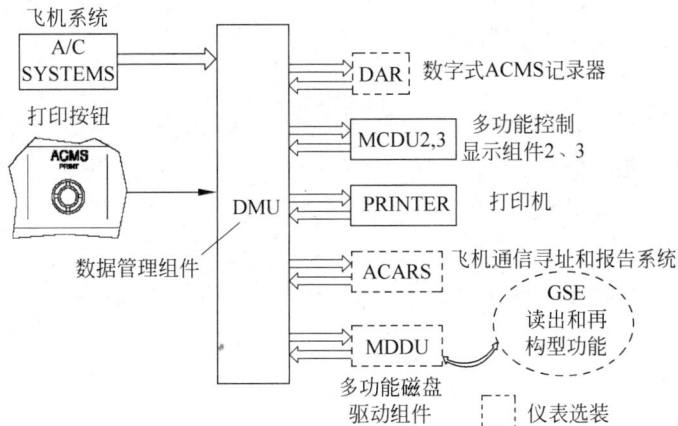

图 9.6-1 ACMS 的组成

3. ACMS 的功用

1) 数据采集/处理

ACMS 可以提取模拟数据、离散数据和总线上的数据,它有能力采集所选择的数据组用来事件监控、数据记录和报告产生。ACMS 有能力判断数据是否有效,用来作为数据源标准。ACMS 以系统最高的采集百分比来采集各种数据,它转化数据到工程单位,并有基本的过滤功能,如防反跳、锁定、数据平滑等。

ACMS 能够存取故障间隙系统的余度状态,用于多个级别功能余度使用,来维持系统工作的、降级状态报告的需要。在最低余度级别达到之前,工作者应提前做好维护措施。

2) 事件监控

ACMS 使用布尔逻辑和算术运算法来监控选择的飞机数据设置。这种运算法则被用来进行计算,用来判断事件产生,能够起动将来的措施,例如,数据记录、报告产生和报告分析。系统能支持分类运算法则来评估不同的概率。

3) 数据记录

ACMS有大容量的储存装置,如光盘、磁盘或固态记录器,以便记录采集或转换的数据。

4) 报告产生

ACMS定期收集特殊事件的数据,给出事件发生的飞行剖面和航路所在的具体位置,由内部逻辑触发、机组警告事件,由人工按压事件电门记录的数据定期或不定期拍照开始和结束时间点,以产生各种报告。每个报告头包括:报告识别号、飞机识别号、日期和时间、航班号、离场和目的地、飞行阶段、软件的件号等。

5) 报告管理

ACMS能储存各种报告在非易失储存器(NVM)里,基于特殊的参数管理报告,例如,每个飞行航段报告储存的发生数量、第一个发生或最后一个发生的报告记录、记录每个报告产生的飞行航段号、每个报告发生的最大数量等。根据用户需要,也可删除相应的报告。

6) 报告输出

ACMS可发送各种报告到规范的输出设备,如MAT,打印机、数据链、数据装载器、大容量储存设备(如快速存取记录器)等。

7) 机载显示

在MAT上可显示ACMS的控制菜单、报告显示和指令。在菜单上可显示监控的实时参数,也可选择各种报告显示,例如发动机的各种报告:发动机起飞报告、发动机爬升报告、发动机巡航报告、正常发动机起动报告、异常发动机起动报告等。

8) 数据链

通过数据链,飞行机组可人工或自动发送ACMS报告到地面站。

4. 机载编程

1) 客户化参数更改

用户可通过MAT或数据链对ACMS参数进行更改,此项由工程人员操作,当输入密码后可得到可编程的报告,进入ACMS报告中,根据航空公司的监控要求,对相应的参数项目进行修改,如执行抑制报告产生、重置触发逻辑、改变报告的常值和统计值、显示文件数据等,使得ACMS收集所需要的参数,以进行性能分析和事件监控计算。

2) 编程报告

ACMS能够供技术人员创建新的编程报告,可编程报告可定义多个,由用户控制的编程报告有如下类型:①事件监控能力;②被收集的参数;③数据收集概率;④数据收集期;⑤数据记录的起动;⑥输出设备的选择;⑦报告有效期。

3) 数据显示

根据用户需求,ACMS能够在MAT上显示静态或动态的信号和用户定义的参数,可以显示默认的格式,并以一定的更新率来显示参数,可显示工程单位数据和二进制参数。

5. 地面基本支持软件

地面基本支持软件(GBSS)能提供用户定义的应用功能如下:参数定义、控制逻辑、报告产生、数据记录、MAT菜单。可进行软件更新，在ACMS的起始菜单页上可查看到该软件的版本号。在GBSS上可进行数据输入和语法检查，发现问题会产生相应的错误信息提醒。可对报告特征、MAT上的ACMS显示特征和机载参数数据库进行更改。

1）参数定义

通过GBSS可创建被ACMS利用的输出信号和这些参数的可视性，由用户定义的输入参数可提供数值用来计算，储存中间的结果，或获得数据区。输入信号和用户定义参数可以用来进行事件监控、报告产生、数据记录和数据显示。

2）控制逻辑

GBSS提供工具来规范控制逻辑、规范事件监控和控制其他ACMS功能所需的运算法则。这些工具有如下特征：支持布尔逻辑的语法和运算符、精确的和静态的功能库、数据记录的控制、报告产生、分配和删除的控制、调试功能。

3）报告产生

规范报告特征，报告的特征包括：报告中包含输入参数清单和用户定义的参数、收集数据的结束期限、报告保留的标准、规范的格式。

4）数据记录

通过大容量装置来储存数据，数据记录的格式按规范要求。

5）机载显示

在MAT上以文档或符号格式显示数据，通过现时菜单显示实时参数值，通过历史报告清单显示储存的历史报告。通过GBSS，更改MAT上ACMS菜单结构和显示格式。

参考文献

[1] 任仁良,张铁纯. 涡轮发动机飞机结构与系统(ME-TA)[M]. 北京:兵器工业出版社,2006.

[2] 杜洪增. 飞机结构维修指南[M]. 北京:北京航空航天大学出版社,1993.

[3] 李幼兰. 飞机结构与强度[M]. 天津:中国民用航空学院,1996.

[4] 田秀云. 飞机结构修理与技术[M]. 香港:香港文慧国际出版有限公司,1999.

[5] 牛春匀. 实用飞机结构工程设计[M]. 程小权,译. 北京:航空工业出版社,2008.

[6] 罗伊兰顿,等. 飞机燃油系统[M]. 颜万亿,译. 上海:上海交通大学出版社,2010.

[7] 莫伊尔,等. 飞机系统:机械、电气和航空电子分系统综合[M]. 凌和生,译. 北京:航空工业出版社,2011.

[8] 宋静波. 飞机构造基础[M]. 2版. 北京:航空工业出版社,2011.

[9] 张铁纯. 航空机械附件修理[M]. 北京:中国科学文化出版社,2003.

[10] 寿荣中,何慧珊. 飞行器环境控制[M]. 北京:北京航空航天大学出版社,2003.

[11] 《航空制造工程手册》总编委会. 航空制造工程手册[M]. 北京:航空工业出版社,1993.

[12] 《飞机设计手册》编委会. 飞机设计手册[M]. 北京:航空工业出版社,2003.

[13] 中国民用航空局. 运输类飞机适航标准. CCAR-25-R4[S]. 北京:中国交通运输部,2011.

[14] 侯学东. 飞机环境控制系统的仿真研究[D]. 南京:南京航空航天大学,2010.

[15] 蔡文举. 飞机全电防滑刹车控制器设计[D]. 西安:西北工业大学,2007.

[16] 杨超,杨美萍. 飞机液压系统的温度控制研究[J]. 通讯世界,2015.10 上.

[17] FAA Flight Standards Service. Aviation maintenance technician handbook-airframe:Volume 1[M]. [S. L]:U. S. Department of Transportation,2012.

[18] FAA Flight Standards Service. Aviation maintenance technician handbook-airframe:Volume 2[M]. [S. L]:U. S. Department of Transportation,2012.

[19] Boeing Company. B737CL aircraft maintenance manual. 2001.

[20] Boeing Company. B737NG aircraft maintenance manual. 2014.

[21] Boeing Company. B747-400 aircraft maintenance manual. 2002.

[22] Boeing Company. B747-8 Aircraft Maintenance manual. 2014.

[23] Boeing Company. B757 aircraft maintenance manual. 2006.

[24] Boeing Company. B767 aircraft maintenance manual. 2001.

[25] Boeing Company. B777 aircraft maintenance manual. 2009.

[26] Boeing Company. B787 aircraft maintenance manual. 2014.

[27] Airbus Company. A320 aircraft maintenance manual. 2003.

[28] Airbus Company. A380 aircraft maintenance manual. 2011.

[29] Michelin Company. Michelin aircraft tire care and service manual:MAT-CSM 32-45-01[M]. 2011.

[30] 许春生,马乾绰. 航空发动机电子控制[M]. 北京:中国民航出版社,1999.

[31] 许春生. 民用航空发动机控制[M]. 北京:中国民航出版社,1995.

[32] 蒋陵平. 燃气涡轮发动机(ME-TA,TH)[M]. 2版. 北京:清华大学出版社,2016.

[33] CFM56-5B Training manual,2009.

[34] CFM56-7B Training manual,2012.

[35] 刘建英,任仁良. 飞机电源系统[M]. 北京:中国民航出版社,2013.

[36] 严东超. 飞机供电系统[M]. 北京:国防工业出版社,2010.

[37] 沈顺华. 航空航天器供电系统[M]. 北京:北京航空航天大学出版社,2005.

[38] Electrical systems for a&ps[M]. Jeppesen Sanderson,Inc. ,1992.

[39] EISMIN T K. Aircraft electricity & electronics[M]. 5th ed,1994.

［40］ Mike Tooley and David Wyatt. AIRCRAFT ELECTRICITY AND ELECTRONICS SYSTEM,2009.

［41］ Boeing Company. B737-300/400/500 AMM&CMM. 2001.

［42］ Boeing Company. B737NG AMM&CMM. 2001.

［43］ Boeing Company. B747-400 AMM&CMM. 2002.

［44］ Boeing Company. B787 TECHNICAL TRAINNING MANUAL. 2010.

［45］ SAFT Component Maintenance Manual Nickel-Cadmium Battery 442CH1,France JAN/17/2002.

［46］ Component Maintenance Manual Battery and Charger System, Part Number BFS24, derlan incorporated,Oct 15/98.

［47］ International Standard ISO1540，Aerospace—Characteristics of aircraft electrical systems, International organization for standardization,2006.

［48］ International Standard ISO6858,Aircraft—Ground support electrical supplies,Ground requirements, International organization for standardization,2006.

［49］ 国防科学技术工业委员会.飞机地面电源供电特性及一般要求：GJB 57A—2006［S］. 2006.

［50］ 中国民用航空总局.地面静态电源：MH/T 6018—1999［S］. 1999.